“十四五”职业教育系列教材

电工电子技术

（第二版）

主　编　王　艳　史立平

副主编　朱　敏　金旭栋

编　写　范顺治　李　华

王海全　王培人

主　审　陈忠平

中国电力出版社

CHINA ELECTRIC POWER PRESS

内 容 提 要

本书为“十四五”职业教育系列教材。

本书共分电工基础知识、电子基础知识两部分。电工基础知识部分包括电路的基本概念与基本定律、电路的分析方法、单相正弦交流电路、三相正弦交流电路、线性电路过渡过程的暂态分析、磁路与铁芯线圈电路，电子基础知识部分包括半导体与放大电路、集成运算放大器、直流稳压电源、数字电路基础、组合逻辑电路、触发器、时序逻辑电路。书中有丰富的典型例题，每节有思考题，每章有习题，便于学生掌握概念和自学；每章有本章小结，用于整理本章的知识点，以便帮助学生复习。本书编写以“必需、够用”为原则，避免烦琐的理论推导和计算，注重知识点涵盖专业课程的基本需求，理论联系实际，关注学生职业生涯的发展。

本书可作为高职高专院校的机械、模具、汽车等非电类专业教材，也可作为相关专业工程技术人员参考书。

图书在版编目（CIP）数据

电工电子技术/王艳，史立平主编．—2版．—北京：中国电力出版社，2021.8（2022.6重印）
“十四五”职业教育系列教材
ISBN 978-7-5198-5899-5

Ⅰ.①电… Ⅱ.①王… ②史… Ⅲ.①电工技术－高等职业教育－教材②电子技术－高等职业教育－教材 Ⅳ.①TM②TN

中国版本图书馆CIP数据核字（2021）第160594号

出版发行：中国电力出版社
地　　址：北京市东城区北京站西街19号（邮政编码100005）
网　　址：http://www.cepp.sgcc.com.cn
责任编辑：冯宁宁（010－63412537）
责任校对：黄　蓓　王小鹏
装帧设计：郝晓燕
责任印制：吴　迪

印　　刷：北京天宇星印刷厂
版　　次：2014年9月第一版　2021年8月第二版
印　　次：2022年6月北京第十次印刷
开　　本：787毫米×1092毫米　16开本
印　　张：19.25
字　　数：470千字
定　　价：58.00元

前　言

《电工电子技术》是一门服务于专业课学习的专业基础课程，教学的主要目的就是培养高职高专层次学生应用电工电子知识解决实际问题的能力。本教材以高职高专机械、模具、汽车等非电类专业为背景，立足于高职高专学生实际基础，根据教育部最新的“高职、高专教育电工基础课程、电子技术课程基本要求”编写而成。

本教材在编写过程中，力求做到基本概念叙述清楚，理论联系实际，语言简练通畅，避免烦琐的理论推导和计算。书中有丰富的典型例题，每节有思考题，每章有习题，便于学生掌握概念和自学；每章有本章小结，用于整理本章的知识点，以便帮助学生复习。

本教材编写根据基础知识以“必需、够用”为度的原则，内容编写遵循基本规律，不拘泥于传统学科体系，注重知识点涵盖专业课程的基本需要，关注学生职业生涯的发展。教师可根据学生的专业方向和各专业改革的需求，有针对性地选择、组合教学内容，满足不同的课时需求。本教材课时范围为50～128学时。

本教材由常州机电职业技术学院老师编写，王艳、史立平担任主编，朱敏、金旭栋担任副主编，参加编写工作的还有范顺治、李华、王海全、王培人。史立平编写第3章，王艳编写第10、11、13章，朱敏编写第1、2章，范顺治编写第7～第9章，李华编写第12章，金旭栋编写第6章，王海全编写第5章，王培人编写第4章。

本书由湖南工程职业技术学院陈忠平副教授担任主审。同时，本书在编写过程中，得到许多同行的帮助，也引用、借鉴了相关专家的教材、著作。在此一并致谢。

限于编者水平及时间紧张，书中难免有疏漏之处，希望广大读者批评指正。

编　者

2021年5月

目　录

第二部分　电子基础知识

第一部分

电工基础知识

第 1 章　电路的基本概念与基本定律

本章提要

本章主要介绍电路的基本概念和基本定律。其主要包括电压和电流及其参考方向、电位和功率，电路的三种基本工作状态，欧姆定律，基尔霍夫定律。

1.1　电路与电路模型

1.1.1　电路的组成与功能

电路是由各种电气设备和器件按一定方式互相连接而成的电流的通路。如图 1-1 所示是一个简单电路，由电池、开关、灯泡和导线组成。电路的基本组成包括电源（如电池）、中间环节（如开关和导线）和负载（如灯泡）三个部分。

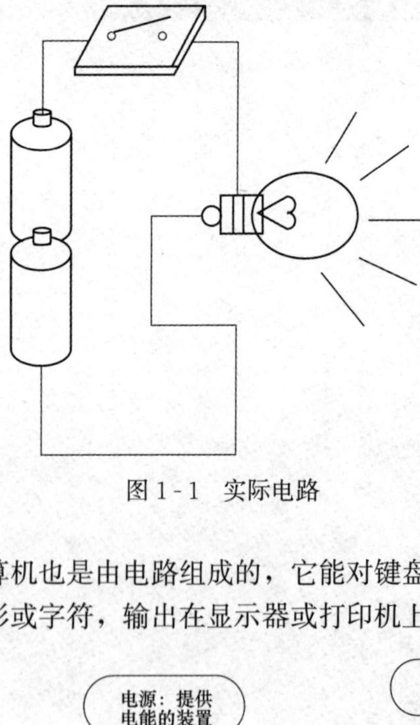

图 1-1　实际电路

电路的主要功能和作用一般有以下两个方面。

（1）进行能量的传输、转换和分配。最典型的例子是电力系统。发电厂的发电机组把水能或热能转换成电能，通过变压器、输电线路发送给各用户，用户又把电能转换成机械能、热能或光能等，如图 1-2（a）所示。在这类电路中，一般要求在传输和转换过程中尽可能地减少能量损耗以提高效率。

（2）信号的传递与处理。常见的例子很多，如电视机接收各发射台发射的不同信号并进行放大、处理，转换成声音和图像，如图 1-2（b）所示。计算机也是由电路组成的，它能对键盘或其他输入设备输入的信号进行传递、处理，转换成图形或字符，输出在显示器或打印机上。所有这些都是通过电路把施加的输入信号变换成为所

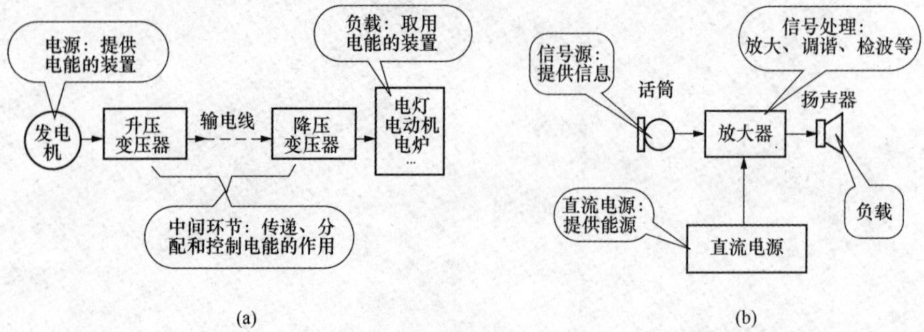

(a)　(b)

图 1-2　电路的两种典型应用

（a）电力系统；（b）电视机

需要的输出信号。在这类电路中虽然也有能量的传输和转换，但是人们更关心的是信号传递的质量，如要求快速、准确、不失真等。

1.1.2　电路模型

实际电路中使用的电路部件一般都与电能的消耗现象及电磁能的储存现象有关，这些现象交织在一起并发生在整个部件中。如果把这些现象或特性全部加以考虑，则会给电路分析带来困难。因此，在电路理论中，会忽略它的次要性质，用一个足以表征其主要电磁性能的理想化元件来表示，以便进行定量分析。例如，一个白炽灯通过电流时除了具有电阻特性外，还会产生磁场，即具有电感性，但白炽灯主要作用是消耗电能，呈现电阻特性，而产生的磁场很微弱，因而将其近似地看做纯电阻元件。

电路模型是指由一个或者几个具有单一电磁特性的理想电路元件所组成的电路。理想电路元件中主要有电阻元件、电容元件、电感元件和电源元件等。通常把理想电路元件称为元件，将电路模型简称为电路。

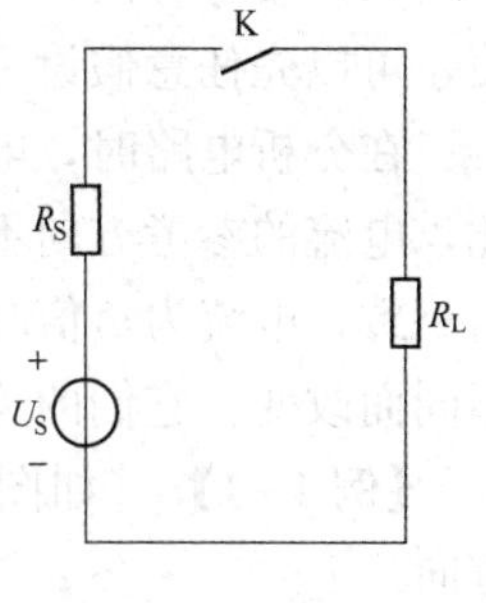

图 1 - 3　电路模型

如图 1 - 3 所示就是图 1 - 1 的电路的模型。

【思考题】

1. 什么是电路？一个最简单的电路有哪些基本组成部分？各部分的作用有什么不同？

1.2　电路的基本物理量

为了定量描述电路的电磁过程和状态，引入了电流、电压、电位、电动势、电荷、磁链、能量、电功率、电能等物理量。下面介绍几个基本物理量。

1.2.1　电流

电荷有规则地定向运动，形成传导电流。金属导体中的大量自由电子，在外电场的作用下逆电场运动而形成电流；电解液中带电离子作规则定向运动形成电流。

1. 定义

单位时间内通过导体横截面的电荷量称为电流强度，简称电流。

电流主要有直流电流、交流电流两类。

(1) 直流电流。它的大小和方向都不随时间的变化而变化，简称 DC。其电流强度用 I 表示。其计算公式为

$$I = \frac{Q}{t} \tag{1-1}$$

(2) 交流电流。它的大小和方向均随时间的变化而变化，简称 AC。其电流强度用 i 表示。其计算公式为

$$i = \frac{\mathrm{d}q}{\mathrm{d}t} \tag{1-2}$$

2. 单位

电流的单位是安培，简称安，SI 符号为 A。1A 表示 1s 内通过导体横截面的电荷量为 1C。

为了使用上的方便，常用的单位还有毫安（mA）、微安（μA）、千安（kA）。它们的关系为

$$1\text{A}=10^3\text{mA}=10^6\mu\text{A}$$
$$1\text{kA}=10^3\text{A}$$

3. 方向

（1）实际方向。它一般指正电荷定向移动的方向。在电路图中用“--→”表示。

（2）参考方向。在实际问题中，电流的实际方向在电路图中往往难以判断。为了分析方便，可以先任意假设一个电流的方向称为“参考方向”。在电路图中用“—→”表示。

在分析电路时，电流的参考方向可以任意假设，但电流的实际方向是客观存在的，因此，电流的参考方向不一定就是实际方向。规定计算所得电流为正值时，实际方向与参考方向一致；电流为负值时，实际方向与参考方向相反。电流的实际方向不因其参考方向选择的不同而改变。它们的关系如图 1 - 4 所示。

【例 1 - 1】 如图 1 - 5 所示，电路上电流的参考方向已选定。试指出各电流的实际方向。

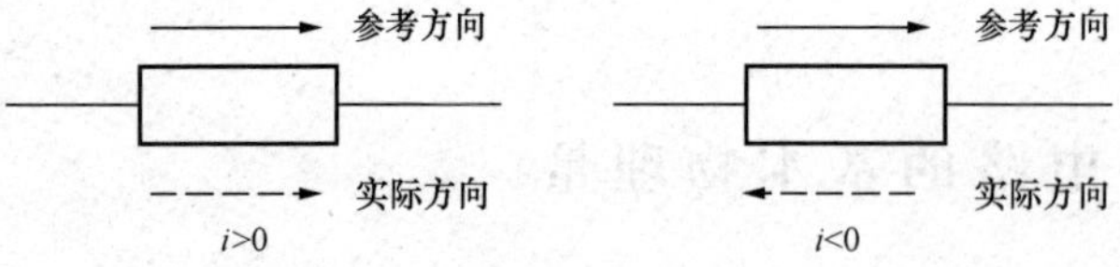

图 1 - 4 电流的实际方向和参考方向

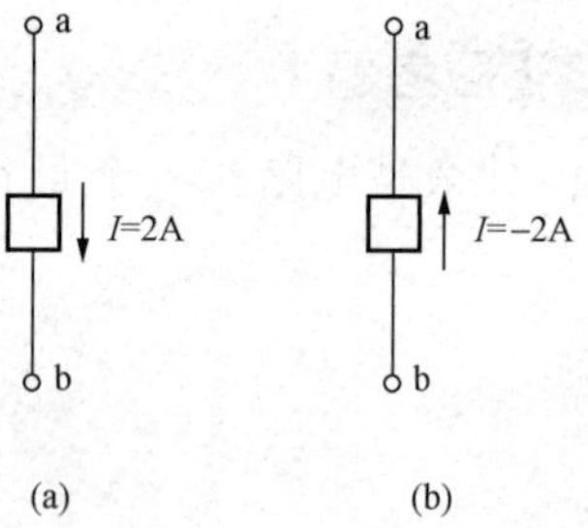

图 1 - 5 ［例 1 - 1］图

解 如图 1 - 5（a）所示，$I>0$，I 的实际方向与参考方向相同，电流 I 由 a 流向 b，大小为 2A。

如图 1 - 5（b）所示，$I<0$，I 的实际方向与参考方向相反，电流 I 由 a 流向 b，大小为 2A。

1.2.2 电压

电荷在电路中流动，就必然会发生能量的交换。电荷可能在电路的某处获得能量而在另一处失去能量。因此，电路中存在着能量的流动，电源一般提供能量，有能量流出；电阻等元件吸收能量，有能量流入。为便于研究问题，引入“电压”这一物理量。

1. 定义

单位正电荷从 a 点移到 b 点时电场力所做的功称为 ab 两点间的电压。

（1）直流电压。它的大小和方向都不随时间的变化而变化，用 U 表示。其计算公式为

$$U=\frac{W}{Q} \tag{1-3}$$

（2）交流电压：它的大小和方向均随时间的变化而变化，用 u 表示。其计算公式为

$$u=\frac{\text{d}W}{\text{d}q} \tag{1-4}$$

2. 单位

电压的单位是伏特，简称伏，SI 符号为 V。当电场力将 1C 的正电荷由 a 点移动到 b 点所做的功为 1J 时，a、b 两点间的电压为 1V。

为了使用上的方便，常用的单位还有毫伏（mV）、微伏（μV）、千伏（kV）。它们的关系为

$$1\text{V}=10^3\text{mV}=10^6\mu\text{V}$$

$$1\text{kV}=10^3\text{V}$$

3. 方向

(1) 实际方向。它一般指正电荷在电场中受电场力作用移动的方向。

(2) 参考方向。与电流需要选定参考方向一样，也需要为电压选定参考方向。如图 1-6 所示，通常在电路图上用“+”表示参考方向的高电位端，用“-”表示参考方向的低电位端，也可以用箭头或双下标表示电压的参考方向（如 U_{ab} 表示电压参考方向从“a”点指向“b”点）。

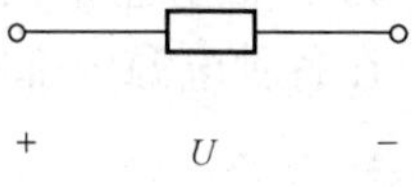

图 1-6　电压的参考方向表示法

$$U_{ab}=-U_{ba} \quad (1-5)$$

在分析电路时，当计算所得电压为正值时，实际方向与参考方向一致；电压为负值时，实际方向与参考方向相反。电压的实际方向不因其参考方向选择的不同而改变。

【例 1-2】　如图 1-7 所示，电路上电压的参考方向已选定。试指出各电压的实际方向。

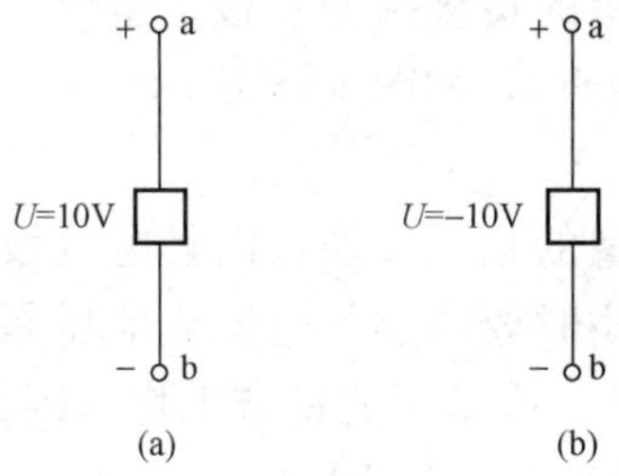

图 1-7　[例 1-2] 图

解　如图 1-7（a）所示，$U>0$，U 的实际方向与参考方向相同，电压 U 由 a 指向 b，大小为 10V。

如图 1-7（b）所示，$U<0$，U 的实际方向与参考方向相反，电压 U 由 b 指向 a，大小为 10V。

1.2.3　电位

在电路分析中，经常用到电位这一物理量。

1. 定义

在电路中任选一点为 O 参考点，电场力将单位正电荷从电路中某点移到参考点所做的功称为该点的电位。

电路中某点的电位用注有该点字母的“单下标”的电位符号表示，如 A 点电位就用 V_A 表示。根据定义可知 $V_A=U_{A0}$。

电路中参考点本身的电位为零，即 $V_O=0$，所以参考点也称为零电位点。若电路是为了安全而接地的，则常以大地为零电位体，接地点就是零电位点，是确定电路中其他各点的参考点。接地在电路中用“⊥”表示。

2. 单位

电位实质上就是电压，所以单位也是伏特（V）。

3. 电位与电压的关系

以电路中的 O 点为参考点，则另外两点 A、B 的电位分别为 $V_A=U_{A0}$，$V_B=U_{B0}$，它们分别表示电场力将单位正电荷从 A 点或 B 点移到 O 点所做的功，那么电场力将单位正电荷从 A 点移到 B 点所做的功就是 U_{AB}，就应该等于电场力将单位正电荷从 A 点移到 O 点，再从 O 点移到 B 点所做的功的和，即

$$U_{AB}=U_{AO}+U_{OB}=U_{AO}-U_{BO}$$

所以 $$U_{AB}=V_A-V_B \quad (1-6)$$

式（1-6）说明，电路中A点到B点的电压等于A点电位与B点电位的差值。因此两点间电压就是两点间的电位差。

参考点是可以任意选定的，但是一经选定，电路中的其他各点的电位也就确定了。选择的参考点不同，电路中各点的电位也会不同，但任意两点的电位差即电压是不变的。一个电路中只能选一个参考点，但可以根据分析问题的方便决定选择哪个做参考点。

1.2.4 电动势

为了维持电路中的电流，必须有一种外力持续不断地把正电荷从低电位点移到高电位点。在各种电源内部的这种外力称为电源力。电动势是表征电源力做功能力的物理量。

1. 定义

电源力将单位正电荷从电源的负极移到电源的正极所做的功称为电源的电动势。

直流电路中的电动势用 E 表示，交流电路中用 e 表示。

2. 单位

电动势的单位也是伏特。

3. 方向

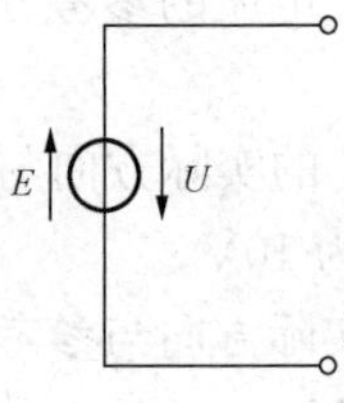

图1-8 电动势

电动势的实际方向在电源内部从电源的负极指向正极，也就是电位升高的方向（即由低电位点指向高电位点），如图1-8所示。

1.2.5 电功率

电路在工作时总伴随有其他形式能量的相互交换，而且电气设备和电路部件本身都有功率的限制，在使用时要注意其电流或电压是否超过额定值，是否会过载损坏设备或部件，或是否能正常工作。因此，在电路的分析计算中，电功率和能量的计算是十分重要的。

1. 定义

电场力在单位时间内所做的功或者电路在单位时间内消耗的能量称为功率。用 P 表示直流功率，用 p 表示交流电路的功率。

2. 单位

功率的单位是瓦特，简称瓦，SI符号为W。

为了使用方便，常见的功率单位还有千瓦（kW）和毫瓦（mW）。它们的关系是

$$1W=10^3mW$$

$$1kW=10^3W$$

3. 功率的计算

在分析电路时，原则上电流电压的参考方向是可以任意选择的。但为了计算方便，常设电流的参考方向与电压的参考方向一致，称为关联参考方向，如图1-9（a）所示，电流的参考方向是由电压的高电位流向低电位的。如果设电流的参考方向与电压的参考方向不一致，则称为非关联参考方向，如图1-9（b）所示，电流的参考方

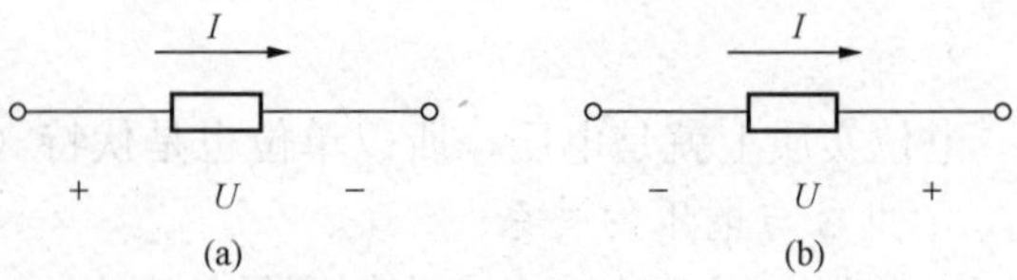

图1-9 关联参考方向与非关联参考方向

（a）关联参考方向；（b）非关联参考方向

向是由电压的低电位流向高电位的。

在直流电路中，当电压电流是关联参考方向时，按式（1-7）计算功率，有

$$P = UI \tag{1-7}$$

当电压电流是非关联参考方向时，按式（1-8）计算功率，有

$$P = -UI \tag{1-8}$$

由于电压电流均为代数量，无论按式（1-7）还是式（1-8）计算，功率可正可负。当 $P>0$ 时，表示元件实际消耗或吸收电能，相当于负载；当 $P<0$ 时，表示元件实际提供或释放电能，相当于电源。

4. 电能

功率是能量的平均转换率。对于发电设备来说，功率是单位时间内所产生的电能；对于用电设备来说，功率是单位时间内所消耗的电能。电能用 W 表示。

如果用电设备功率为 P，使用时间为 t，则该设备消耗的电能为

$$W = Pt = UIt \tag{1-9}$$

电能的单位为焦耳，简称焦。SI 符号为 J。若功率单位是“千瓦”，时间单位是“小时”，电能的单位就是“千瓦时”。平时说的“1 度电”就是“1 千瓦时”。1 度电为

$$1\text{kW}\cdot\text{h} = 1000 \times 3600 = 3.6 \times 10^6\text{J}$$

【例 1-3】 试计算图 1-10 中的元件的功率，并判断其类型。

解 图 1-10（a）中元件电流和电压为关联参考方向，有

$$P = UI = 2 \times (-1) = -2(\text{W})$$

$P<0$，为供能元件，提供能量。

图 1-10（b）中元件电流和电压为非关联参考方向，有

$$P = -UI = -(-3) \times 2 = 6(\text{W})$$

$P>0$，为耗能元件，吸收能量。

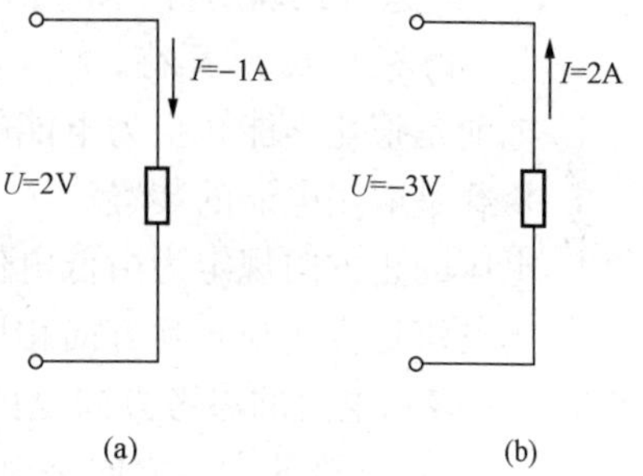

图 1-10　［例 1-3］图

【思考题】

一、选择题（将正确的选项填入括号内）

1. 电流的国际单位是（　　）。

（A）欧姆（Ω）　（B）欧姆（R）　（C）安培（A）　（D）瓦特（W）

2. 电功率的单位是（　　）。

（A）千瓦小时（kW·h）　（B）千瓦（kW）

（C）度（°）　（D）伏（V）

3. 电压的单位是（　　）。

（A）伏特（V）　（B）瓦特（W）　（C）安培（A）　（D）欧姆（Ω）

4. 对电动势叙述正确的是（　　）。

（A）电动势就是电压

（B）电动势就是高电位

（C）电动势就是电位差

（D）电动势是外力把单位正电荷从电源负极移到正极所做的功

5. 1 欧姆（Ω）＝（ ）千欧（kΩ）。

（A）10^{-3} （B）10^{3} （C）10^{6} （D）10^{9}

6. 自由电子在电场力的作用下的定向移动称为（ ）。

（A）电源 （B）电流 （C）电压 （D）电阻

7. 电路中某两点间的电位差称为（ ）。

（A）电源 （B）电流 （C）电压 （D）电阻

8. 导体对电流起阻碍作用的能力称为（ ）。

（A）电源 （B）电流 （C）电压 （D）电阻

9. 一段圆柱状金属导体，若将其拉长为原来的 2 倍，则拉长后的电阻是原来的（ ）倍。

（A）1 （B）2 （C）3 （D）4

10. 同材料同长度的电阻与截面积的关系是（ ）。

（A）无关 （B）截面积越大，电阻越大

（C）截面积越小，电阻越小 （D）电阻与截面积成正比

二、判断题（正确的打“√”，错误的打“×”）

1. 1 马力等于 1000 瓦特。（ ）
2. 电池是把化学能转换为电能的装置。（ ）
3. 负载是取用电能的装置。（ ）
4. 电压的正方向规定为由低电位点指向高电位点。（ ）
5. 当电流正方向与实际方向相反时，则电流 $I>0$。（ ）
6. U_{ab} 表示电流的参考方向是由 a 点流向 b 点。（ ）
7. i_{ab} 表示电流的实际方向是由 a 点流向 b 点。（ ）
8. 电源电动势的方向规定为在电源内部由低电位（“－”极性）端指向高电位（“＋”极性）端，其参考方向就是实际方向。（ ）
9. 负电荷流动的方向为电流的方向。（ ）
10. 电压是没有方向的。（ ）

1.3 电路的基本工作状态

电路的工作状态有三种，分别是开路、短路和有载工作状态。

1.3.1 电路的开路工作状态

开路是指电源与负载没有构成闭合路径。在图 1－11 所示电路中，当开关 K1 断开时，电路即处于开路状态，此时电路中的电流为零，电源无电能输出。因此，电路开路也称为电源空载。

1.3.2 电路的短路工作状态

短路是指电源未经负载而直接通过导线接成闭合路径。如图 1－11 所示电路中，开关 K1、K2 都闭合时，电源短路，流过负载的电流为零。又因为电源内阻一般都很小，所以短

路电流很大，如不及时切断，将引起剧烈发热而使电源、导线以及电流流过的仪表等设备损坏，因此，应尽量避免。为了防止短路事故造成的危害，通常在电路中装设熔断器或自动断路器，一旦发生短路，便能迅速将故障部分切断，从而保护电源，免于烧坏。

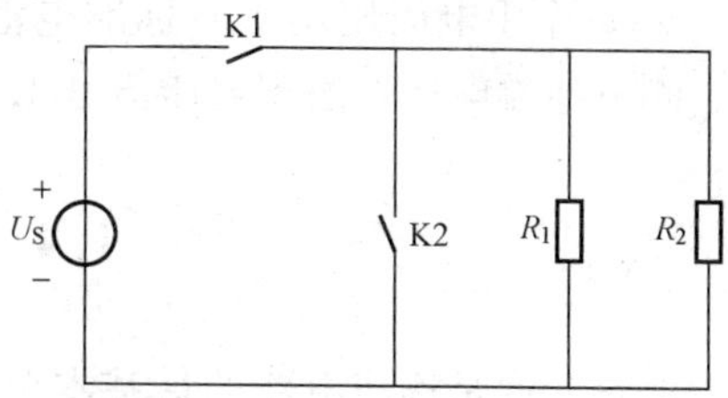

图 1-11　电路工作状态图

1.3.3　电路的有载工作状态

如图 1-11 所示，当开关 K1 闭合、K2 断开时，电源与负载构成闭合通路，电路便处于有载工作状态。

一般用电设备都是并联于供电线上，如图 1-11 所示。因此，接入的负载数越多，负载电阻 R_L 越小，电路中的电流便越大，负载功率也越大。在电工技术上把这种情况称为负载增大。显然，所谓负载的大小指的是负载电流或功率的大小，而不是负载电阻的大小。

每一个电气设备都有一个正常条件下运行而规定的正常允许值，这是由电气设备生产厂家根据其使用寿命与所用材料的耐热性能、绝缘强度等而标注的该设备的额定值，电气设备的额定值常标注在铭牌上或写在说明书中。额定值的项目很多，主要包括额定电流、额定电压以及额定功率等，分别用 I_N、U_N 和 P_N 表示。例如，滑线变阻器的额定电流和额定电阻为 1A 和 300Ω；某电动机的额定电压、额定电流、额定功率、额定频率分别为 380V、8.6A、4kW 和 50Hz 等。

电气设备都应在额定状态下运行，通常把工作电流超过额定值时的情况称为“超载”或“过载”。超额定值运行，设备轻则缩短使用寿命，重则损毁设备。例如，若发电机线圈中的电流过大，线圈就会因过热而损坏绝缘；再如电容器，若承受过高电压，两极板之间的介质就会被击穿；各种指针式仪表，若超过其量程则不能读数或打弯指针等。

把工作电流低于额定值时的情况称为“轻载”或“欠载”。低于额定值运行，可能造成不能发挥设备全部效能，也会造成浪费（大马拉小车）。

当工作电流等于额定电流时称为“满载”。

注意

不能将额定值与实际值等同，例如，一只灯泡，标有电压 220V，功率 100W，这是它的额定值，表示这只灯泡接在电压 220V 电源上吸收功率是 100W。在使用时，电源电压经常波动，稍高于或低于 220V，这样灯泡的实际功率就不会正好等于其额定值 100W 了。所以，电气设备在使用时，电压、电流和功率的实际值不一定等于它们的额定值。此外，额定值的大小会随着工作条件和环境温度变化，若设备在高温环境下使用，则应适当降低额定值或改善散热条件。例如，某些三极管和集成电路的散热片就是为了安全使用而装设的。

【思考题】

1. 电路有哪些基本工作状态？
2. 在手电筒电路中，如果开关发生断路或短路故障，会发生什么现象？会造成损失吗？

3. 一个手电筒使用1号标准电池，电池电压是1.5V，使用一段时间后，灯泡几乎不亮。测电池端电压，发现电压值是1.2V，但是其电流值几乎为零，这是为什么？

1.4 电路的基本元件

电路元件是构成电路的最基本单元。理想的电路元件有电阻元件、电感元件、电容元件、理想电压源、理想电流源五种。研究元件的规律是分析和研究电路规律的基础。

1.4.1 电阻元件

1. 电阻与电阻元件

当电荷在电场力的作用下在导体内部作定向运动时，通常要受到阻碍作用，物体对电子运动呈现的阻碍作用，称为该物体的电阻。由具有电阻作用的材料制成的电阻器、白炽灯、电烙铁、电炉等实际元件，当其内部有电流流过时，就要消耗电能，并将电能转换为热能、光能等能量而消耗掉。将这类具有对电流有阻碍作用，消耗电能特征的实际元件，集中化、抽象化为一种只具有消耗电能的电磁性质的理想电路元件称为电阻元件。电阻元件是一种对电流有“阻碍”作用的耗能元件。

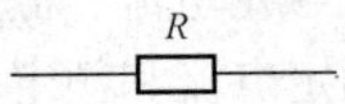

图1-12 电阻元件

电阻用符号 R 表示，电路符号如图1-12所示。电阻单位为欧姆，简称欧，其SI符号为Ω。电阻常见的单位还有千欧（kΩ）、兆欧（MΩ）等。它们的关系为

$$1\text{k}\Omega = 10^3\Omega$$

$$1\text{M}\Omega = 10^3\text{k}\Omega = 10^6\Omega$$

常见电阻有膜式电阻、绕线电阻器等，如图1-13和图1-14所示。

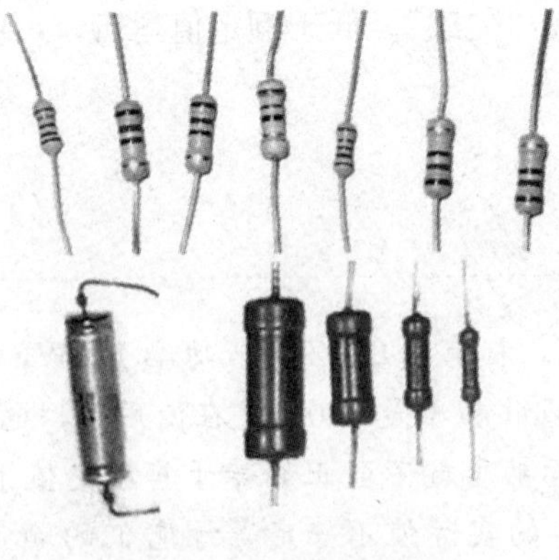
图1-13 膜式电阻

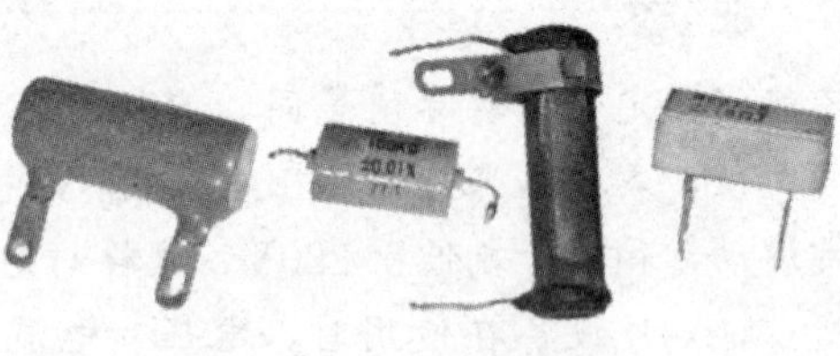
图1-14 绕线电阻器

几种常见的电阻符号如图1-15所示。

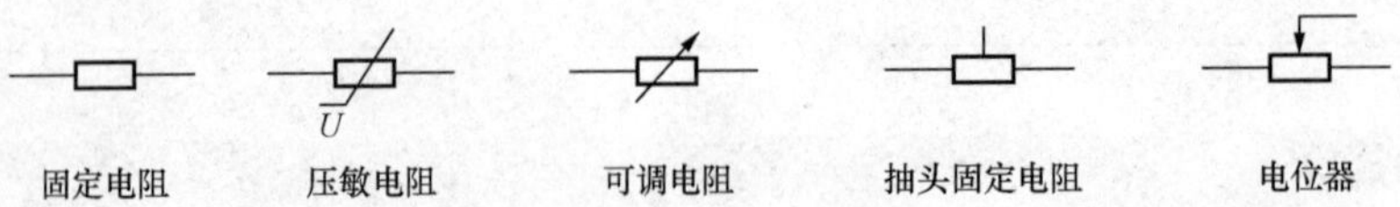

图1-15 常见的电阻符号

2. 电导

在作某些电路的计算时，往往应用电阻的倒数比用电阻还来得方便，因此把电阻的倒数给予一个专有名称叫作“电导”，用符号 G 表示，即

$$G=\frac{1}{R} \tag{1-10}$$

电导是反映材料导电能力的一个参数。电导的单位是西门子，简称西，其 SI 符号为 S。

3. 电阻元件的伏安特性

电阻元件作为一种理想电路元件，它的大小与材料有关，而与电压、电流无关。若给电阻通以电流 i，这时电阻两端会产生一定的电压 u，电压 u 与电流 i 的比值为一个常数，这个常数就是电阻 R，这也就是物理中介绍过的欧姆定律，其表达式可表示为

$$u=Ri \tag{1-11}$$

值得说明的是，式（1-11）是在电压 u 与电流 i 为关联参考方向下成立的。若 u、i 为非关联参考方向，则欧姆定律表示为

$$U=-Ri \tag{1-12}$$

当然，欧姆定律也可以表示为

$$i=Gu（u、i\text{ 为关联参考方向}） \tag{1-13}$$

或

$$i=-Gu（u、i\text{ 为非关联参考方向}） \tag{1-14}$$

式（1-12）～式（1-15）反映了电阻元件本身所具有的规律，也就是电阻元件对其电压、电流的约束关系，即伏安关系。

如果把电阻元件上的电压取作横坐标，电流取作纵坐标，画出电压与电流的关系曲线，则这条曲线称为该电阻元件的伏安特性曲线，如图 1-16 所示。

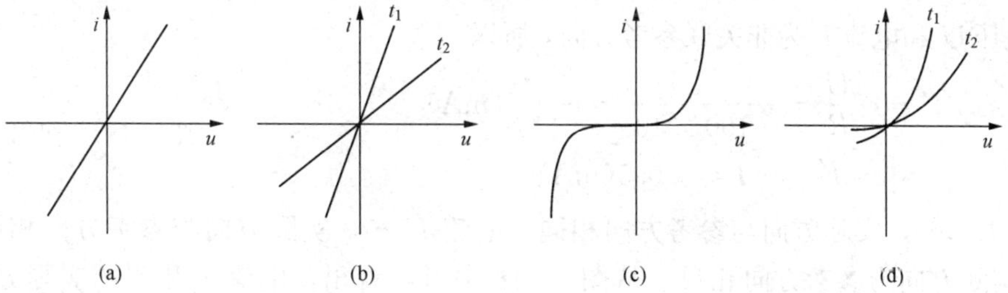

图 1-16　电阻元件的伏安特性曲线

若电阻元件的伏安特性曲线不随时间变化，则该元件为时不变电阻，如图 1-16（a）、（c）所示；否则为时变电阻，如图 1-16（b）、（d）所示。若电阻元件的伏安特性曲线为一条经过原点的直线，则称其为线性电阻，如图 1-16（a）、（b）所示；否则为非线性电阻，如图 1-16（c）、（d）所示。

所以，图 1-16（a）所示为线性时不变电阻，图 1-16（b）所示为线性时变电阻，图 1-16（c）所示为非线性时不变电阻，图 1-16（d）所示为非线性时变电阻。

非线性电阻元件中的电流和端电压不是直线关系，不遵守欧姆定律，因此不能用式（1-11）～式（1-14）来计算，通常表示成 $i=f(u)$ 的形式，图 1-16（c）所示曲线就是半导体二极管的伏安特性曲线（半导体二极管可认为是非线性电阻元件）。

因而，广义的电阻元件定义如下，在任一时刻 t，一个二端元件的电压 u 和电流 i 两者之间的关系可由 $u-i$ 平面上的一条曲线确定，则此二端元件称为电阻元件。

严格地说，电阻器、白炽灯、电烙铁、电炉等实际电路元件的电阻或多或少都是非线性的。但在一定范围内，它们的电阻值基本不变，若当作线性电阻来处理，是可以得到满足实际需要的结果。线性电阻在实际电路中应用最为广泛，本书将主要讨论线性元件及含线性元件的电路，以后如果不加特别说明，本书中的电阻元件皆指线性电阻元件。

为了叙述方便，常将线性电阻元件简称电阻。这样，"电阻"及其相应的符号 R 一方面表示一个电阻元件，另一方面也表示这个元件的参数。

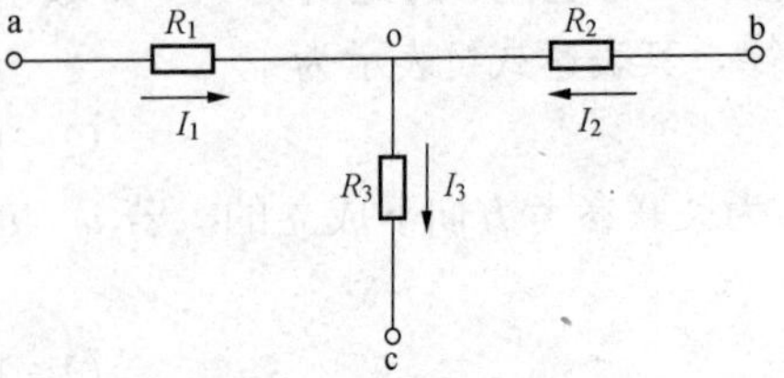

图 1-17 ［例 1-4］图

【例 1-4】 计算如图 1-17 所示电路的 U_{ao}、U_{bo}、U_{co}，已知 $I_1=2A$，$I_2=-4A$，$I_3=-1A$，$R_1=3\Omega$，$R_2=3\Omega$，$R_3=2\Omega$。

解 R_1、R_2 的电压电流是关联参考方向，故用式（1-11）计算电压，即

$$U_{ao}=I_1R_1=2\times3=6(V)$$

$$U_{bo}=I_2R_2=-4\times3=-12(V)$$

R_3 的电压电流是非关联参考方向，故用式（1-12）计算电压，即

$$U_{co}=-I_3R_3=-(-1)\times2=2(V)$$

【例 1-5】 如图 1-18 所示，已知 $R=100k\Omega$，$U=50V$，试计算电流 I 和 I'，并标出电压 U 及电流 I、I' 的实际方向。

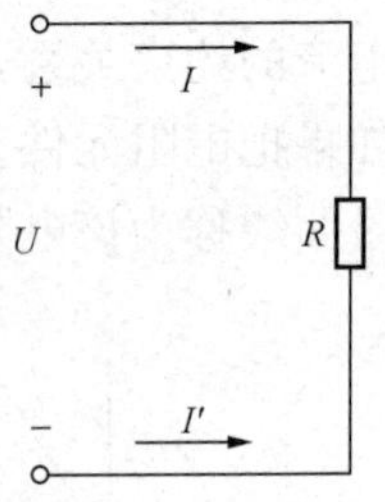

图 1-18 ［例 1-5］图

解 因为电压 U 和电流 I 为关联参考方向，所以

$$I=\frac{U}{R}=\frac{50}{100\times10^3}=0.5(mA)$$

而电压 U 和电流 I' 为非关联参考方向，所以

$$I'=-\frac{U}{R}=-\frac{50}{100\times10^3}=-0.5(mA)$$

或 $$I'=-I=-0.5(mA)$$

电压 $U>0$，实际方向与参考方向相同；电流 $I>0$，实际方向与参考方向相同；电流 $I'<0$，实际方向与参考方向相反。从图 1-18 中可以看出，电流 I 和 I' 的实际方向相同，说明电流实际方向是客观存在的，与参考方向的选取无关。

4. 电阻元件的功率

当电阻元件上电压 U 与电流 I 为关联参考方向时，由欧姆定律 $U=RI$，得元件吸收的功率为

$$P=UI=RI^2=\frac{U^2}{R}=GU^2 \tag{1-15}$$

若电阻元件上电压 U 与电流 I 为非关联参考方向，这时欧姆定律 $U=-RI$，元件吸收的功率为

$$P=-UI=RI^2=\frac{U^2}{R}=GU^2 \tag{1-16}$$

由式（1-15）和式（1-16）可知，P 恒大于等于零。这说明：任何时候电阻元件都不

可能输出电能，而只能从电路中吸收电能，所以电阻元件是耗能元件。

对于一个实际的电阻元件，其元件参数主要有两个，一个是电阻值，另一个是功率。如果在使用时超过其额定功率（是考虑电阻安全工作的限额值），则元件将被烧毁。

例如一个 1000Ω、5W 的金属膜电阻误接到 220V 电源上，立即冒烟、烧毁。这个金属膜电阻吸收的功率为

$$P=\frac{U^2}{R}=\frac{220^2}{1000}=48.4(\mathrm{W})$$

但这个金属膜电阻按设计仅能承受 5W 的功率，所以引起电阻烧毁。

如果电阻元件把接受的电能转换成热能，则从 t_0 到 t 时间内。电阻元件的热量 Q 也就是这段时间内接受的电能 W 为

$$Q=W=\int_0^t p\,\mathrm{d}t=\int_0^t Ri^2\,\mathrm{d}t$$

若电阻通过直流电流时，上式化为

$$W=P(t-t_0)=I^2R(t-t_0)$$

【例 1-6】 有 220V，100W 灯泡一个，每天用 5h，那么 1 个月（按 30 天计算）消耗的电能是多少度？

解　$$W=Pt=100\times10^{-3}\times5\times30=15(\mathrm{kW\cdot h})=15(\text{度})$$

1.4.2　电容元件

1. 电容与电容元件

实际电容器是由两片金属极板中间充满电介质（如空气、云母、绝缘纸、塑料薄膜、陶瓷等）构成的。在电容两个极板间加一定电压后，两个极板上会分别聚集起等量异性电荷，并在介质中形成电场。去掉电容两个极板上的电压，电荷能长久储存，电场仍然存在。因此电容器是一种能储存电场能量的元件，又称储电器。电容在电路中多用来滤波、隔直、交流耦合、交流旁路及与电感元件组成振荡回路等。

电容元件是从实际电容器抽象出来的理想化模型，是代表电路中储存电能这一物理现象的理想二端元件。当忽略实际电容器的漏电电阻和引线电感时，可将它们抽象为仅具有储存电场能量的电容元件，简称电容。电容量 C 简称为电容，因此电容既表示电容元件，又表示电容元件的参数。

电容用符号 C 表示，电路符号如图 1-19 所示。电容的单位是法拉，简称法，SI 符号为 F。实际电容的电容量很小，因此常用的电容量单位为微法（μF），皮法（pF），它们与 SI 单位 F 的关系为

$$1\mathrm{F}=10^6\mu\mathrm{F}=10^{12}\mathrm{pF}$$

常见电容有涤纶电容、瓷介电容、电解电容，还有独石电容、金属化纸介电容、空气可变电容等如图 1-20～图 1-25 所示。

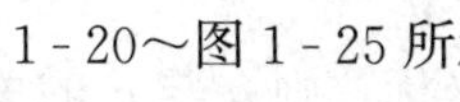

图 1-19　电容元件

图 1-20　涤纶电容

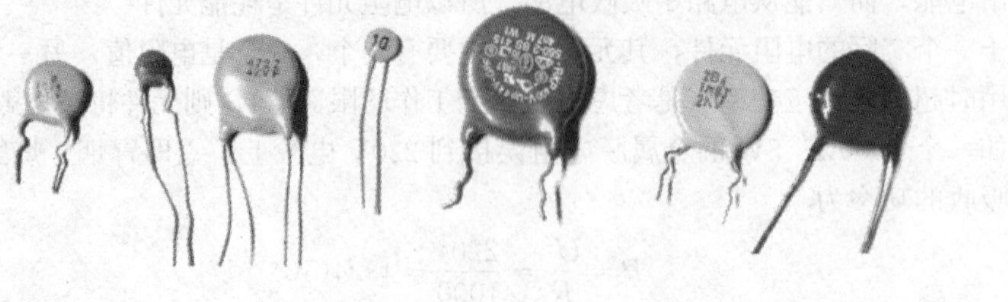

图 1-21　瓷介电容

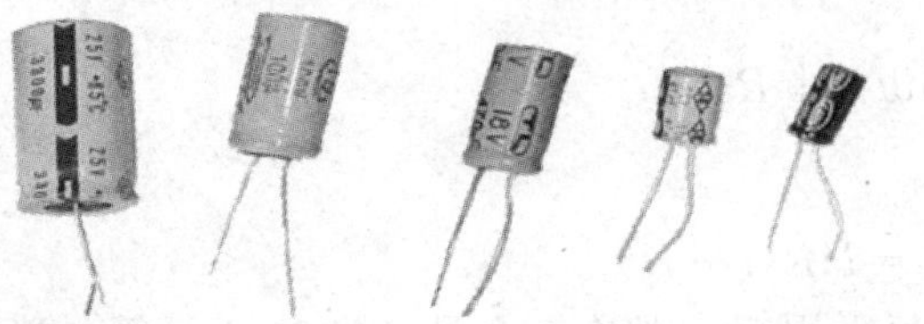

图 1-22　电解电容

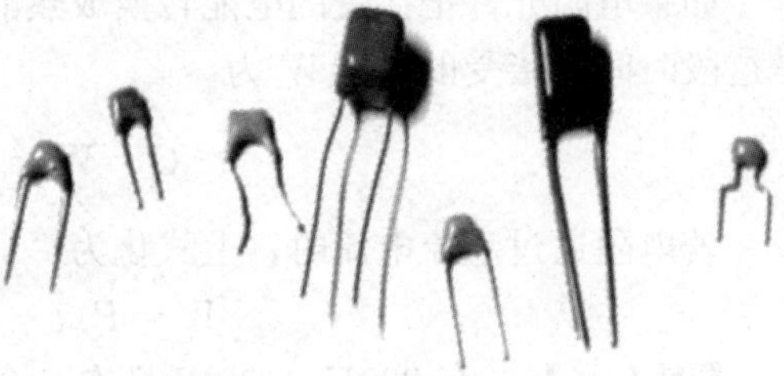

图 1-23　独石电容

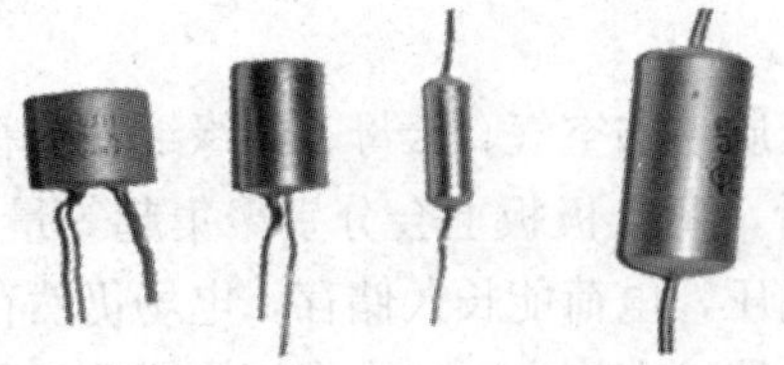

图 1-24　金属化纸介电容

图 1-25　空气可变电容

几种常见的电容符号如图 1-26 所示。

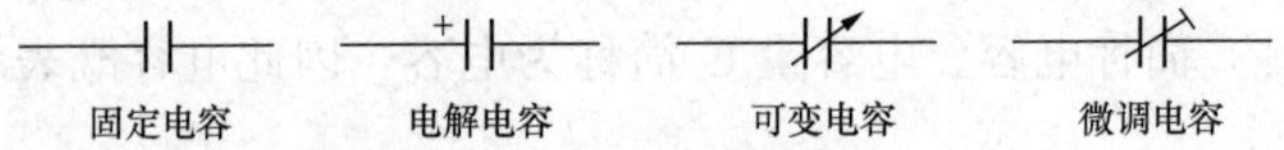

图 1-26　常见电容符号

2. 电容元件的库伏特性

电容元件的库伏特性由两个极板上所加的电压 u 和极板上储存电荷的 q 来表征。电容量 C 的定义是：升高单位电压极板所能容纳的电荷，即

$$C=\frac{q}{u} \tag{1-17}$$

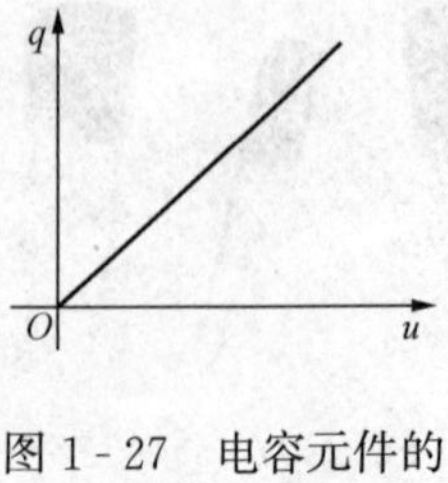

图 1-27　电容元件的库伏特性曲线

如果以 u 为横坐标，q 为纵坐标，则 q 与 u 的关系可用 $q-u$ 平面上的曲线来表示，该曲线称为电容元件的库伏特性曲线，如图 1-27 所示。如果特性曲线是一条通过坐标原点的直线，则此电容元件称为线性电容。本书只讨论线性电容。

在电路分析中，电容元件的电压、电流关系是十分重要的。如果加在电容两个极板上的电压为直流电压，则极板上的电荷量不发生变化，电路中没有电流，电容相当于开路，所以电容有隔断直流的作用。当电容元件两端的电压发生变化时，极板上聚集的电荷也相应地发生变化，这时电容元件所在的电路中就存在电荷的定向移动，形成了电流。

当 u、i 为关联参考方向时

$$i=\frac{\mathrm{d}q}{\mathrm{d}t}=C\frac{\mathrm{d}u}{\mathrm{d}t} \tag{1-18}$$

可见，任一时刻通过电容的电流与电容两端电压对时间的变化率成正比，而与该时刻的电压值无关。当电压升高时，$\frac{\mathrm{d}u}{\mathrm{d}t}>0$，则$\frac{\mathrm{d}q}{\mathrm{d}t}>0$，$i>0$，极板上电荷量增加，电容器充电；当电压降低时，$\frac{\mathrm{d}u}{\mathrm{d}t}<0$，则$\frac{\mathrm{d}q}{\mathrm{d}t}<0$，$i<0$，极板上电荷量减少，电容器放电。直流电压$\frac{\mathrm{d}u}{\mathrm{d}t}=0$，所以 $i=0$。只有当电容元件两端的电压发生变化时，才有电流通过。电压变化越快，电流越大。当电压不变（直流电压）时，电流为零。所以电容元件有隔直通交的作用。电容元件两端的电压不能跃变，这是电容元件的一个重要性质。如果电压跃变，则要产生无穷大的电流，对实际电容器来说，这当然是不可能的。

当 u、i 为非关联参考方向时，有

$$i=-C\frac{\mathrm{d}u}{\mathrm{d}t} \tag{1-19}$$

3. 电容元件的功率

在电压电流关联参考方向下，任一时刻电容元件吸收的瞬时功率为

$$p(t)=u(t)i(t)=Cu(t)\frac{\mathrm{d}u(t)}{\mathrm{d}t} \tag{1-20}$$

由式（1-20）可见，电容上电压电流的实际方向可能相同，也可能不同，因此瞬时功率可正可负，当 $p(t)>0$ 时，表明电容实际为吸收功率，即电容被充电；$p(t)<0$ 时，表明电容实际为发出功率，即电容放电。

在 $\mathrm{d}t$ 时间内，电容元件吸收的能量为

$$\mathrm{d}W_C(t)=p(t)\mathrm{d}t=Cu(t)\mathrm{d}u(t)$$

$t=0$ 时，$u(0)=0$，则从 0 到 t 时间内，电容元件吸收的能量为

$$W_C(t)=\int_0^t p(t)\mathrm{d}t=C\int_0^{u(t)}u(t)\mathrm{d}u(t)=\frac{1}{2}Cu^2(t)$$

即

$$W_C(t)=\frac{1}{2}Cu^2(t) \tag{1-21}$$

由式（1-21）可知，电容在任一时刻 t 储存的能量仅与此时刻的电压有关，而与电流无关，并且 $W_C\geqslant 0$。电容充电时将吸收的能量全部转变为电场能量，放电时又将储存的电场能量释放回电路，它不消耗能量，因此称电容是储能元件。

在选用电容器时，除了选择合适的电容量外，还需注意实际工作电压与电容器的额定电压是否相等。如果实际工作电压过高，介质就会被击穿，电容器就会损坏。

【例 1-7】　已知 $100\mu\mathrm{F}$ 的电容两端所加电压 $u(t)=10\sin100t$ V，u、i 为关联参考方

向，试求电流 $i(t)$ 的表达式。

解 $i(t)=C\dfrac{\mathrm{d}u(t)}{\mathrm{d}t}=100\times10^{-6}\times\dfrac{\mathrm{d}10\sin100t}{\mathrm{d}t}$

$=100\times10^{-6}\times10\times100\cos100t=0.1\cos100t\,(\mathrm{A})$

1.4.3 电感元件

1. 电感与电感元件

实际电感线圈就是用漆包线或纱包线或裸导线一圈靠一圈地绕在绝缘管上或铁芯上而又彼此绝缘的一种元件。当电感线圈中有电流通过时，就会在其周围产生磁场，并储存磁场能量。电感元件是理想化的电路元件，它是实际电路中储存磁场能量这一物理性质的科学抽象。当忽略电感器的导线电阻时，电感器就成为理想化的电感元件，简称电感。电感 L 既表示电感元件，又表示电感元件的参数。

电感的电路符号如图 1-28 所示。电感的单位是亨利，简称亨，SI 符号位 H，常用的电感单位还有毫亨（mH）、微亨（μH），它们与 SI 单位的关系为

$$1\mathrm{mH}=10^{-3}\,\mathrm{H}$$

$$1\mu\mathrm{H}=10^{-6}\,\mathrm{H}$$

常见的电感有小型固定电感器、可调电感器、阻流电感器等，如图 1-29～图 1-31 所示。

图 1-28 电感元件

图 1-29 小型固定电感器

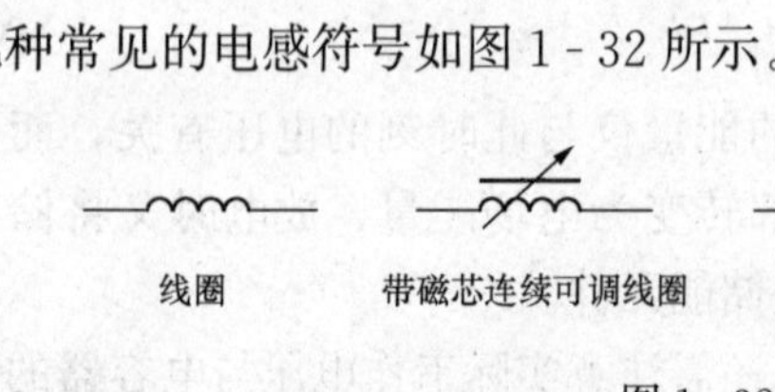

图 1-30 可调电感器

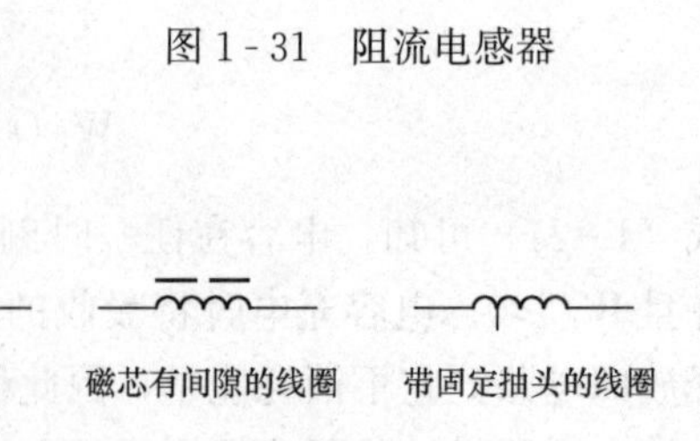

图 1-31 阻流电感器

几种常见的电感符号如图 1-32 所示。

图 1-32 常见的电感符号

2. 电感元件的韦安特性

当电感元件中通过电流 i 时，在每匝线圈中会产生磁通 Φ，若线圈有 N 匝，则与 N 匝线圈交链的磁通总量为 $N\Phi$，称为磁链 Ψ，即 $\Psi=N\Phi$。由于 Ψ 是由电流 i 产生的，所以 Ψ 是 i 的函数，并且规定磁通 Ψ 的参考方向与电流 i 的参考方向之间符合右手螺旋关系（即关联参考方向），此时，磁链与电流的关系为

$$\Psi(t)=Li(t) \tag{1-22}$$

如果以 i 为横坐标，Ψ 为纵坐标，则 Ψ 与 i 的关系可用 $\Psi-i$ 平面上的曲线来表示，该曲线称为电感元件的特性曲线。如果特性曲线是一条通过坐标原点的直线，则此电感元件称为线性电感，如图 1-33 所示。本书只讨论线性电感。

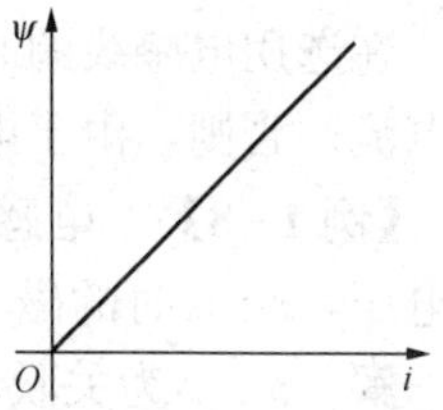

图 1-33　电感元件的韦安特性曲线

当电感元件中的电流发生变化时，自感磁链也发生变化，元件内将产生自感电动势，当自感电动势 e_L 和自感磁通的参考方向符合右手螺旋关系（即关联参考方向）时，有

$$e_L=-\frac{d\Psi}{dt} \tag{1-23}$$

因为 Ψ 与 i 在关联参考方向（满足右手螺旋关系）下，满足关系式 $\Psi=Li$，所以

$$e_L=-\frac{d\Psi}{dt}=-\frac{dLi}{dt}=-L\frac{di}{dt} \tag{1-24}$$

由于自感电动势的存在，在电感两端产生电压 v。通常选择电感元件上电流、自感电动势、电压三者为关联参考方向，于是有

$$u_L=-e_L=L\frac{di}{dt} \tag{1-25}$$

式（1-25）是电感元件伏安关系的微分形式，由此可知电感元件上任一时刻的电压与该时刻电感电流对时间的变化率成正比，而与该时刻的电流值无关，即使某时刻 $i=0$，也可能有电压。电流变化越快（di/dt 越大），u 也越大，对于直流电，其电流不随时间变化，则 $u=0$，电感相当于短路。

如果任一时刻电感电压为有限值，则 di/dt 为有限值，电感上的电流不能发生跃变。电感元件中的电流不能跃变，这是电感元件的一个重要性质。如果电流跃变，则要产生无穷大的电压，对实际电感线圈来说，这当然是不可能的。

当电感元件上电压与电流为非关联参考方向时，式（1-25）改写为

$$u_L=-L\frac{di}{dt} \tag{1-26}$$

3. 电感元件储存的能量

在电感元件电压电流的关联参考方向下，任一时刻电感元件吸收的瞬时功率为

$$p(t)=u(t)i(t)=Li(t)\frac{di(t)}{dt} \tag{1-27}$$

同电容一样，电感元件上的瞬时功率可正可负。当 $p>0$ 时，表明电感从电路中吸收功率，储存磁场能量；$p<0$，表明电感向电路发出功率，释放磁场能量。在 dt 时间内，电感元件吸收的能量为

$$dW(t)=p(t)dt=Li(t)di(t) \tag{1-28}$$

设 $t=0$ 时，$i(0)=0$，则从 0 到 t 的时间内，电感元件吸收的能量为

$$W_L(t)=\int_0^t p(t)\mathrm{d}t=L\int_0^{i(t)} i(t)\mathrm{d}i(t)=\frac{1}{2}Li^2(t) \tag{1-29}$$

由式（1-29）可知，电感元件在某时刻储存的磁场能量只与该时刻电感元件的电流有关。只要电流存在，电感就储存有磁场能，并且 $W_L \geqslant 0$。当电流增加时，电感元件从电源吸收能量，储存在磁场中的能量增加；当电流减小时，电感元件向外释放磁场能量。电感元件并不消耗能量，因此，电感元件也是一种储能元件。

在选用电感线圈时，除了选择合适的电感量外，还需注意实际的工作电流不能超过其额定电流。否则，由于电流过大，线圈发热而被烧毁。

【例 1-8】 电感电流 $i=10e^{-0.5t}$ mA，$L=1$H，求电感上电压表达式，当 $t=0$ 时的电感电压，$t=0$ 时的磁场能量（u、i 参考方向一致）。

解 u、i 为关联参考方向时，有

$$u_L(t)=L\frac{\mathrm{d}i}{\mathrm{d}t}=1\times\frac{\mathrm{d}10e^{-0.5t}}{\mathrm{d}t}=1\times10\times(-0.5)e^{-0.5t}=-5e^{-0.5t}(\mathrm{mV})$$

$$u_L(0)=-5(\mathrm{mV})$$

$$W_L(0)=\frac{1}{2}Li^2(0)=\frac{1}{2}\times1\times100\times10^{-6}=5\times10^{-5}(\mathrm{J})$$

1.4.4 理想电源

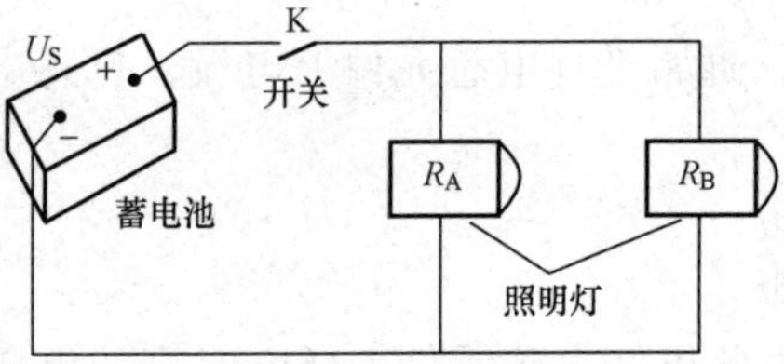

图 1-34 汽车照明灯的电气图

蓄电池是一种常见的电源，多用于汽车、电力机车、应急灯等，图 1-34 所示为汽车照明灯的电气原理图。其中，R_A、R_B 是一对汽车照明灯，K 是开关，U_S 是 12V 的蓄电池。

常见的电源还有发电机、干电池和各种信号源。凡是向电路提供能量或信号的设备称为电源。电源有两种类型，一种为电压源，另一种为电流源。电压源的电压不随其外电路而变化，电流源的电流不随其外电路而变化，因此，电压源和电流源总称为独立电源，简称独立源。

1. 理想电压源

电池是人们日常使用的一种电压源，它有时可以近似地用一个理想电压源来表示。理想电压源简称电压源，它是这样一种理想二端元件：它的端电压可以按照给定的规律变化而与通过它的电流无关。

常见的电压源有交流电压源和直流电压源。电压源的图形符号如图 1-35 所示。图 1-35（a）、（c）所示为直流电压源，图 1-35（b）所示为交流电压源。

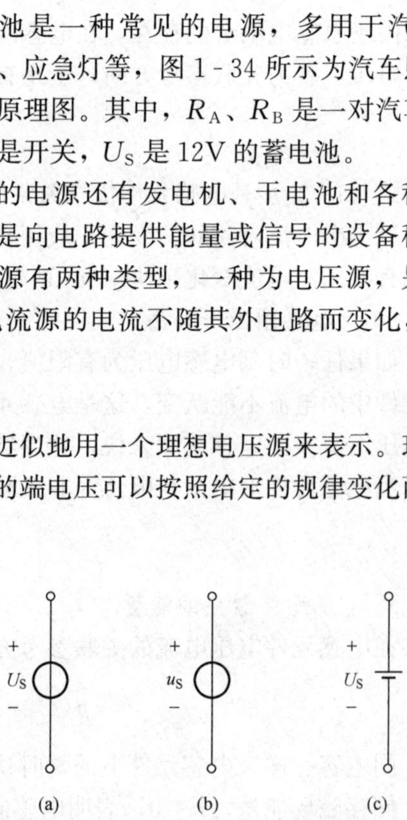

图 1-35 电压源的图形符号

理想电压源具有以下两个特点。

（1）无论它的外电路如何变化，它两端的输出电压为恒定值 U_S，或为一定时间的函数 $u_s(t)$。

（2）通过电压源的电流虽是任意的，但仅由它

本身是不能决定的，还取决于与之相连接的外部电路，有时甚至完全取决于外电路。

图1-36所示为直流电压源的伏安特性，它是一条与横轴平行的直线，表明其端电压与电流的大小无关。

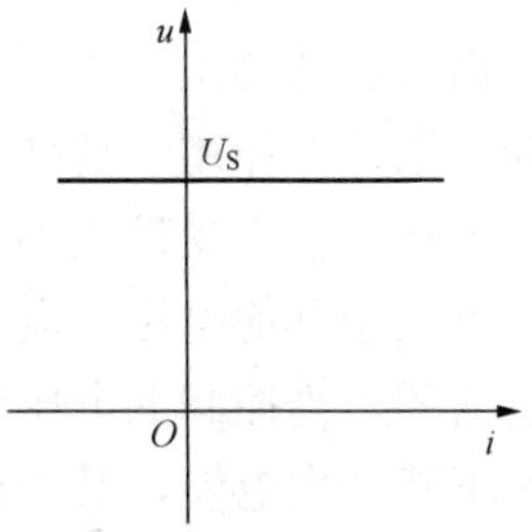

图1-36　直流电压源的伏安特性

由于实际电源的功率有限，而且存在内阻，因此恒压源是不存在的，它只是理想化模型，只有理论上的意义。

需要说明的是，将端电压不相等的电压源并联，是没有意义的。将端电压不为零的电压源短路，也是没有意义的。

2. 理想电流源

理想电流源简称为电流源。电流源是这样一种理想二端元件，即电流源发出的电流可以按照给定的规律变化而与其端电压无关。

常见的电流源有交流电流源和直流电流源。电流源的图形符号如图1-37所示。图1-37（a）所示为直流电流源，图1-37（b）所示为交流电流源。

电流源有以下两个特点。

（1）无论它的外电路如何变化，它的输出电流为恒定值 I_S，或为一定时间的函数 $i_S(t)$。

（2）电流源两端的电压虽是任意的，但仅由它本身是不能决定的，还取决于与之相连接的外部电路，有时甚至完全取决于外电路。

直流电流源的伏安特性如图1-38所示，它是一条以 I 为横坐标且垂直于 I 轴的直线，表明其端电压由外电路决定，不论其端电压为何值，直流电流源输出电流总为 I_S。

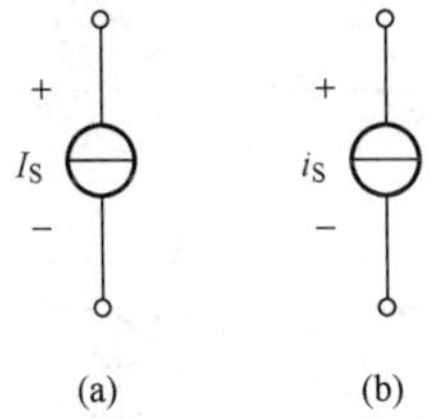

图1-37　电流源的图形符号
（a）直流电流源；（b）交流电流源

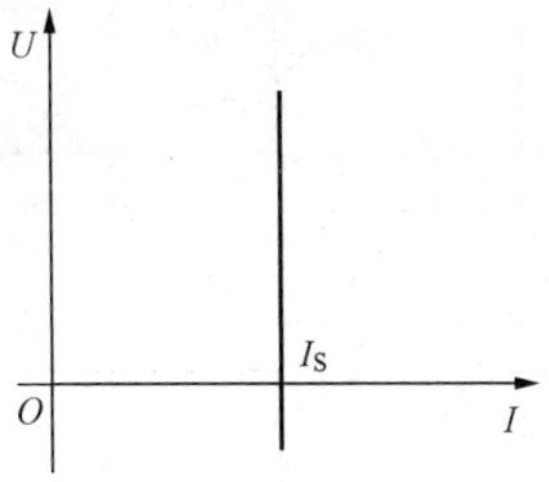

图1-38　直流电流源的伏安特性

恒流源是理想化模型，现实中并不存在。实际的恒流源一定有内阻，且功率总是有限的，因而产生的电流不可能完全输出给外电路。

需要说明的是，将电流不相等的电流源并联，是没有意义的。将电流不为零的电流源开路，也是没有意义的。

1.4.5　受控源

1. 受控源的概念

前面提到的电源如发电机、电池等，由于能独立地为电路提供能量，所以被称为独立电源，即电压源的电压和电流源的电流是一固定值或是一固定的时间函数，不受其他电流或电压的控制。另外，在电子电路中还会遇到另一种类型的电源：它的输出具有理想电源的特性，但电压源的电压和电流源的电流受电路中其他部分的电压或电流的控制，这种电源称为受控电源，又称非独立电源。受控电源是为了描述电子器件的特性而提出的电路元件模型。

此外，例如晶体管的集电极电流受到基极电流的控制，运算放大器的输出电压受到输入电压的控制，这类器件的电路模型要用到受控电源。

需要注意的是，受控源和独立源虽然同为电源，但它们有本质区别。独立源在电路中直接起“激励”作用，这样才能在电路中产生电压和电流（即响应），并能独立地向电路提供能量和功率；而受控源不能直接起到激励的作用，不能独立地产生响应，它的电压或电流要受到电路中其他电压或电流的控制。控制量存在，则受控源存在；当控制量为零时，则受控源也为零。当控制的电压或电流方向改变时，受控电源的电压或电流方向也将随之改变。受控源不能产生电能，其输出的能量和功率是由独立源提供的。

2. 受控源的分类

受控源有两对端钮：一对为输入端钮，输入控制量，用以控制输出电压或电流；另一对为输出端钮，输出受控电压或电流，所以受控源是一个二端口元件。为了区别于独立源符号，受控源在电路中用菱形符号表示。

根据控制量是电压还是电流，受控的是电压源还是电流源，受控源分为电压控制电压源（VCVS）、电压控制电流源（VCCS）、电流控制电压源（CCVS）、电流控制电流源（CCCS）四种。它们的电路符号分别如图 1 - 39（a）、(b)、(c)、(d）所示。其中 μ 为电压放大系数，g 为转移电导，γ 为转移电阻，β 为电流放大系数。这四个系数为常数时，受控制量与控制量成正比，这种受控源称为线性受控源；否则，称为非线性受控源。

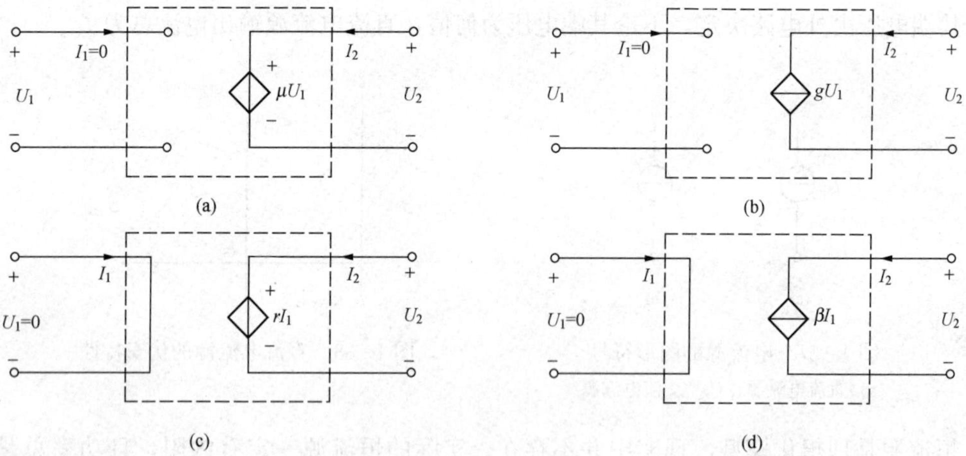

图 1 - 39　四种受控源

(a) VCVS　$U_2=\mu U_1$；(b) VCCS　$I_2=gU_1$；

(c) CCVS　$U_2=rI_1$；(d) CCCS　$I_2=\beta I_1$

【思考题】

1. 电阻、电感、电容这 3 种元件中，哪些是耗能元件？哪些是储能元件？

2. 若 $U_{ab}=-5V$，试问 a、b 两点哪点电位高？

3. 某电压源测得开路电压为 8V，短路电流为 16A，求电源参数。

4. 在判断受控电源类型时，主要看它的控制量，而与图形符号无关。这句话对吗？为什么？

1.5 基尔霍夫定律

电路作为由元件互联所形成的整体，有其应服从的约束关系，这就是基尔霍夫定律。基尔霍夫定律是电路中电压和电流所遵循的基本规律，是分析计算电路的基础。它包括两方面的内容，其一是基尔霍夫电流定律（KCL 定律），其二是基尔霍夫电压定律（KVL 定律）。它们与构成电路的元件性质无关，仅与电路的连接方式有关。

1.5.1 几个相关的电路名词

为了叙述问题方便，在具体讨论基尔霍夫定律之前，首先以图 1 - 40 所示电路为例，介绍电路模型图中的四个常用术语。

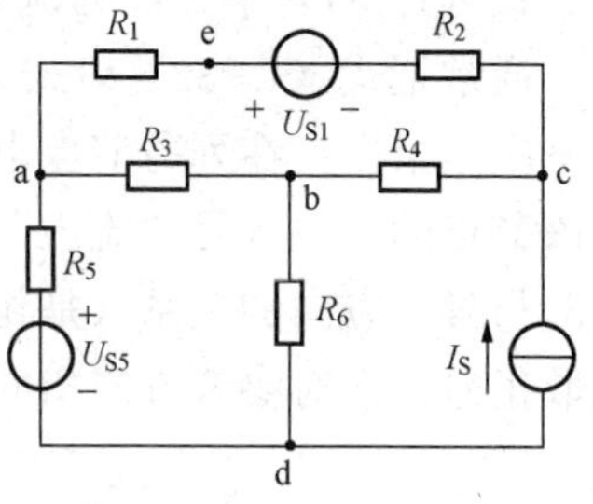

图 1 - 40　电路举例

1. 支路

电路中每一段不分叉的电路，称为支路。一个或几个二端元件首尾相连，中间没有分岔，使各元件上通过的电流相等，就是一条支路。如图 1 - 40 所示电路中 ab、ad、aec、bc、bd、cd 都是支路。其中支路 ad、aec、cd 中含有电源，称为有源支路（或含源支路）；支路 ab、bc、bd 中没有电源，称为无源支路。

2. 节点

电路中三条或三条以上支路的连接点称为节点，例如，图 1 - 40 所示电路中的 a、b、c、d 都是节点，而 e 不是节点。

3. 回路

电路中任一闭合路径称为回路。例如，图 1 - 40 所示电路中 abda、bcdb、abcda、aecda、aecba 等都是回路。

4. 网孔

回路内部不包含其他支路的回路称为网孔。例如，图 1 - 40 所示电路中回路 aecba、abda、bcdb 都是网孔，而其余回路不是网孔。因此，网孔一定是回路，但回路不一定是网孔。在同一个电路中，网孔个数小于回路个数。

1.5.2 基尔霍夫电流定律

基尔霍夫电流定律（KCL）是描述电路中任一节点所连接的各支路电流之间的相互约束关系。基尔霍夫电流定律指出：在电路中，任一时刻对电路中的任一节点，在任一瞬间，流出或流入该节点电流的代数和为零，简称 KCL。

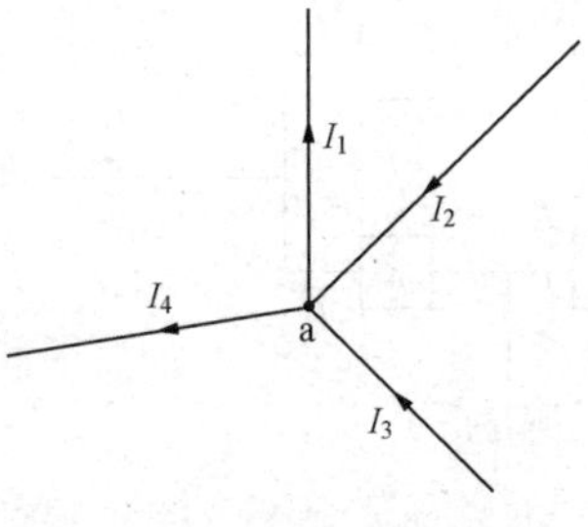

图 1 - 41　基尔霍夫电流定律的说明

若规定流出节点的电流为正，流入节点的电流为负，在直流的情况下有

$$\sum I = 0 \tag{1-30}$$

对于交变电流，则有

$$\sum i = 0 \tag{1-31}$$

例如，在图 1 - 41 所示的电路中，各支路电流的参考方向已选定并标于图上，对节点 a，KCL 可表示为

$$I_1 - I_2 - I_3 + I_4 = 0 \tag{1-32}$$

式（1-32）也可以改写为

$$I_2+I_3=I_1+I_4 \tag{1-33}$$

其中，I_2、I_3 为流入节点的电流，I_1、I_4 为流出节点的电流。

因此，基尔霍夫电流定律的还有另一种表述，即在电路中，任一时刻流入一个节点的电流之和等于从该节点流出的电流之和。它是根据电流的连续性原理，即电路中任一节点，在任一时刻均不能堆积电荷的原理推导来的。数学式表示为

$$\sum I_{\mathrm{i}}=\sum I_{\mathrm{o}} \tag{1-34}$$

式（1-34）中，I_{i} 为流入节点的电流，I_{o} 为流出节点的电流。

通常把式（1-32）～式（1-34）称为节点电流方程，简称为 KCL 方程。

应当指出：在列写节点电流方程时，各电流变量前的正、负号取决于各电流的参考方向对该节点的关系（是“流入”还是“流出”）；而各电流值的正、负则反映了该电流的实际方向与参考方向的关系（是相同还是相反）。通常规定，对参考方向背离（流出）节点的电流取正号，而对参考方向指向（流入）节点的电流取负号。

【例 1-9】 图 1-42 所示电路中，在给定的电流参考方向下，已知 $I_1=3\mathrm{A}$、$I_2=5\mathrm{A}$、$I_3=-18\mathrm{A}$、$I_5=9\mathrm{A}$，试计算电流 I_6 及 I_4。

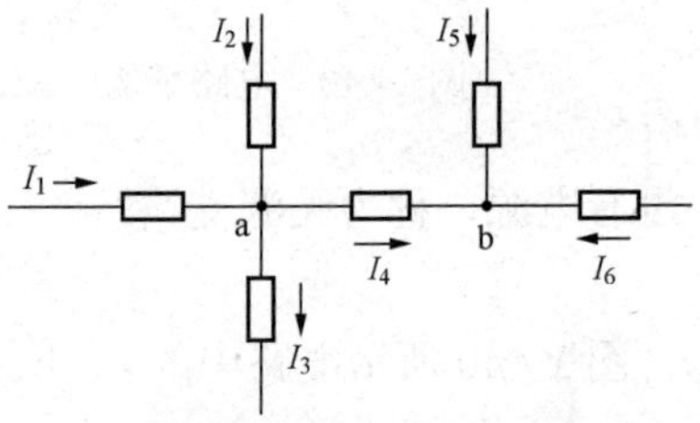

图 1-42 ［例 1-9］图

解 对节点 a，根据 KCL 定律可知

$$-I_1-I_2+I_3+I_4=0$$

则 $$I_4=I_1+I_2-I_3=(3+5+18)=26(\mathrm{A})$$

对节点 b，根据 KCL 定律可知

$$-I_4-I_5-I_6=0$$

则 $$I_6=-I_4-I_5=(-26-9)=-35(\mathrm{A})$$

KCL 定律不仅适用于电路中的节点，还可以推广应用于电路中的任一假设的封闭面。即在任一瞬间，通过电路中的任一假设的封闭面的电流的代数和也为零。通常把这个封闭的面称为“广义节点”。

例如，图 1-43 所示为某电路中的一部分，选择封闭面如图中虚线所示，在所选定的参考方向下有

$$I_1-I_2-I_3-I_5+I_6+I_7=0$$

【例 1-10】 已知 $I_1=6\mathrm{A}$、$I_6=4\mathrm{A}$、$I_7=-9\mathrm{A}$，试计算图 1-44 所示电路中的电流 I_8。

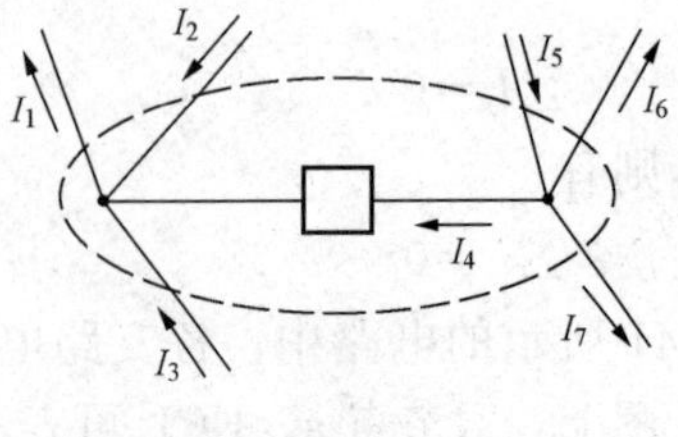

图 1-43 KCL 推广

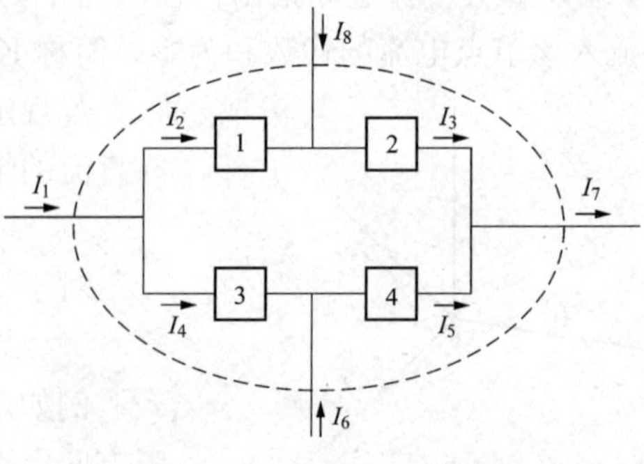

图 1-44 ［例 1-10］图

解 在电路中选取一个封闭面，如图中虚线所示，根据KCL定律可知

$$-I_1-I_6+I_7-I_8=0$$

则

$$I_8=-I_1-I_6+I_7=(-6-4-9)=-19(\mathrm{A})$$

1.5.3 基尔霍夫电压定律

基尔霍夫电压定律（KVL）是描述电路中组成任一回路的各支路（或各元件）电压之间的约束关系。基尔霍夫电压定律指出：在任一时刻，在电路中沿任一回路绕行一周，回路中所有电压降的代数和等于零，简称KVL。它是根据能量守恒定律推导来的，也就是说，当单位正电荷沿任一闭合路径移动一周时，其能量不改变。

对于直流电压，基尔霍夫电压定律的数学表达式为

$$\sum U=0 \tag{1-35}$$

对于交变电压，则有

$$\sum u=0 \tag{1-36}$$

通常把式（1-35）、式（1-36）称为回路电压方程，简称为KVL方程。

在列写回路电压方程时，首先要对回路选取一个回路“绕行方向”，各电压变量前的正、负号取决于各电压的参考方向与回路“绕行方向”的关系（是相同还是相反）；而各电压值的正、负则反映了该电压的实际方向与参考方向的关系（是相同还是相反）。通常规定，对参考方向与回路“绕行方向”相同的电压取正号，同时对参考方向与回路“绕行方向”相反的电压取负号。回路“绕行方向”是任意选定的，通常在回路中以虚线表示。

例如，图1-45所示为某电路中的一个回路ABCDA，各支路的电压在选择的参考方向下为u_1、u_2、u_3、u_4，因此，在选定的回路“绕行方向”下有

$$u_1+u_2-u_3-u_4=0$$

另一方面，还可以写成

$$u_1+u_2=u_3+u_4 \tag{1-37}$$

式（1-37）表明，电路中两点间的电压值是确定的。例如，从A点到C点的电压，无论沿路径ABC或沿路径ADC，两节点间的电压值是相同的（$u_1+u_2=u_3+u_4$），也就是说两点间电压与路径的选择无关。

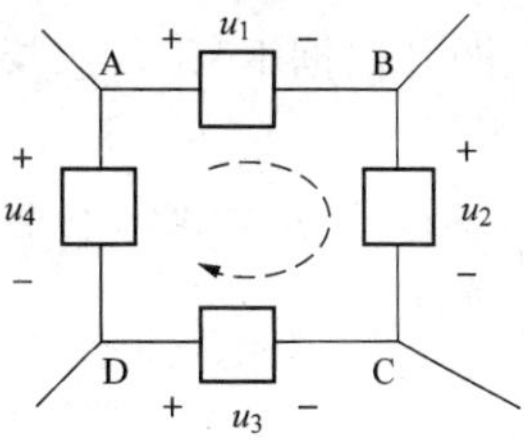

图1-45 基尔霍夫电压定律的说明

【例1-11】 试求图1-46所示电路中元件3、4、5、6的电压。

解 在回路cdec中有

$$U_5=U_{cd}+U_{de}=[-(-5)-1]=4(\mathrm{V})$$

在回路bedcb中有

$$U_3=U_{be}+U_{ed}+U_{dc}=[3+1+(-5)]=-1(\mathrm{V})$$

在回路debad中有

$$U_6=U_{de}+U_{eb}+U_{ba}=[-1-3-4]=-8(\mathrm{V})$$

在回路abea中有

$$U_4=U_{ab}+U_{be}=(4+3)=7(\mathrm{V})$$

基尔霍夫电压定律不仅可以用在任一闭合回路，还可推广到任一不闭合的电路上，但要

将开口处的电压列入方程。如图 1-47 所示电路，在 a、b 点处没有闭合，沿绕行方向一周，根据 KVL，则有

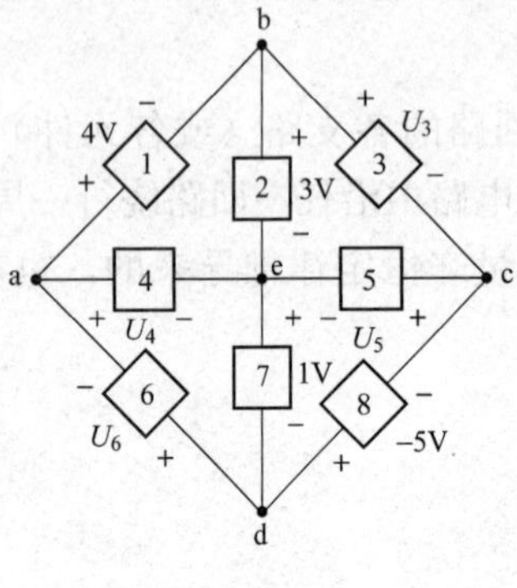

图 1-46 ［例 1-11］图

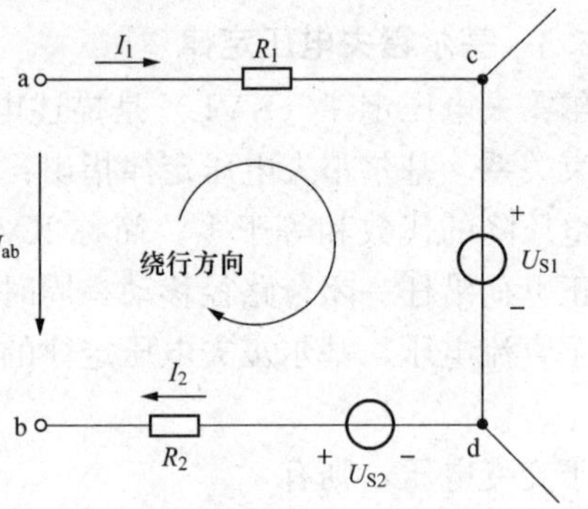

图 1-47 基尔霍夫电压定律的推广

$$I_1R_1+U_{S1}-U_{S2}+I_2R_2-U_{ab}=0 \tag{1-38}$$

或

$$U_{ab}=I_1R_1+U_{S1}-U_{S2}+I_2R_2 \tag{1-39}$$

由此可得到任何一段含源支路的电压和电流的表达式。一个不闭合电路开口处从 a 到 b 的电压降 U_{ab} 应等于由 a 到 b 路径上全部电压降的代数和。

【例 1-12】 一段有源支路如图 1-48 所示，已知 $E=12V$，$U=8V$，$R=5\Omega$，设电流参考方向如图所示，求 I。

解 这一段含源支路可看成是一个不闭合回路，开口处可看成是一个电压大小为 U 的电压源，根据 KVL，选择顺时针绕行方向，可得

$$-E-RI+U=0$$

或 U 应等于路径上全部电压降的代数和，得

$$U=E+RI$$

所以

$$I=\frac{U-E}{R}=\frac{8-12}{5}=-0.8(A)$$

电流为负值，说明其实际方向与图中参考方向相反。

【例 1-13】 如图 1-49 所示的电路中，已知 $R_1=20k\Omega$，$R_2=40k\Omega$，$U_{S1}=12.6V$，$U_{S2}=11.4V$，$U_{AB}=-0.6V$。试求电流 I_1、I_2 和 I_3。

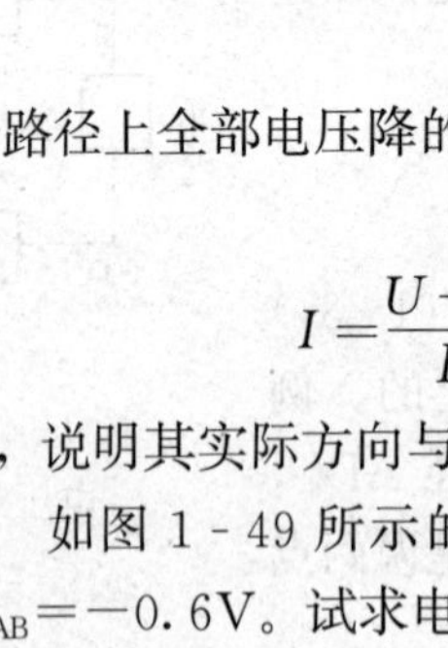

图 1-48 ［例 1-12］图

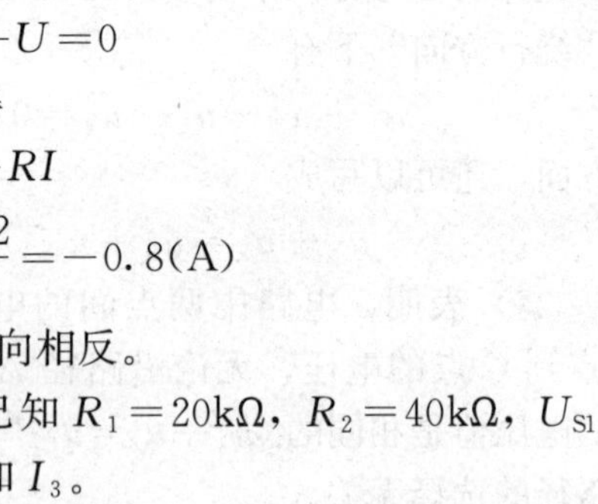

图 1-49 ［例 1-13］图

解 对回路Ⅰ应用基尔霍夫电压定律得

$$U_{AB}+U_{S1}-R_1I_1=0$$

即

$$-0.6+12.6-20I_1=0$$

故

$$I_1=0.6(\text{mA})$$

对回路Ⅱ应用基尔霍夫电压定律得

$$U_{AB}-U_{S2}+I_2R_2=0$$

即

$$-0.6-11.4+40I_2=0$$

故

$$I_2=0.3(\text{mA})$$

对节点 1 应用基尔霍夫电流定律得

$$-I_1+I_2-I_3=0$$

即

$$-0.6+0.3-I_3=0$$

故

$$I_3=-0.3(\text{mA})$$

【思考题】

1. 列写节点电流方程或回路电压方程是否可以不标注电流或电压的参考方向？
2. 在图 1-50 所示电路中，已知 $I_1=6\text{A}$，$I_2=9\text{A}$，则 $I_3=$？
3. 在图 1-51 所示电路中，已知 $U_s=3\text{V}$，$I_s=2\text{A}$，求 a、b 两点间的电压是多少？
4. 在图 1-52 所示电路中，流过电压源的电流 I 是多少？

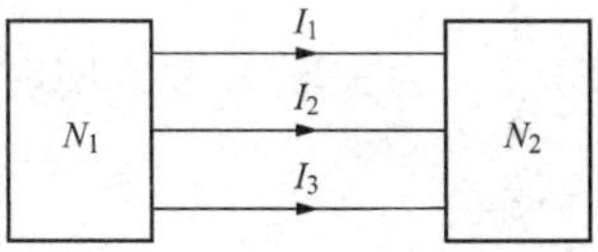

图 1-50　题 2 图

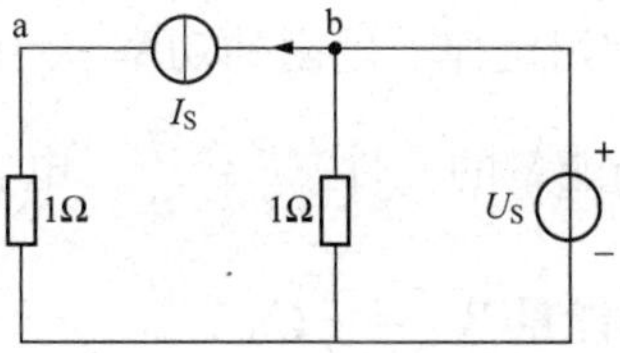

图 1-51　题 3 图

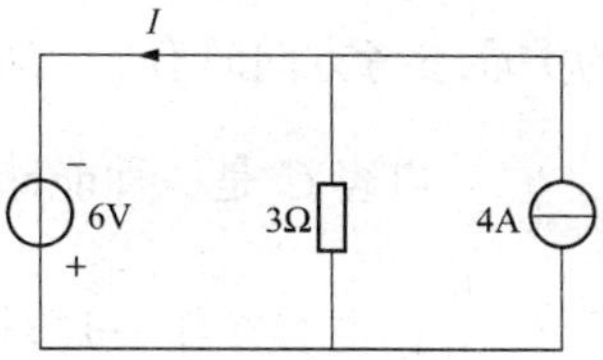

图 1-52　题 4 图

5. 基尔霍夫电流定律可以应用于任一时刻的任一闭合曲线和任一闭合曲面，对吗？
6. 基尔霍夫电流定律仅适合于线性电路，对吗？

本 章 小 结

（1）电工是研究电磁领域的客观规律及其应用的科学技术，涉及电力生产和电工制造两大工业生产体系。电工技术的发展水平是衡量社会现代化程度的重要标志。电子技术是指研究由电子管、晶体管、集成电路芯片等器件组成的电子电路应用到科学技术、生产、生活等领域的技术，电子电路是信息社会产生、传送、处理信号的载体（硬件）。

（2）电路是指电流的通路，即把电工或电子元器件按照需要的方式用导线连接起来组成电流的通路，称为电路。一个简单的电路至少由四部分组成：电源、负载、控制装置、导线。如果是功能复杂的电路，还要增加保护电路，以保证当电路出现故障时，电路停止工作，保护电路本身，不使故障范围扩大。

（3）电路理论不是指研究实际电路的电路元器件和实际的导线组成的实际电路的理论，而是研究由理想元器件构成的电路模型的分析方法的理论。经过了简化处理的元器件称为理想元器件。由理想元器件和理想导线组成的电路称为理想电路或电路模型。为简单起见，把电路理论中所谓的由各种理想元器件组成的理想电路或电路模型都省去“理想”二字，通称电路。

（4）电流、电压和电功率。电路中的主要物理量是指电流、电压和电功率。

1）指定电路中电流或电压的参考方向是分析电路时必需的。只有指定了电路中的参考方向，电流和电压值的正与负才有意义。当参考方向和实际方向一致时为正，反之为负。

在计算电流时，电流的参考方向一般用实线箭头表示，电流的参考方向一般用虚线箭头表示。在计算电压时，电压的参考方向一般用“+”“−”极性表示。

2）电位与电压是分析电路时经常遇到的两个不同的物理量。电路中某点的电位是指参考点和该点之间的电压值。电路中的电压是指电路中两个点的电位差。

3）在 U 与 I 为关联参考方向时，电功率 $P=UI$，并且 $P>0$ 表示元件吸收（或消耗）功率，$P<0$ 表示元件输出（或提供）功率。

（5）电路的工作状态。电路有开路、短路和有载三种工作状态。

1）开路是指电源与负载没有构成闭合路径，此时电路中的电流为零。

2）短路是指电源未经负载而直接通过导线接成闭合路径。短路时电流很大，严重时会烧毁电源。

3）有载工作状态时电源与负载构成闭合通路。

（6）元件的约束关系。

1）电阻 R 是反映元件对电流有一定阻碍作用的一个参数，线性电阻在电压 u 与电流 i 为关联参考方向时有 $u=Ri$，即欧姆定律。电阻的功率 $p=ui=Ri^2=Gu^2$。

2）电容 C 是一种能储存电场能量的元件，$C=\frac{q}{u}$。电容 C 在 u、i 为关联参考方向时，$i=C\frac{\mathrm{d}u}{\mathrm{d}t}$。电容在任一时刻储存的能量 $W_C=\frac{1}{2}Cu^2$。

3）电感 L 是一种能储存磁场能量的元件，$L=\frac{\psi}{i}$。电感 L 在 u、i 为关联参考方向时，$u=L\frac{\mathrm{d}i}{\mathrm{d}t}$。电感在任一时刻储存的能量 $W_L=\frac{1}{2}Li^2$。

4）人们平常使用的电池在其内部电阻很小可以忽略不计时，在电路中可以用理想电压源代替，其输出电压 U 等于电池的电动势 E。理想电压源简称为电压源，又称为恒压源。

直流理想电压源是一个二端元件，它的端电压是一固定值，用 U_S 表示，通过它的电流由外电路决定。

5）电流源的特点和电压源相似。理想电流源简称为电流源，又称为恒流源。电流源的输出电流大小和外电路负载大小无关，输出电压不是定值。输出端接有电阻时，符合欧姆定律。直流理想电流源是一个二端元件，它向外电路提供一恒定电流，用 I_S 表示，它的端电压由外电路决定。

6）受控源。受控电压源的电压和受控电流源的电流是受电路中其他部分的电流或电压控制的，当控制的电压或电流等于零或不存在时，受控电压源的电压或受控电流源的电流也等于零。受控源可以是电压源，也可以是电流源。受控源可以受电压控制，也可以受电流控制。

受控源分为电压控制电压源（VCVS），电流控制电压源（CCVS），电压控制电流源

（VCCS），电流控制电流源（CCCS）四种。

（7）电路互联的约束关系。基尔霍夫定律是分析电路的最基本定律，它贯穿整个电路。

1）KCL 是对电路中任一节点而言的，运用 KCL 方程 $\sum I=0$ 时，应事先选定各支路电流的参考方向，规定流入节点的电流为正（或为负），流出节点的电流为负（或为正）。

2）KVL 是对电路中任一回路来讲的，运用 KVL 方程 $\sum U=0$ 时，应事先选定各元件上电压参考方向及回路绕行方向，规定当电压方向与绕行方向一致时取正号，否则取负号。

3）基尔霍夫定律的应用。基尔霍夫定律的应用，是分析、计算复杂电路的一种最基本方法。

习　题

一、填空题

1. 电路主要由________、________、________三个基本部分组成。

2. 表征电流强弱的物理量叫________，简称________。电流的方向规定为________电荷定向移动的方向。

3. 电压是衡量电场________本领大小的物理量电路中某两点的电压等于________。

4. 已知 $U_{AB}=10V$，若选 A 点为参考点，则 $V_A=$________ V，$V_B=$________ V。

5. 电路中两点间的电压就是两点间的________之差，电压的实际方向是从________点指向________点 。

6. 电流在单位时间内所做的功叫________。

7. 导线的电阻是 10Ω，对折起来作为一根导线用，电阻变为________ Ω；若把它均匀拉长为原来的 2 倍，电阻变为________ Ω。

8. 电路的运行状态一般分为________、________、________。

9. 基尔霍夫电压定律简称为________，其内容为：在任一时刻，沿任一________各段电压的________恒等于零，其数学表达式为________。

10. 基尔霍夫第一定律的数学表达式为________，也叫________定律，其内容为在任一时刻，对于电路中任一节点的________恒等于零，用公式表示为________。

11. 基尔霍夫定律适用的范围是________。

12. 1 度电＝________ kWh。

二、判断题

1. 电路图上标出的电压、电流方向是实际方向。　（　　）

2. 电路图中参考点改变，任意两点间的电压也随之改变。　（　　）

3. 电路图中参考点改变，各点电位也随之改变。　（　　）

4. 一个实际的电压源，不论它是否接负载，电压源端电压恒等于该电源电动势。　（　　）

5. 当电阻上的电压和电流参考方向相反时，欧姆定律的形式为 $U=-IR$。　（　　）

6. 一段有源支路，当其两端电压为零时，该支路电流必定为零。　（　　）

7. 如果选定电流的参考方向为从标有电压“＋”端指向“－”端则称电流与电压的参考方向为关联参考方向。　（　　）

8. 电阻小的导体，电阻率一定小。　（　　）

9. 线性电阻元件的伏安特性是通过坐标原点的一条直线。（　　）

10. 任何时刻电阻元件绝不可能产生电能，而是从电路中吸取电能，所以电阻元件是耗能元件。（　　）

11. 电压源、电流源在电路中总是提供能量的。（　　）

12. 负载在额定功率下的工作状态叫满载。（　　）

13. 回路就是网孔，网孔就是回路。（　　）

14. 在一段无分支电路上，不论沿线导体的粗细如何，电流都是处处相等。（　　）

15. 基尔霍夫电压定律的表达式为$\sum U=0$，它只与支路端电压有关，而与支路中元件的性质无关。（　　）

三、计算题

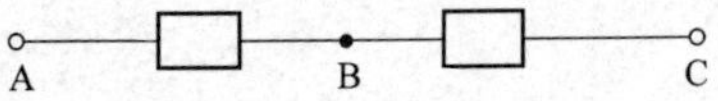

图 1-53　计算题 1 图

1. 图 1-53 所示电路中，已知$U_{AC}=5V$，$U_{BC}=2V$，若分别以 A 和 B 作参考点电位，求 A、B、C 三点的电位及U_{BA}。

2. 如图 1-54 所示，图中所标的是各元件电压、电流的参考方向。求各元件功率，并判断它是耗能元件还是电源。

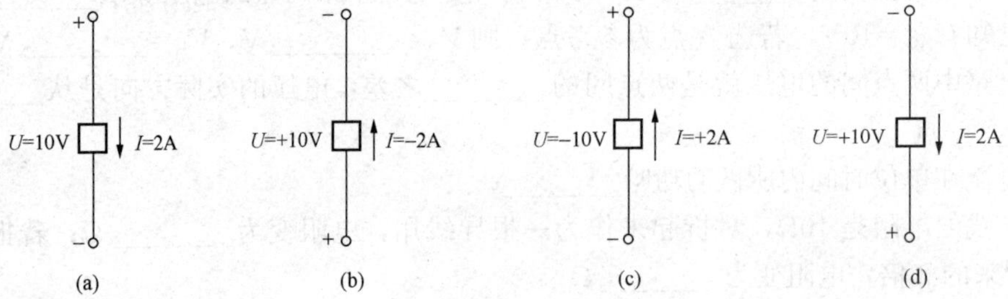

图 1-54　计算题 2 图

3. 求图 1-55 所示图中电压U_{ab}，并指出电流和电压的实际方向。已知电阻$R=5\Omega$。

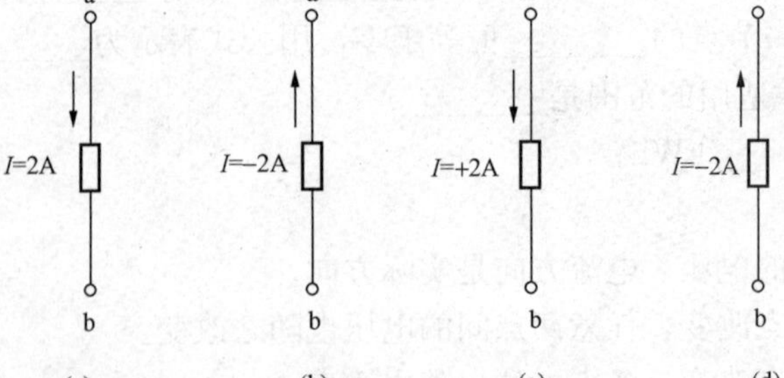

图 1-55　计算题 3 图

4. 求图 1-56 中的未知电流。

5. 如图 1-57 所示，已知$I_1=10mA$，$I_2=-15mA$，$I_5=20mA$，求电路中其他电流的值。

6. 如图 1-58 所示，已知$I_1=-2mA$，$I_2=1mA$。试确定电路元件 3 中的电流I_3及其

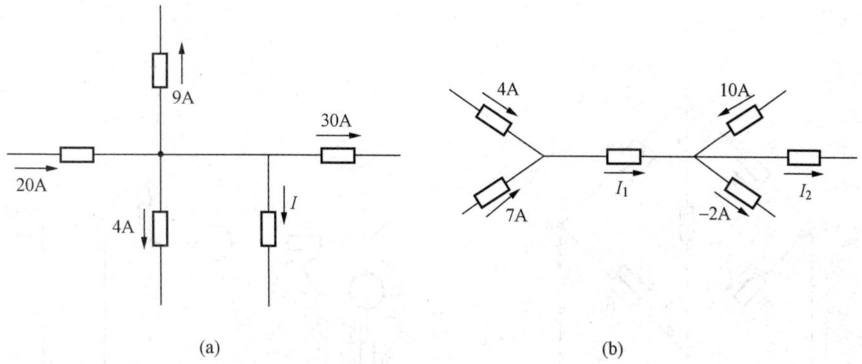

图 1 - 56　计算题 4 图

两端电压 U_3，并说明它是电源还是负载。

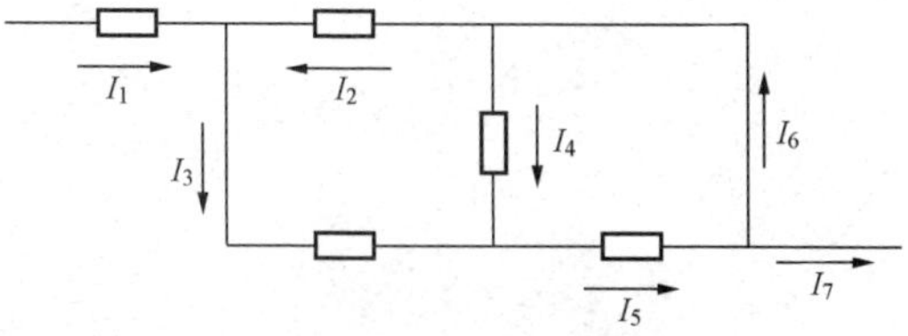

图 1 - 57　计算题 5 图

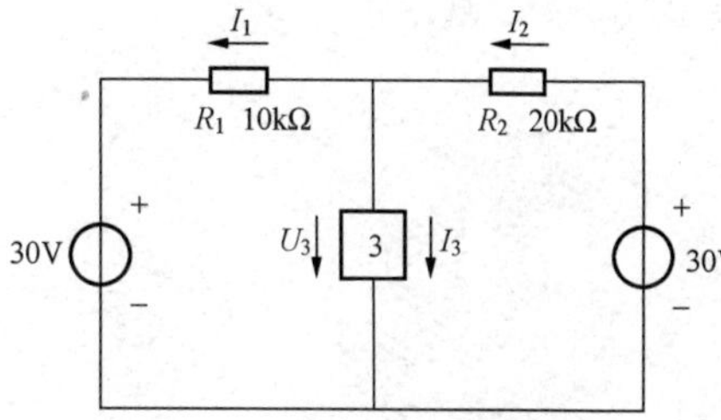

图 1 - 58　计算题 6 图

7. 图 1 - 59 所示电路中，根据 KCL 列出方程，有几个是独立的？根据 KVL 列出所有的网孔方程。

8. 求图 1 - 60 所示图中各有源支路中的未知量。

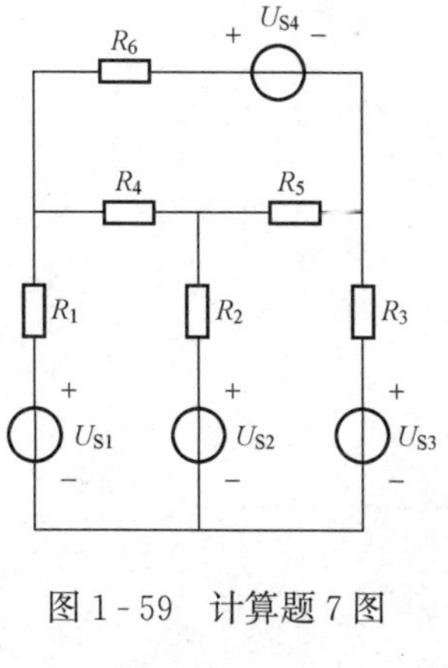

图 1 - 59　计算题 7 图

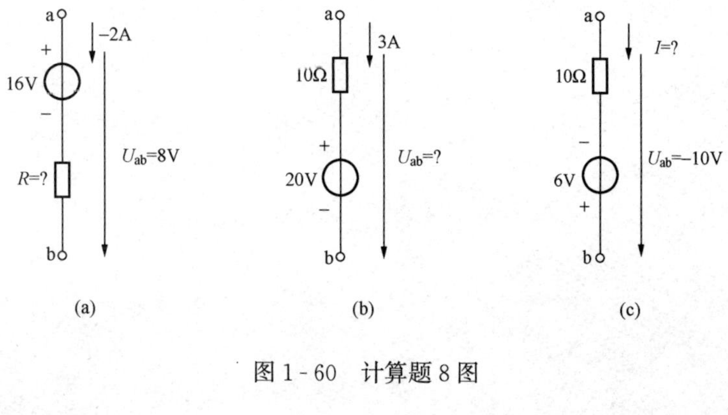

图 1 - 60　计算题 8 图

9. 如图 1 - 61 所示，表示一电桥电路，已知 $I_1=50mA$，$I_3=25mA$，$I_6=12mA$，求其余各电阻中的电流。

10. 如图 1 - 62 所示，N 为二端网络，其两端电压降为 U，其余各支路电流的参考方向如图所示，试用基尔霍夫电压定律写出回路的电压方程，并列式说明 I_2、I_3、I_4 之间的关系。

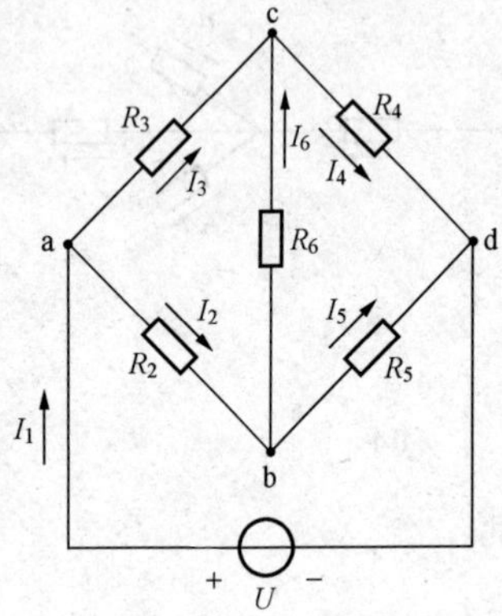

图 1-61　计算题 9 图

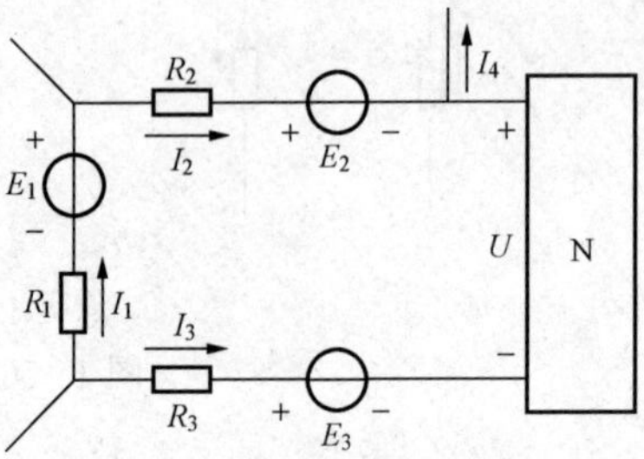

图 1-62　计算题 10 图

第2章　电路的分析方法

本章提要

本章主要介绍电路的基本分析方法。通过电路的等效变换，可以将一个复杂电路变换为简单电路，这种方法包括无源电路的等效变换和有源电路的等效变换法。支路电流法、节点电压法、叠加定理、戴维南定理等方法可以在不改变电路结构的情况下建立电路变量的方程，是用来解决各种电路的几种基本方法。需要指出的是这些方法和定理虽然是在直流电路中引出的，但也适用于交流电路。

2.1　电阻的串并联及其等效变换

在电路分析中，可以把由多个元件组成的电路作为一个整体看待。若这个整体只有两个端钮与外电路相连，则称为二端网络或单口网络。二端网络的一般符号如图2-1所示。二端网络的端钮电流称为端口电流；两个端钮之间的电压称为端口电压。

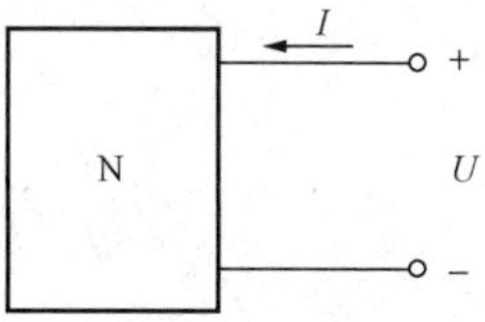

图2-1　二端网络的符号

为了简化复杂电路的分析和计算，在电路分析中常用到等效变换的方法将复杂电路变换为一个简单电路。所谓等效，是对外部电路而言的，即用化简后的电路代替原复杂电路后，它对外部电路的作用效果不变。因此，等效电路的含义为：如果具有不同内部结构的二端网络的两个端子对外部电路有完全相同的电压和电流，则称它们是等效的。下面介绍电路分析中常用到的电阻的串并联及其等效变换。但要注意的是，若要求被代替的那部分电路中的电压和电流时，必须回到原电路中求。

在电路中，串联和并联是电阻常见的两种连接方式。在进行电路分析时，往往用一个等效电阻来代替，从而达到简化电路组成、减少计算量的目的。下面讨论串、并联电路的分析以及等效电阻的计算和应用。

2.1.1　电阻的串联

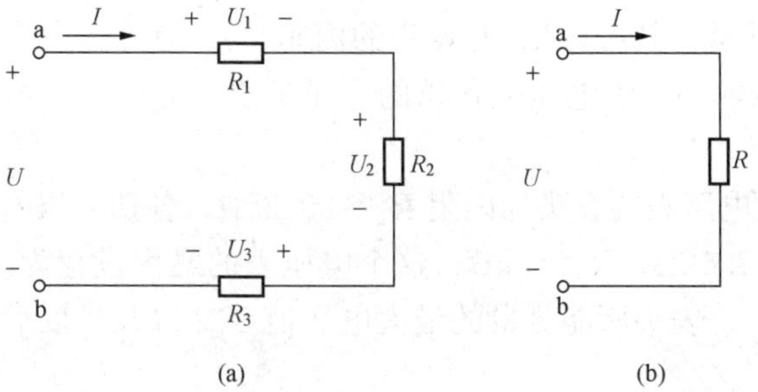

图2-2　电阻的串联

1. 定义

两个或两个以上电阻首尾相连，中间没有分支，各电阻流过同一电流的连接方式，称为电阻的串联。如图2-2（a）所示为三个电阻串联电路。

2. 串联电路的等效电阻

如图2-2（a）所示电路，根据KVL和欧姆定律，可列出

$$
\begin{aligned}U&=U_1+U_2+U_3=IR_1+IR_2+IR_3\\&=I(R_1+R_2+R_3)\end{aligned} \tag{2-1}
$$

如图2-2（b）所示，根据欧姆定律，可列出

$$U=IR \tag{2-2}$$

两个电路等效的条件是具有完全相同的伏安特性，即式（2-1）与式（2-2）完全一致，由此可得

$$R=R_1+R_2+R_3 \tag{2-3}$$

式中：R 称为串联等效电阻。

推广到一般情况：n 个电阻串联等效电阻等于各个电阻之和，即

$$R=\sum_{k=1}^{n}R_k \tag{2-4}$$

几个电阻串联后的等效电阻比每一个电阻都大，端口a、b的电压一定时，串联电阻越多，电流越小，所以串联电阻可以“限流”。

3. 串联分压

在图2-1（a）所示电路中，流过各电阻的电流相等，因此各电阻上的电压分别为

$$
\left.\begin{aligned}U_1&=IR_1=\frac{U}{R_1+R_2+R_3}R_1=\frac{R_1}{R_1+R_2+R_3}U\\U_2&=IR_2=\frac{U}{R_1+R_2+R_3}R_2=\frac{R_2}{R_1+R_2+R_3}U\\U_3&=IR_3=\frac{U}{R_1+R_2+R_3}R_3=\frac{R_3}{R_1+R_2+R_3}U\end{aligned}\right\} \tag{2-5}
$$

这就是三个电阻串联时的分压公式，推广到多个电阻串联，分压公式中的“分母”就是这几个电阻之和（总电阻），哪个电阻分到多少电压，“分子”就对应哪个电阻。这说明分压的大小与电阻成正比，即

$$U_1:U_2:U_3:\cdots:U_n=R_1:R_2:R_3:\cdots:R_n \tag{2-6}$$

同理，串联的每个电阻的功率也与它们的电阻成正比，即

$$P_1:P_2:P_3:\cdots:P_n=R_1:R_2:R_3:\cdots:R_n \tag{2-7}$$

4. 应用

通常可以利用“串联分压”来扩展电压表的量程。电压表的表头所能测量的最大电压就是其量程，通常它都较小。在测量时，通过表头的电流是不能超过其量程的，否则将损坏电流表。而实际用于测量电压的多量程的电压表（例如，C30-V型磁电系电压表）是由表头与电阻串联的电路组成的，如图2-3所示。其中，R_g 为表头的内阻，I_g 为流过表头的电流，U_g 为表头两端的电压，R_1、R_2、R_3、R_4 为电压表各挡的分压电阻。对应一个电阻挡位，电压表有一个量程。

【例2-1】　如果C30-V型磁电系电压表的表头的内阻 $R_g=29.28\Omega$，各挡分压电阻分别为 $R_1=970.72\Omega$，$R_2=1.5\text{k}\Omega$，$R_3=2.5\text{k}\Omega$，$R_4=5\text{k}\Omega$；这个电压表的最大量程为30V。试计算表头所允许通过的最大电流值 I_{gm}、表头所能测量的最大电压值 U_{gm} 以及扩展后的各量程的电压值 U_1、U_2、U_3、U_4。

解　当开关在“4”挡时，电压表的总电阻 R_i 为

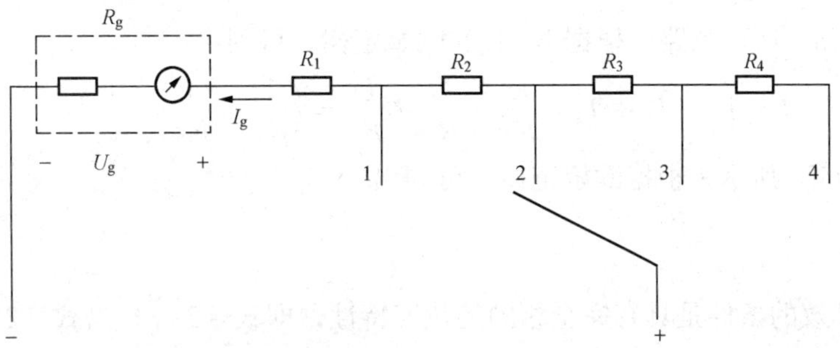

图 2-3 C30-V型磁电系电压表电路

$$R_i = R_g + R_1 + R_2 + R_3 + R_4 = (29.28 + 970.72 + 1500 + 2500 + 5000)\Omega$$
$$= 10\,000(\Omega) = 10(\mathrm{k\Omega})$$

通过表头的最大电流值 I_{gm} 为

$$I = \frac{U_4}{R_i} = \frac{30}{10} = 3(\mathrm{mA})$$

当开关在"1"挡时，电压表的量程 U_1 为

$$U_1 = (R_g + R_1)I = (29.28 + 970.72) \times 3 = 3(\mathrm{V})$$

当开关在"2"挡时，电压表的量程 U_2 为

$$U_2 = (R_g + R_1 + R_2)I = (29.28 + 970.72 + 1500) \times 3 = 7.5(\mathrm{V})$$

当开关在"3"挡时，电压表的量程 U_3 为

$$U_3 = (R_g + R_1 + R_2 + R_3)I = (29.28 + 970.72 + 1500 + 2500) \times 3 = 15(\mathrm{V})$$

表头所能测量的最大电压 U_{gm} 为

$$U_{gm} = R_g I = 29.28 \times 3(\mathrm{mV}) = 87.84(\mathrm{mV})$$

由此可见，直接利用表头测量电压时，它只能测量 87.84mV 以下的电压，而串联了分压电阻 R_1、R_2、R_3、R_4 后，它就有 3、7.5、15、30V 四个量程，实现了电压表的量程扩展。以上就是利用了"串联分压"来扩大电压表的量程。

2.1.2 电阻的并联

1. 定义

两个或两个以上电阻的首尾两端分别连接在两个节点上，各电阻处于同一电压下的连接方式，称为电阻的并联。图 2-4（a）所示为三个电阻并联电路。

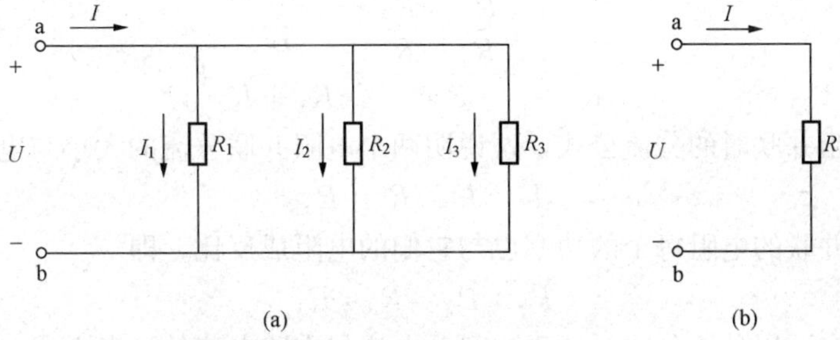

图 2-4 三个电阻并联电路

2. 并联电路的等效电阻

如图 2 - 4（a）所示电路，根据 KVL 和欧姆定律，可列出

$$I=I_1+I_2+I_3=\frac{U}{R_1}+\frac{U}{R_2}+\frac{U}{R_3}=\left(\frac{1}{R_1}+\frac{1}{R_2}+\frac{1}{R_3}\right)U \tag{2-8}$$

如图 2 - 4（b）所示，根据欧姆定律，可列出

$$I=\frac{U}{R} \tag{2-9}$$

两个电路等效的条件是具有完全相同的伏安特性，即式（2 - 8）与式（2 - 9）完全一致，由此可得

$$\frac{1}{R}=\frac{1}{R_1}+\frac{1}{R_2}+\frac{1}{R_3} \tag{2-10}$$

或

$$G=G_1+G_2+G_3 \tag{2-11}$$

式中：R 称为并联等效电阻；G 称为并联等效电导。

推广到一般情况：n 个电阻并联等效电阻的倒数等于各个电阻的倒数之和，或 n 个电阻并联等效电导等于各个电导之和，即

$$\frac{1}{R}=\sum_{k=1}^{n}\frac{1}{R_k}$$

或

$$G=\sum_{k=1}^{n}G_k \tag{2-12}$$

电阻并联通常记为 $R_1 /\!/ R_2 /\!/ \cdots /\!/ R_n$。

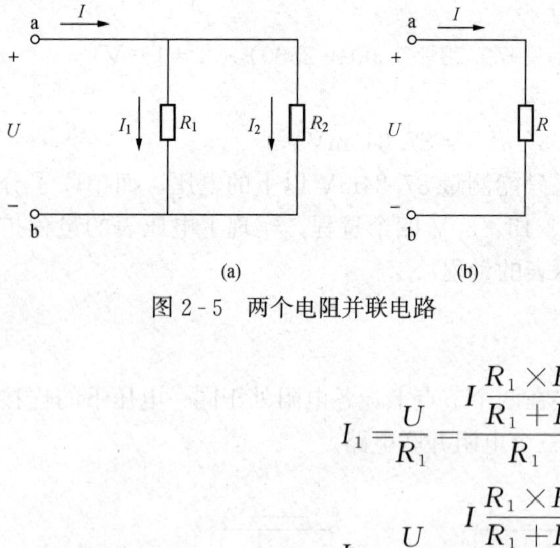

图 2 - 5　两个电阻并联电路

在电路计算中，通常遇到最多的情况就是两个电阻并联的，如图 2 - 5（a）所示，其等效电阻如图 2 - 5（b）所示，有

$$R=R_1 /\!/ R_2=\frac{R_1R_2}{R_1+R_2} \tag{2-13}$$

3. 并联分流

在图 2 - 5（a）所示电路中，两个电阻的电压相等，因此各电阻上的电流分别为

$$\left.\begin{aligned}I_1&=\frac{U}{R_1}=\frac{I\dfrac{R_1\times R_2}{R_1+R_2}}{R_1}=\frac{R_2}{R_1+R_2}I\\I_2&=\frac{U}{R_2}=\frac{I\dfrac{R_1\times R_2}{R_1+R_2}}{R_2}=\frac{R_1}{R_1+R_2}I\end{aligned}\right\} \tag{2-14}$$

这是两个电阻并联时的分流公式，这说明两个电阻并联分流的大小与电阻成反比，即

$$I_1:I_2=R_2:R_1 \tag{2-15}$$

同理，两个并联的电阻每个的功率也与它们的电阻成反比，即

$$P_1:P_2=R_2:R_1 \tag{2-16}$$

特别指出，在运用分流公式时，要注意总电流与支路电流的参考方向。当负载在并联运行时，它们处于同一电压之下，可以认为任何一个负载的工作情况基本上不受其他负载的影

响。并联负载越多，总电阻越小，电路小的总电流和总功率越大，但每个负载上的电流和功率却保持基本不变。

4. 应用

通常可以利用“并联分流”来扩展电流表的量程。实际用于测量电流的多量程的电流表是由表头与电阻串、并联的电路组成的。图 2-6 所示为 C41-μA 磁电系电流表，其中 R_g 为表头的内阻，I_g 为流过表头的电流，U_g 为表头两端的电压，R_1、R_2、R_3、R_4 为电流表各挡的分流电阻。对应一个电阻挡位，电流表有一个量程。

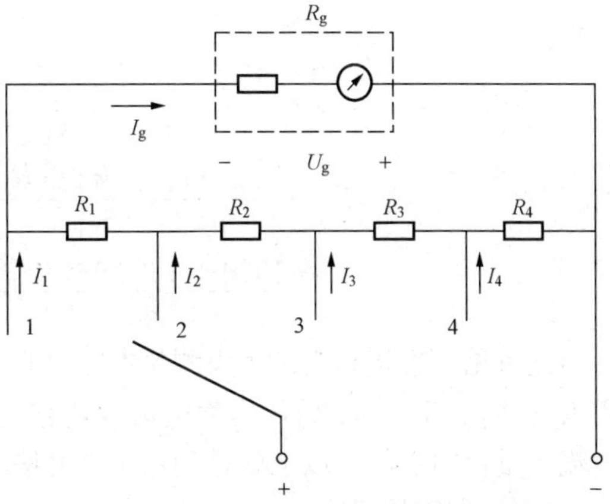

图 2-6　C41-μA 磁电系电流表电路图

【例 2-2】 如图 2-6 所示的 C41-μA 型磁电系电流表的表头内阻 $R_g=1.92\text{k}\Omega$，各分流电阻分别为 $R_1=1.6\text{k}\Omega$，$R_2=960\Omega$，$R_3=320\Omega$，$R_4=320\Omega$；表头所允许通过的最大电流为 62.5μA，试求表头所能测量的最大电压 U_{gm} 以及扩展后的电流表各量程的电流值 I_1、I_2、I_3、I_4。

解　表头所允许通过的最大电流为 62.5μA。当开关在“1”挡时，R_1、R_2、R_3、R_4 是串联的，而 R_g 与它们相并联，根据分流公式可得

$$I_{gm}=\frac{R_1+R_2+R_3+R_4}{R_g+(R_1+R_2+R_3+R_4)}I_1$$

则有

$$I_1=\frac{R_g+(R_1+R_2+R_3+R_4)}{R_1+R_2+R_3+R_4}I_{gm}$$

$$=\frac{1920+1600+960+320+320}{1600+960+320+320}\times 62.5=100(\mu\text{A})$$

当开关在“2”挡时，R_g、R_1 是串联的，而 R_2、R_3、R_4 与它们相并联，根据分流公式可得

$$I_{gm}=\frac{R_2+R_3+R_4}{R_g+(R_1+R_2+R_3+R_4)}I_2$$

则有

$$I_2=\frac{R_g+(R_1+R_2+R_3+R_4)}{R_2+R_3+R_4}I_{gm}$$

$$=\frac{1920+1600+960+320+320}{950+320+320}\times 62.5=200(\mu\text{A})$$

同理，当开关在“3”挡时，R_g、R_1、R_2 是串联的，而 R_3、R_4 串联后与它们相并联，根据分流公式可得

$$I_{gm}=\frac{R_3+R_4}{R_g+(R_1+R_2+R_3+R_4)}I_3$$

则有

$$I_3=\frac{R_g+(R_1+R_2+R_3+R_4)}{R_3+R_4}I_{gm}$$

$$=\frac{1920+1600+960+320+320}{320+320}\times 62.5=500(\mu A)$$

当开关在“4”挡时，R_g、R_1、R_2、R_3 是串联的，而 R_4 与它们相并联，根据分流公式可得

$$I_{gm}=\frac{R_4}{R_g+(R_1+R_2+R_3+R_4)}I_4$$

则有
$$I_4=\frac{R_g+(R_1+R_2+R_3+R_4)}{R_4}I_{gm}$$
$$=\frac{1920+1600+960+320+320}{320}\times 62.5=1000(\mu A)$$

由此可见，直接利用该表头测量电流，它只能测量 62.5μA 以下的电流，而并联了分流电阻 R_1、R_2、R_3、R_4 后，作为电流表，它就有 100、200、500、1000μA 四个量程，实现了电流表量程的扩展。以上就是利用了“并联分流”来扩大电流表的量程。

2.1.3 电阻的混联

当电阻的连接既有串联又有并联时，称为电阻的串、并联，简称混联。这种电路在实际工作中应用广泛，形式多种多样。

分析混联电阻网络的一般步骤如下：

（1）计算各串联电阻、并联电阻的等效电阻，再计算总的等效电阻。

（2）由端口激励计算出端口响应。

（3）根据串联电阻的分压关系、并联电阻的分流关系逐步计算各部分电压、电流。

对于较简单的电路可以通过观察直接得出，如图 2-7 所示的混联电路中，可以直接看出 R_1～R_5 串并联关系，故可求出 a、b 端钮的等效电阻 R_{ab} 为

$$R_{ab}=R_1+\frac{R_2(R_3+R_4)}{R_2+R_3+R_4} \tag{2-17}$$

当电阻串并联关系不能直观地看出时，可以在不改变元件间连接关系的条件下将电路画成比较判断串并联关系的直观图。

【例 2-3】 求图 2-8 所示的等效电阻。

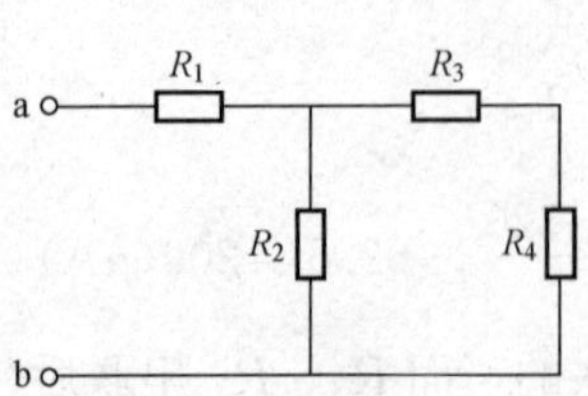

图 2-7 电阻的混联

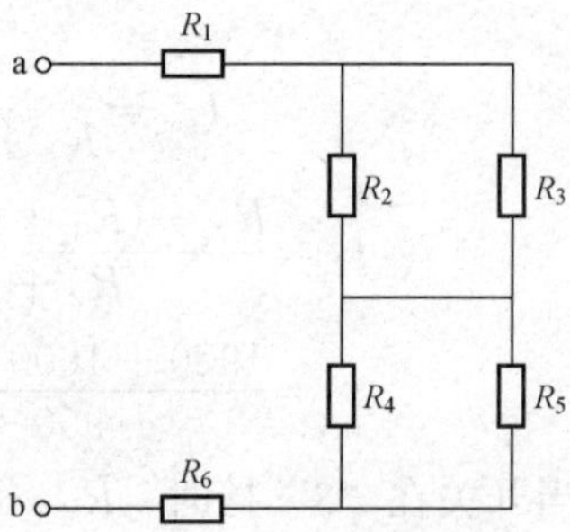

图 2-8 ［例 2-3］图

解 由 a、b 端向里看，R_2 和 R_3，R_4 和 R_5 均连接在相同的两点之间，因此是并联关系，把这 4 个电阻两两并联后，电路中除了 a、b 两点不再有结点，所以它们的等效电阻与 R_1 和 R_6 相串联，有

$$R = R_1 + R_6 + (R_2 /\!/ R_3) + (R_4 /\!/ R_5)$$

【思考题】

一、选择题（将正确的选项填入括号内）

1. 在一段电路上，两个以上的电阻依次相连，组成一个无分支的电路，这种连接方式叫电阻的（　　）。

(A) 串联　　(B) 并联　　(C) 混连　　(D) 相连

2. 加在各并联电阻两端的（　　）相等。

(A) 电功率　　(B) 电抗　　(C) 电流　　(D) 电压

3. 将电阻值分别为 R_1 和 R_2 的两个电阻并联起来，并联后的总电阻为（　　）。

(A) $(R_1+R_2)/2$　　(B) R_1+R_2

(C) R_1R_2　　(D) $R_1R_2/(R_1+R_2)$

4. 将 10 个 10Ω 的电阻并联起来，并联后的总电阻为（　　）。

(A) 100Ω　　(B) 0.1Ω　　(C) 10Ω　　(D) 1Ω

5. 流过串联电路各个电阻上的电流（　　）。

(A) 等于各个电阻上的电流之和　　(B) 等于各个电阻上电流之积

(C) 都不同　　(D) 都相等

6. 三只电阻值分别为 3、4、5Ω 串联时，其总电阻值为（　　）。

(A) 7Ω　　(B) 9Ω　　(C) 12Ω　　(D) 8Ω

7. 在电阻串联电路中，电路消耗的总功率等于各个电阻所消耗的功率之（　　）。

(A) 和　　(B) 差　　(C) 积　　(D) 积分

二、判断题（正确的打“√”，错误的打“×”）

1. 将两个 10Ω 的电阻并联在一起，并联后的电阻是 5Ω。（　　）

2. 电阻串联电路中，流过各个电阻的电流相等。（　　）

3. 两个 10Ω 的电阻串联在一起，串联后的阻值为 20Ω。（　　）

4. 两个 10Ω 的电阻并联在一起，并联后的阻值为 20Ω。（　　）

5. 将若干个电阻的一端相连，另一端也连在一起所组成的电路，称为电阻的串联。（　　）

2.2　电压源与电流源的等效变换

在前面已经介绍了理想电压源和理想电流源的模型。但这两种理想的二端元件实际上是不存在的，下面我们来讨论两种实际的电源模型。

2.2.1　实际电压源

理想电压源是一种理想元件，电压不随电流变化，而实际电压源的端电压都是随着电流的变化而变化的。例如，当干电池接通负载后，其电压就会降低，这是因为电池内部存在电阻的缘故。所以，干电池不是一个理想的电压源。

由此可见，一个实际电压源，我们可以用数值等于 U_S 的理想电压源和一个内阻 R_s 相串联的模型来表示，这个模型称为实际的电压源模型，如图 2-9 (a) 所示。

当实际电压源与外部电路接通后，如图 2 - 10 所示，实际电压源的端电压 U 为

$$U = U_S - U_R = U_S - IR_s \tag{2-18}$$

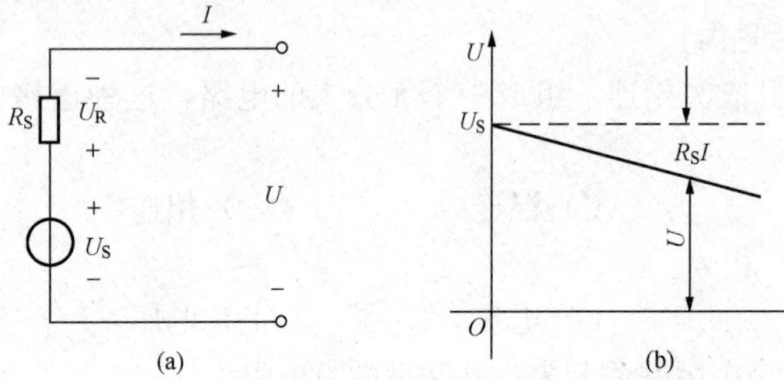

图 2 - 9　实际电压源的电压源模型及伏安特性

（a）实际电压源；（b）伏安特性

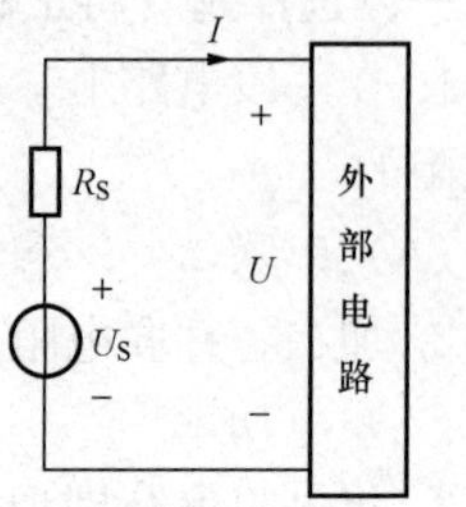

图 2 - 10　测试电路

式中：U_S 的参考方向与 U 的参考方向一致，取正号；U_R 的参考方向与 U 的参考方向相反，取负号。式（2 - 18）所描述的 U 与 I 的关系，即实际直流电压源的伏安特性，如图 2 - 9（b）所示。

由式（2 - 18）可知，R_S，越小，R_S 的分压作用越小，输出电压 U 越大。

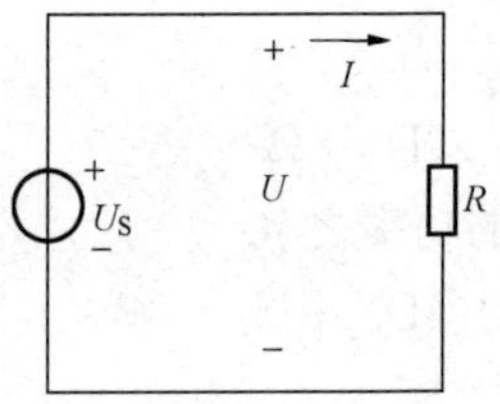

图 2 - 11　［例 2 - 4］图

【例 2 - 4】　图 2 - 11 所示电路，直流电压源的电压 U_S = 10V。求：

（1）$R=\infty$ 时的电压 U，电流 I；

（2）$R=10\Omega$ 时的电压 U，电流 I；

（3）$R\to 0\Omega$ 时的电压 U，电流 I。

解　（1）$R=\infty$ 时即外电路开路，U_S 为理想电压源，故

$$U = U_S = 10\text{V}$$

则

$$I = \frac{U}{R} = \frac{U_S}{R} = 0$$

（2）$R=10\Omega$ 时

$$U = U_S = 10\text{V}$$

则

$$I = \frac{U}{R} = \frac{U_S}{R} = \frac{10}{10} = 1(\text{A})$$

（3）$R\to 0\Omega$ 时

$$U = U_S = 10(\text{V})$$

则

$$I = \frac{U}{R} = \frac{U_S}{R} \to \infty$$

2.2.2　实际电流源

理想电流源是一种理想元件，电流不随电压变化，而实际电流源的电流都是随着端电压的变化而变化的。例如，光电池在一定照度的光线照射下，被光激发产生的电流，并不能全部外流，其中的一部分将在光电池内部流动。所以，光电池不是一个理想的电流源。

由此可见，一个实际的直流电流源我们可以用数值等于 I_S 的理想电流源和一个内阻 R'_S 相并联的模型来表示，这个模型称为实际电源的电压源模型，如图 2 - 12（a）所示。

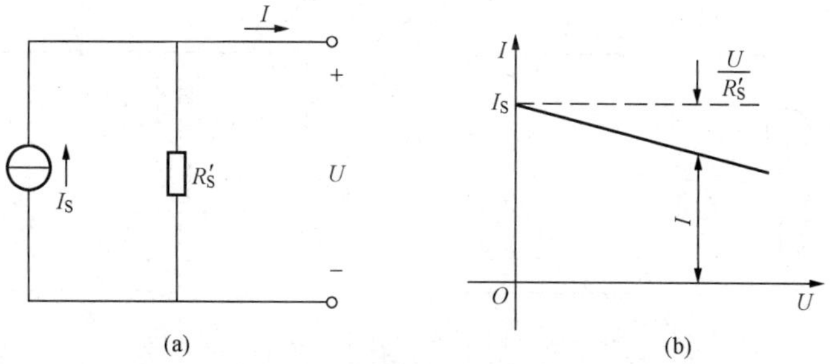

图 2-12 实际电流源的电压源模型及伏安特性

(a) 实际电流源；(b) 伏安特性

当实际电流源与外部电路相连时，实际电流源的输出电流 I 为

$$I = I_S - \frac{U}{R'_S} \tag{2-19}$$

式中，I_S 为实际直流电流源产生的恒定电流；U/R'_S 为其内部分流电流。式（2-19）所描述的 U 与 I 的关系，即实际直流电流源的伏安特性，如图 2-12（b）所示。

由式（2-18）可知，R'_S 越大，R'_S 的分流作用越小，输出电流 I 越大。

【例 2-5】 图 2-13 所示电路，直流电流源的电流 $I_S=1A$。求：

（1）$R\to\infty$ 时的电流 I，电压 U；

（2）$R=10\Omega$ 时的电流 I，电压 U；

（3）$R=0\Omega$ 时的电流 I，电压 U。

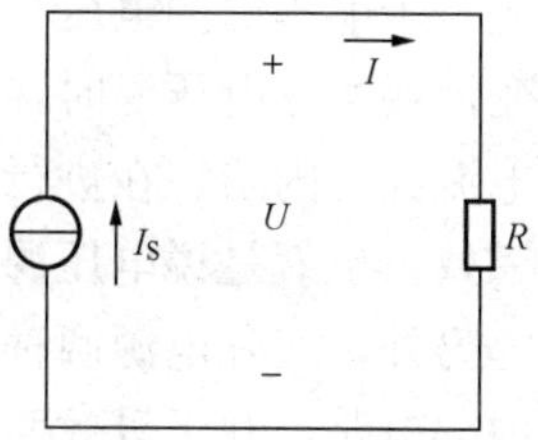

图 2-13 ［例 2-5］图

解 （1）$R\to\infty$ 时即外电路开路，I_S 为理想电流源，故

$$I = I_S = 1A$$

则 $$U = IR \to \infty$$

（2）$R=10\Omega$ 时，有

$$I = I_S = 1(A)$$

则 $$U = IR = I_S R = 1\times 10 = 10(V)$$

（3）$R=0\Omega$ 时，有

$$I = I_S = 1(A)$$

则 $$U = IR = I_S R = 1\times 0 = 0(V)$$

2.2.3 电源的等效变换

那么，实际电源用哪一种电源模型来表示？对外电路而言，只要两种电源模型的外部特性一致，则它们对外电路的影响是一样的。因此，实际电源可以用实际电压源模型表示，也可以用实际电流源模型表示。为了方便电路的分析和计算，我们常常把两种电源模型进行等效变换。

如图 2-14（a）所示，其伏安特性为

$$U = U_S - IR_S \tag{2-20}$$

如图 2-14（b）所示，其伏安特性为

$$I = I_S - \frac{U}{R'_S} \tag{2-21}$$

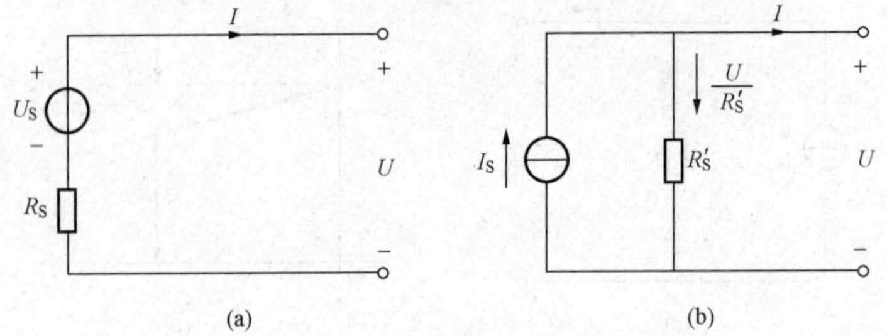

图 2-14　两种电源模型

经整理后得
$$U = I_S R'_S - IR'_S \tag{2-22}$$

根据等效的定义，图 2-14（a）、（b）若要相互等效，则两者的伏安特性必须一致，比较式（2-20）与式（2-22），可得

$$\begin{cases} I_S = \dfrac{U_S}{R_S} \\ R'_S = R_S \end{cases} \tag{2-23}$$

这就是两种电源模型等效的条件。即当实际电压源等效变换成实际电流源时，电流源的电流等于电压源的电压与其内阻的比值，电流源的内阻等于电压源的内阻；当实际电流源等效变换成实际电压源时，电压源的电压等于电流源的电流与其内阻的乘积，电压源的内阻等于电流源的内阻。在进行等效互换时，电压源的电压极性与电流源的电流方向的参考方向要求一致，也就是说电压源的正极对应着电流源电流的流出端。

另外，实际电源两种模型的等效互换只能保证其外部电路的电压、电流和功率相同，对其内部电路，并无等效而言。通俗地讲，两种电源模型等效变换仅对外电路成立，对电源内部是不等效的。当电路中某一部分用其等效电路替代后，未被替代部分的电压、电流应保持不变。

当用电源等效变换法分析电路时应注意这样几点：

（1）电源等效互换是电路等效变换的一种方法。这种等效是对电源输出电流 I、端电压 U 的等效。

（2）有内阻 R_S 的实际电压源和实际电流源之间可以互换等效，理想的电压源与理想的电流源之间不便互换，因为它们不具备相同的伏安特性。

（3）等效变换后，电源内阻不变，电压源的电压等于电流源的电流与其内阻的乘积，电压源的正极对应着电流源电流的流出端。

（4）电源等效互换的方法可以推广运用，如果理想电压源与外接电阻串联，可把外接电阻看作其内阻，则可互换为电流源形式；如果理想电流源与外接电阻并联，可把外接电阻看作其内阻，则可互换为电压源形式。

【例 2-6】　将图 2-15（a）所示电源分别简化为电压源和电流源。

解　（1）将电源电路简化为电压源。

5A 电流源和 4Ω 内阻可等效变换为 20V 内阻为 4Ω 的电压源，如图 2-15（b）所示。图 2-15（b）所示的 3V 电压源和 20V 电压源串联，极性相反，故可转化为一个电动势为 17V、内阻为 4Ω 的电压源，极性如图 2-15（c）所示。

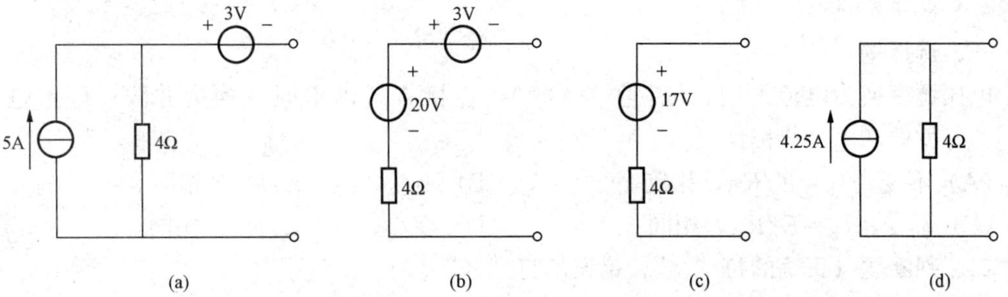

图 2 - 15　［例 2 - 6］图

（2）将电源电路简化为电流源。

由图 2 - 15（c）所示的电压源可等效为图 2 - 15（d）所示的电流源，有

$$I_S = 17/4 = 4.25(A)$$

$$R_S = 4(\Omega)$$

【例 2 - 7】　已知 I_S=1A，U_{S1}=15V，U_{S2}=12V，利用电源的等效变换求图 2 - 16（a）所示电路中 2Ω 电阻上的电流 I。

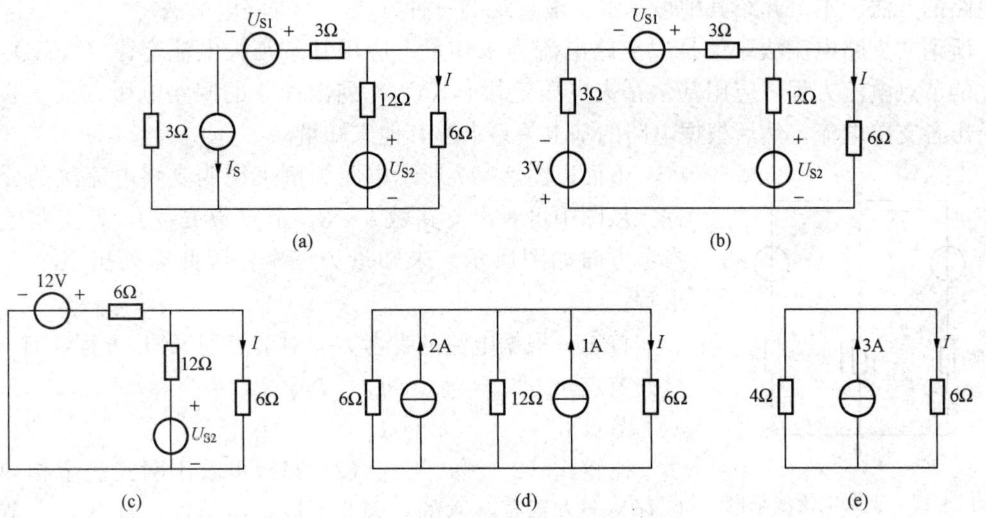

图 2 - 16　［例 2 - 7］电路图

解　利用电源的等效变换进行化简，化简过程如图 2 - 16（b）、（c）、（d）、（e）所示，则有

$$I = \frac{4 \times 3}{4 + 6} = 1.2(A)$$

从［例 2 - 7］的分析过程可看出，利用电源等效变换分析电路，可将电路化简成单回路电路来求解，这种方法通常适用于多电源电路。但须注意的是，在整个变换过程中，所求量的所在支路不能参与等效变换，把它看成外电路始终保留。

【思考题】

一、选择题

电压源变换为电流源时：R_O 值（　　），连接方式由串联变换为并联；理想电流源（　　），方向和电动势极性（　　）。

(A) 不变，$I_S=E/R_O$，相反　　(B) 不变，$I_S=E/R_L$，相同

(C) 不变，$I_S=E/R_O$，相同　　(D) 变小，$I_S=E/R_O$，相同

二、判断题（正确的打"√"，错误的打"×"）

1. 能提供稳定的电压的装置称为恒压源。（　　）
2. 理想电压源（$R_O=0$）和理想电流源（$R_O=\infty$）可等效变换。（　　）
3. 能提供稳定的电压和电流的装置称为恒流源。（　　）

2.3 支路电流法

2.2 节中介绍的分析电路的方法是利用电源的等效变换，将电路化简成单回路电路后求出待求支路的电流或电压。但是对于复杂电路（例如多回路多节点电路）往往不能很方便地化简为单回路电路，也不能用简单的串、并联方法计算其等效电阻，因此需考虑采用其他分析电路的方法。本节介绍其中最基本、最直观的一种方法——支路电流法。

所谓"支路电流法"就是以支路电流为未知量，应用基尔霍夫电流定律（KCL）列出独立的节点电流方程，应用基尔霍夫电压定律（KVL）列出独立的回路电压方程，联立方程求出各支路电流，然后根据电路的基本关系求出其他未知量。

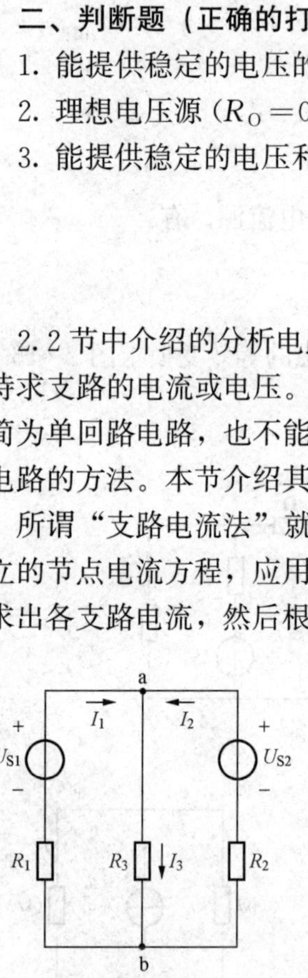

图 2-17　支路电流法举例

下面以图 2-17 所示电路为例来说明支路电流法的分析过程。从图中可看出支路数 $b=3$，节点数 $n=2$，各支路电流的参考方向如图所示。未知量为三个，因此需列出三个方程来求解。

首先，根据电流的参考方向对节点列 KCL 方程，有

节点 a　　$I_1+I_2=I_3$　　(2-24)

节点 b　　$I_3=I_1+I_2$　　(2-25)

比较式（2-24）与式（2-25）可看出两式完全相同，故只有一个方程是独立的。因此可以得出结论：具有 n 个节点的电路，只能列出（$n-1$）个独立的 KCL 方程。所以，n 个节点中，只有（$n-1$）个节点是独立的，称为独立节点。

其次，对回路列 KVL 方程，图 2-17 中有三个回路，绕行方向均选择顺时针方向，有

左面回路　　$I_1R_1-U_{S1}+I_3R_3=0$　　(2-26)

右面回路　　$-I_3R_3+U_{S2}-I_2R_2=0$　　(2-27)

整个回路　　$I_1R_1-U_{S1}+U_{S2}-I_2R_2=0$　　(2-28)

将式（2-26）与式（2-27）相加正好得到式（2-28），可见在这三个回路方程中独立的方程为任意两个，这个数目正好与网孔个数相等。因此可以得出结论：若电路有 n 个节点，b 条支路，m 个网孔，可列出 $[b-(n-1)]$ 个独立的 KVL 方程，且 $[b-(n-1)]=$

m。在通常情况下，可选取网孔作为回路列 KVL 方程，因为每个网孔都是一个独立回路（包含一条在已选回路中未出现过的新支路），对独立回路列 KVL 方程能保证方程的独立性。值得注意的是，网孔是独立回路，但独立回路不一定是网孔。

通过以上实例可得出，以支路电流为未知量的线性电路，应用 KCL 和 KVL 一共可列出 $(n-1)+[b-(n-1)]=b$ 个独立方程，可以解出 b 个支路电流。

综上所述，归纳支路电流法的计算步骤如下：

(1) 认定支路数 b，并选定各支路电流的参考方向。

(2) 认定节点数 n，选择 $(n-1)$ 个独立节点列 KCL 方程。

(3) 选取 $[b-(n-1)]$ 个独立回路，设定各独立回路的绕行方向，对其列 KVL 方程。

(4) 联立求解上述 b 个独立方程，得出待求的各支路电流，然后根据电路的基本关系求出其他未知量。

【例 2-8】　在图 2-17 所示电路中，已知 $R_1=2\Omega$，$R_2=3\Omega$，$R_3=8\Omega$，$U_{S1}=14V$，$U_{S1}=2V$，试求各支路电流。

解　设各支路电流的参考方向如图所示，并指定网孔的绕行方向为顺时针方向，应用 KCL 和 KVL 列出式（2-24）、式（2-26）及式（2-27）的方程组，并将数据代入，可得

$$\begin{cases} I_1+I_2=I_3 \\ 2I_1-14+8I_3=0 \\ -8I_3+2-3I_2=0 \end{cases}$$

解得 $I_1=3A$，$I_2=-2A$，$I_3=1A$。

【例 2-9】　在图 2-18 所示电路中，已知 $U_{S1}=12V$，$U_{S2}=12V$，$R_1=1\Omega$，$R_2=2\Omega$，$R_3=2\Omega$，$R_4=4\Omega$，求各支路电流。

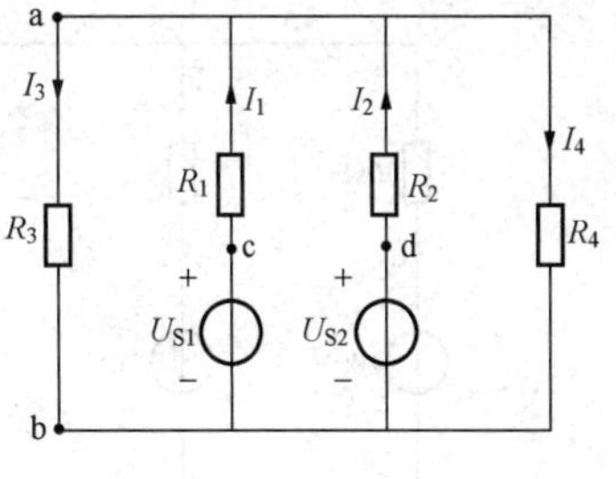

图 2-18　［例 2-9］图

解　设各支路电流的参考方向如图 2-18 所示。图中 $n=2$，$b=4$。列出节点和回路方程式如下。

对于节点 a 列出

$$I_1+I_2-I_3-I_4=0$$

回路 acba 方程为

$$-I_1R_1+U_{S1}-I_3R_3=0$$

回路 adca 方程为

$$-I_2R_2-U_{S1}+U_{S2}+I_1R_1=0$$

回路 adba 方程为

$$I_4R_4-U_{S2}+I_2R_2=0$$

代入数据得 $I_1=4A$，$I_2=2A$，$I_3=4A$，$I_4=2A$。

【思考题】

1. 使用支路电流法求解电路时，如果支路是纯粹的电流源，如何处理？如果是电流源串联电阻呢？

2. 写出使用支路电流法求解电路的步骤。

2.4 节点电压法

2.4.1 电路中电位的概念及计算

在分析和计算电路时，特别是在电子技术中，常用“电位”的概念，即将电路中的某一点选作参考点，并规定其电位为零。于是电路中其他任何一点与参考点之间的电压便是该点的电位。参考点在电路中用符号“⊥”表示，表示该点电位为零，并非真与大地相接。电位用“V”表示，如A点电位用“V_A”表示。

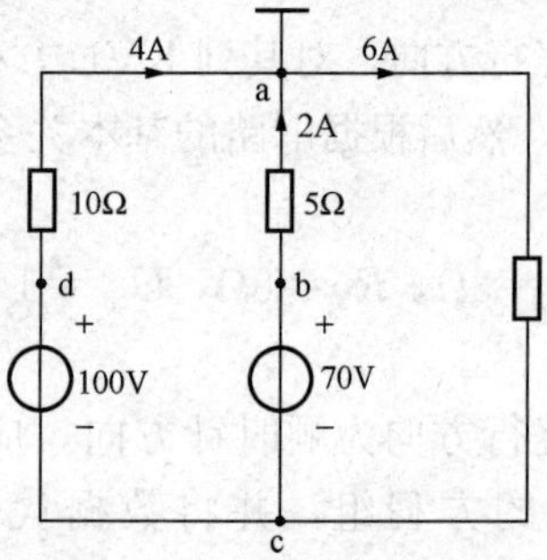

图2-19　以a点为参考点

以图2-19所示电路为例，如以a点为参考点，则

$$V_a=0,\ V_c=-60(\mathrm{V})$$

如果以c点为参考点，如图2-20所示，则

$$V_c=0,\ V_a=U_{ac}=6\times10=60(\mathrm{V})$$

可见，电位也有正、负之分，比参考电位高的为正，比参考电位低的为负。另外，在同一电路中由于参考点选得不同，各点的电位值也会随着改变，但是任意两点之间的电压值是不变的。所以各点的电位高低是相对的，而两点间的电压值是绝对的。

在电子电路中，为了绘图简便，习惯上常常不画出电源符号，而将电源一端接地，使其电位为零，在电源的另一端标出电位极性与数值。图2-20所示电路的简化电路如图2-21所示。

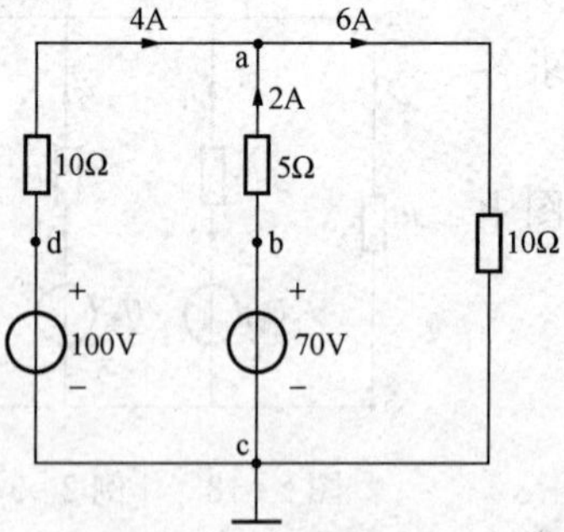

图2-20　以c点为参考点

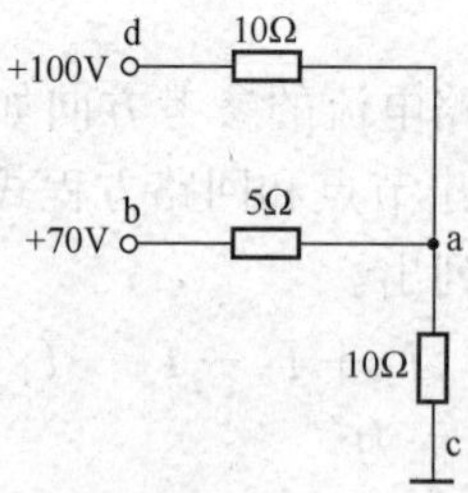

图2-21　图2-19所示电路的简化电路

【例2-10】　求图2-22所示电路中开关K闭合和断开两种情况下a、b、c三点的电位。

解　当开关K闭合时，$V_a=6\mathrm{V}$，$V_b=3\mathrm{V}$，$V_c=0\mathrm{V}$。

当开关K断开时，$V_a=6\mathrm{V}$。

因为电路中无电流流过电阻，所以$V_a=V_b=6\mathrm{V}$。

c点电位比b点电位低3V，则$V_c=V_b-3=(6-3)=3(\mathrm{V})$。

【例2-11】　电路如图2-23所示。已知$U=15\mathrm{V}$，$U_s=10\mathrm{V}$，$R_1=22\Omega$，$R_2=8\Omega$，$R_3=3\Omega$，$R_4=7\Omega$，求A点电位V_A。

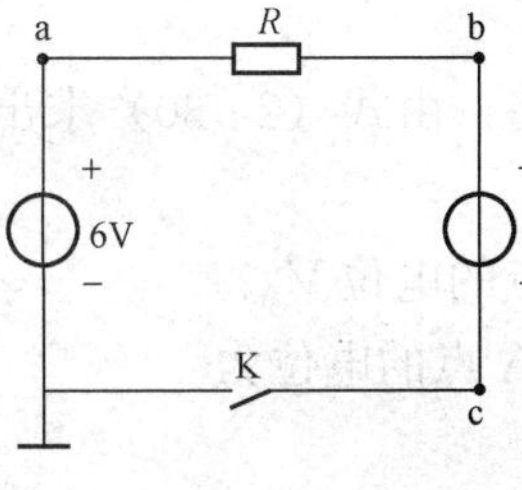

图 2-22　[例 2-10] 图

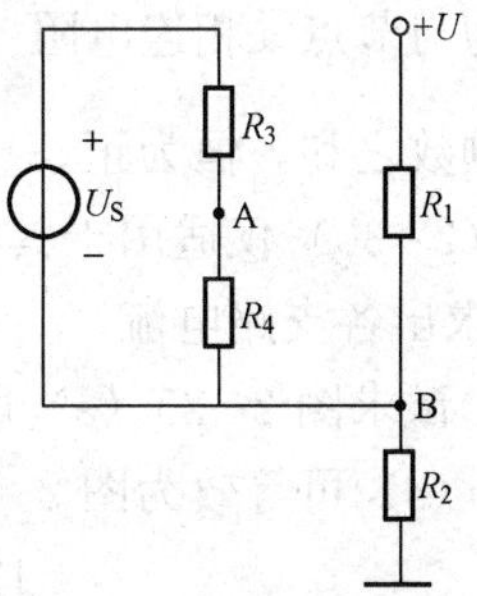

图 2-23　[例 2-11] 图

解　B 点电位　　$V_B=\dfrac{R_2}{R_1+R_2}U=\dfrac{8}{22+8}\times 15=4(\text{V})$

A 点电位　　$V_A=V_B+\dfrac{R_4}{R_3+R_4}U_S=4+\dfrac{7}{3+7}\times 10=11(\text{V})$

2.4.2　节点电压法计算

如果在一个电路中，任选一个节点作为参考点，则其他各个节点与参考点间的电压称为该节点的电位，又称为节点电压。以节点电压为未知量的电路分析方法称为节点电压法。点电压法又称为节点电位法。

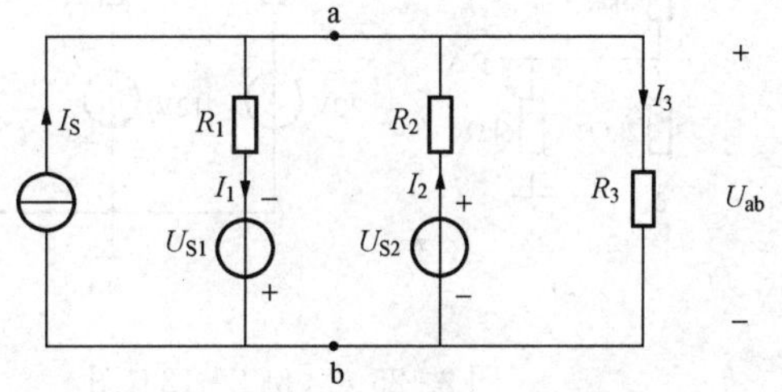

图 2-24　具有两个节点的电路

以图 2-24 所示的电路为例，介绍节点电压法。设节点电压 U_{ab} 和各支路电流的参考方向如图所示。应用基尔霍夫电压定律和欧姆定律，用节点电压表示支路电流。

$$\left.\begin{aligned}&U_{ab}=I_1R_1-U_{S1}，\ I_1=(U_{ab}+U_{S1})/R_1\\&U_{ab}=-I_2R_2+U_{S2}，\ I_2=(U_{S2}-U_{ab})/R_2\\&U_{ab}=I_3R_3，\ I_3=U_{ab}/R_3\end{aligned}\right\}\tag{2-29}$$

应用基尔霍夫电压定律列出节点 a 的电流方程为

$$I_S-I_1+I_2-I_3=0$$

即

$$I_S-\frac{U_{ab}+U_{S1}}{R_1}+\frac{U_{S2}-U_{ab}}{R_2}-\frac{U_{ab}}{R_3}=0$$

整理上式后，得节点电压求解公式为

$$U_{ab}=\frac{I_S-\dfrac{U_{S1}}{R_1}+\dfrac{U_{S2}}{R_2}}{\dfrac{1}{R_1}+\dfrac{1}{R_2}+\dfrac{1}{R_3}}=\frac{\Sigma I_S+\Sigma\dfrac{U_S}{R}}{\Sigma\dfrac{1}{R}}\tag{2-30}$$

式 (2-30) 中，分子为电路中所有的电源（电压源和电流源）的流入电流。ΣI_S 为电流源的代数和，设流入 a 点的电流源为正，流出 a 点的电流源为负。$\Sigma\dfrac{U_S}{R}$为电压源的电动势与内阻之比的代数和，设电动势的正极与节点 a 相连时为正，电动势的负极与节点 a 相连时为负。分母$\sum\frac{1}{R}$为与节点 a 相连电阻（但与理想电压源并联的电阻、与理想电流源串联的电阻除外）阻值的倒数之和，恒为正。

节点电压式（2-30）仅适用于具有两个节点的电路。由式（2-30）求出节点电压U_{ab}，再用式（2-30）求出各支路电流。

【例 2-12】 试求图 2-25（a）所示的电路中 A 点的电位V_A。

解 图 2-25（a）可等效为图 2-25（b）。因此，A 点的电位为

$$V_A=\frac{\frac{12}{3}-\frac{12}{2}}{\frac{1}{3}+\frac{1}{2}+\frac{1}{6}}=\frac{-2}{1}=-2(\mathrm{V})$$

【例 2-13】 试求图 2-26 所示电路中的电流 I。

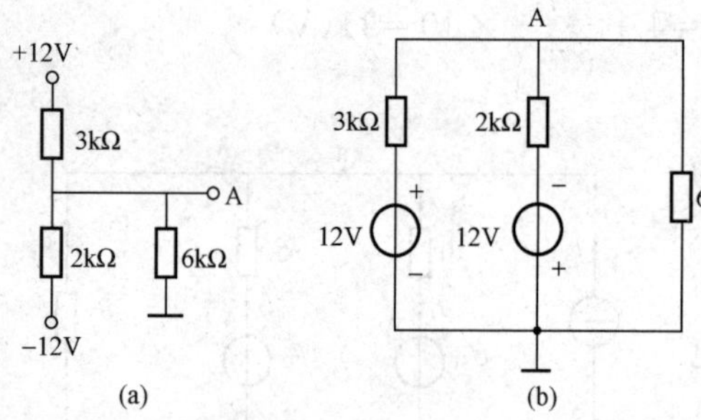

图 2-25 ［例 2-12］图

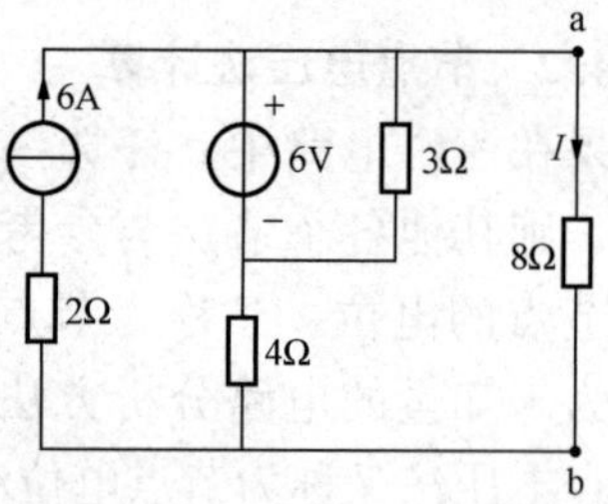

图 2-26 ［例 2-13］图

解

$$U_{ab}=\frac{6+\frac{6}{4}}{\frac{1}{4}+\frac{1}{8}}=\frac{\frac{30}{4}}{\frac{3}{8}}=20(\mathrm{V})$$

$$I=\frac{U_{ab}}{8}=\frac{20}{8}=2.5(\mathrm{A})$$

【思考题】

1. 使用结点电压法分析电路时，若电流源支路串联电阻，应用公式计算时，串联的电阻是否应该出现在公式内？为什么？

2. 使用结点电压法分析电路时，若电流源支路并联电阻，应用公式计算时，并联的电阻是否应该出现在公式内？为什么？

3. 叙述节点电压法分析电路的方法。

2.5 叠加原理

线性电路是指由线性元件所组成的电路。叠加定理是分析线性电路的一个重要定理，应用这一定理，常常使线性电路的分析变得十分方便。

叠加定理可表述为：在线性电路中，当有多个独立电源作用时，任一支路电流（或电

压），等于各个电源单独作用时在该支路中产生的电流（或电压）的代数和。

当某一电源单独作用时，其他不作用的电源应置为零，即电压源电压为零，用短路代替；电流源电流为零，用开路代替。

运用叠加定理时，可把电路中的电压源和电流源分成几组，按组计算电流和电压再叠加。

叠加定理分析电路的一般步骤如下。

(1) 将复杂电路分解为含有一个（或几个）独立源单独作用的分解电路。

(2) 分析各分解电路，分别求得各电流或电压分量。

(3) 将计算的分量叠加计算出最后结果。

【例2-14】 如图2-27(a)所示电路，试用叠加定理计算电流 I。

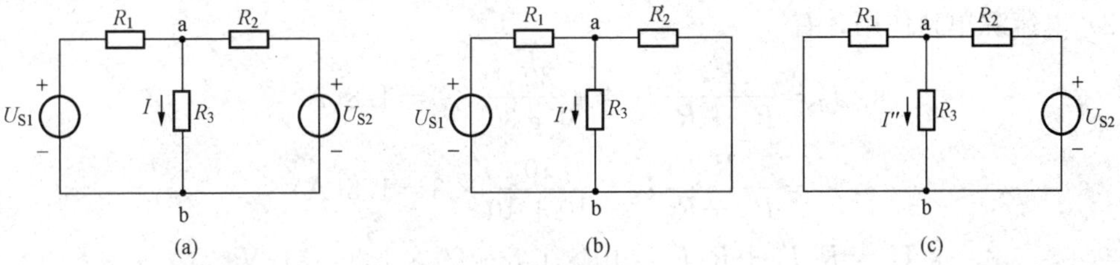

图2-27 [例2-14] 图

(a) 电路图；(b) U_{S1} 作用；(c) U_{S2} 作用

解 (1) 计算电压源 U_{S1} 单独作用于电路时产生的电流 I'，如图2-27(b)所示，有

$$I'=\frac{U_{S1}}{R_1+\frac{R_2R_3}{R_2+R_3}}\times\frac{R_2}{R_2+R_3}$$

(2) 计算电压源 U_{S2} 单独作用于电路时产生的电流 I''，如图2-27(c)所示，有

$$I''=\frac{U_{S2}}{R_2+\frac{R_1R_3}{R_1+R_3}}\times\frac{R_1}{R_1+R_3}$$

(3) 由叠加定理，计算电压源 U_{S1}、U_{S2} 共同作用于电路时产生的电流 I，有

$$I=I'+I''=\frac{U_{S1}}{R_1+\frac{R_2R_3}{R_2+R_3}}\times\frac{R_2}{R_2+R_3}+\frac{U_{S2}}{R_2+\frac{R_1R_3}{R_1+R_3}}\times\frac{R_1}{R_1+R_3}$$

【例2-15】 如图2-28(a)所示电路，已知 $I_S=3A$，$U_S=20V$，$R_1=20\Omega$，$R_2=10\Omega$，$R_3=30\Omega$，$R_4=10\Omega$，试用叠加定理计算 U。

解 按叠加定理，作出电压源和电流源分别作用的分电路，如图2-28(b)和图2-28(c)所示。

(1) 电压源单独作用，有

$$I_1'=I_3'=\frac{U_S}{R_1+R_3}=\frac{20}{20+30}=0.4(A)$$

$$I_2'=I_4'=\frac{U_S}{R_2+R_4}=\frac{20}{10+10}=1(A)$$

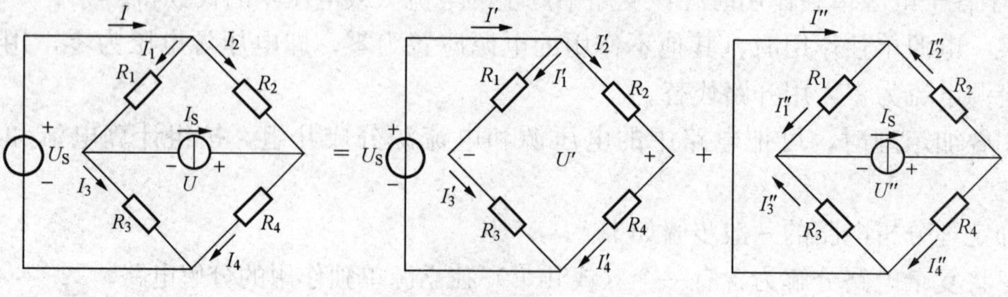

图 2-28 ［例 2-15］图

$$U'=R_4I'_4-R_3I'_3=10\times1-30\times0.4=-2(\text{V})$$

（2）电流源单独作用，有

$$I''_1=\frac{R_3}{R_1+R_3}I_S=\frac{30}{20+30}\times3=1.8(\text{A})$$

$$I''_2=\frac{R_4}{R_2+R_4}I_S=\frac{10}{10+10}\times3=1.5(\text{A})$$

$$U''=R_2I''_2+R_1I''_1=10\times1.5+20\times1.8=51(\text{V})$$

（3）将分量进行叠加，有

$$U=U'+U''=-2+51=49(\text{V})$$

另外，运用叠加定理时，可把电路中的电压源和电流源分成几组，按组计算电流和电压再叠加。

【例 2-16】 如图 2-29（a）所示电路，求电压 U_{ab}、电流 I 和 6Ω 电阻的功率 P。

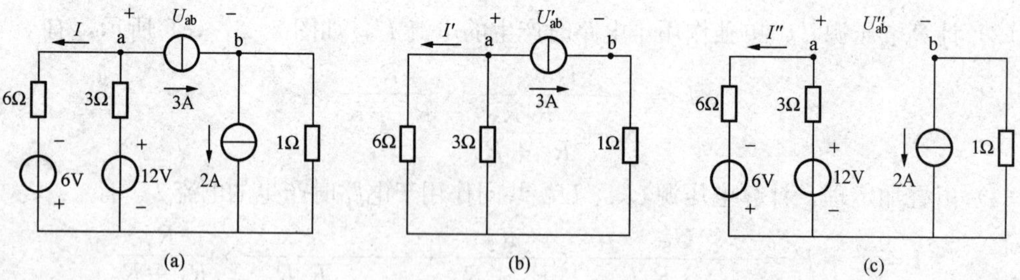

图 2-29 ［例 2-16］图

（a）电路图；（b）3A 电源作用；（c）6V、12V、2A 电源作用

解 计算 3A 电流源单独作用于电路产生的电压 U'_{ab}、电流 I'，如图 2-29（b）所示，有

$$U'_{ab}=-\left(\frac{6\times3}{6+3}+1\right)\times3=-9(\text{V})$$

$$I'=-\frac{3}{3+6}\times3=-1(\text{A})$$

计算 2A 电流源、6V 电压源及 12V 电压源共同作用于电路产生的电压 U''_{ab}、电流 I''，如图 2-29（c）所示，有

$$I''=\frac{12+6}{6+3}=2(\text{A})$$

$$U''_{ab}=-3I''+12+2\times 1=-3\times 2+12+2=8(\text{V})$$

由叠加定理，计算 3A、2A 电流源，6V、12V 电压源共同作用于电路产生的电压 U_{ab}、电流 I，有

$$U_{ab}=U'_{ab}+U''_{ab}=-9+8=-1(\text{V})$$

$$I=I'+I''=-1+2=1(\text{A})$$

计算 6Ω 电阻的功率，有

$$P=6I^2=6\times 1^2=6(\text{W})$$

用叠加定理分析电路时，应注意以下几点：

（1）叠加定理只能用来计算线性电路的电流和电压，对非线性电路叠加定理不适用。由于功率不是电压或电流的一次函数，所以也不能应用叠加定理来计算。

（2）叠加时，电路的连接及所有电阻保持不变。当某一独立源单独作用时，其他不作用的独立源的参数都应置为零，即电压源代之以短路，电流源代之以开路。

（3）应用叠加定理求电压、电流时，应特别注意各分量的符号。若分量的参考方向与原电路中的参考方向一致，则该分量取正号；反之取负号。

（4）叠加的方式是任意的，可以一次使一个独立源单独作用，也可以一次使几个独立源同时作用，方式的选择取决于对分析计算问题的简便与否。

【思考题】

1. 叙述用叠加定理分析电路的方法。
2. 能否用叠加定理直接计算功率？简述理由。

2.6 戴维南定理

一个单相照明电路，要提供电能给荧光灯、风扇、电视机、计算机等许多家用电器，如图 2-30（a）所示。对其中任一电器来说，都是接在电源的两个接线端子上。如要计算通过其中一盏荧光灯的电流等参数，对荧光灯而言，接荧光灯的两个端子 a、b 的左边可以看作是荧光灯的电源，此时电路中的其他电器设备均为这一电源的一部分，如图 2-30（b）所示。显然电路简单多了。

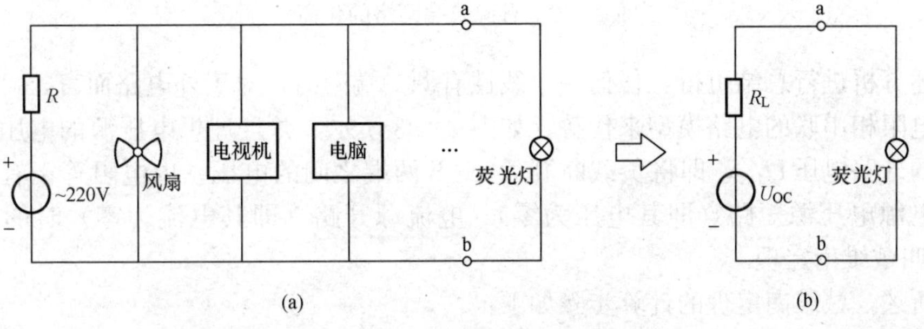

图 2-30 照明电路

（a）示意图；（b）等效电路

在电路分析中，有时只要研究某一条支路的电压、电流或功率，因此，对所研究的支路而言，电路的其余部分就构成一个有源二端网络。戴维南定理说明的就是如何将一个线性有源二端网络等效为一个电压源的重要定理。

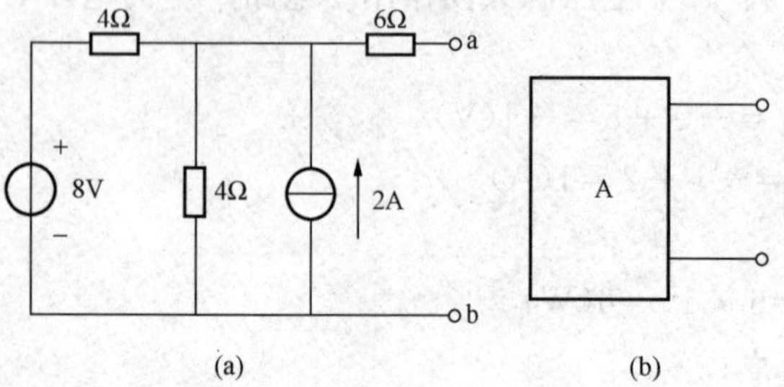

(a) (b)

图 2-31　有源二端网络及其符号
（a）电路图；（b）电路符号

如图 2-31（a）所示二端网络，其内部含有电源，称为有源二端网络，符号用图 2-31（b）表示。

前面章节介绍无源二端网络的等效电路仍然是一条无源支路，支路中的电阻等于二端网络内所有电阻化简后的等效电阻。本节介绍有源二端网络的等效电路的计算方法。

现以图 2-32（a）所示电路为例来导出戴维南定理。

如要求出图 2-32（a）所示电路中的有源二端网络的等效电路，根据所学知识可采用以下方法：利用电源两种模型的等效变换进行化简，如图 2-32（b）、（c）、（d）所示。最后化简成一个 8V 电压源和一个 8Ω 电阻串联的模型，如图 2-32（e）所示。

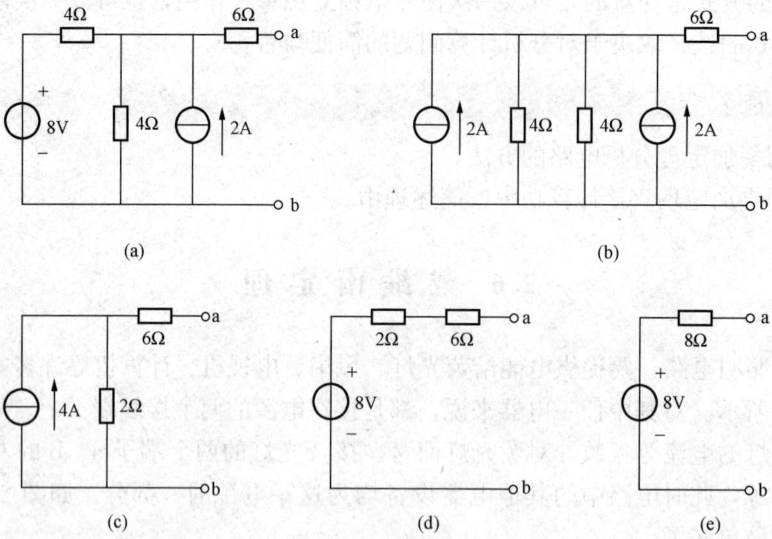

(a) (b) (c) (d) (e)

图 2-32　有源二端网络的化简

将上述分析进行总结可得：任何一个线性有源二端网络，对于外电路而言，可以用一电压源和内电阻相串联的电路模型来代替，如图 2-33 所示。并且理想电压源的电压就是有源二端网络的开路电压 U_{OC}，即将负载断开后 a、b 两端之间的电压。内电阻等于有源二端网络中所有电源电压源短路（即其电压为零）、电流源开路（即其电流为零）时的等效电阻 R_O。这就叫戴维南定理。

综上所述，戴维南定理的计算步骤如下：

（1）将所求量的所在支路（或待求支路）与电路的其他部分断开，形成一个二端网络。

（2）求二端网络的开路电压 U_{OC}。

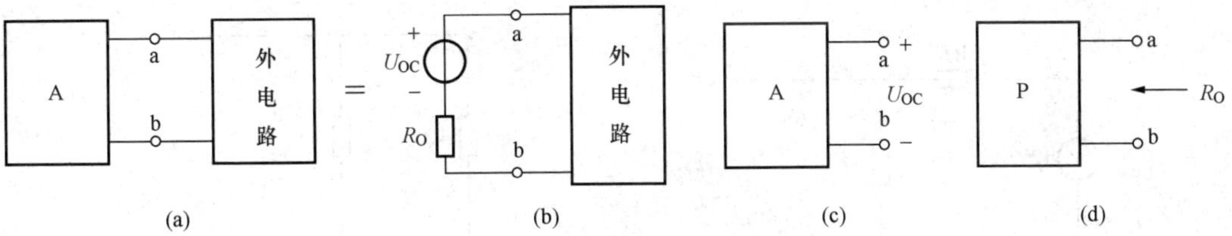

图 2-33 戴维南定理

(3) 将二端网络中的所有电压源用短路代替、电流源用开路代替，得到无源二端网络，求该二端网络端钮的等效电阻 R_O。

(4) 画出戴维南等效电路，并与待求支路相连，得到一个无分支闭合电路，再求电压或电流。

另外，画戴维南等效电路时，电压源的极性必须与开路电压的极性保持一致。此外，等效电路的参数 U_{OC}、R_O 除了用计算的方法外，还可采用实验的方法测得。

含源二端网络的开路电压 U_{OC}，可以用电压表直接测得，如图 2-34 (a) 所示。等效电阻 R_O 可以用电流表先测短路电流 I_{SC}，如图 2-34 (b) 所示，再计算出 R_O，有

$$R_O=\frac{U_{OC}}{I_{SC}}$$

若二端网络不能短路，可外接一保护电阻 R'，再测出电流 I'_{SC}，如图 2-34 (c) 所示，则

$$R'_O=\frac{U_{OC}}{I'_{SC}}-R'$$

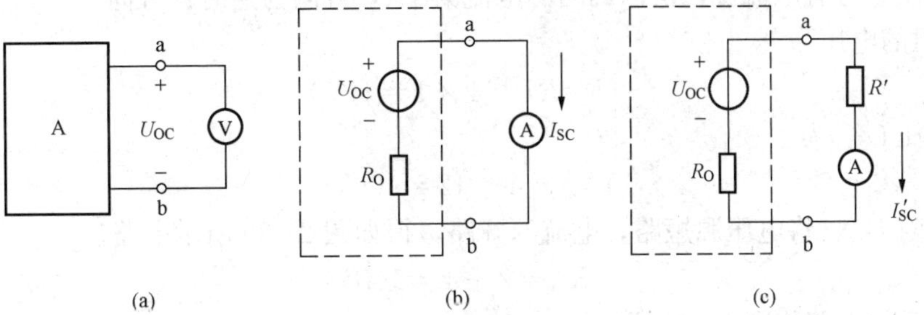

图 2-34 等效电路的参数测定

【例 2-17】 求如图 2-35 所示电路的戴维南等效电路。

解 求有源二端网络的开路电压 U_{OC}。

设回路绕行方向是顺时针方向，则

$$I=\frac{12}{4+2}=2(\text{A})$$

4Ω 电阻的电压 U 为

$$U=RI=4\times2=8(\text{V})$$

$$U_{OC}=U_{ab}=-6+(-8)+12=-2(\text{V})$$

求内电阻 R_O，将电压源短路，得图 2-36 所示电路。

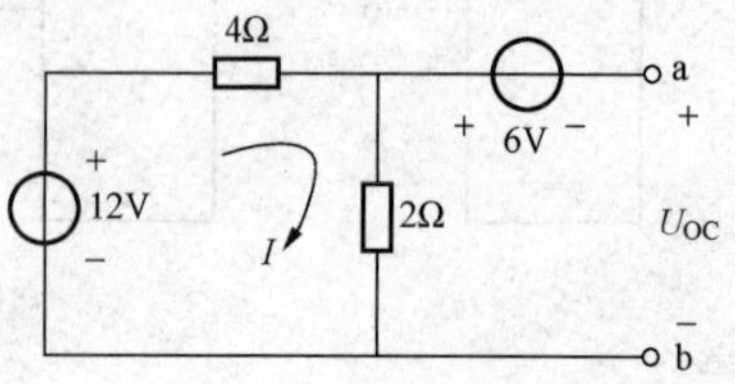

图 2-35　［例 2-17］图

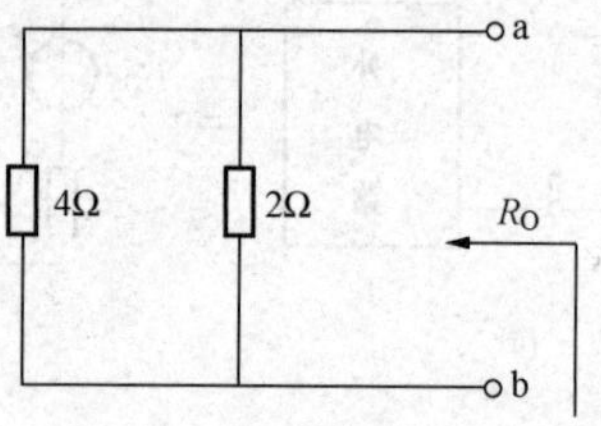

图 2-36　求解等效电阻

$$R_O=\frac{4\times 2}{4+2}=1.33(\Omega)$$

戴维南等效电路如图 2-37 所示，注意电压源的方向。

【例 2-18】　求如图 2-38 所示电路的戴维南等效电路。

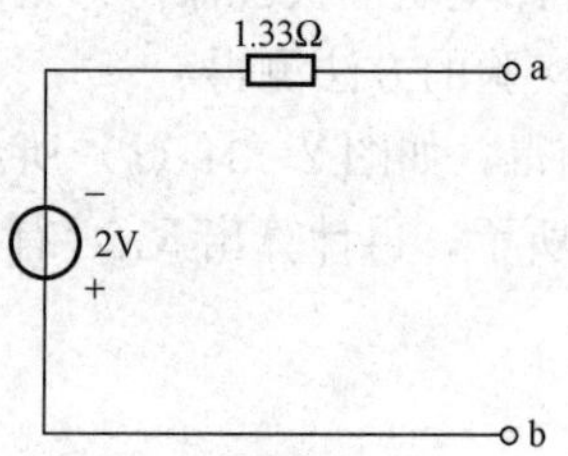

图 2-37　戴维南等效电路

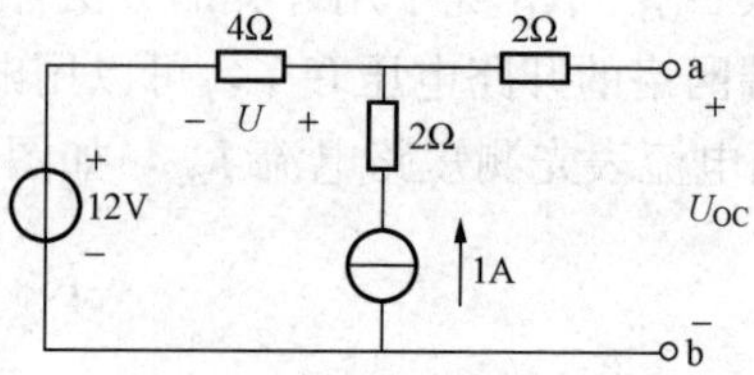

图 2-38　［例 2-18］图

解　求有源二端网络的开路电压 U_{OC}。

由于回路中含有电流源，所以回路的电流为 1A，方向为逆时针方向。

4Ω 电阻的电压为

$$U=RI=4\times 1=4(V)$$

开路电压 U_{OC} 为

$$U_{OC}=4+12=16(V)$$

求内电阻 R_O，将电压源短路，电流源开路，得如图 2-39 所示电路。

$$R_O=2+4=6(\Omega)$$

戴维南等效电路如图 2-40 所示。

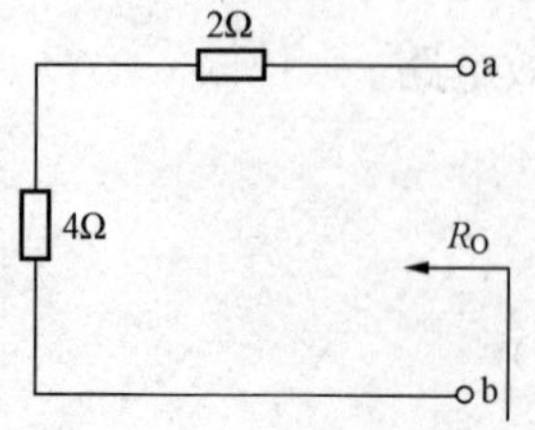

图 2-39　求解等效电阻

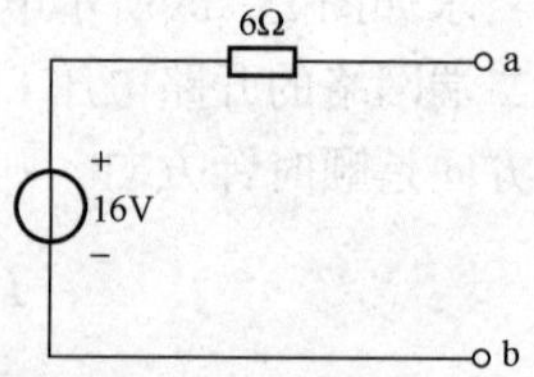

图 2-40　戴维南等效电路

【例 2-19】　在图 2-41（a）所示电路中，已知 $R_1=1\Omega$，$R_2=R_4=6\Omega$，$R_3=3\Omega$，$U_{S2}=22V$，$U_{S1}=8V$，$I_S=2A$，用戴维南定理求电流 I_1。

解　等效电源的电压 U_S 可由图 2-41（b）求得

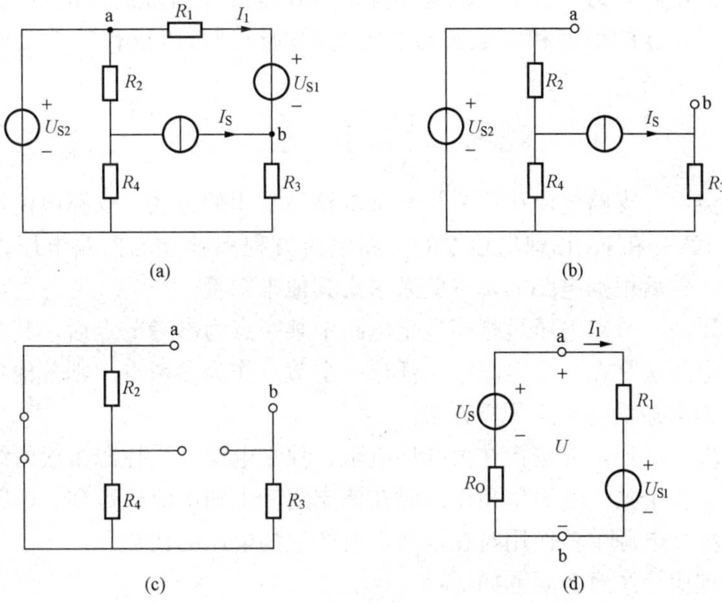

图 2-41 ［例 2-19］图

$$U_S = U_{abo} = U_{S2} - I_S R_3 = 22 - 2 \times 3 = 16(\text{V})$$

等效电源的内阻 R_O 可由图 2-41（c）求得

$$R_O = R_3 = 3(\Omega)$$

图 2-41（d）所示为图 2-41（a）所示的等效电路，则

$$I_1 = \frac{U_S - U_{S1}}{R_O + R_1} = \frac{16 - 8}{3 + 1} = 2(\text{A})$$

【思考题】

1. 叙述用戴维南分析电路的方法。
2. 用戴维南定理求等效电路的电阻时，对原网络内部电源如何处理？

本章小结

本章主要介绍了电路的基本分析方法。

（1）对于一个复杂电路一般要通过等效变换等手段，把复杂电路变成简单电路进行计算和分析。

1）等效网络的概念。端口电压电流关系相同的两个网络称为等效网络。等效网络互换，它们的外部情况不变。

2）n 个电阻串联的等效电阻公式为 $R = \sum_{k=1}^{n} R_k$。

3）n 个电阻并联的等效电导公式为 $G = \sum_{k=1}^{n} G_k$。

4）两种电源模型的等效变换。等效电源有两种模型。一种是理想电压源 E 和内阻 R_S

串联组成的电压源电路，另一种是理想电流源 I_S 和内阻 R'_S 并联组成的电流源电路。

电压源与电阻串联的模型和电流源与电阻并联的模型可以进行等效变换，等效变换公式为

$$I_S=\frac{U_S}{R'_S} \quad R'_S=R_S$$

（2）支路电流法。支路电流法是分析复杂电路最常用的方法。支路电流法是以支路电流为未知量，利用 KVL 和 KCL 列出独立的支路电流方程和独立的回路电压方程，联立方程求出各支路电流，然后根据电路的基本关系求出其他未知量。

（3）节点电压法。节点电压是指当选定电路中某一点为参考节点后，其余各节点对参考点的电压。节点电压法是在一个电路中，任选一个节点作为参考点，则其他各个节点与参考点间的节点电压为未知量的电路分析方法。

（4）叠加定理。叠加定理是指在由线性电阻、独立电源及受控源组成的线性电路中，任一支路的电流等于各个独立电源单独作用时在该支路产生的电流代数和。电路中任意两点的电压，等于各个独立电源单独作用时在这两点所产生的电压的代数和。

应用叠加定理应该注意的问题如下：

1）叠加定理仅适用于线性电路。

2）某个电源单独作用时，其他独立源取零值、电流源开路。

3）叠加原理只适合于电流、电压的代数和计算，不适合功率的计算。

（5）戴维南定理。一个线性含源二端电阻网络，对外电路来说，总可以用一个电压源和电阻串联的模型来代替。该电压源的电压等于含源二端网络断开负载后 a、b 两端之间的电压 U_{OC}，电阻等于该网络中所有电压源短路、电流源开路时的等效电阻 R_O。

等效电源的方法是指在一个复杂电路中，若求某一支路的电压或电流，可以暂时把这条支路剔除，把复杂电路的其他部分简化为一个有源二端网络，再把剔除的支路接入二端网络求解电路。

有源二端网络可以简化为一个等效电源，经过这种变换后，待求支路中的电流和支路两端的电压不变。

习　题

一、填空题

1. 支路电流法就是以________为未知量，依据________列出方程式，然后解方程组得到________的解题方法。

2. 某电路有节点数为 n 个，网孔数为 e 个，则支路数有________条。

3. 根据支路电流法解得的电流为正值时，说明电流的参考方向与实际方向________；电流为负值时，说明电流的参考方向与实际方向________。

4. 在具有几个电源的________电路中，各支路电流等于各电源单独作用时所产生的电流________，这一定理称为叠加原理。叠加定理只适用于线性电路，并只限于计算线性电路中的________和________，不适用于计算电路的________。

5. 任何一个复杂的线性有源二端网络，对外电路而言，均可用________来代替，称

为________。

6. 运用戴维南定理将一个有源二端网络等效成一个电压源，则等效电压源的电压 U_s 为有源二端网络________时的端电压 U_{oc}，其内电阻 R_{eq} 为有源二端网络内电压源作________处理，电流源作________处理时的等效电阻。

二、判断题

1. 用支路电流法解题时，各支路电流参考方向可以任意假定。（　　）
2. 求电路中某元件上的功率时，可用叠加定理。（　　）
3. 回路就是网孔，网孔就是回路。（　　）
4. 应用叠加定理求解电路时，对暂不考虑的电压源将其作开路处理。（　　）
5. 任何一个有源二端线性网络，都可用一个恒定电压 U_{oc} 和内阻 R_{eq} 等效代替。（　　）

三、计算题

1. 求图 2-42 所示电路中 a、b 两点间的电压 U_{ab}。

2. 在图 2-43 所示电路中，已知 $I_{S1}=2A$，$I_{S2}=3A$，$R_1=1\Omega$，$R_2=2\Omega$，$R_3=2\Omega$，求 I_3、U_{ab} 和两理想电流源的端电压 U_{cb} 和 U_{db}。

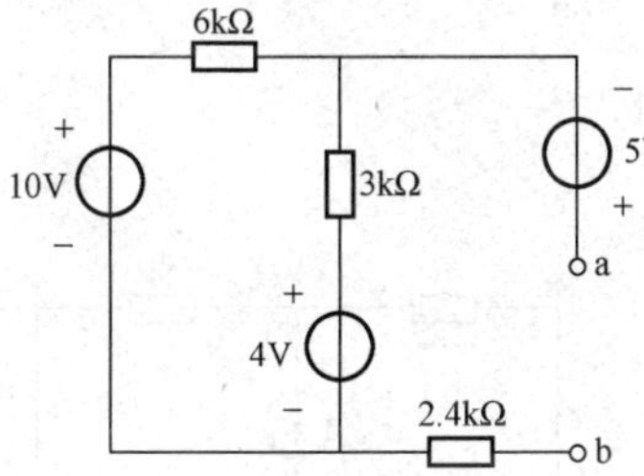

图 2-42　计算题 1 图

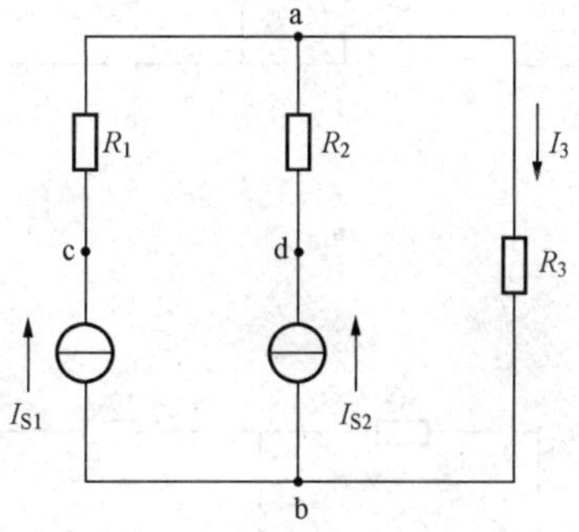

图 2-43　计算题 2 图

3. 求图 2-44 所示电路中的电压 U 和电流 I。

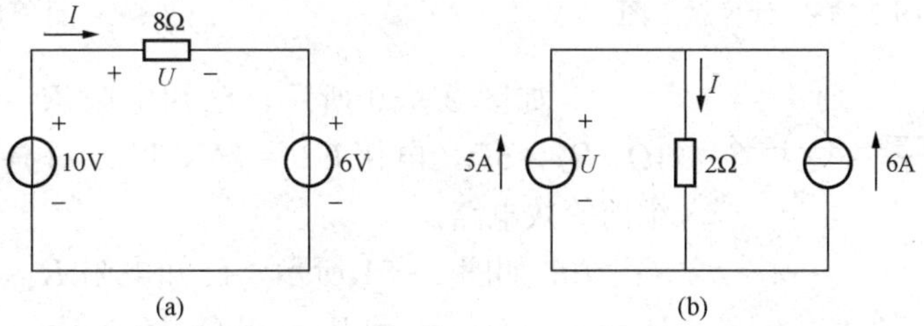

图 2-44　计算题 3 图

4. 求图 2-45 所示电路的等效电阻 R_{ab}。
5. 计算如图 2-46 所示电路中的电流 I。
6. 求图 2-47 所示电路的端口等效电源模型。
7. 用五种方法求如图 2-48 所示电路中的各支路电流。
8. 如图 2-49 所示，已知电阻 $R_1=4\Omega$，$R_2=8\Omega$，$R_3=6\Omega$，$R_4=12\Omega$，电压 $U_{S1}=$

12V，$U_{S2}=3V$，用叠加定理求电流 I。

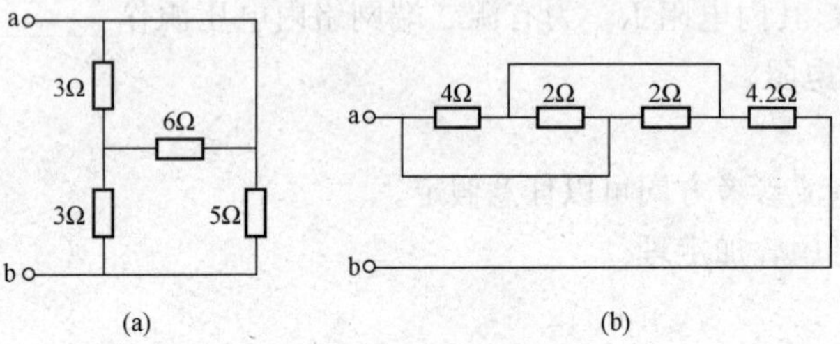

图 2-45　计算题 4 图

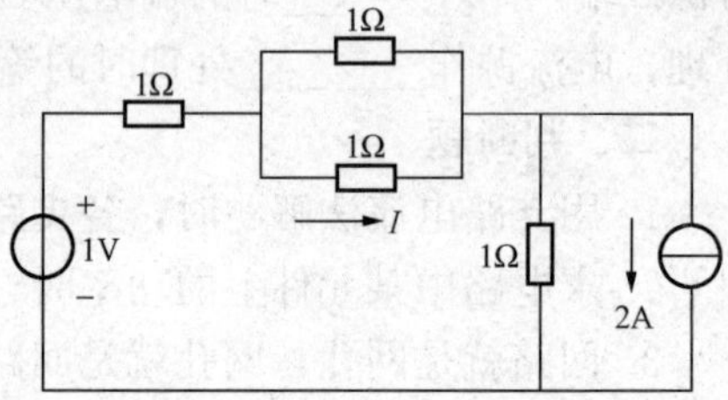

图 2-46　计算题 5 图

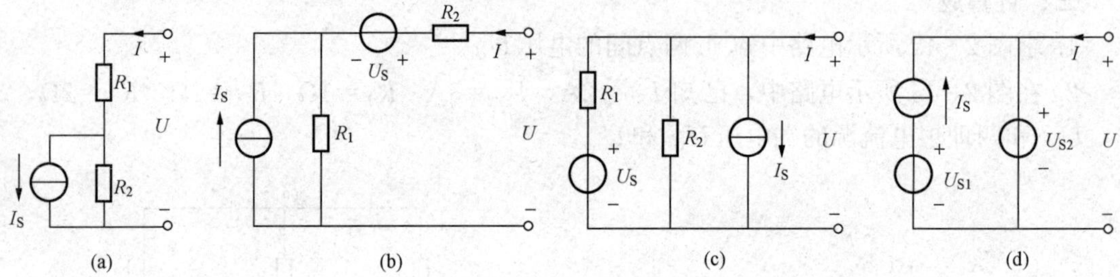

图 2-47　计算题 6 图

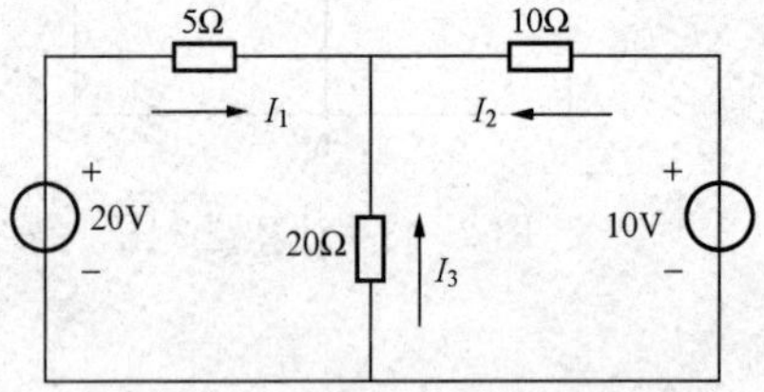

图 2-48　计算题 7 图

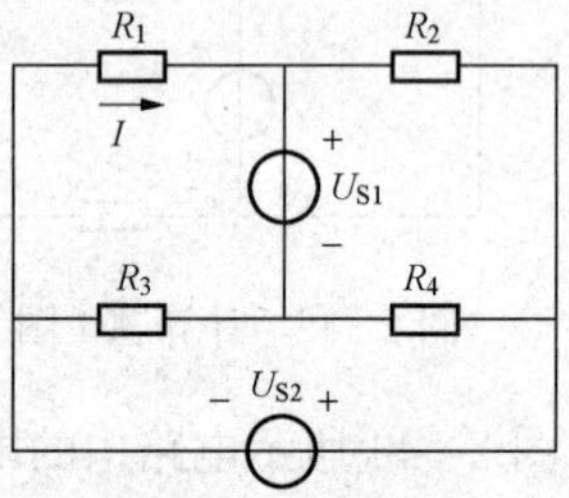

图 2-49　计算题 8 图

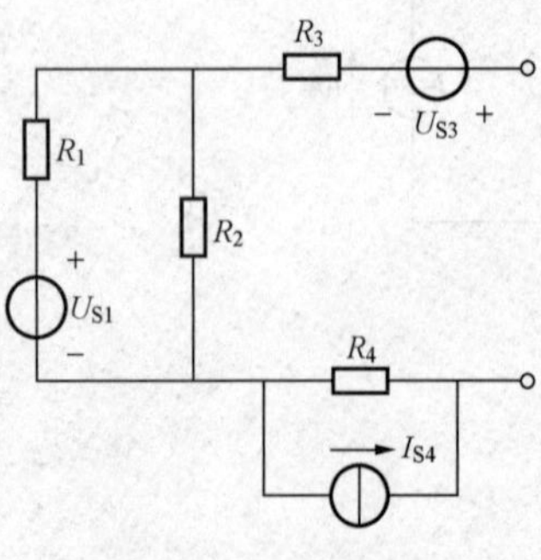

图 2-50　计算题 9 图

9. 如图 2-50 所示，已知电阻 $R_1=R_2=2\Omega$，$R_3=4\Omega$，$R_4=5\Omega$，电压 $U_{S1}=6V$，$U_{S3}=10V$，$I_{S4}=1A$，求戴维南等效电路。

10. 如图 2-51 所示，已知电阻 $R_1=3k\Omega$，$R_2=6k\Omega$，$R_3=0.5k\Omega$，$R_4=R_6=2k\Omega$，$R_5=1k\Omega$，电压 $U_{S1}=15V$，$U_{S2}=12V$，$U_{S4}=8V$，$U_{S5}=7V$，$U_{S6}=11V$，试用戴维南定理求电流 I_3。

11. 如图 2-52 所示，已知 $R_1=R_2=R_3=R_4=1\Omega$，$R_5=10\Omega$，$E_1=15V$，$E_2=13V$，$E_3=4V$。用戴维南定理求流过电阻 R_5 的电流（要画出等效电路）。

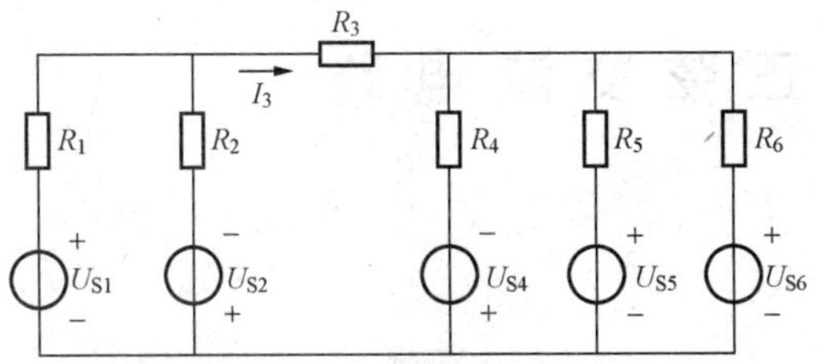

图 2-51 计算题 10 图

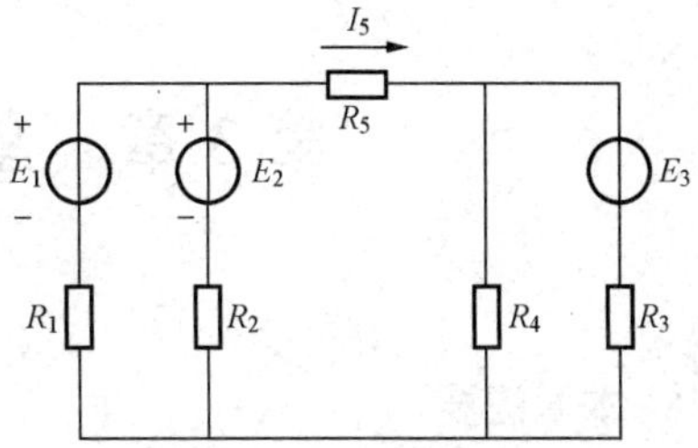

图 2-52 计算题 11 图

第3章　单相正弦交流电路

本章提要

在前面章节中，所介绍的电压、电流，其大小和方向都不随时间变化，这种电压、电流称为直流电。与直流电相比，交流电更适合于远程供电，只有高压交流电才可实现远程电力输送，所以在人们日常生产和生活中，除使用直流电外，还广泛使用大小和方向随时间变化的交流电。

交流电的形式是多种多样的。在交流电中，应用最多的是随时间按正弦规律变化的交流电。非正弦的周期交流电，也可以用若干个正弦交流电叠加组成。因此，对正弦交流电路的分析研究有着重要的理论价值和实际意义。

本章主要学习单相正弦交流电路的有关知识，为今后进一步学习三相正弦交流电路及专业知识和其他科学技术打下基础。

本章主要内容有：正弦量的三要素及其相量表示；电路元件上电压电流数值及相位关系；用相量法分析正弦交流电路；电路中的功率；有功功率、无功功率、视在功率及功率因数的提高。

3.1　正弦交流电的基本概念

3.1.1　交流电的产生

1. 各种形式的交流电

交流电广泛地应用于电力工程、无线电电子技术和电磁测量中。

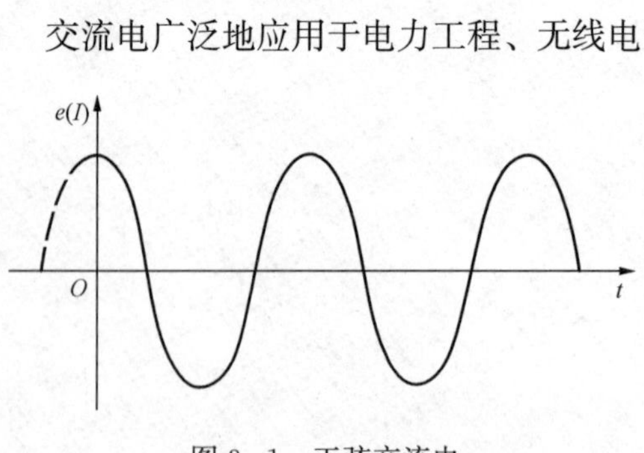

图3-1　正弦交流电

在电力系统中，从发电到输配电，都用的是交流电。这里的电源是交流发电机。交流发电机产生的电动势随时间变化的关系如图3-1所示，基本上是正弦或余弦函数的波形，这样的交流电称为正弦交流电。

在无线电电子设备中的各种信号，大多数也是交流电信号。这里电信号的来源是多种多样的。在收音机、电视机中，通过天线接收了从电台发射到空间的电磁波，形成整机的信号源。在许多测量仪器（如交流电桥、示波器、频率计、Q表等）中，交流电源来自各种信号发生器。实际中不同场合应用的交流电随时间变化的波形是多种多样的。例如市电是50Hz的正弦波，如图3-2（a）所示；电子示波器用来扫描的信号是锯齿波，如图3-2（b）所示；电子计算机中采用的信号是矩形脉冲，如图3-2（c）所示；激光通信用来载波的是尖脉冲，如图3-2（d）所示；广播电台发射的信号在中波段是535～1605kHz的调幅波，如图3-2（e）所示；而电台和通信系统发射的信号兼有调幅波和调频波，如图 3 - 2（f）所示。

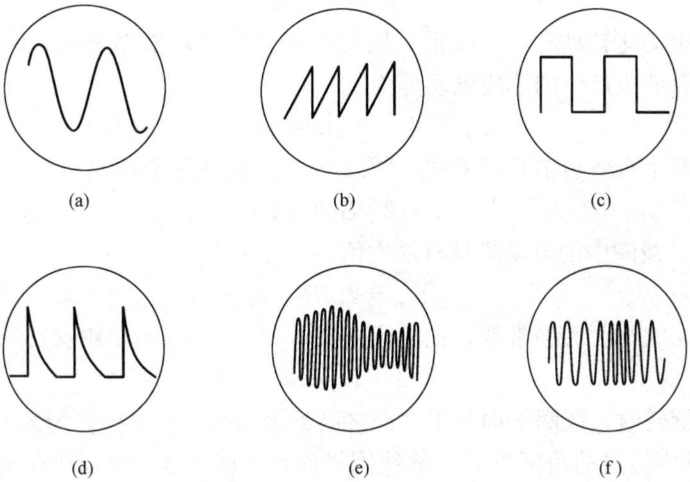

图 3 - 2　电子示波器用来扫描的信号

（a）正弦波；（b）锯齿波；（c）矩形脉冲；（d）尖脉冲；（e）调幅波；（f）调频波

虽然交流电的波形多种多样，但其中最重要的是正弦交流电。这不仅因为正弦交流电最常见，更根本的还有以下两点理由：

（1）任何非正弦交流电都可以分解为一系列不同频率的正弦成分。

（2）不同频率的正弦成分在线性电路中彼此独立、互不干扰。

由于以上两点理由，在一切波形的交流电中，正弦交流电是最基本的。本章以后各节只讨论正弦交流电，这是处理一切交流电问题的基础。

2. 交流电的产生

图 3 - 3 所示为一个交流发电机的简单原理图。在电磁铁的两极 N 和 S 之间放一个由硅钢片叠成的圆柱体 A，称为电枢。其上绕着线圈，线圈两端分别接到两只绝缘的铜制集流环 R、R′上，环上放着和外电路相接的电刷 T 和 T′。磁极在制造时由于采取了适当的形状，使磁极与电枢之间的气隙从磁极中心向它的边棱逐渐增大，这样可以得到方向和电枢表面垂直、大小沿电枢圆周依正弦规律分布的磁感应强度。通过电枢中心和磁极轴线相垂直的平面称为中性面，如图 3 - 4 所示图中垂直纸面的 OO' 面。此中性面和电枢表面相交的地方，磁感应强度为零，在磁极中部磁感应强度最大为 B_{mo}。令 α 为通过电枢轴线和电枢表面上一点

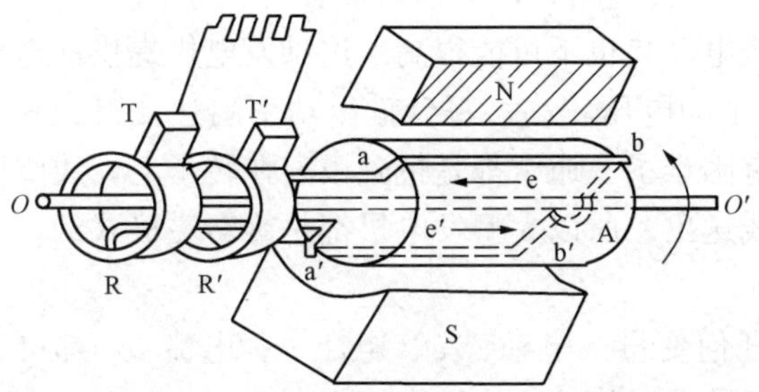

图 3 - 3　交流发电机的简单原理图

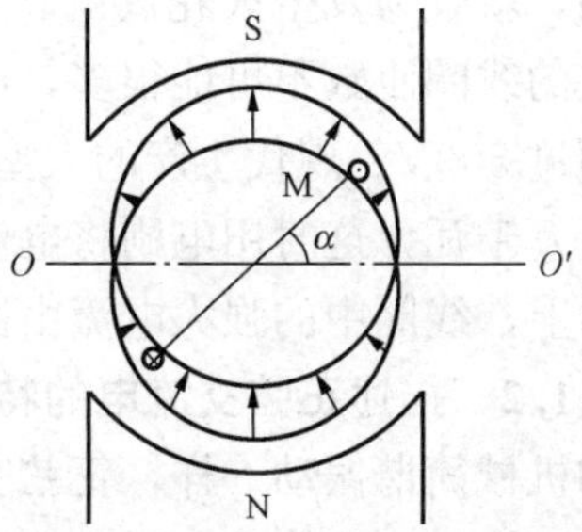

图 3 - 4　中性面磁感应强度

M 的平面与中性面之间的夹角，则该处的磁感应强度为

$$B = B_m \sin\alpha$$

电枢在磁场中匀速转动时，导线垂直地切割磁感应线，根据公式 $e = Blv$，线圈转到上述位置时每一个有效边产生的感应电动势为

$$e' = B_m L v \sin\alpha$$

由于线圈是两个有效边串联起来的，所以 N 匝线圈内的总电动势为

$$e = 2NB_m L v \sin\alpha \tag{3-1}$$

当 $\alpha = 90°$时，线圈中的电动势具有最大值

$$E_m = 2NB_m L v$$

这是一个与 α 大小无关的常数，把它代入式 $e = 2NB_m L v \sin\alpha$ 中就得到

$$e = E_m \sin\alpha \tag{3-2}$$

设电枢开始旋转时，线圈平面与中性面之间的夹角为 φ，电枢作匀速旋转时的角速度为 ω，那么，在 t 秒内转过的角度为 ωt，故线圈平面在时间 t 这一瞬间所在的位置为

$$\alpha = \omega t + \varphi$$

在此时刻的电动势为

$$e = E_m \sin(\omega t + \varphi) \tag{3-3}$$

上述分析表明：如果气隙中的磁感应强度按正弦规律分布，电枢作匀速转动时，线圈中产生的电动势就是周期变化的正弦交变电动势。

当线圈与外电路接通时，线圈中便有电流流动，在此情况下，磁场便对载流导线要施加一个作用力。仔细分析作用力的方向，就知道线圈受到一个阻止它转动的力矩。为了使线圈继续转动，输出电功就必须用其他原动机（如水轮机、汽轮机、柴油机等）来带动，克服阻力矩做功。所以，发电机实际上是利用电磁感应将原动机供给的机械能转换为电能的装置。

实际的发电机，结构比较复杂。电枢不只一组而有多组，磁极也不只一对而有多对。但发电机的基本组成部分仍是电枢和磁极，电枢转动，而磁极不动的发电机，称为旋转电枢式发电机。磁极转动，而电枢不动，线圈依然切割磁力线，电枢中同样会产生感应电动势，这种发电机称为旋转磁极式发电机。不论哪种发电机，转动的部分都称为转子，不动的部分都称为定子。发电机在实际运用中，当发电机磁极对数为 p 时，其感应电动势可写为

$$e = E_m \sin p\alpha \tag{3-4}$$

旋转电枢式发电机，转子产生的电流必须经过裸露着的滑环和电刷引到外电路，如果电压很高，就容易发生火花放电，有可能烧毁电机。同时，电枢可能占有的空间受到很大限制。它的线圈匝数不可能很多，产生的感应电动势也不可能很高。这种发电机提供的电压一般不超过 500V。现代生产的大型发电机产生的电压较高，每台输出功率高达几万、几十万甚至百万千瓦，这时用电刷将电流输出就有困难了。通常都是把磁极安在转子上，线圈固定在定子上，线圈中的强大电流由固定的端线送出。所以大型发电机都是旋转磁极式的。

3.1.2 描述正弦交流电的特征物理量

和机械简谐振动一样，正弦交流电的任何变量（电动势 e、电压 u、电流 i）都可以写成时间 t 的正弦函数或余弦函数的形式，将采用正弦函数的形式，即

交变电动势

$$e(t) = E_m \sin(\omega t + \varphi_e) \tag{3-5}$$

交变电压　$u(t)=U_{m}\sin(\omega t+\varphi_{u})$　(3-6)

交变电流　$i(t)=I_{m}\sin(\omega t+\varphi_{i})$　(3-7)

从这些表达式中可以看出，描述任何一个变量，都需要三个特征量，即角频率、最大值和相位。现在分别讨论如下。

1. 频率和角频率

交流电和其他周期性过程一样，是用频率或周期来表示变化快慢的。在交流发电机中，线圈匀速转动一周，电动势、电流就按正弦规律变化一周。我们把交流电完成一次周期性变化所用的时间，称为交流电的周期。周期通常用 T 表示，单位是 s（秒）。交流电在单位时间内完成周期性变化的次数称为交流电的频率，频率通常用 f 表示，单位是赫兹（Hz），简称赫。在无线电电子技术中遇到的交流电频率通常很高，频率的单位常用 kHz（千赫）或 MHz（兆赫）。它们与 Hz（赫兹）的关系为

$$1\text{kHz}=10^{3}\text{Hz},\ 1\text{MHz}=10^{6}\text{Hz}$$

根据定义，周期与频率的关系是

$$T=\frac{1}{f}\quad 或\quad f=\frac{1}{T}\tag{3-8}$$

在我国，发电厂提供的正弦交流电的频率是 50Hz，这一频率为工业标准频率，简称工频。许多国家采用 50Hz 工频，也有一些国家采用 60Hz 为工频。在其他技术领域还使用着不同频率的交流电，如电热方面：中频炉的频率是 500～8000Hz、高频炉的频率是 200～300kHz；无线电技术方面采用的频率范围是 $10^{5}\sim3\times10^{10}$ Hz 等。

正弦交流电量变化的快慢还可以用角频率来表示。由于正弦量变化一周相当于变化了 2π 弧度，角频率 ω 就是正弦量在单位时间（1s）内变化的角度，即

$$\omega=\frac{2\pi}{T}=2\pi f\tag{3-9}$$

角频率的单位是 rad/s（弧度/秒），工频交流电的角频率 $\omega=100\pi\text{rad/s}=314\text{rad/s}$。为了避免与机械角度相混淆，把正弦量随时间变化的角度称为电角度。

2. 最大值

与机械振动的振幅相对应，每个交流正弦量都有自己的幅值，或称最大值，电动势、电压和电流的最大值分别用 E_{m}、U_{m} 和 I_{m} 表示。交流电的最大值在实际中有重要意义。例如把电容器接在交流电路中，就需要知道交流电压的最大值。电容器所能承受的电压要高于交流电压的最大值，否则电容器可能被击穿。但是，在研究交流电的功率时，最大值用起来却不够方便。它不适于用来表示交流电产生的效果。因此，在实际工作中通常用有效值来表示交流电的大小。

交流电的有效值是根据电流的热效应来规定的。让交流电和直流电通过同样阻值的电阻，如果它们在同一时间内产生的热量相等，就把这一直流电的数值称为这一交流电的有效值。例如，在同一时间内，某一交流电通过一段电阻产生的热量，与 3A 的直流电通过阻值相同的另一电阻产生的热量相等，那么，这一交流电流的有效值就是 3A。

交流电动势和电压的有效值可以用同样的方法来确定。通常用 E、U、I 分别表示交流电的电动势、电压和电流的有效值。下面我们就来分析一下交流电的最大值和有效值之间的关系。

设交流电流 i 通过电阻 R，则在 dt 时间内产生的热量为

$$dQ=0.24i^2R\,dt$$

这个交流电流在一周时间内产生的热量为

$$Q=\int_0^T dQ=\int_0^T 0.24i^2R\,dt$$

某一直流电通过同阻值电阻 R 在相同时间内所产生的热量为

$$Q=0.24I^2RT$$

根据有效值定义，这两个电流产生的热量应该相等，即

$$0.24I^2RT=\int_0^T 0.24i^2R\,dt$$

由此式即可求出交流的有效值

$$I=\sqrt{\frac{1}{T}\int_O^T i^2\,dt}$$

即交流的有效值等于其瞬时值的平方在一周期内的平均值的平方根，又称为“均方根值”。

对于正弦交流电流 $i=I_m\sin\omega t$，则有

$$\begin{aligned}I&=\sqrt{\frac{1}{T}\int_O^T i^2\,dt}\\&=\sqrt{\frac{1}{T}\int_O^T I_m{}^2\sin^2\omega t\,dt}=\sqrt{\frac{I_m^2}{T}\int_O^T\frac{(1-\cos2\omega t)\,dt}{2}}\\&=\sqrt{\frac{I_m^2}{2T}\left(\int_0^T dt-\int_0^T\cos2\omega t\,dt\right)}=\sqrt{\frac{I_m^2}{2T}(T-0)}\end{aligned}$$

即

$$I=\frac{I_m}{\sqrt{2}}\approx0.707I_m \tag{3-10}$$

上述交流电流有效值的结论也适用于交流电的其他物理量。对于交变电动势、交变电压来说，有

$$E=\frac{E_m}{\sqrt{2}}\approx0.707E_m \tag{3-11}$$

$$U=\frac{U_m}{\sqrt{2}}\approx0.707U_m \tag{3-12}$$

通常说照明电路的电压是220V，便是指有效值。各种使用交流电的电气设备上所标的额定电压和额定电流的数值，一般交流电流表和交流电压表测量的数值，也都是有效值。以后提到交流电的数值，凡没有特别说明的，都是指有效值。

3. 相位

由交流电瞬时值的表达式可以看出，最大值相同、频率相同的交流电，在各瞬间的瞬时值和变化步调不一定相同，表达式中 $(\omega t+\varphi)$ 这个量，对于确定交流电的大小和方向起着重要作用，$(\omega t+\varphi)$ 称为交流电的相位。φ 是 $t=0$ 时的相位，称为初相位，简称初相。

如果两个正弦量之间有相位差，就表示它们的变化步调不一致。两个频率相同的交流电，如果它们的相位相同，即相位差为零，就称这两个交流电为同相的。它们的变化步调一致、总是同时到达零和正、负最大值，它们的波形图如图 3-5（a）所示。两个频率相同的

交流电，如果相位差为 180°，就称这两个交流电为反相的。它们的变化步调恰好相反，一个到达正的最大值，另一个恰好到达负的最大值；一个减小到零，另一个恰好增大到零。它们的波形图如图 3-5（b）所示。

图 3-6 所示为两个频率相同的交流电，但初相不同，且 $\varphi_1>\varphi_2$。从图中可以看出，它们的变化步调不一致，e_1 比 e_2 先到达正的最大值、零或负的最大值。这时我们说 e_1 比 e_2 超前 $\Delta\Phi(\Delta\Phi=\varphi_1-\varphi_2)$ 角，或者 e_2 比 e_1 落后 $\Delta\Phi$ 角。

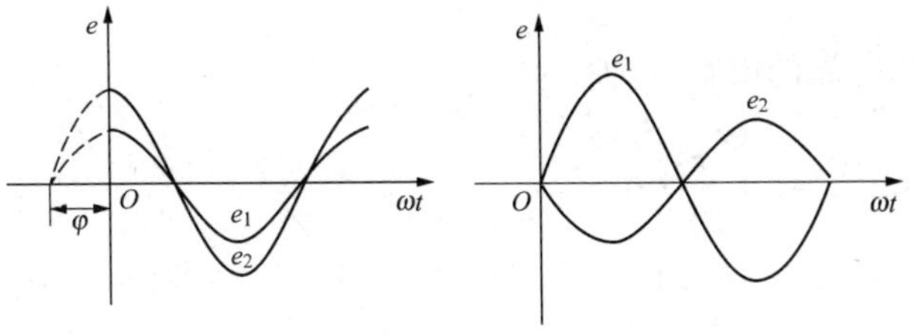

图 3-5　交流电的同相和反相波形图

（a）同相；（b）反相

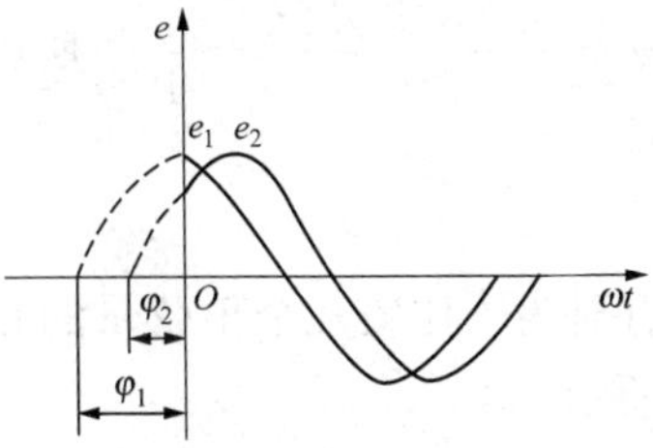

图 3-6　频率相同、初相不同的交流电

最大值（或有效值）、频率（或周期）、初相是表征正弦交流电的三个重要物理量。知道了这三个量，就可以写出交流电瞬时值的表达式，从而知道正弦交流电的变化规律。故把它们称为正弦交流电的三要素。

3.1.3　正弦交流电的表示法

为了便于研究交流电，需要用各种不同的形式表示它。经常使用的形式有解析式表示法、波形图表示法、相量表示法和相量图表示法。

1. 解析式表示法

上文中的正弦交流电的电动势、电压和电流的瞬时值表达式就是交流电的解析式，即

$$\begin{cases} e(t)=E_{\mathrm{m}}\sin(\omega t+\varphi_e) \\ u(t)=U_{\mathrm{m}}\sin(\omega t+\varphi_u) \\ i(t)=I_{\mathrm{m}}\sin(\omega t+\varphi_i) \end{cases} \tag{3-13}$$

如果知道了交流电的最大值（或有效值）、频率（或周期）和初相，就可以写出它的解析式，便可算出交流电任何瞬间的瞬时值。

例如：已知某正弦交流电压的最大值 $U_{\mathrm{m}}=310\mathrm{V}$，频率 $f=50\mathrm{Hz}$，初相 $\varphi=30°$，则它的解析式为

$$u=U_{\mathrm{m}}\sin(\omega t+\varphi_u)=310\sin(100\pi t+30°)(\mathrm{V})$$

$t=0.01\mathrm{s}$ 时的电压瞬时值为

$$u=310\sin(100\pi\times0.01+30°)$$
$$=310\sin210°=-155(\mathrm{V})$$

2. 波形图表示法

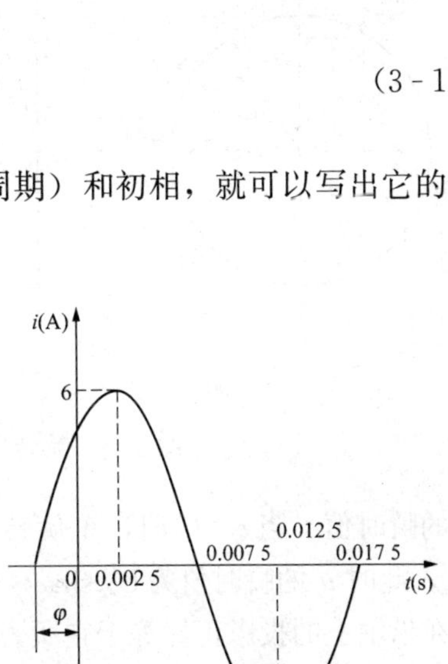

图 3-7　正弦交流电波形图

正弦交流电还可用与解析式相对应的波形图，即正弦曲线来表示，如图 3-7 所示。图中的横坐标表示时间 t 或角度 ωt，纵坐标表示随时间变化的电动势、电压或电流的瞬时值，在波形上可以反映出最大值、

初相和周期等。

根据图 3-7 所示的电流波形图可写出该正弦电流的解析式。从波形图可知 $I_m=6A$，$T=2\times(0.0175-0.0075)=0.02s$，即 $f=\frac{1}{T}=50Hz$，$\omega=2\pi f=314rad/s$。

因为$\frac{T}{4}=\frac{0.02}{4}=0.005s$，所以初相角 φ 所对应的时间为

$$0.005-0.0025=0.0025$$

$\varphi=\frac{0.0025\times2\pi}{0.02}=\frac{\pi}{4}$，所以该正弦电流的解析式为

$$i=6\sin\left(314t+\frac{\pi}{4}\right)A$$

有时为了比较几个正弦量的相位关系，也可以把它们的波形画在同一坐标系内，如图 3-6 所示。

3. 相量表示法

解析式和波形图虽然都能明确地表示某一个正弦量的三要素，但要将两个正弦量相加或相减时，这两种方法就很麻烦。为了使计算简单而又形象，常采用旋转矢量法。

所谓旋转矢量法，就是在平面直角坐标中，用一个通过原点的以逆时针方向旋转的矢量来表示一个正弦量的方法。该旋转矢量的长度表示正弦量的最大值；该旋转矢量的起始位置与横轴正方向的夹角表示初相角（规定从横轴正方向或参考位置按逆时针方向旋转的角度为正，按顺时针方向旋转的角度为负）；该旋转矢量逆时针旋转的角速度等于正弦量的角频率。

为什么这样的一个旋转矢量能表示一个正弦量呢？下面以旋转矢量表示正弦电压 $u=U_m\sin(\omega t+\varphi)$ 为例来说明。

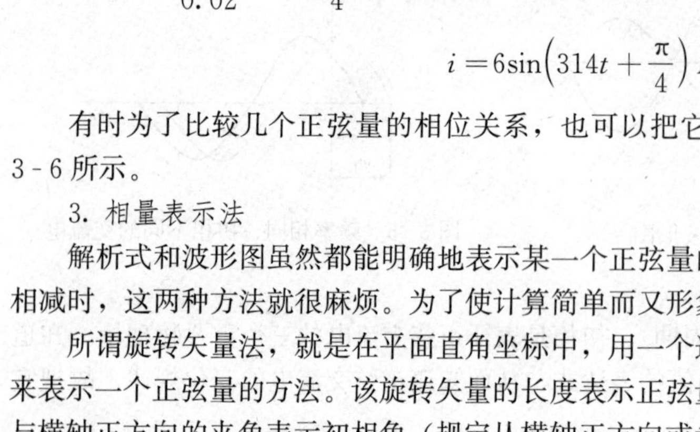

图 3-8 旋转矢量

在图 3-8 所示图中，从坐标原点 O 在横轴上作矢量 $\overline{A}$ 等于电压的最大值 U_m，让 $\overline{A}$ 以角速度 ω（等于 u 的角频率 ω）绕原点 O 逆时针方向旋转。在 $t=t_0$ 时，$\overline{A}$ 与横轴的夹角为零值，$\overline{A}$ 在纵轴上的投影为零，此时 u 的瞬时值也为零。经过时间 t_1 后，旋转矢量 $\overline{A}$ 旋转了电角度 ωt_1，此时旋转矢量 $\overline{A}$ 在纵轴上的投影为 $U_m\sin\omega t_1$，这就是电压 u 在 $t=t_1$ 时的瞬时值。当 $t=t_2$ 时，$\overline{A}$ 旋转了电角度 $\omega t_2=90°$，$\overline{A}$ 在纵轴上的投影等于电压的最大值 U_m，此时 u 的瞬时值为 $U_m\sin\omega t_2=U_m\sin90°=U_m$。可见，该旋转矢量在旋转过程中每一时刻在纵轴上的投影正好等于它所表达的正弦量的瞬时值。同理，正弦交流电动势、正弦交流电流都可引入相应的旋转矢量来表示。

由此可见，一个正弦量可以用一个旋转矢量表示。矢量以角速度 ω 沿逆时针方向旋转。显然，对于这样的矢量不可能也没有必要把它的每一瞬间的位置都画出来，只要画出它的起

始位置即可。因此，一个正弦量只要它的最大值和初相确定后，表示它的矢量就可确定。必须指出，表示正弦交流电的矢量与一般的空间矢量（如力、速度等）是不同的，它只是正弦量的一种表示方法，为了与一般的空间矢量相区别，把表示正弦交流电的这一矢量称为相量，并用大写字母上加黑点的符号来表示，如 $\dot{E}_m$、$\dot{U}_m$ 和 $\dot{I}_m$ 分别表示电动势相量、电压相量和电流相量，有

$$\begin{cases}\dot{E}_m=E_m\angle\varphi_e\\ \dot{U}_m=U_m\angle\varphi_u\\ \dot{I}_m=I_m\angle\varphi_i\end{cases}\tag{3-14}$$

在实际问题中遇到的常是有效值，故把各个相量的长度缩小到原来的 $\frac{1}{\sqrt{2}}$，这样，每个相量的长度不再是最大值，而是有效值，这种相量称为有效值相量，用符号 $\dot{E}$、$\dot{U}$ 和 $\dot{I}$ 表示。而原来最大值的相量称为最大值相量。式（3-14）写为有效值相量为

$$\begin{cases}\dot{E}=E\angle\varphi_e\\ \dot{U}=U\angle\varphi_u\\ \dot{I}=I\angle\varphi_i\end{cases}\tag{3-15}$$

4. 相量图表示法

相量也可以用复平面上的有向线段表示出来。当把各个同频率正弦量的相量画在同一复平面上时，所得到的图形称为相量图。由于旋转角频率都相同，相量彼此之间的相位关系始终保持不变，因此在研究同频相量的关系时，一般只按初相作出相量，而不必标出角频率。画相量图时一般用极坐标。

例如有三个同频率的正弦量为 $e=60\sin(\omega t+60°)$ V、$u=30\sin(\omega t+30°)$ V 和 $i=5\sin(\omega t-30°)$ A，其相量可表示为 $\dot{E}_m=60\angle60°$V、$\dot{U}_m=30\angle30°$V 和 $\dot{I}_m=5\angle-30°$A，则它们的相量图如图 3-9 所示。

作有效值相量图的原则同前，但必须指出，有效值相量是静止的相量，它在纵轴上的投影不代表正弦量瞬时值。

此外，通过相量图，根据几何图形关系，还可以对正弦电量进行计算。

【例 3-1】 $u_1=3\sqrt{2}\sin314t$ V，$u_2=4\sqrt{2}\sin\left(314t+\frac{\pi}{2}\right)$，求 $u=u_1+u_2$。

解 先画出相量图，如图 3-10 所示。

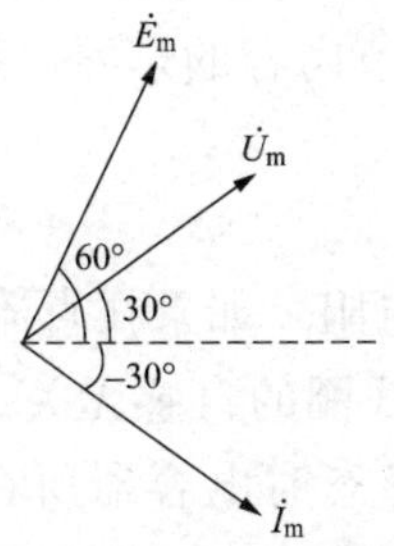

图 3-9　正弦量的相量图

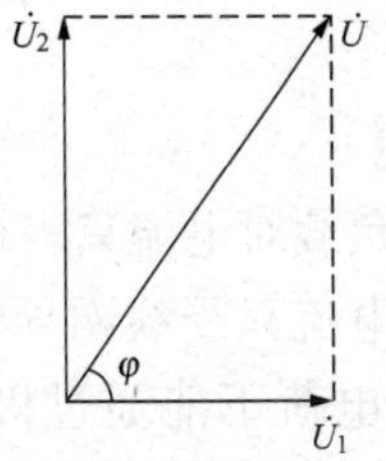

图 3-10　[例 3-1] 相量

根据相量相加减的原则，得出

$$\dot{U}=\dot{U}_1+\dot{U}_2$$

$\dot{U}$ 的大小为

$$U=\sqrt{U_1^2+U_2^2}=\sqrt{3^2+4^2}=5(\mathrm{V})$$

$\dot{U}$ 的初相角为

$$\varphi=\arctan\frac{U_2}{U_1}=\arctan\frac{4}{3}=53^\circ$$

得

$$u=5\sqrt{2}\sin(314t+53^\circ)\mathrm{V}$$

【思考题】

1. 有一电容器，耐压为 220V，问能否接在电压为 220V 的交流电源上？

2. 今有一正弦交流电压 $u=311\sin\left(314t+\frac{\pi}{4}\right)\mathrm{V}$。求其角频率、频率、周期、幅值和初相角；当 $t=0$ 时，u 的值为多少？当 $t=0.01\mathrm{s}$ 时，u 的值又为多少？

3. 判断下列各组正弦量哪个超前，哪个滞后？相位差等于多少？

(1) $i_1=5\sin(\omega t+50^\circ)\mathrm{A}$，$i_2=10\sin(\omega t+45^\circ)\mathrm{A}$。

(2) $u_1=100\sin(\omega t-75^\circ)\mathrm{V}$，$u_2=200\sin(\omega t+100^\circ)\mathrm{V}$。

(3) $u_1=U_{1m}\sin(\omega t-30^\circ)\mathrm{V}$，$u_2=U_{2m}\sin(\omega t-70^\circ)\mathrm{V}$。

4. 将下列各正弦量用相量形式表示，并画出其相量图。

(1) $u=110\sin314t\ \mathrm{V}$。

(2) $u=20\sqrt{2}\sin(628t-30^\circ)\mathrm{V}$。

(3) $i=5\sin(100\pi t-60^\circ)\mathrm{A}$。

(4) $i=50\sqrt{2}\sin(1000t+90^\circ)\mathrm{A}$。

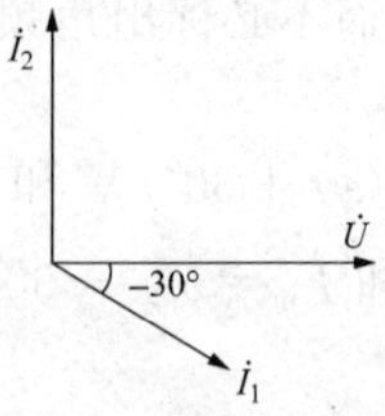

图 3-11　思考题 5 图

5. 如图 3-11 所示相量图，已知 $U=220\mathrm{V}$，$I_1=5\mathrm{A}$，$I_2=5\sqrt{2}\mathrm{A}$，角频率为 314rad/s，试写出各正弦量的瞬时值表达式及相量。

3.2　单一参数的正弦交流电路

如前所述，正弦交流电路和直流电路相比，有很大差别，在分析计算各正弦量时既要分析其大小，又要考虑其相位。电路中的负载既有电阻元件，又有电感元件和电容元件，它们对电路中的电压、电流及功率影响是否相同呢？通过本节内容的学习，我们将找到问题的答案。

3.2.1　元件概述

在直流电路中，负载对电流只表现出一种影响——电阻。如果在直流电路中接入线圈，除了暂态过程之外，电流只受线圈导线电阻的影响而与线圈的自感无关。如果在直流电路中接入电容器，由于电荷不能通过极板间的电介质，稳态时电容器所在支路就如同断路一般。

然而线圈及电容器对交变电流的影响却要复杂得多，由于电流变化，线圈将出现自感电动势，从而影响电流。由于交变电流对电容器的反复充放电，就使连接电容器的导线即使在稳态时也有交变电流通过。电阻器、线圈和电容器是交流电路中最常见的三种负载元件。

一个实际元件对交变电流往往不止提供一种影响。例如，用电阻丝在磁棒上绕成的线绕电阻器就既有电阻的影响又有电感的影响。但电感的影响远小于电阻的影响，因此可以看作"纯电阻"元件，简称纯电阻。白炽灯、电炉、电烙铁及各种电阻器一般可近似看作纯电阻。类似地，在一定的条件下，自感线圈可近似看作纯电感，电容器可近似看作纯电容。虽然并不存在绝对的纯电阻、纯电感和纯电容，但把这三种理想元件讨论清楚却有重要意义。因为，即使实际条件不允许把某些元件看作理想元件，往往也可以看作两三个理想元件的串并联组合。

电阻值 R、自感系数 L 及电容量 C 是电阻元件、电感元件和电容元件的参数。参数为常数（不随电流而变）的元件称为线性元件，参数随电流而变的元件称为非线性元件。任一实际元件都或多或少地具有非线性，但在许多场合下可近似地当作线性元件处理。本节只讨论线性元件及由它们组成的线性电路。

3.2.2　电阻元件接通正弦交流电

1. 电阻元件上电压和电流的关系

如图 3-12 所示的正弦交流电路中，只含有线性电阻元件 R。

对线性电阻元件，加在它两端的电压和流过它的电流都随时间而变，但在任何时刻均遵守欧姆定律。所以，在图示的参考方向下有

$$i=\frac{u}{R} \tag{3-16}$$

若电阻 R 两端所加的电压 $u=U_m\sin(\omega t+\varphi)$，则流过电阻 R 的电流为

$$i=\frac{u}{R}=\frac{U_m}{R}\sin(\omega t+\varphi)=I_m\sin(\omega t+\varphi) \tag{3-17}$$

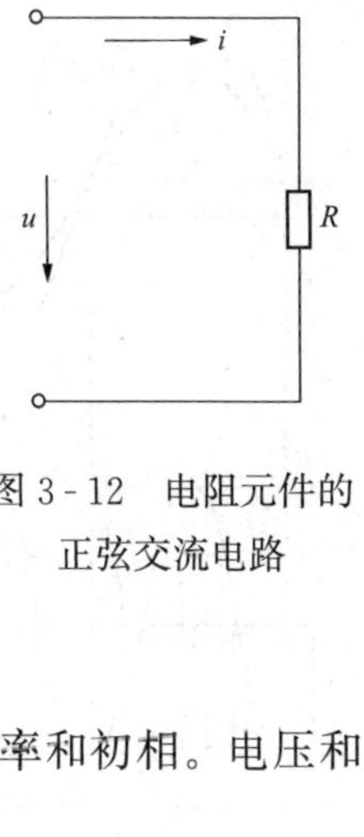

图 3-12　电阻元件的正弦交流电路

式中

$$I_m=\frac{U_m}{R}\quad 或\quad I=\frac{U}{R} \tag{3-18}$$

因为电阻 R 是一个实数，上面计算中相除后并不影响正弦量的频率和初相。电压和电流的波形图如图 3-13（a）所示。

下面进一步分析电阻元件上电压相量和电流相量的关系。

由 $u=U_m\sin(\omega t+\varphi)$ 和式（3-17）可写出

$$\dot{U}=U\angle\varphi$$

$$\dot{I}=I\angle\varphi$$

则

$$\frac{\dot{U}}{\dot{I}}=\frac{U\angle\varphi}{I\angle\varphi}=R\angle 0^\circ=R \tag{3-19}$$

电压与电流的相量图如图 3-13（b）所示。

通过上面的分析，可得如下结论：

(1) 电阻元件上，正弦电流与正弦电压的瞬时值、最大值、有效值和相量均符合欧姆定律形式。

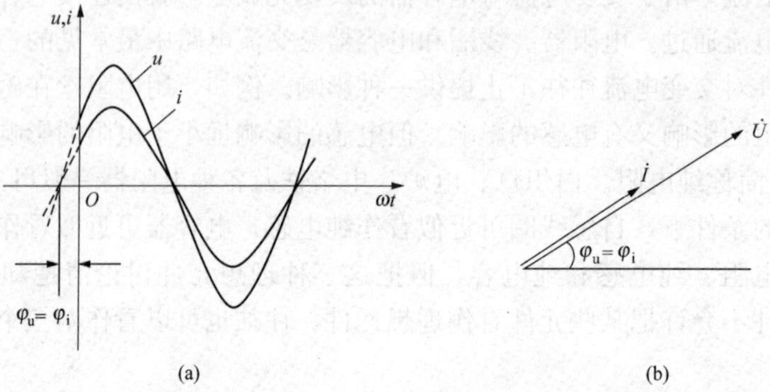

图 3-13 电阻元件的电压、电流波形图和相量图

（a）波形图；（b）相量图

（2）电阻元件上正弦电压与正弦电流之比是电阻值 R，它是个实数。

（3）电阻元件上电压与电流是同频率同相位的正弦量，其波形图和相量图如图 3-13 所示。

2. 电阻元件的功率和能量转换

在交流电路中，电压电流在关联参考方向下，任意瞬间电阻元件上的电压瞬时值与电流瞬时值的乘积称为该元件的瞬时功率。以小写字母 p 表示。即

$$p=ui=\sqrt{2}U\sin\omega t\times\sqrt{2}I\sin\omega t$$
$$=2UI\sin^2\omega t=2UI\,\frac{1-\cos2\omega t}{2} \qquad (3-20)$$
$$=UI-UI\cos2\omega t$$

由图 3-14 可知瞬时功率在变化过程中始终在坐标轴上方，即 $p\geqslant0$，说明电阻元件总是在吸收功率，它将电能转换为热能散发出来，只能是一个耗能元件。

瞬时功率时刻在变化，不便计算，通常都是计算一个周期内消耗功率的平均值，即平均功率，又称为有功功率，用大写字母 P 来表示。电阻元件上平均功率为

$$P=\frac{1}{T}\int_0^T p\,\mathrm{d}t=\frac{1}{T}\int_0^T(UI-UI\cos2\omega t)\,\mathrm{d}t=UI$$

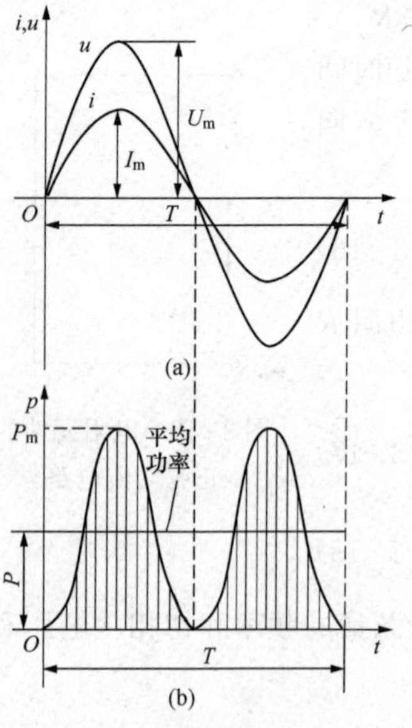

图 3-14 电阻元件上电压、电流和功率的波形

因为 $U=IR$ 或 $I=\dfrac{U}{R}$，则有

$$P=UI=I^2R=\frac{U^2}{R} \qquad (3-21)$$

平均功率的单位为瓦（W），工程上也常用千瓦（kW）。一般用电器上所标的功率，如电灯的功率为 25W、电炉的功率为 1000W、电阻的功率为 1W 等都是指平均功率。

【例 3-2】 一电阻 R 为 10Ω，通过 R 的电流 $i=10\sqrt{2}\sin(\omega t-30°)$ A，求：

（1）电阻 R 两端的电压 U 及 u；

（2）电阻 R 消耗的功率 P；

(3) 作出电压、电流的相量图。

解 (1) $U=IR=\frac{10\sqrt{2}}{\sqrt{2}}\times 10=100(\text{V})$

则 $$u=100\sqrt{2}\sin(\omega t-30°)\text{V}$$

(2) $P=UI=100\times 10=1000(\text{W})$。

(3) 电压、电流相量图如图 3 - 15 所示。

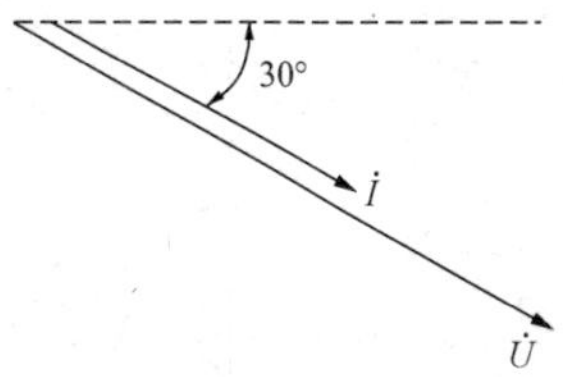

图 3 - 15 [例 3 - 2] 图

3.2.3 电感元件接通正弦交流电

1. 感抗

电感元件接通直流电源时，对电流起阻碍作用的只是线圈的电阻；而接通交流电源时，除了线圈的电阻外，由于通过电感线圈的是交变电流，电感线圈中必然产生阻碍电流变化的自感电动势，这样就形成了电感对电流的阻碍作用。

电感对电流的阻碍作用称为感抗。用符号 X_L 表示，它的单位和电阻的单位一样，也是欧姆（Ω）。

感抗的大小与哪些因素有关呢？我们知道感抗是由自感现象引起的，线圈的自感系数 L 越大，自感作用就越大，因而感抗也越大；交流电的频率 f 越高，电流的变化率越大，自感作用也越大，感抗也就越大。进一步的研究指出，线圈的感抗 X_L 跟它的自感系数 L 和交流电的频率 f 有如下的关系

$$X_L=\omega L=2\pi fL \tag{3-22}$$

式中：X_L、f、L 的单位分别是 Ω（欧姆）、Hz（赫兹）、H（亨利）。

对参数确定的电感线圈来说，感抗的大小是由电流的频率决定的。例如，自感系数是 1H 的线圈，对于直流电，$f=0$，$X_L=0$，相当于短路；对于 50Hz 的交流电，$X_L=314\Omega$；对于 500kHz 的交流电，$X_L=3.14\text{M}\Omega$。所以电感线圈在电路中有“通直流、阻交流”或“通低频、阻高频”的特性。

2. 电感元件上电压和电流的关系

电感元件上正弦电压和正弦电流的关系如何呢？下面就这个问题进行讨论。

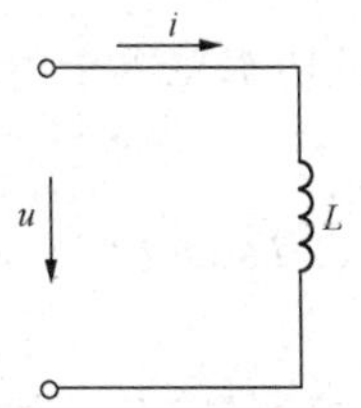

图 3 - 16 电感元件的正弦交流电路

如图 3 - 16 所示的正弦交流电路中，只含有线性电感元件 L。对仅有电感 L 的电路，在规定的参考方向下，其伏安关系为

$$u=L\frac{\text{d}i}{\text{d}t} \tag{3-23}$$

为了计算方便，设通过电感元件的正弦电流为

$$i=I_m\sin\omega t \tag{3-24}$$

代入式 (3 - 23) 可得电感元件的端电压为

$$u=I_m\omega L\cos\omega t=I_mX_L\sin\left(\omega t+\frac{\pi}{2}\right)$$

即
$$u=U_m\sin\left(\omega t+\frac{\pi}{2}\right) \tag{3-25}$$

式中
$$U_m=I_mX_L \text{或} U=IX_L=I\omega L \tag{3-26}$$

可见，如果电流初相为零，则电压初相为$\frac{\pi}{2}$。电压和电流的波形图如图 3 - 17 (a) 所示。

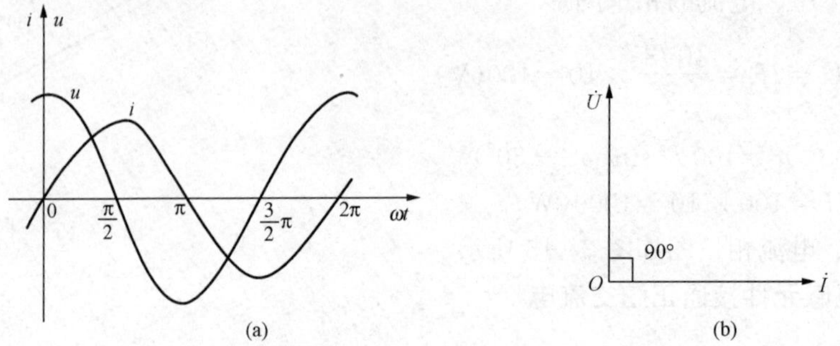

图 3-17　电感元件的电压、电流波形图及相量图

下面进一步分析电感元件上电压相量和电流相量的关系。由式（3-24）和式（3-25）可得

$$\dot{I}=I\angle 0°；\dot{U}=U\angle 90°$$

则
$$\frac{\dot{U}}{\dot{I}}=\frac{U\angle 90°}{I\angle 0°}=\frac{U}{I}\angle 90°=X_{\mathrm{L}}\angle 90°=\mathrm{j}X_{\mathrm{L}} \tag{3-27}$$

电流与电压的相量图如图 3-17（b）所示。

通过上面的分析，可得如下结论：

（1）电感元件上，正弦电流与正弦电压的瞬时值的关系是积分或微分的关系（注意：不是欧姆定律）。

（2）引入感抗 X_{L} 后，正弦电流、正弦电压的最大值、有效值之间具有欧姆定律的形式，如式（3-26）所示。

（3）电压和电流相量之间也具有欧姆定律的形式，如式（3-27），式中 jX_{L} 是感抗的复数形式。

（4）在相位上，电压超前电流$\frac{\pi}{2}$（或 90°）。

3. 电感元件的功率和能量转换

（1）瞬时功率。电感元件上的瞬时功率总等于电感元件上瞬时电压与瞬时电流的乘积，即

$$\begin{aligned} p&=ui=\sqrt{2}U\sin(\omega t+90°)\sqrt{2}I\sin\omega t \\ &=UI\sin 2\omega t \end{aligned}$$

由上式可见，瞬时功率 p 是一个幅值是 UI，并以频率 2ω 随时间交变的正弦量，波形图如图 3-18 所示。

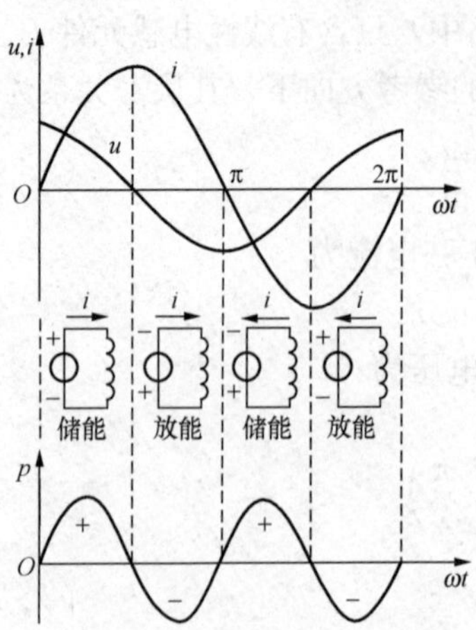

图 3-18　电感元件的瞬时功率波形图

图 3-18 表明：在第一和第三个四分之一周期内，u 和 i 同为正值或同为负值，瞬时功率 p 为正。由于电流 i 是从零增加到最大值，电感元件建立磁场，将从电源吸收的电能转换为磁场能量，储存在磁场中；在第二个和第四个四分之一周期内，u 和 i 一个为正值，另一个为负值，故瞬时功率为负值。在此期间，电流 i 是从最大值下降为

零，电感元件中建立的磁场在消失。这期间电感中储存的磁场能量释放出来，转换为电能返送给电源。在以后的每个周期中都重复上述过程。

(2) 平均功率（有功功率）：电感元件瞬时功率在一个周期内的平均值，即

$$P=\frac{1}{T}\int_0^T p\,\mathrm{d}t=\frac{1}{T}\int_0^T UI\sin 2\omega t\,\mathrm{d}t=0(\mathrm{W})$$

电感元件的平均功率为零，即纯电感元件不消耗能量，是储能元件。

(3) 无功功率：电感元件虽然不消耗能量，但它与电源之间的能量交换客观上是存在的。在电工技术中，通常用瞬时功率的幅值来衡量电感元件与电源之间能量交换的规模，即用无功功率来衡量，无功功率用大写字母 Q 表示

$$Q_{\mathrm{L}}=U_{\mathrm{L}}I_{\mathrm{L}}=I_{\mathrm{L}}^2X_{\mathrm{L}}=\frac{U_{\mathrm{L}}^2}{X_{\mathrm{L}}} \tag{3-28}$$

无功功率的单位为乏（var），常用的还有千乏（kvar）。

【例 3-3】 把一个 0.1H 的电感元件接到 $u=110\sqrt{2}\sin(314t-30°)\mathrm{V}$ 的电源上，求通过该元件的电流 i 及电感的无功功率并作出电压、电流的相量图。

解 已知电压对应的相量为 $\dot{U}=110\angle-30°\mathrm{V}$

$$X_{\mathrm{L}}=\omega L=314\times0.1=31.4(\Omega)$$

$$\dot{I}=\frac{\dot{U}}{\mathrm{j}X_{\mathrm{L}}}=\frac{110\angle-30°}{\mathrm{j}31.4}=\frac{110\angle-30°}{31.4\angle90°}\approx3.5\angle-120°(\mathrm{A})$$

则有 $$i=3.5\sqrt{2}\sin(314t-120°)\mathrm{A}$$

无功功率为 $Q=UI=110\times3.5=385(\mathrm{var})$

其电压、电流相量图如图 3-19 所示。

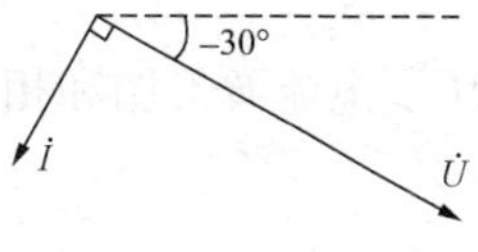

图 3-19 ［例 3-3］图

一般要求解瞬时电压或电流时，最好用相量来求，这样可同时求出数值和初相位。

3.2.4 电容元件接通正弦交流电

1. 容抗

电容器和电感器一样，对电流存在阻碍作用。对于电容器电路形成电流的自由电荷来说，当电源电压推动它们向某一方向作定向运动时，电容器两极板上积累的电荷都反抗它们向这个方向的定向运动，这就形成了电容对交流电的阻碍作用。

电容对交流电的阻碍作用称为容抗。用符号 X_{L} 表示，它的单位也是欧姆（Ω）。

电容器的容抗与它的电容和交流电的频率有关。电容越大，在同样电压下电容器容纳的电荷越多，因此充电电流和放电电流就越大，容抗就越小。交流电的频率越高，充电和放电就进行得越快，因此充电电流和放电电流就越大，容抗就越小。进一步的研究表明，电容器的容抗与它的电容量和交流电的频率有如下关系，即

$$X_{\mathrm{C}}=\frac{1}{\omega C}=\frac{1}{2\pi fC} \tag{3-29}$$

式中：X_{C}、f、C 的单位分别是 Ω（欧姆）、Hz（赫）、F（法拉）。

与感抗类似，容抗也与通过的电流的频率有关。容抗与频率成反比，频率越高，容抗越小。例如，10μF 的电容器，对于直流电，$f=0$、X_{C} 为∞，相当于断路；对于 50Hz 的交流电，$X_{\mathrm{C}}=318\Omega$；对于 500kHz 的交流电，$X_{\mathrm{C}}=0.0318\Omega$。所以电容器在电路中有“通交流、

隔直流”或“通高频、阻低频”的特性。这种特性，使电容器成为电子技术中的一种重要元件。

2. 电容元件上电压和电流的关系

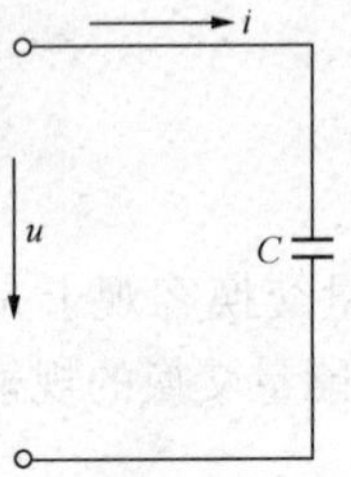

图 3-20　电容元件的正弦交流电路

电容元件上正弦电压和正弦电流的关系如何呢？下面就这个问题进行讨论。

如图 3-20 所示的正弦交流电路中，只含有电容元件 C。

前面已经讲过，对仅有电容 C 的电路，在规定的参考方向下，其伏安关系为

$$i = C\frac{\mathrm{d}u}{\mathrm{d}t} \tag{3-30}$$

为了计算方便，设电容元件两端的正弦电压为

$$u = U_{\mathrm{m}}\sin\omega t \tag{3-31}$$

则通过理论推导，电容元件上的电流为

$$\begin{aligned} i &= U_{\mathrm{m}}\omega C\cos\omega t = \frac{U_{\mathrm{m}}}{X_{\mathrm{C}}}\sin\left(\omega t + \frac{\pi}{2}\right) \\ &= I_{\mathrm{m}}\sin\left(\omega t + \frac{\pi}{2}\right) \end{aligned} \tag{3-32}$$

式中

$$I_{\mathrm{m}} = \frac{U_{\mathrm{m}}}{X_{\mathrm{C}}} \quad 或 \quad I = \frac{U}{X_{\mathrm{C}}} \tag{3-33}$$

由式（3-32）可见，如果电压的初相为零，则电流的初相为 $\pi/2$（或 90°）。电容元件的电压、电流波形图和相量图如图 3-21（a）所示。

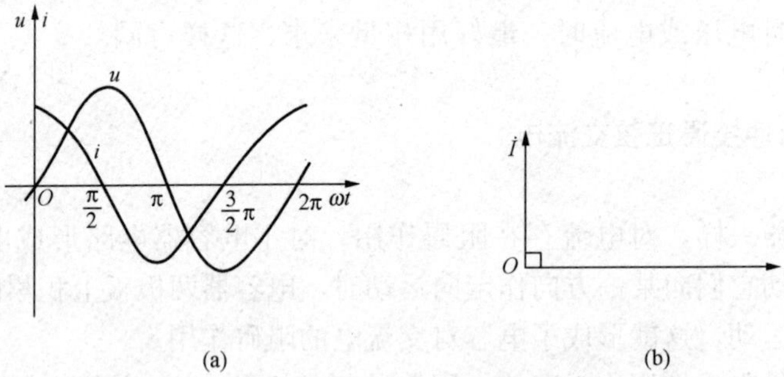

图 3-21　电容元件的电压、电流波形图和相量图

（a）波形图；（b）相量图

下面进一步分析电容元件上电压相量和电流相量的关系。由式（3-31）和式（3-32）分别写出

$$\dot{U} = U\angle 0°$$

$$\dot{I} = I\angle 90°$$

则

$$\frac{\dot{U}}{\dot{I}} = \frac{U\angle 0°}{I\angle 90°} = X_{\mathrm{C}}\angle -90° = -\mathrm{j}X_{\mathrm{C}} \tag{3-34}$$

其电压和电流的相量图如图 3-21（b）所示。

通过以上分析，所得结论如下：

(1) 电容元件上，正弦电流与正弦电压的瞬时值的关系是积分或微分的关系（注意：不是欧姆定律）。

(2) 引入容抗 X_C 后，正弦电流、正弦电压的最大值、有效值之间具有欧姆定律的形式，如式（3-33）所示。

(3) 电压和电流相量之间也具有欧姆定律的形式，如式（3-34），式中 $-jX_C$ 是容抗的复数形式。

(4) 在相位上，电流超前电压 90°。

3. 电容元件的功率和能量转换

(1) 瞬时功率。电容元件上的瞬时功率总等于电容元件上瞬时电压与瞬时电流的乘积，即

$$
\begin{aligned}
p = ui &= \sqrt{2}U\sin\omega t\sqrt{2}I\sin(\omega t + 90^\circ) \\
&= UI\sin 2\omega t
\end{aligned}
$$

显然电容上的瞬时功率 p 也是一个幅值是 UI，并以频率 2ω 随时间交变的正弦量，电容元件的电压、电流和瞬时功率波形图如图 3-22 所示。

图 3-22 表明：在第一和第三个四分之一周期内，u 和 i 同为正值或同为负值，瞬时功率 p 为正。由于电流 i 是从零增加到最大值，电容元件建立电场，将从电源吸收的电能转换为电场能量，储存在电场中；在第二个和第四个四分之一周期内，u 和 i 一个为正值，另一个为负值，故瞬时功率为负值。在此期间，电流 i 是从最大值下降为零，电容元件中建立的电场在消失。这期间电容中储存的电场能量释放出来返送给电源。在以后的每个周期中都重复上述过程。

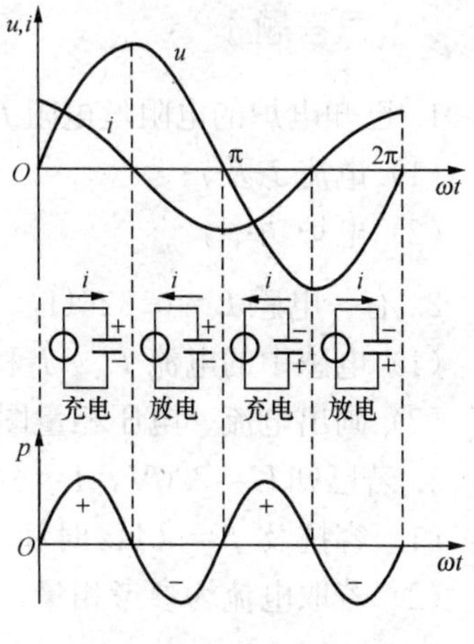

图 3-22 电容元件的电压、电流和瞬时功率波形图

(2) 平均功率（有功功率）。电容元件瞬时功率在一个周期内的平均值为零，即电容元件的平均功率为零 $P=0$，即纯电容元件不消耗能量，是储能元件。

(3) 无功功率。电容元件虽然不消耗能量，但它与电源之间的能量交换客观上是存在的。在电工技术中，通常用瞬时功率的幅值来衡量电容元件与电源之间能量交换的规模，即用无功功率来衡量，无功功率用大写字母 Q 表示

$$
Q_C = -U_C I_C = -I_C^2 X_C = -\frac{U_C^2}{X_C} \tag{3-35}
$$

【例 3-4】 已知在电源电压 $u = 220\sqrt{2}\sin(314t - 30^\circ)\text{V}$ 中，接入电容 $C=31.9\mu\text{F}$ 的电容器，求 i 及无功功率。如电源的频率变为 1000Hz，其他条件不变再求电流 i 及无功功率。

解 $f=50\text{Hz}$

则

$$
X_C = \frac{1}{\omega C} = \frac{1}{314 \times 31.9 \times 10^{-6}} \approx 100(\Omega)
$$

$$\dot{U}=220\angle-30°\text{V}\quad \dot{I}=\frac{\dot{U}}{-\text{j}X_C}=\frac{220\angle-30°}{100\angle-90°}=2.2\angle60°(\text{A})$$

$$i=2.2\sqrt{2}\sin(314t+60°)\text{A}$$

$$Q=-I^2X_C=-2.2^2\times100=-484(\text{var})$$

当 $f=1000\text{Hz}$ 时，则

$$X_C=\frac{1}{2\pi fC}=\frac{1}{2\times3.14\times1000\times31.9\times10^{-6}}\approx5(\Omega)$$

$$\dot{I}=\frac{\dot{U}}{-\text{j}X_C}=\frac{220\angle-30°}{5\angle-90°}=44\angle60°(\text{A})$$

$$i=44\sqrt{2}\sin(6280t+60°)\text{A}$$

$$Q=-I^2X_C=-44^2\times5=-9680(\text{var})$$

可见频率变化时电容的容抗也跟着变化，在相同电源电压时，电流、无功功率也会变化。

【思考题】

1. 已知电炉的电阻丝电阻 $R=242\Omega$，接在 $\dot{U}=220\angle45°\text{V}$ 的电源上，求：

（1）电流 I 及 i；

（2）电炉功率。

2. 有一电感 $L=0.626\text{H}$，加正弦交流电压 $\dot{U}=220\angle60°\text{V}$，$f=50\text{Hz}$。求：

（1）电感中的电流 I_m、I 和 i；

（2）画出电流、电压相量图。

3. 若已知 $U=220\text{V}$，$I=5\text{A}$。求：

（1）容抗及 $f=50\text{Hz}$ 时和 $f=100\text{Hz}$ 时所需的电容量；

（2）若取电流为参考相量，分别写出电压相量和电流相量。

3.3 电阻、电感和电容元件串联的交流电路

电阻、电感、电容串联电路是具有一般意义的典型电路，因为它包含三个不同的电路参数。常见的串联电路，都可以认为是这种电路的特例。

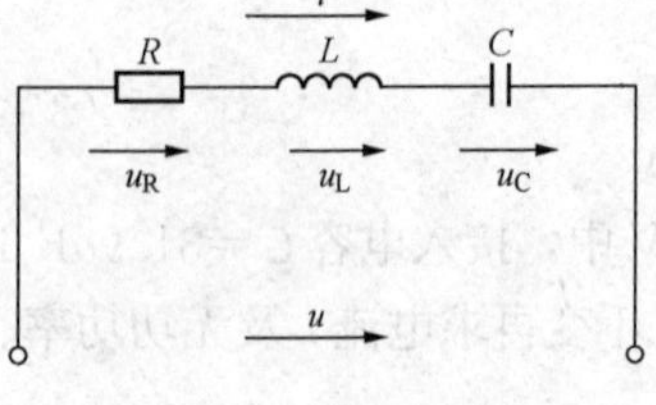

图 3-23 RLC 串联电路

3.3.1 电流与电压的关系

如图 3-23 所示为一个 RLC 串联电路。电路两端加一正弦电压 u，电路中将有正弦电流 i 流过。

若电流为 $i=\sqrt{2}I\sin\omega t$，其相量为

$$\dot{I}=I\angle0°=I$$

那么电阻上的电压应为

$$\dot{U}_R=\dot{I}R$$

电感上的电压应为

$$\dot{U}_L=\dot{I}\text{j}X_L$$

电容上的电压应为

$$\dot{U}_C = \dot{I}(-jX_C)$$

电路的总电压等于各段电压之和。

瞬时值的写法为

$$u = u_R + u_L + u_C$$

相量形式为

$$\begin{aligned}\dot{U} &= \dot{U}_R + \dot{U}_L + \dot{U}_C = \dot{I}R + \dot{I}jX_L - \dot{I}jX_C \\ &= \dot{I}[R + j(X_L - X_C)]\end{aligned}$$

即 $$\dot{U} = \dot{I}Z \tag{3-36}$$

式中 $$Z = R + j(X_L - X_C) = R + jX = |Z|\angle\varphi \tag{3-37}$$

称 Z 为这个电路的复阻抗。

而 $X = X_L - X_C$ 为感抗和容抗的代数和，称为“电抗”。

式中：$|Z| = \sqrt{R^2 + X^2}$ 为电路复阻抗 Z 的模，称为阻抗；$\varphi = \arctan\dfrac{X_L - X_C}{R}$，为复阻抗的幅角，称为阻抗角。

3.3.2 电路的性质

在 RLC 串联电路中，各参数值不同，使电路中呈现不同的情况和性质。根据 X_L 和 X_C 的相对大小可以得到下面三种情况。

(1) 当 $X_L > X_C$ 时，$U_L > U_C$，如图 3-24 (a) 所示。此时 $\varphi > 0$，总电压 $\dot{U}$ 超前电流 $\dot{I}$ φ 角，类似于 RL 串联电路，此时电路呈感性。

(2) 当 $X_L < X_C$ 时，$U_L < U_C$，如图 3-24 (b) 所示。$\varphi < 0$，总电压 $\dot{U}$ 滞后电流 $\dot{I}$ φ 角，类似于 RC 串联电路，此时电路呈容性。

(3) 当 $X_L = X_C$ 时，$U_L = U_C$，如图 3-24 (c) 所示。$\varphi = 0$，$Z = R$，总电压 $\dot{U}$ 与电流 $\dot{I}$ 同相，类似于 R 元件电路，此时电路呈阻性。

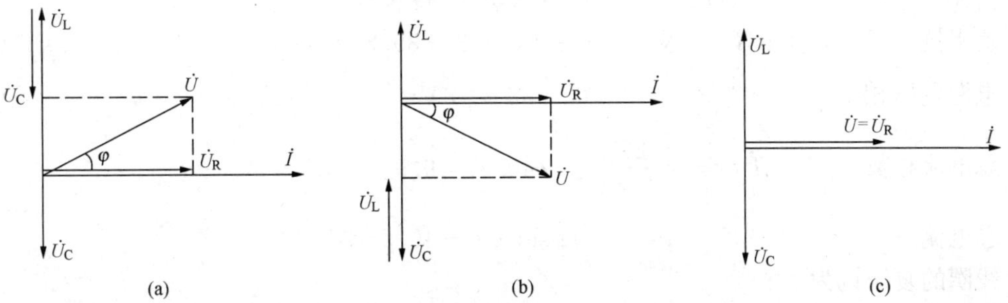

图 3-24 RLC 串联电路的相量图
(a) 感性；(b) 容性；(c) 阻性

由相量图（如图 3-24 所示）中的几何关系可得电路总电压大小为

$$U = \sqrt{U_R^2 + U_X^2} = \sqrt{U_R^2 + (U_L - U_C)^2} \tag{3-38}$$

【例 3-5】 某 RLC 串联电路，其中 $R=15\Omega$，$L=0.3\text{mH}$，$C=0.2\mu\text{F}$，外加电压 $u=5\sqrt{2}\sin(\omega t+60°)\text{ V}$，电压的频率 $f=30\text{kHz}$，求：

（1）电路中的电流 i；

（2）电路各元件上的电压的大小（U_R、U_L、U_C）。

解　先计算出电路的复阻抗

$$X_L=\omega L=2\pi fL=2\pi\times 30\,000\times 0.3\times 10^{-3}=56.52(\Omega)$$

$$X_C=\frac{1}{\omega C}=\frac{1}{2\pi fC}=\frac{1}{2\pi\times 30\,000\times 0.2\times 10^{-6}}=26.5(\Omega)$$

$$Z=R+j(X_L-X_C)=15+j(56.52-26.5)=33.6\angle 63.5°(\Omega)$$

电压的相量由已知条件可以写出，即 $\dot{U}=5\angle 60°\text{V}$

则电流为

$$\dot{I}=\frac{\dot{U}}{Z}=\frac{5\angle 60°}{33.6\angle 63.5°}=0.149\angle -3.5°(\text{A})$$

由此可写出

$$i=0.149\sqrt{2}\sin(\omega t-3.5°)\approx 0.211\sin(\omega t-3.5°)\text{ A}$$

电阻上的电压为

$$U_R=IR=0.149\times 15=2.235(\text{V})$$

电感上的电压为

$$U_L=IX_L=0.149\times 56.52=8.42(\text{V})$$

电容上的电压为

$$U_C=IX_C=0.149\times 26.5=3.89(\text{V})$$

【例 3-6】 已知某线圈的电阻 17Ω，电感 173mH，它与 80μF 的电容串联后，接入 $u=220\sqrt{2}\sin\omega t\text{V}$ 的工频交流电源。求总电流 i、线圈两端的电压 u_{RL} 及电容两端电压 u_C。

解　感抗　$X_L=2\pi fL=2\times 3.14\times 50\times 173\times 10^{-3}=54.3(\Omega)$

容抗　$X_C=\dfrac{1}{2\pi fC}=\dfrac{1}{2\times 3.14\times 50\times 80\times 10^{-6}}=39.8(\Omega)$

复阻抗　$Z=R+j(X_L-X_C)=17+j(54.3-39.8)=17+j14.5=22.3\angle 40.5°\Omega$

电源电压相量　$\dot{U}=220\angle 0°\text{V}$

总电流相量　$\dot{I}=\dfrac{\dot{U}}{Z}=\dfrac{220}{22.3}\angle -40.5°=9.9\angle -40.5°\text{A}$

总电流　$i=9.9\sqrt{2}\sin(\omega t-40.5°)\text{A}$

线圈的复阻抗为

$$Z_{RL}=R+jX_L=17+j54.3=56.9\angle 72.6°\Omega$$

线圈两端的电压相量为

$$\dot{U}_{RL}=Z_{RL}\dot{I}=56.9\angle 72.6°\times 9.9\angle -40.5°=563.3\angle 32.1°\text{V}$$

$$u_{RL}=563.3\sqrt{2}\sin(\omega t+32.1°)\text{V}$$

电容电压为

$$\dot{U}_C = -jX_C\dot{I} = 39.8\angle -90^\circ \times 9.9\angle -40.5^\circ = 394\angle -130.5^\circ$$

$$u_C = 394\sqrt{2}\sin(\omega t - 130.5^\circ)\text{V}$$

由［例3-6］的结果可知，电容、线圈两端电压有效值均大于总电源电压有效值，在不同性质元件交流电路中，不能用有效值的KVL形式，即$U \neq U_R + U_L + U_C$。

【思考题】

1. 下列各式RLC或RL或RC串联电路中的电压和电流，哪些式子是对的？哪些是错的？

(1) $i = \dfrac{u}{|Z|}$；(2) $I = \dfrac{U}{R + X_L}$；(3) $\dot{I} = \dfrac{\dot{U}}{R - j\omega C}$；

(4) $I = \dfrac{U}{|Z|}$；(5) $u = u_R + u_L + u_C$；(6) $U = U_R + U_L + U_C$。

2. 如图3-25所示，则各图中的电压表的读数应为多少？

3. 如图3-26所示，已知$R = X_L = X_C = 10\Omega$，$U = 220\text{V}$，则图中各电压表的读数为多少？

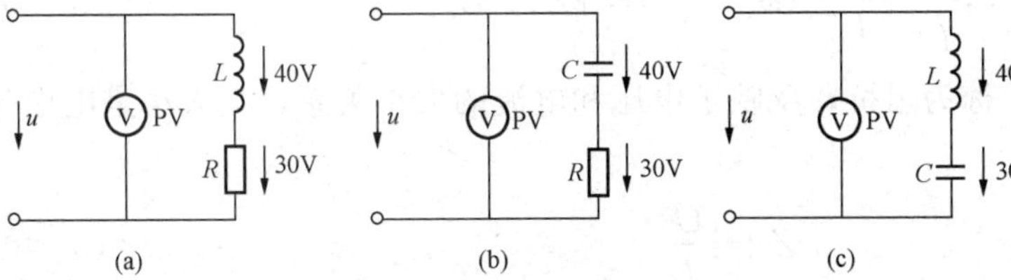

图3-25　思考题2图

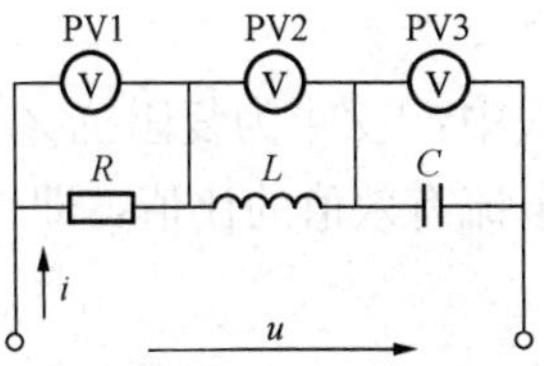

图3-26　思考题3图

3.4　RLC并联电路及复阻抗的串并联

3.4.1　RLC并联电路

如图3-27所示是RLC并联电路。在正弦电压u的作用下，各支路的电流i_R、i_L、i_C为同频率的正弦量。设电源电压为$u = \sqrt{2}U\sin\omega t$，则$\dot{U} = U\angle 0^\circ$。

各支路电流对应的相量为

$$\dot{I}_R = \frac{\dot{U}}{R} = \frac{U}{R}\angle 0^\circ$$

$$\dot{I}_L = \frac{\dot{U}}{jX_L} = \frac{U}{X_L}\angle 90^\circ$$

$$\dot{I}_C = \frac{\dot{U}}{-jX_C} = \frac{U}{X_C}\angle 90^\circ$$

由KCL定律，可得出并联电路的电流相量方程为

$$\dot{I} = \dot{I}_R + \dot{I}_L + \dot{I}_C = \dot{U}\left(\frac{1}{R} - j\frac{1}{X_L} + j\frac{1}{X_C}\right)$$

图 3-28 所示为 RLC 并联电路电压、电流的相量图。

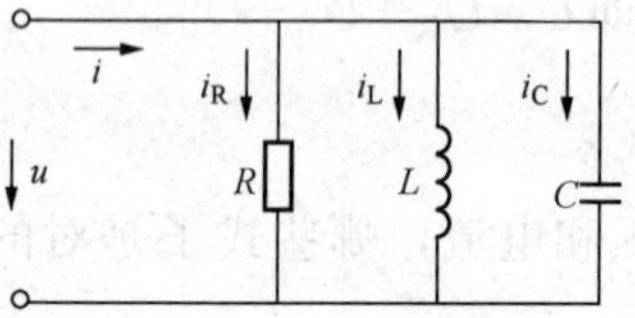

图 3-27 RLC 并联电路

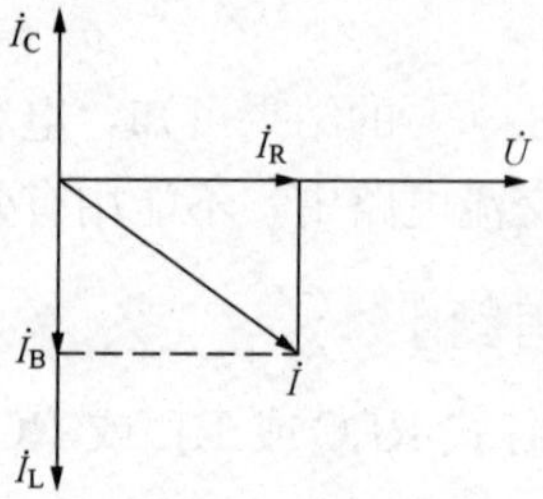

图 3-28 RLC 并联电路的相量图

由相量图 3-27 中的几何关系可得

$$I=\sqrt{I_R^2+(I_L-I_C)^2}$$

3.4.2 复阻抗的概念

在正弦交流电路中，电压相量与电流相量的比值，称为复阻抗，用 Z 表示。一般形式可写为

$$Z=\frac{\dot{U}}{\dot{I}}=\frac{U}{I}\angle(\varphi_u-\varphi_i)=|Z|\angle\varphi \tag{3-39}$$

式中：$|Z|$ 为复阻抗 Z 的模，称为阻抗，反映了电压和电流的大小关系，其大小是电压与电流有效值的比值，即

$$|Z|=\frac{U}{I} \tag{3-40}$$

式中：φ 为复阻抗 Z 的幅角，称为阻抗角，反映了电压与电流的相位关系，阻抗角 φ 是电压超前电流的角度，即

$$\varphi=\varphi_u-\varphi_i \tag{3-41}$$

阻抗值与阻抗角大小取决于电源的频率和电路元件的参数。RLC 串联电路中，有

$$Z=R+\mathrm{j}(X_L-X_C)=\sqrt{R^2+(X_L-X_C)^2}\angle\arctan\frac{X_L-X_C}{R}$$

阻抗值为

$$|Z|=\sqrt{R^2+(X_L-X_C)^2}=\sqrt{R^2+\left(\omega L-\frac{1}{\omega C}\right)}$$

阻抗角为

$$\varphi=\arctan\frac{X_L-X_C}{R}=\arctan\frac{\omega L-\frac{1}{\omega C}}{R}$$

复阻抗描述了电阻、电容和电感的综合特性，单位为欧姆（Ω）。

要注意，复阻抗不是时间的正弦函数，仅仅是一个复数，不是正弦量，与电压相量和电流相量的意义不同。

3.4.3 复阻抗的串联电路

图 3-29（a）是两个阻抗串联的电路。根据基尔霍夫电压定律，电路的总电压相量 $\dot{U}$

等于各串联复阻抗电压的相量和，即

$$\dot{U}=\dot{U}_1+\dot{U}_2=\dot{I}Z_1+\dot{I}Z_2=\dot{I}(Z_1+Z_2)$$

可见，两个复阻抗串联可用一个等效复阻抗来代替，如图3-29（b）所示，此等效复阻抗应等于串联的各复阻抗之和，即

$$Z=Z_1+Z_2 \tag{3-42}$$

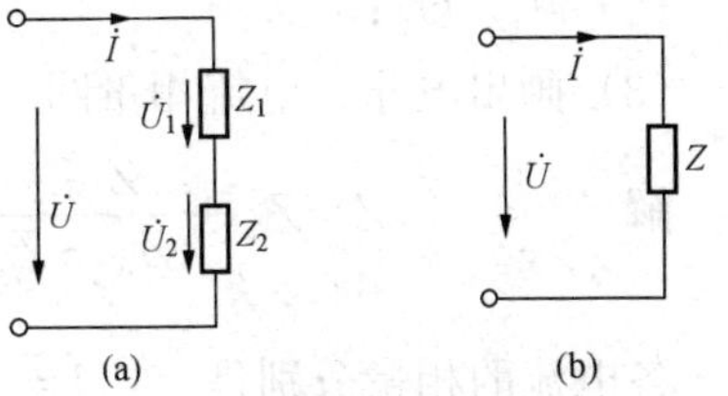

图3-29 复阻抗的串联电路

通常情况下，正弦交流电路中，由于$U\neq U_1+U_2$，即

$$I|Z|\neq I|Z_1|+I|Z_2|$$

也就是

$$|Z|\neq|Z_1|+|Z_2|$$

可见，在复阻抗串联电路中，等效复阻抗是所有复阻抗之和，阻抗之和不等于等效阻抗，即

$$Z=Z_1+Z_2+Z_3+\cdots=\sum Z_k \tag{3-43}$$

若需求等效阻抗$|Z|$，需先求出电路总的复阻抗Z，复阻抗的模即阻抗值$|Z|$。

3.4.4 复阻抗的并联电路

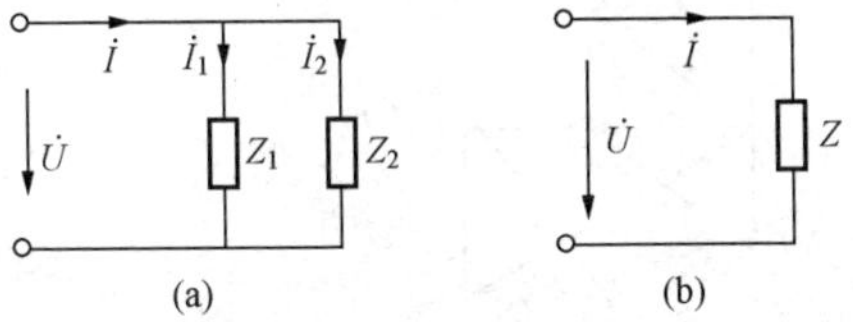

图3-30 复阻抗的并联电路

如图3-30（a）所示是两个复阻抗的并联电路，根据基尔霍夫电流定律，电路总电流的相量$\dot{I}$等于各并联复阻抗支路的电流相量之和，即

$$\dot{I}=\dot{I}_1+\dot{I}_2=\frac{\dot{U}}{Z_1}+\frac{\dot{U}}{Z_2}=\dot{U}\left(\frac{1}{Z_1}+\frac{1}{Z_2}\right)$$

可见，两个复阻抗的并联可用一个等效复阻抗来代替，如图3-30（b）所示，即

$$\frac{1}{Z}=\frac{1}{Z_1}+\frac{1}{Z_2} \tag{3-44}$$

若只有两个复阻抗并联，还可以表示为

$$Z=\frac{Z_1Z_2}{Z_1+Z_2}$$

通常情况下，正弦交流电路中，由于$I\neq I_1+I_2$，即

$$\frac{U}{|Z|}\neq\frac{U}{|Z_1|}+\frac{U}{|Z_2|}$$

所以

$$\frac{1}{|Z|}\neq\frac{1}{|Z_1|}+\frac{1}{|Z_2|}$$

可见，在复阻抗串联电路中，只有等效复阻抗的倒数才等于各个复阻抗的倒数之和。即

$$\frac{1}{Z}=\frac{1}{Z_1}+\frac{1}{Z_2}+\cdots=\sum\frac{1}{Z_k} \tag{3-45}$$

从上面的推导可知，复阻抗串并联的等效，其计算方法与纯电阻串并联等效计算方法是相近的，不同的是复阻抗的计算是复数的运算，而电阻是实数的运算。

【例3-7】 如图3-31所示，设$Z_1=\mathrm{j}100\Omega$，$Z_2=-\mathrm{j}100\Omega$，$Z_3=100+\mathrm{j}100\Omega$，$\dot{U}=220\mathrm{V}$，试求：

（1）$\dot{I}$、$\dot{I}_2$、$\dot{I}_3$；

(2) $\dot{U}_1$、$\dot{U}_2$；

(3) 画出电压、电流相量图。

解 $$Z = Z_1 + \frac{Z_3 Z_2}{Z_3 + Z_2} = \mathrm{j}100 + \frac{-\mathrm{j}100(100+\mathrm{j}100)}{-\mathrm{j}100+100+\mathrm{j}100} = 100(\Omega)$$

各电流的相量分别是 $$\dot{I} = \frac{\dot{U}}{Z} = \frac{220}{100}\angle 0° = 2.2\angle 0°(\mathrm{A})$$

$$\dot{I}_2 = \frac{Z_3}{Z_2+Z_3}\dot{I} = \frac{100+\mathrm{j}100}{-\mathrm{j}100+100+\mathrm{j}100}\times 2.2\angle 0° = 2.2+\mathrm{j}2.2$$

$$= 3.11\angle 45°(\mathrm{A})$$

$$\dot{I}_3 = \dot{I} - \dot{I}_2 = 2.2 - 2.2 - \mathrm{j}2.2 = 2.2\angle -90°(\mathrm{A})$$

各电压分别是 $$\dot{U}_1 = Z_1\dot{I} = \mathrm{j}100\times 2.2 = 220\angle 90°(\mathrm{V})$$

$$\dot{U}_2 = Z_2 /\!/ Z_3\dot{I} = (100-\mathrm{j}100)\times 2.2 = 311\angle -45°(\mathrm{V})$$

其电压、电流相量图如图 3-32 所示。

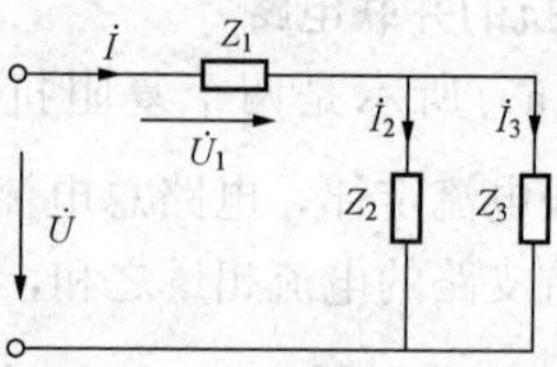

图 3-31 ［例 3-7］电路图

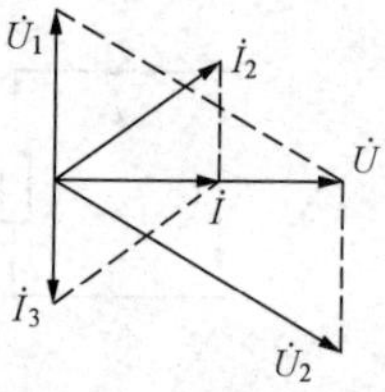

图 3-32 ［例 3-7］电压、电流相量图

【思考题】

1. 在多个复阻抗串联的电路中，每个复阻抗的电压是否一定小于电路总电压？

2. 在多个复阻抗的串联电路中，等效复阻抗是否一定等于各个复阻抗之和？等效阻抗是否一定等于各个阻抗之和？

3. 已知某正弦交流电路电压 $\dot{U}=220\angle 0°\mathrm{V}$，电流 $\dot{I}=5\angle 45°\mathrm{A}$。求电路的复阻抗 Z。

4. 复阻抗 Z_1、Z_2 串联后接入某正弦交流电路，已知电路电压 $\dot{U}=100\angle 0°\mathrm{V}$，电流 $\dot{I}=5\angle 45°\mathrm{A}$，$Z_1=6+\mathrm{j}8\Omega$。求复阻抗 Z_2。

3.5 正弦交流电路的功率及功率因数的提高

在 3.2 节中，分析了单一元件交流电路的功率，本节将讨论单相交流电路中一般交流负载情况下的功率计算。

3.5.1 瞬时功率

一般负载的交流电路如图 3-33 所示。交流负载的端电压 u 和 i 之间存在相位差为 φ。φ 的正负、大小由负载的具体情况决定。因此负载的端电压 u 和 i 之间的关系可表示为

$$i = \sqrt{2}I\sin\omega t \qquad u = \sqrt{2}U\sin(\omega t + \varphi)$$

则负载取用的瞬时功率为

$$p = ui = \sqrt{2}U\sin(\omega t + \varphi)\sqrt{2}I\sin\omega t = UI\cos\varphi - UI\cos(2\omega t + \varphi)$$

正弦交流电路的电压、电流及瞬时功率的波形如图 3-34 所示。从图中可以看出，瞬时功率有时为正，有时为负。正值时，表示负载从电源吸收功率，负值表示电路向电源回馈功率。这是因为，一方面电路中含有耗能元件电阻，电阻从电源吸收功率；同时，电路中又含有储能元件电容和电感，而电容和电感是与电源交换功率的，所以一般情况下，功率波形的正负面积不等，负载吸收的功率总是大于释放的功率，说明电路在消耗能量，这是由于电路存在电阻的缘故。

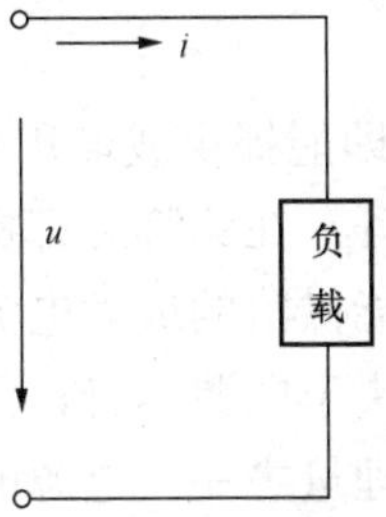

图 3-33 一般交流负载电路

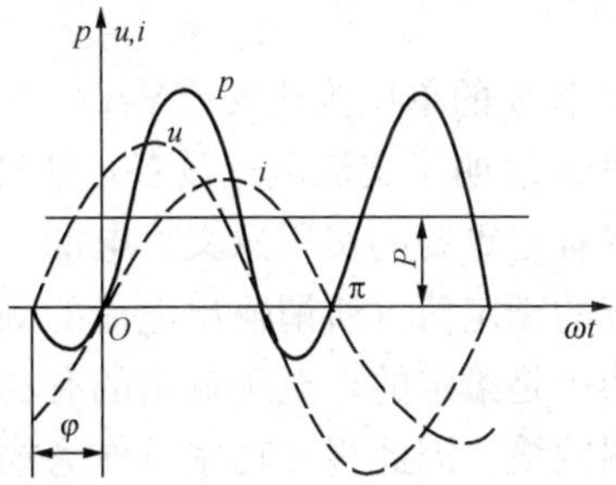

图 3-34 交流电路的瞬时功率和平均功率

3.5.2 有功功率和功率因数

上述瞬时功率在一个周期内的平均值称为平均功率（即有功功率），其值为

$$P = \frac{1}{T}\int_0^T p\,\mathrm{d}t = \frac{1}{T}\int_0^T [UI\cos\varphi - UI\cos(2\omega t + \varphi)]\,\mathrm{d}t = UI\cos\varphi$$

即

$$P = UI\cos\varphi \tag{3-46}$$

可见，有功功率等于电路端电压有效值 U 与流过负载的电流有效值 I 的乘积，再乘以 $\cos\varphi$。式（3-46）中的 $\cos\varphi$ 称为功率因数。$\cos\varphi$ 中的 φ 即电压与电流的相位差（电压超前电流的角度），在这里也叫功率因数角，也就是电路的阻抗角，它的大小由电源频率和元件参数决定。有功功率的大小，不仅取决于电压、电流有效值的乘积，而且与它们的相位差（即阻抗角）有关。因为 $\cos\varphi \leqslant 1$，所以有功功率总小于电压有效值与电流有效值乘积 UI，这一点与直流电路不同。

对于 RLC 电路，因为有电阻元件存在，所以电路中总是有功率损耗。电路中有功功率即电阻上消耗的功率。在一定的 UI 条件下，当相位差 $\varphi=0$ 时，有功功率 P 最大，其值为 UI，在这种情况下电路和电源之间不出现能量互换的情况；当 $\varphi=90°$ 时，有功功率 P 为零，电路不吸收能量。

3.5.3 无功功率

由于电路中有储能元件电感和电容，它们虽不消耗功率，但与电源之间要进行能量交换。用无功功率表示这种能量交换的规模，用大写字母 Q 表示，对于任意一个无源二端网络的无功功率可定义为

$$Q = UI\sin\varphi \tag{3-47}$$

式（3-47）中的 φ 角为电压和电流的相位差，也是电路等效复阻抗的阻抗角。对于感性电路，$\varphi>0$，则 $\sin\varphi>0$，无功功率 Q 为正值；对于电容性电路，$\varphi<0$，则 $\sin\varphi<0$，无

功功率 Q 为负值。当 $Q>0$ 时，为吸收无功功率；当 $Q<0$ 时，则为发出无功功率。

在电路中既有电感元件又有电容元件时，无功功率相互补偿，它们在电路内部先相互交换一部分能量后，不足部分再与电源进行交换，则无源二端网络的无功功率又可写成

$$Q=Q_L+Q_C \tag{3-48}$$

上式表明，二端网络的无功功率是电感元件的无功功率与电容元件无功功率的代数和。式中的 Q_L 为正值，Q_C 为负值，Q 为一代数量，可正可负，单位为乏（var）。

3.5.4 视在功率和功率三角形

在交流电路中，端电压与电流的有效值乘积称为视在功率，用 S 表示，即

$$S=UI \tag{3-49}$$

式中：视在功率 S 的单位为伏安（VA）或千伏安（kVA）。

视在功率 S 表明了交流电气设备可能转换的最大功率，即能提供或取用功率的能力。

视在功率有着重要的实用意义。电源（发电机、变压器等）在铭牌上都标出它的输出电压和输出电流的额定值（所谓输出电流的额定值是指电源可能供给的最大电流），这就是说，电源的视在功率是给定的，至于输出的有功功率大小，不取决于电源本身，而是取决于和电源相连的二端网络。因此视在功率可作为描写电源特征的物理量之一。电源的视在功率也称为电源的额定容量（简称容量），用户必须根据用电设备的视在功率来选用与它配套的电源。

由上所述，有功功率 P、无功功率 Q、视在功率 S 之间存在如下关系，即

$$\left.\begin{aligned} &P=UI\cos\varphi=S\cos\varphi\\ &Q=UI\sin\varphi=S\sin\varphi\\ &S=\sqrt{P^2+Q^2}=UI\\ &\cos\varphi=\frac{P}{S},\ \tan\varphi=\frac{Q}{P}\end{aligned}\right\} \tag{3-50}$$

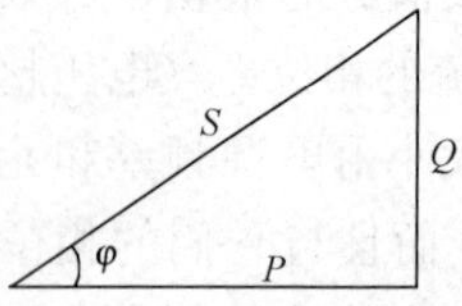

图 3-35 功率三角形

显然，P、Q、S 构成一个直角三角形，如图 3-35 所示。此三角形称为功率直角三角形，它与电压三角形、阻抗三角形相似。

【例 3-8】 RLC 串联电路中，已知 $R=30\Omega$，$L=127\text{mH}$，$C=40\mu\text{F}$，电源电压 $u=220\sqrt{2}\sin(314\cdot t+20^\circ)\text{V}$。求：

（1）感抗、容抗、复阻抗及阻抗角；

（2）电流的大小及瞬时值表达式；

（3）各元件两端电压大小及其随时间变化规律；

（4）有功功率、无功功率及视在功率；

（5）判断该电路性质。

解 （1）
$$X_L=\omega L=314\times127\times10^{-3}\approx40(\Omega)$$
$$X_C=\frac{1}{\omega C}=\frac{1}{314\times40\times10^{-6}}\approx80(\Omega)$$
$$Z=R+\text{j}(X_L-X_C)=30+\text{j}(40-80)=30-\text{j}40=50\angle53^\circ(\Omega)$$

（2）
$$I=\frac{U}{|Z|}=220/50=4.4(\text{A})$$
$$i=4.4\sqrt{2}\sin(314t+20^\circ+53^\circ)=4.4\sqrt{2}\sin(314t+73^\circ)\ (\text{A})$$

（3） $U_R=IR=4.4\times30=132(\text{V})$ $u_R=132\sqrt{2}\sin(314t+73^\circ)\ (\text{V})$

$$U_L = IX_L = 4.4 \times 40 = 156(\text{V})$$

$$u_L = 156\sqrt{2}\sin(314t + 73° + 90°) = 156\sqrt{2}\sin(314t + 163°)\ (\text{V})$$

$$U_C = IX_C = 4.4 \times 80 = 352(\text{V})$$

$$u_C = 352\sqrt{2}\sin(314t + 73° - 90°) = 352\sqrt{2}\sin(314t - 17°)\ (\text{V})$$

(4)
$$P = UI\cos\varphi = 220 \times 4.4 \times \cos(-53°) = 580(\text{W})$$

$$Q = UI\sin\varphi = 220 \times 4.4 \times \sin(-53°) = -774(\text{var})$$

$$S = UI = 220 \times 4.4 = 968(\text{VA})$$

因为电路中只有电阻产生有功功率，而电感和电容产生无功功率，所以，也可以用下列方法计算，即

$$P = I^2R = 4.4^2 \times 30 = 580(\text{W})$$

$$Q = I^2X_L - I^2X_C = 4.4^2 \times 40 - 4.4^2 \times 80 = -774(\text{var})$$

(5) 电路为容性。通过阻抗角的正与负、电压与电流之间的相位关系、无功功率的正与负，都可以得出电路为容性。

3.5.5 功率因数的提高

1. 提高功率因数的意义

供电系统中的负载，就其性质来说，多属电感性负载。例如，厂矿企业中使用的异步电动机、控制电路中的交流接触器，以及照明用的荧光灯等，都是感性负载。由于感性负载中的电流滞后于电压（$\varphi \neq 0$），使得功率因数总是小于1。这将给供电系统带来一些不良后果。

前已述及，交流电源（交流发电机和变压器）的容量通常用额定视在功率表示，它代表电源所能输出的最大有功功率的数值。但负载上能否得到这样大的功率，还取决于负载的性质，即功率因数 $\cos\varphi$ 的高低。例如，视在功率为 1000kVA 的发电机，当负载功率因数 $\cos\varphi = 0.8$ 时，输出有功功率

$$P = S\cos\varphi = 1000 \times 0.8 = 800(\text{kW})$$

当负载功率因数 $\cos\varphi = 0.6$ 时，输出有功功率

$$P = S\cos\varphi = 1000 \times 0.6 = 600(\text{kW})$$

两种负载状态，输出相差 200kW。可见，负载功率因数较低时，电源容量不能得到充分利用。

此外，当电源电压和输出的有功功率 P 一定时，功率因数 $\cos\varphi$ 越低，负载电流

$$I = \frac{P}{U\cos\varphi}$$

就越大，输电线路上的电压降和电能损耗也越大。

综上所述，提高功率因数，能使电源容量得到充分利用，也减少了线路中的能量损耗，这将在同样的供电设备条件下，提高供电能力。可见，提高供电线路的功率因数，是节约能源的重要途径。

按照供电及用电规则，高压供电的工业和企业单位平均功率因数不得低于 0.95，其他单位不得低于 0.9。因此，提高功率因数是一个必须要解决的问题。这里说的提高功率因数，是提高线路的功率因数，而不是提高某一负载的功率因数。应注意的是，功率因数的提高必须在保证负载正常工作（即不改变负载原有电压、电流）的前提下实现。

2. 提高功率因数的方法

对于感性负载，既要提高线路的功率因数，又要保证感性负载正常工作，常用的方法是在感性负载两端并联适当大小的电容器，称为并联补偿。其电路如图 3-36 所示。它的补偿原理可以用相量图说明。

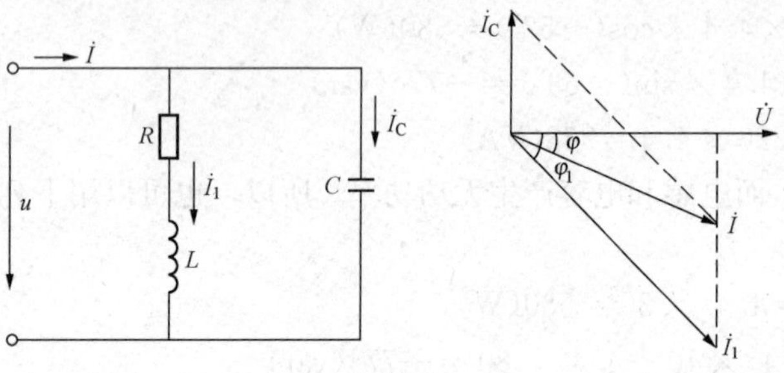

(a)　　(b)

图 3-36　并联补偿法提高功率因数

(a) 电路图；(b) 相量图

从图 3-36 所示电路和相量图可见，未并电容时，线路电流 $\dot{I}$ 等于负载电流 $\dot{I}_1$，这时的功率因数是 $\cos\varphi_1$。并联电容器之后，增加了一个超前电压 90°的电流 $\dot{I}_C$，这时线路中的电流 $\dot{I}$ 等于负载电流 $\dot{I}_1$ 与电容电流 $\dot{I}_C$ 的相量和。如果电容量的大小选择适当，由相量图可以看出 $\dot{I}$ 比 $\dot{I}_1$ 小，即线路中总电流减小了，线路中的电压 $\dot{U}$ 与电流 $\dot{I}$ 之间的相位差 φ 角减小了，因此功率因数提高了。

应当注意，感性负载并联补偿后，对原负载的工作状态没有任何影响，即电感性负载电流、电压及功率均未改变。提高功率因数只意味着负载所需的无功功率大部分由并联电容器供给，能量的储放大部分在负载与电容器之间进行，这样就减少了电源的负担，也降低了线路的损耗。

【例 3-9】　某工频电路为感性负载，其有功功率为 10kW，$U=220\text{V}$，$\cos\varphi_1=0.8$。现用电容补偿法，使功率因数提高到 0.95，试计算补偿电容量。

解　可以从图 3-36 所示相量图导出计算补偿电容量的公式。由图 3-36 可得

$$I_C = I_1\sin\varphi_1 - I\sin\varphi$$

又由 $P=UI_1\cos\varphi_1=UI\cos\varphi$ 可得

$$I_1=\frac{P}{U\cos\varphi_1}\qquad I=\frac{P}{U\cos\varphi}$$

所以

$$I_C=\frac{P}{U\cos\varphi_1}\sin\varphi_1-\frac{P}{U\cos\varphi}\sin\varphi=\frac{P}{U}(\tan\varphi_1-\tan\varphi)$$

再由图 3-36 所示电路图可得

$$I_C=\frac{U}{X_C}=U\omega C$$

所以

$$U\omega C=\frac{P}{U}(\tan\varphi_1-\tan\varphi)$$

则得

$$C=\frac{P}{\omega U^2}(\tan\varphi_1-\tan\varphi)\qquad(3-51)$$

下面根据式（3-51）计算补偿电容量。

（1）当 $\cos\varphi_1=0.8$ 时，$\varphi_1=36.87°$，$\tan\varphi_1=0.75$。

（2）当 $\cos\varphi=0.95$ 时，$\varphi=18.19°$，$\tan\varphi=0.83$。

故由 $\cos\varphi_1=0.8$ 提高到 $\cos\varphi=0.95$，所需并联补偿电容量为

$$C=\frac{P}{\omega U^2}(\tan\varphi_1-\tan\varphi)=\frac{10\times10^3}{2\pi\times50\times220^2}(0.75-0.33)=276.4(\mu F)$$

【思考题】

1. 对于感性负载，通常采用什么方法提高电路的功率因数？提高功率因数的前提是什么？

2. 提高电路的功率因数有何意义？并联电容前后，电路中有功功率及无功功率有何变化？

3. 若通过并联补偿法将一台单相异步电动机的功率因数由 0.5 提高到 0.9，则并联电容器前后，电动机的功率因数、电动机中的电流、线路中的电流及电路的有功功率和无功功率有无变化？若有变化，怎样变化？

4. 一台工频变压器，额定容量为 100kVA，输出额定电压为 220V，供给一组电感性负载，其功率因数为 0.5。要使功率因数提高到 0.9，求所需并联的电容量为多少？电容并联前，变压器满载。试计算并联电容前后输出电流各为多少。

3.6 电路的谐振

所谓电路的谐振，通常是指包含有电感和电容元件的交流电路，在满足一定的条件下，发生电路的总电压与总电流同相，整个电路呈现阻性，这时称电路发生了谐振。产生谐振现象的电路，就叫谐振电路。研究谐振的目的就是要认识这种客观现象，并在生产上充分利用谐振的特征，同时又要预防它所产生的危害。按发生谐振的电路的不同，谐振现象可分为串联谐振和并联谐振。

3.6.1 串联谐振

1. 串联谐振的条件

图 3-37（a）所示是串联谐振电路。由本章前面章节对 RLC 串联电路的分析可知，要使 $\dot{U}$ 与 $\dot{I}$ 同相，感抗与容抗应该相等，即

$$X_L=X_C$$

即串联谐振的条件为

$$\frac{1}{\omega C}=\omega L \tag{3-52}$$

可见只要调节电路参数 L、C 或电源频率都能使电路发生谐振。将式（3-52）整理后得

$$\omega=\frac{1}{\sqrt{LC}} \text{ 或 } f=\frac{1}{2\pi\sqrt{LC}}$$

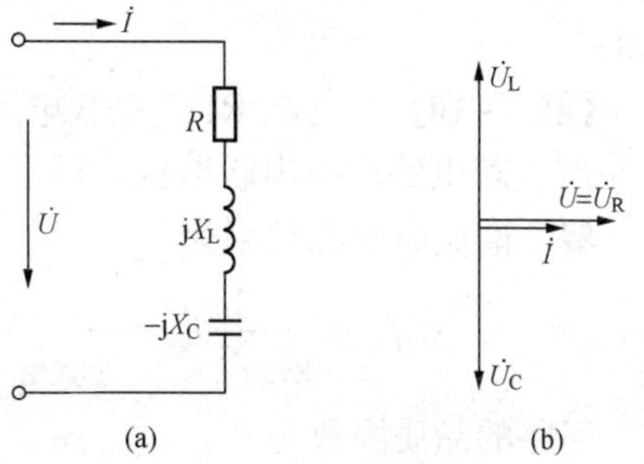

图 3-37　串联谐振

（a）电路图；（b）相量图

把谐振时的角频率和频率分别称为谐振角频率和谐振频率，用 ω_0 和 f_0 表示，以便与非谐振时角频率和频率区别，于是有

$$\omega_0=\frac{1}{\sqrt{LC}} \text{或} f_0=\frac{1}{2\pi\sqrt{LC}} \tag{3-53}$$

从式（3-53）可见，串联电路的谐振角频率 ω_0、谐振频率 f_0 由电路元件的参数所决定，当 L、C 一定时，ω_0、f_0 就有确定的数值。所以 ω_0、f_0 称为 RLC 串联电路的固有频率。

2. 串联谐振电路的特征

(1) 阻抗。因为 $X_L=X_C$，所以电路的复阻抗就等于电路中的电阻 R，复阻抗的模即阻抗（$|Z|=R$）最小，阻抗角 $\varphi=0$，电路呈阻性。

(2) 电流。在电源电压一定的条件下，因阻抗 $|Z|$ 最小，电路中的 I 达到最大值。用 I_0 表示，称为谐振电流，即 $I_0=U/R$。

(3) 电压。此时电感上的电压 $\dot{U}_L$ 与电容上的电压 $\dot{U}_C$ 大小相等、方向相反，所以电阻上的电压就等于电源电压，即 $\dot{U}_R=\dot{U}$。当 $X_L \gg R$、$X_C \gg R$ 时，则 $U_L=U_C \gg U$，即出现了电路中部分电压远大于电源电压的现象。故串联谐振也称电压谐振。电感或电容上上产生过电压，将危及设备和人身安全，对此要有充分的认识和注意。

(4) 品质因数 Q_P。在串联谐振（电压谐振）时，电感电压（或电容电压）有效值与总电压有效值之比称为品质因数，即

$$Q_P=\frac{U_L}{U}=\frac{U_C}{U}=\frac{IX_L}{IR}=\frac{X_L}{R}=\frac{X_C}{R}=\frac{\omega_0 L}{R}=\frac{1}{\omega_0 CR} \tag{3-54}$$

品质因数 Q_P 表明在串联谐振时，电容或电感元件上的电压是总电压的 Q_P 倍。

(5) 串联谐振中的功率。因谐振时电流与总电压同相，故阻抗角 $\varphi=0$，因此，有功功率

$$P=UI\cos\varphi=UI=S \tag{3-55}$$

而无功功率为

$$Q=UI\sin\varphi=0 \tag{3-56}$$

式（3-55）说明，电源供给的能量全部是有功功率，被电阻所消耗，电源与电路之间不发生能量的互换，能量的互换仅发生在电感线圈与电容器之间。

由于串联谐振的特点，它在无线电工程中有广泛的应用。例如，在收音机的输入电路中，就是调节电容值，使某一频率的信号在电路中发生谐振，在电容上产生较高电压而被选出来。

【例 3-10】 已知 RLC 串联电路中的 $L=30\mu H$，$C=211pF$，$R=9.4\Omega$，电源电压为 100mV。若电路产生串联谐振，试求电源频率 f_0、回路的品质因数 Q_P 及电感上电压 U_{L0}。

解 谐振时电源频率为

$$f_0=\frac{1}{2\pi\sqrt{LC}}=\frac{1}{2\times 3.14\sqrt{30\times 10^{-6}\times 211\times 10^{-12}}}=2(\text{MHz})$$

回路的品质因数为

$$Q_P=\frac{\omega_0 L}{R}=\frac{2\times 3.14\times 2\times 10^6\times 30\times 10^{-6}}{9.4}=40$$

电感上电压为

$$U_{L0}=U_{C0}=Q_P U=40\times 100\times 10^{-3}=4(\text{V})$$

3.6.2 并联谐振

串联谐振电路适用于电源低内阻的情况。如果电源内阻很大，采用串联谐振电路将严重地降低回路的品质因数，从而使电路的选择性变坏。这种情况宜采用并联谐振电路。

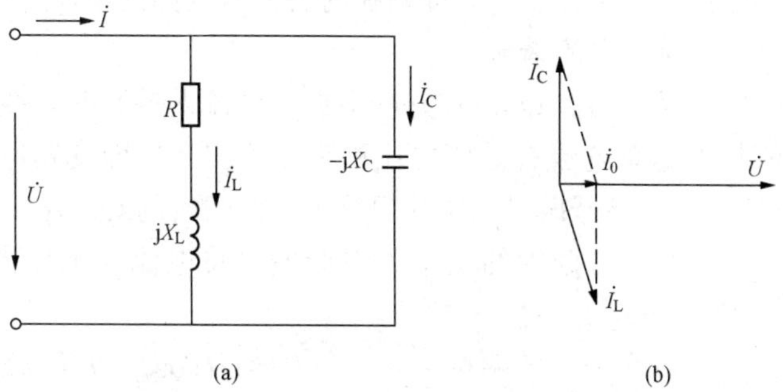

图 3-38 并联谐振
(a) 电路图；(b) 相量图

1. 并联谐振的条件

由 RLC 并联电路发生的谐振现象称为并联谐振。工程上遇到的是由含有电阻的电感线圈和电容器并联组成的谐振电路（可简写成 RL-C 并联）。图 3-38 所示为并联谐振电路及其相量图。图 3-38 中，线圈支路复阻抗为

$$Z_1 = R_L + jX_L = R_L + j\omega L \quad (\text{其中 } X_L \gg R_L)$$

电容支路复阻抗为

$$Z_2 = -jX_C = -j\frac{1}{\omega C}$$

电路总复阻抗为

$$Z = \frac{Z_1 Z_2}{Z_1 + Z_2}$$

将 Z_1、Z_2 代入总复阻抗 Z 的计算式，并经数学计算（谐振时复阻抗的虚部为零）可得并联谐振的条件为

$$\frac{1}{X_C} - \frac{X_L}{R_L^2 + X_L^2} = 0 \text{ 或 } \omega C - \frac{\omega L}{R_L^2 + \omega^2 L^2} = 0 \tag{3-57}$$

式（3-57）是并联谐振的条件，可见只要调节电路参数和电源频率就能使电路发生谐振。将式（3-57）整理后，解出满足并联谐振条件的角频率为

$$\omega_0' = \frac{1}{\sqrt{LC}}\sqrt{1 - \frac{CR_L^2}{L}} = \omega_0\sqrt{1 - \frac{CR_L^2}{L}}$$

即

$$f_0' = \frac{1}{2\pi\sqrt{LC}}\sqrt{1 - \frac{CR_L^2}{L}} = f_0\sqrt{1 - \frac{CR_L^2}{L}}$$

因通常线圈电阻 R_L 很小，故可近似认为

$$\omega_0' \approx \frac{1}{\sqrt{LC}} = \omega_0 \tag{3-58}$$

$$f_0' \approx \frac{1}{2\pi\sqrt{LC}} = f_0 \tag{3-59}$$

2. 并联谐振的特征

（1）阻抗。RL-C 并联谐振时，经计算阻抗 $|Z| = \frac{L}{R_L C}$，达到最大值，电路呈阻性。

（2）电流。在电源电压一定的条件下，因阻抗 $|Z|$ 最大，故谐振电流达到最小值。经

计算可得，$I_L \approx I_C \gg I_0$，即谐振时各并联支路的电流近似相等，远大于电路的总电流。故并联谐振也称为电流谐振。

（3）品质因数 Q_P。在并联谐振（电流谐振）时，线圈支路电流（或电容支路电流）有效值与电路总电流有效值之比称为品质因数。即支路电流 I_L 和 I_C 近似相等，是总电流的 Q_P 倍，也就是谐振时电路的阻抗为支路阻抗的 Q_P 倍。

（4）并联谐振中的功率。因谐振时总电流与电压同相，故阻抗角 $\varphi=0$，因此，有功功率

$$P = UI\cos\varphi = UI = S$$

而无功功率为

$$Q = UI\sin\varphi = 0$$

即电源供给的能量全部是有功功率，被电阻所消耗，电源与电路之间不发生能量的互换，能量的互换仅发生在电感线圈与电容器之间。

并联谐振在无线电工程和工业电子技术中也常应用。例如，利用并联谐振时阻抗大的特点来选择信号或消除干扰。

【思考题】

1. 什么叫电路谐振？电路谐振时有何特征？这些特征与电路结构是否有关？
2. 什么叫串联谐振，串联谐振时电路有何特征？串联谐振又叫什么？
3. 什么叫并联谐振，并联谐振时电路有何特征？并联谐振又叫什么？
4. 某收音机的输入回路，可简化为由一电阻元件、电感元件及可变电容元件串联组成的电路，已知电感 $L=300\mu H$，今欲接收中央人民广播电台中波信号，其频率范围是从 525kHz 至 1605kHz。试求电容 C 的变化范围。

本 章 小 结

1. 正弦交流电及三要素

正弦交流电是大小和方向按正弦规律变化交流电，在任一时刻的瞬时值 i 或 u 是由最大值、频率和初相位这三个特征量即正弦量的三要素确定的。可以用瞬时值三角函数式、正弦波形图、相量式及相量图四种方式来表示正弦交流电。四种表达方式各有所长，应按具体情况而定，但最常用的是相量表示法。

2. 相量表示法

由于正弦交流电频率一定，只要确定幅值和初相位，它的瞬时值也确定了。因此用具有幅值和初相位的相量（复数）即可表示正弦量的瞬时值。在电工技术中常用有效值表示正弦量的大小。正弦量有效值形式的相量表示为

$$\dot{I} = I\angle\varphi = I(\cos\varphi + \mathrm{j}\sin\varphi)$$

正弦量用相量表示后，就可以根据复数的运算关系来进行运算，即将正弦量的和差运算换成复数的和差运算。

相量还可以用相量图表示。相量图能形象地直观地表示各电量的大小和相位的关系，并可以应用相量图的几何关系求解电路。只有同频率正弦量才能画在同一个相量图中。

相量与正弦量之间是一一对应的关系，它们之间是一种表示关系，而不是相等关系。

3. 单一参数的正弦交流电路

单一参数的交流电路，是交流电路分析的基础。电阻、电感和电容的交流电路的电压和电流关系在表3-1中进行了小结。

表3-1　电阻、电感和电容的交流电路的电压和电流关系

电路元件		电阻 R	电感 L	电容 C
元件性质		R 为耗能元件，电能与热能间转换	L 为储能元件，电能与磁场能间转换	C 储能元件，电能与电场能间转换
频率特性		R 与频率无关	感抗与频率成正比	容抗与频率成反比
电压与电流的关系	瞬时值	$u_R=iR$	$u_L=L\dfrac{di}{dt}$	$i=C\dfrac{du_C}{dt}$
	有效值	$U_R=IR$	$U_L=IX_L$	$U_C=IX_C$
	相位关系	电压与电流同相	电压超前电流90°	电压滞后电流90°
	相量关系	$\dot{U}_R=\dot{I}R$	$\dot{U}_L=\dot{I}jX_L$	$\dot{U}_C=\dot{I}(-jX_C)$
有功功率		$P=UI=I^2R=U^2/R$	0	0
无功功率		0	$Q_L=IU_L=I^2X_L=U_L^2/X_L$	$Q_C=-IU_C=-I^2X_C=-U_C^2/X_C$

4. RLC串联和并联电路

在分析RLC串联电路时，KVL的相量形式，可导出相量形式的欧姆定律，即 $\dot{U}=\dot{I}Z$ 。阻抗 Z 是推导出的参数，它表示为

$$Z=\frac{\dot{U}}{\dot{I}}=R+jX=|Z|\angle\varphi$$

式中：R 为电路的电阻，$X=X_L-X_C$ 为电路的电抗，复阻抗的模 $|Z|$ 称为电路的总阻抗。其辐角 φ 称为阻抗角，也是电路总电压与电流之间的相位差。$|Z|$、φ 与电路参数的关系为

$$|Z|=\sqrt{R^2+X^2}\quad \varphi=\arctan\frac{X}{R}$$

它们之间的数值关系可用阻抗三角形来表示。

当 $\varphi>0$ 时，电路呈电感性；$\varphi<0$ 时，电路呈电容性；$\varphi=0$ 时，电路呈电阻性，此时电路发生串联谐振。

5. 正弦交流电路的功率

正弦交流电路吸收的有功功率用 P 来表示，$P=UI\cos\varphi$，$\cos\varphi$ 称为功率因数。

反映电路与电源之间能量交换规模的物理量用无功功率 Q 来表示，$Q=UI\sin\varphi$。电感元件的 Q 为正数，电容元件的 Q 为负数。

视在功率 $S=UI=\sqrt{P^2+Q^2}$，P、Q 与 S 可用功率三角形来表示。

功率因数 $\cos\varphi$ 的大小取决于负载本身的性质。提高电路的功率因数对充分发挥电源设

备的潜力，减少线路的损耗有重要意义。在感性负载两端并联适当的电容元件可以提高电路的功率因数，并联电容后，负载的端电压和负载吸收的有功功率不变，而电路上电流的无功分量减少了，总电流也减少了。

6. 谐振电路

在含有电感和电容元件的电路中，总电压相量和总电流相量同相时，电路就发生谐振。按发生谐振的电路不同，可分为串联谐振和并联谐振。

RLC 串联谐振时，电路阻抗最小，电流最大，谐振频率为 $f_0=\dfrac{1}{2\pi\sqrt{LC}}$，电路呈电阻性，品质因数 $Q_P=\dfrac{\omega_0 L}{R}=\dfrac{1}{\omega_0 CR}$，$U_L=U_C=Q_P U$，因此串联谐振又称为电压谐振。

感性负载与电容元件并联谐振时，电路阻抗最大，总电流最小，电路呈电阻性，品质因数 $Q_P=\dfrac{\omega_0 L}{R}=\dfrac{1}{\omega_0 CR}$，$I_{C0}=I_{L0}=Q_P I_0$，因此并联谐振又称为电流谐振。

无论是串联谐振还是并联谐振，电源提供的能量全部是有功功率，并全被电阻所消耗。无功能量互换仅在电感与电容元件之间进行。

习　题

1. 今有一正弦交流电压 $u=311\sin(314t-30°)$V。求：

(1) 角频率、频率、周期、最大值、有效值和初相角；

(2) 当 $t=0$ 时，u 的值；

(3) 当 $t=0.01$s 时 u 的值。

2. 把下列各电压相量和电流相量转换为瞬时值函数式（设 $f=50$Hz）。

(1) $\dot{U}=200\angle 45°$V，$\dot{I}=\sqrt{2}\angle -30°$A；

(2) $\dot{U}=-j100$V，$\dot{I}=j5$A；

(3) $\dot{U}=(60+j80)$V，$\dot{I}=(2-j2)$A。

3. 试求下列两正弦电压之和 $u=u_1+u_2$，并画出对应的相量图。

$$u_1=120\sqrt{2}\sin\left(\omega t+\frac{\pi}{3}\right)\text{V},\quad u_2=160\sqrt{2}\sin(\omega t-30°)\text{V}$$

4. 如图 3-39 所示相量图，已知 $U=100$V，$I_1=2$A，$I_2=4$A，角频率为 314rad/s，试写出各正弦量的瞬时值表达式及相量。

5. 用于工频电压 220V 的白炽灯功率为 100W，则：

(1) 求它的电阻；

(2) 如果电流初相为 30°，试写出 u、i 的解析式及相量表达式。

6. 在纯电感正弦交流电路中，已知 $i_L=3\sqrt{2}\sin(628t-90°)$，$L=40$mH。试求 u_L、U_L。

7. 电容为 20μF 的电容器，接在电压 $u=600\sin 314t$ V 的电源上，写出电流的瞬时值表达式，算出无功功率并画出电压与电流的相量图。

8. 在 RLC 串联电路中，已知 $I=1$A、$U_R=15$V、$U_L=80$V、$U_C=60$V。求电路的总电

压、有功功率、无功功率、视在功率和功率因数。

9. 如图3-40所示电路中，电压表PV1、PV2、PV3的读数都是50V，试求电路中电压表PV的读数。

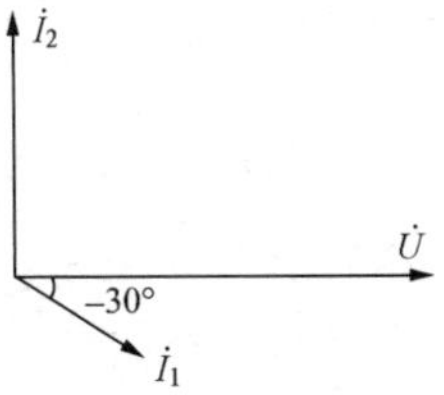

图3-39　习题4图

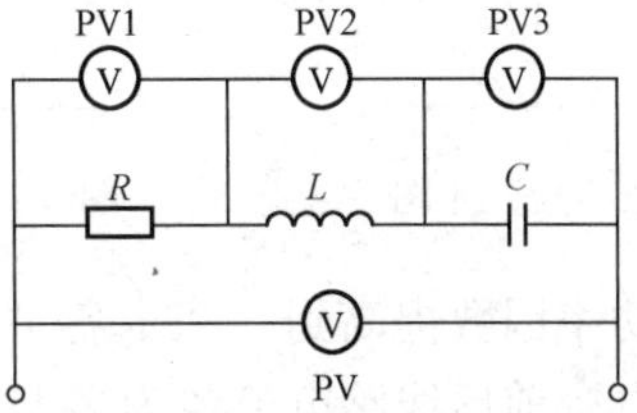

图3-40　习题3-9电路图

10. 荧光灯管与镇流器串联后接入交流电压源。已知日光灯管电阻为260Ω，镇流器的电阻为40Ω，电感为1.28H，电源电压为220V，频率为50Hz。求电流、灯管及镇流器两端的电压各为多少？灯管和镇流器消耗的功率各为多少？电路的功率因数多大？

11. 某RLC串联电路中，电阻为40Ω，线圈的感抗为90Ω，电容器的容抗为120Ω，电路两端的电压 $u=220\sqrt{2}\sin(\omega t+60°)$ V。求：

（1）电路的阻抗值；

（2）电流的有效值；

（3）各元件两端电压的有效值；

（4）电路的有功功率、无功功率、视在功率及功率因数；

（5）电路的性质：

（6）画出电路电压、电流的相量图。

12. 在RLC串联电路中，已知电路电流 $I=1$A，各电压为 $U_R=15$V，$U_L=60$V，$U_C=80$V。求：

（1）电路总电压 U；

（2）有功功率 P、无功功率 Q 及视在功率 S；

（3）R、X_L、X_C。

13. 在RLC串联电路中，已知外加电压 $u=220\sqrt{2}\sin 314t$ V，当电流 $I=10$A时，电路功率 $P=200$W，$U_C=80$V，试求：电阻 R、电感 L、电容 C 及功率因数。

14. 如图3-41所示电路中，$I_1=I_2=10$A，$U=100$V，$\dot{U}$ 与 $\dot{I}$ 同相，试求：I、R、X_C、X_L。

15. 如图3-42所示电路在谐振时，$I_1=I_2=5$A，$U=50$V，求 R、X_L 及 X_C。

16. 如图3-43所示，已知 $I_1=10$A，$I_2=10\sqrt{2}$A，$U=200$V，$R_1=5\Omega$，$R_2=X_L$。试求 I、X_C、X_L 及 R_2。

17. 某感性负载的额定功率为10kW，功率因数为0.6，电源电压为220V，频率为50Hz。现欲将功率因数提高到0.8，应并联多大电容？

18. 有一感性负载，功率为10kW，功率因数为0.6，接在电压为220V、频率为50Hz的交流电源上。

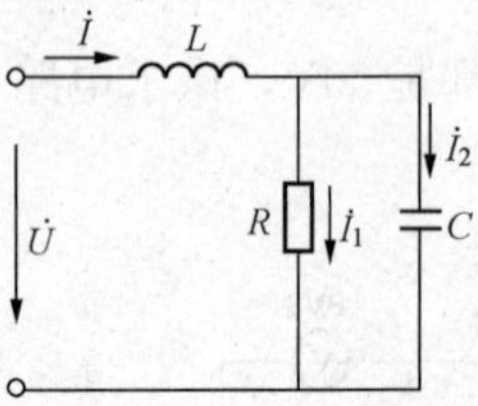

图 3-41　习题 14 图

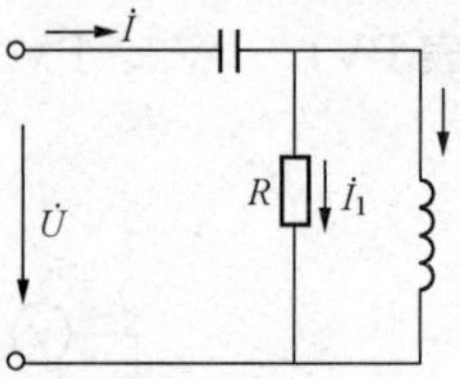

图 3-42　习题 15 图

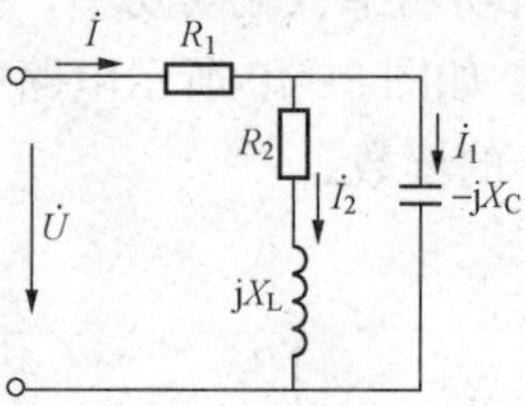

图 3-43　习题 16 图

（1）若将功率因数提高到 0.95，需并联多大的电容？

（2）并联电容前后线路电流各为多大？

（3）若要将功率因数再从 0.95 提高到 1，还需并联多大的电容？

（4）若电容继续增大，功率因数会怎样变化？

19. 一台功率为 1.1kW 的单相电动机接到 220V 的工频电源上，其电流为 15A，求：

（1）电动机的功率因数；

（2）若在电动机两端并联 $C=75\mu F$ 的电容器，功率因数又为多少？

20. 有一串联谐振电路，$L=0.256mH$，电容 $C=100\mu F$，品质因数 $Q_P=100$，电源电压为 $U_S=1mV$。试求电路的谐振频率及谐振时回路中的电流，以及电感上的电压。

21. 在电感 $L=0.13mH$，电容 $C=588pF$，电阻 $R=10\Omega$ 所组成的串联电路中，已知电源电压 $U_S=5mV$。试求：

（1）电路谐振时的频率；

（2）电路中的电流；

（3）元件 L 和 C 上的电压；

（4）电路的品质因数。

第4章 三相正弦交流电路

本章提要

在前面章节中，讨论了正弦交流电路的基本概念和计算方法，其中只接一个正弦交流电动势的电路习惯上称为单相交流电路。但在电力工业中，电能的产生、输送和分配全部采用三相制，它是由三相电源、三相负载和导线按一定方式组成的三相供电系统，称为三相交流电路。

与单相交流电路比较，三相交流电路有许多优点。从发电方面看，对于相同尺寸的发电机，采用三相的比单相的可以提高功率约50%；从输电方面看，在输电距离、输送功率、功率因数、电压损失和功率损失等相同的输电条件下，输送三相电能较输送单相电能可以节省铜25%左右；从配电方面看，三相变压器比单相变压器更经济，而且三相变压器更便于接入三相及单相两类负载；此外，在用电设备方面，三相笼型异步电动机具有结构简单、价格低廉、坚固耐用、维护使用方便，且运行时比单相电动机振动小等优点。因此，三相交流电在电力工业中得到广泛应用。本章主要介绍三相交流电的产生、三相电源和三相负载的连接方式，进一步分析三相电路不同连接时的电流、电压关系，三相电路的计算，以及三相功率等。

4.1 三相电源

概括地说，三相交流电源是三个单相交流电源按一定方式进行的组合，这三个单相交流电源的频率相同、最大值相等，而相位彼此相差120°。

4.1.1 三相交流电动势的产生

三相交流电动势是由三相交流发电机产生的。最简单的两极三相交流发电机的示意图如图4-1所示，其结构与单相交流发电机基本相同，不过是在电枢上对称地安置了三个相同的绕组 U_1-U_2，V_1-V_2，W_1-W_2。每一个绕组称为一相，习惯上采用黄、绿、红三种颜色分别表示U、V、W三相，如图4-1（a）所示。三相绕组匝数相等、结构相同，它们的始端（U_1、V_1、W_1）在空间位置上彼此相差120°，它们的末端（U_2、V_2、W_2）在空间位置上也彼此相差120°。当转子以角速度 ω 逆时针方向旋转时，由于三个绕组的空间位置彼此相隔120°，所以当第一相电动势达到最大值，第二相需转过1/3周（即120°）后，其电动势才能达到最大值，也就是第一相电动势超前第二相电动势120°相位；同样，第二相电动势超前第三相电动势120°相位，第三相电动势又超前第一相电动势120°相位。显然，三个相的电动势，它们的频率相同、最大值相等，只是初相角不同。若以第一相（U相）电动势的初相角为0°，则第二相（V相）为−120°，第三相（W相）为120°，那么，各相电动势的瞬时值表达式则为

(a) (b)

图 4-1 两极三相交流发电机示意图

(a) 结构示意图；(b) 原理示意图

$$\begin{cases} e_1 = E_m \sin\omega t \\ e_2 = E_m \sin(\omega t - 120°) \\ e_3 = E_m \sin(\omega t + 120°) \end{cases} \tag{4-1}$$

相应的波形图和相量图如图 4-2 所示。将其称为三相对称电动势。

三相电动势到达正的或负的最大值（或零值）的先后顺序称为三相交流电的相序。习惯上的相序为 U—V—W—U，称为正序。

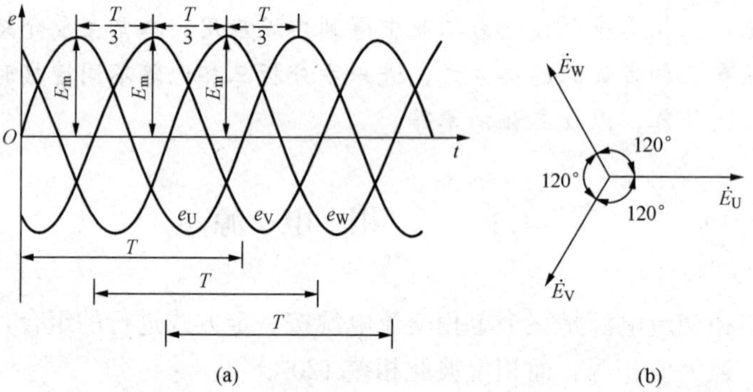

(a) (b)

图 4-2 对称三相电动势的波形及相量

(a) 波形图；(b) 相量图

4.1.2 三相电源绕组的连接

上述三相发电机的各相绕组原则上可作为一个独立的电源。这种形式的输电需要六根输电线，因不经济而无实用价值。实际上，三相发电机的三个绕组是按照一定的形式、连接成一个整体后向外送电的。三相电源的连接方式有两种，即星形（Y 形）和三角形（△形）连接方式。在现代供电系统中，多采用星形连接。

1. 三相电源的星形连接

将发电机三相绕组的末端 U_2、V_2、W_2 连接在一点，始端 U_1、V_1、W_1 分别与负载相连，这种连接方法就叫作星形连接，如图 4-3（a）所示。图中三个末端相连接的点称为中性点或零点。用字母“N”表示，从中性点引出的一根线叫作中性线或零线（当中性点接地时也称作地线）。从始端 U_1、V_1、W_1 引出的三根线叫作端线或相线（俗称火线）。四根线也可简画为图 4-3（b）所示的形式。

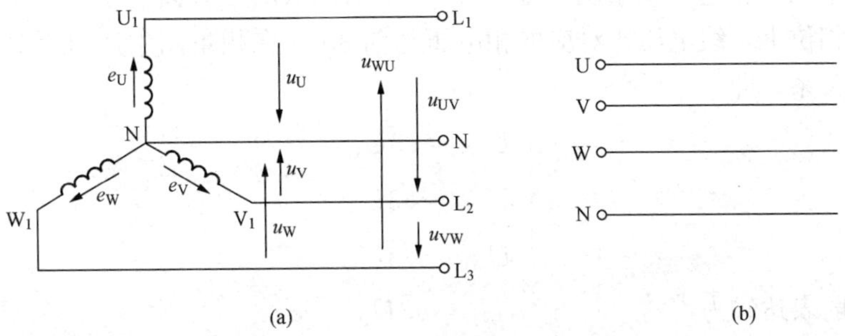

图 4 - 3　三相电源的星形连接

由三根相线和一根中性线所组成的输电方式称为三相四线制（通常在低压配电中采用）；只由三根相线所组成的输电方式称为三相三线制（常在高压输电工程中采用）。

每相绕组始端与末端之间的电压（即相线和中性线之间的电压）叫相电压，如图 4 - 3（a）所示，它的瞬时值用 u_U、u_V、u_W 来表示，相量用 $\dot{U}_U$、$\dot{U}_V$、$\dot{U}_W$ 表示，泛指相电压大小时可用 U_P 表示。相电压的正方向规定为从始端指向末端，即由相线指向中性线。因为三个电动势的最大值相等，频率相同，彼此相位差均为 120°，所以三个相电压的最大值也相等，频率也相同，相互之间的相位差也均是 120°，即三个相电压是对称的。若设 U 相电压初相为零，则有

$$\begin{cases} u_U = U_m \sin\omega t \\ u_V = U_m \sin(\omega t - 120°) \\ u_W = U_m \sin(\omega t + 120°) \end{cases} \tag{4-2}$$

其相量为

$$\begin{cases} \dot{U}_U = U\angle 0° \\ \dot{U}_V = U\angle -120° \\ \dot{U}_W = U\angle 120° \end{cases} \tag{4-3}$$

任意两相始端之间的电压（即相线和相线之间的电压）叫线电压，如图 4 - 3（a）所示，它的瞬时值用 u_{UV}、u_{VW}、u_{WU} 来表示，相量用 $\dot{U}_{UV}$、$\dot{U}_{VW}$、$\dot{U}_{WU}$ 表示，泛指线电压大小时可用 U_L 表示。各线电压的方向即其下标所示的方向。下面来分析线电压和相电压之间的关系。

由图 4 - 3（a）可得

$$\begin{cases} u_{UV} = u_U - u_V \\ u_{VW} = u_V - u_W \\ u_{WU} = u_W - u_U \end{cases}$$

即

$$\begin{cases} \dot{U}_{UV} = \dot{U}_U - \dot{U}_V \\ \dot{U}_{VW} = \dot{U}_V - \dot{U}_W \\ \dot{U}_{WU} = \dot{U}_W - \dot{U}_U \end{cases}$$

由此可作出线电压和相电压相量图，如图 4 - 4 所示。从图中可以看出，三个线电压也是对称的。而且在相位上，线电压比对应的相电压超前 30°。在相量图中还可得到线电压与相电压在数量上的关系，即

$$\begin{cases} U_{UV}=\sqrt{3}U_{U} \\ U_{VW}=\sqrt{3}U_{V} \\ U_{WU}=\sqrt{3}U_{W} \end{cases} \tag{4-4}$$

上述关系的一般表达式为

$$U_{L}=\sqrt{3}U_{P} \tag{4-5}$$

由以上分析可得如下结论：星形连接的三相电源，能提供两种电压，一种是三相对称的相电压，另一种是三相对称的线电压。这种接法供电的优点是可为不同电压等级的负载方便供电。通常使用的 220、380V 电压，就是指电源成星形连接时的相电压和线电压的有效值。

2. 三相电源的三角形连接

将发电机三相绕组始末端依次连接，构成如图 4 - 5 所示的闭合电路，并将三个连接点作为三相电源输出点，向外引出三根相线，这种接法称为三角形连接（或称△形连接）。

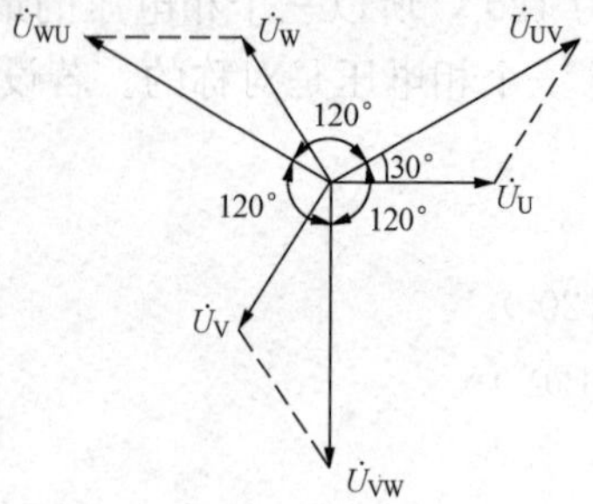

图 4 - 4　三相电源星形连接时线电压和相电压的相量关系

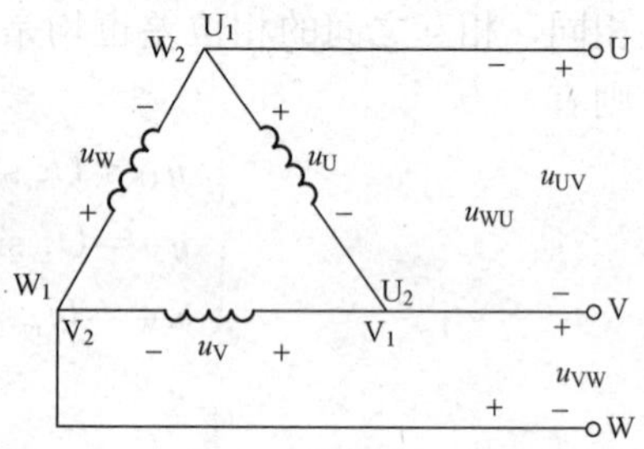

图 4 - 5　三相电源的三角形连接

三相电源作三角形连接时，三个电压形成一个闭合回路，只要连接正确，则有 $\dot{U}_U+\dot{U}_V+\dot{U}_W=0$，所以闭合回路中不会产生环流。如果某一相接反了（如 W 相），则 $\dot{U}_U+\dot{U}_V+(-\dot{U}_W)\neq 0$，由于三相电源内阻抗很小，在回路内会形成很大的环流，将会烧毁三相电源设备。因此，在实际工作中，为了保证连接正确，可在连接电源时串接一只交流电压表，根据电压表读数来判断三相电源连接成的三角形是否正确：如果电压表读数很小（接近于 0），说明连接正确；如果电压表的读数是电源相电压的两倍左右，说明有一相绕组接反了，应予以改接，直至电压表读数接近于零为止。

当发电机绕组接成三角形时，由于每相绕组直接跨接在两相线之间，所以线电压等于相电压，即 $\dot{U}_{UV}=\dot{U}_U$、$\dot{U}_{VW}=\dot{U}_V$、$\dot{U}_{WU}=\dot{U}_W$，数值上的关系可写为 $U_L=U_P$。

这种供电方式与星形连接相比，只有一种电压输出，且如果一相绕组接反，会给发电机绕组带来烧毁的危险，所以在工程技术上，三相电源的三角形连接很少使用，大量使用的是星形连接。在以后的叙述中，如无特殊说明，三相电源都认为是对称的。三相电源的电压一般是指线电压的有效值。

【例 4-1】　对称三相电源作星形连接，已知相电压 $\dot{U}_U = 220\angle 90°V$，写出其余相电压和线电压的相量式及瞬时值表达式，并画出电压相量图。

解　因为 $\dot{U}_U$、$\dot{U}_V$、$\dot{U}_W$ 是对称三相电压，已知 $U = 220V$，$\varphi_U = -90°$，则

$$\varphi_V = \varphi_U - 120° = (-90°) - 120° = -210° = 150°$$

$$\varphi_W = \varphi_v - 120° = 150° - 120° = 30°$$

所以另外两相电压的相量式为

$$\dot{U}_V = 220\angle 150°V$$

$$\dot{U}_W = 220\angle 30°V$$

对应的瞬时表达式为

$$u_U = 220\sqrt{2}\sin(\omega t - 90°)\ V$$

$$u_V = 220\sqrt{2}\sin(\omega t + 150°)\ V$$

$$u_W = 220\sqrt{2}\sin(\omega t + 30°)\ V$$

下面求各线电压。

因线电压 $\dot{U}_{UV}$、$\dot{U}_{VW}$、$\dot{U}_{WU}$ 超前对应相电压 30°，即 $\dot{U}_{UV}$ 超前 $\dot{U}_U$、$\dot{U}_{VW}$ 超前 $\dot{U}_V$、$\dot{U}_{WU}$ 超前 $\dot{U}_W$30°，则可得它们的初相分别为

$$\varphi_{UV} = \varphi_U + 30° = -60°$$

$$\varphi_{VW} = \varphi_V + 30° = 180°$$

$$\varphi_{WU} = \varphi_W + 30° = 60°$$

又线电压大小是相电压的 $\sqrt{3}$ 倍，即

$$U_L = \sqrt{3}U_P = \sqrt{3} \times 220 = 380(V)$$

所以线电压的相量式为

$$\dot{U}_{UV} = 380\angle -60°\ V$$

$$\dot{U}_{VW} = 380\angle 180°\ V$$

$$\dot{U}_{WU} = 380\angle 60°\ V$$

对应的瞬时表达式为

$$u_{UV} = 380\sqrt{2}\sin(\omega t - 60°)\ V$$

$$u_{VW} = 380\sqrt{2}\sin(\omega t + 180°)\ V$$

$$u_{WU} = 380\sqrt{2}\sin(\omega t + 60°)\ V$$

相量图如图 4-6 所示。

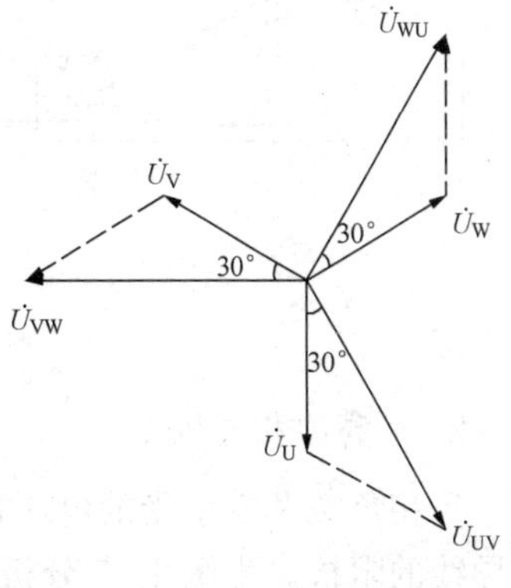

图 4-6　[例 4-1] 图

【思考题】

1. 对称三相电压有哪些特点？

2. 对称三相电源 $u_U = 220\sqrt{2}\sin(\omega t + 30°)V$，根据正序写出其他两相电压的瞬时值表达式及三相电压的相量式，并画出电压相量图。

3. 星形连接的发电机线电压为 380V，相电压为多少？若发电机绕组连接成三角形，则线电压又为多少？

4. 对称三相电源星形连接时，若线电压 $\dot{U}_{VW}=380\angle-30^\circ$ V，写出相电压 $\dot{U}_U$、$\dot{U}_V$、$\dot{U}_W$ 及线电压 $\dot{U}_{UV}$、$\dot{U}_{WU}$，并画出电压相量图。

4.2 负载星形连接的三相电路

使用交流电的设备有单相、三相之分。电灯、电风扇等一般家用电器是单相负载，而三相电动机、三相电阻炉等属于三相负载。在三相负载中，如果复阻抗相等，即 $Z_U=Z_V=Z_W$，则这种负载称为三相对称负载；否则，称为三相不对称负载。若将三相对称负载接入对称三相电源，则称为三相对称电路。三相负载的连接方法有星形（Y 形）连接和三角形（△形）连接两种。下面我们分析负载做星形（Y 形）连接的三相电路。

4.2.1 基本概念

1. 三相负载星形连接的方法

把三相负载分别接在三相电源的相线和中性线之间的接法，称为三相负载的星形连接。如图 4-7 所示，三相负载 Z_U、Z_V、Z_W 的连接方式为星形连接。图中 N′点为负载中性点，从 U′、V′、W′引出三根导线与三相电源的三根相线相连，负载中性点 N′与电源中性点 N 相连，形成中性线。这样，电源与负载间共有四根导线相连接，称为三相四线制。如无特殊说明，三相电源都认为是对称的，所以电路图常常略去电源不画，如图 4-7（b）所示。

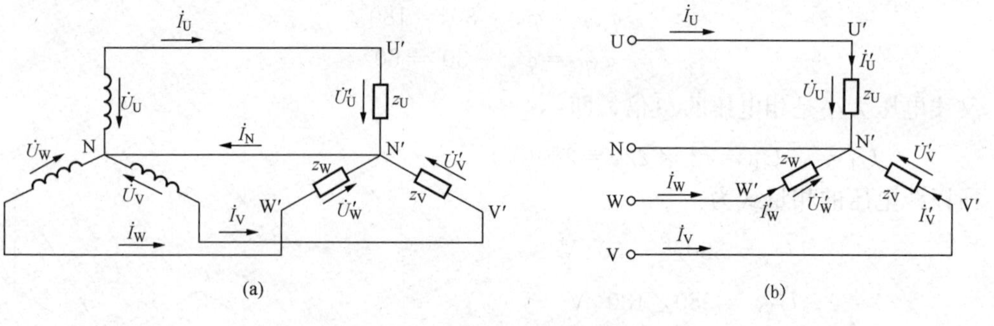

图 4-7　三相负载的星形连接

（a）三相四线制电路；（b）三相负载做星形连接

2. 负载的相电压

每相负载两端承受的电压称为负载的相电压。如图 4-7 中的 $\dot{U}'_U$、$\dot{U}'_V$、$\dot{U}'_W$。若略去连接导线的阻抗，由图 4-7 分析可知，每相负载上的相电压就等于电源的相电压，即

$$\begin{cases}\dot{U}'_U=\dot{U}_U\\\dot{U}'_V=\dot{U}_V\\\dot{U}'_W=\dot{U}_W\end{cases}$$

3. 相电流和线电流

（1）相电流。它是指流过各相负载中的电流，分别用 $\dot{I}'_U$、$\dot{I}'_V$、$\dot{I}'_U$ 表示。若各相电流相等，其大小可统一用 I_P 表示。

（2）线电流。它是指流过各相（端）线中的电流，分别用 $\dot{I}_U$、$\dot{I}_V$、$\dot{I}_W$ 表示。若各线

电流相等，其大小可统一用 I_L 表示。

星形连接中各相电流、线电流的参考方向如图 4-7 所示。很显然，三相负载作星形连接时，不论负载是否相同（对称），线电流与相应的相电流必定相等，即 $\dot{I}_U=\dot{I}'_U$、$\dot{I}_V=\dot{I}'_V$、$\dot{I}_W=\dot{I}'_W$。

以后在三相负载作星形连接的电路中，相电流和线电流统一用 $\dot{I}_U$、$\dot{I}_V$、$\dot{I}_W$ 表示。

4. 中性线电流

中性线电流即流过中性线的电流，用 $\dot{I}_N$ 表示，参考方向从负载中性点 N′指向电源中性点 N，如图 4-7（a）所示。由图 4-7 可以看出

$$\dot{I}_N=\dot{I}_U+\dot{I}_V+\dot{I}_W \tag{4-6}$$

若线电流 $\dot{I}_U$、$\dot{I}_V$、$\dot{I}_W$ 为一组对称三相正弦量，则 $\dot{I}_N=0$，此时将中性线去掉，对电路没有任何影响，电路就由三相四线制变为三相三线制。

4.2.2　三相不对称负载星形连接时电路分析

如图 4-8 所示，是负载星形连接的三相四线制电路。各电流、电压参考方向如图。

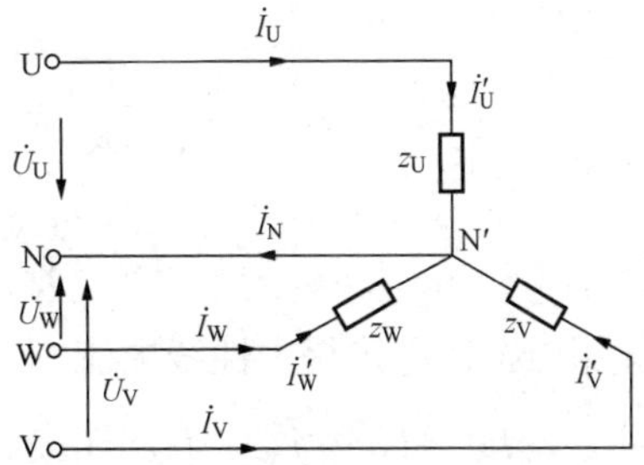

图 4-8　三相负载作星形连接

设每相负载的复阻抗分别为

$$\left.\begin{aligned}Z_U&=R_U+jX_U=|Z_U|\angle\varphi_U\\Z_V&=R_V+jX_V=|Z_V|\angle\varphi_V\\Z_W&=R_W+jX_W=|Z_W|\angle\varphi_W\end{aligned}\right\}$$

每相负载两端的电压等于电源相电压，分别为 $\dot{U}_U$、$\dot{U}_V$ 和 $\dot{U}_W$，根据欧姆定律可计算出各负载上的相电流（也是线电流）

$$\left.\begin{aligned}\dot{I}'_U&=\dot{I}_U=\frac{\dot{U}_U}{Z_U}\\\dot{I}'_V&=\dot{I}_V=\frac{\dot{U}_V}{Z_V}\\\dot{I}'_W&=\dot{I}_W=\frac{\dot{U}_W}{Z_W}\end{aligned}\right\} \tag{4-7}$$

根据基尔霍夫定律，中性线电流应为

$$\dot{I}_N=\dot{I}_U+\dot{I}_V+\dot{I}_W \tag{4-8}$$

上述分析中，因为三相负载不对称，在三相负载上电流不相等，三个相电流的相量和不为零，即中性线上有电流通过。在这种情况下，中性线不能断开。因为此时断开中性线，各相负载的电压就不相等，这时，阻抗较小的负载的相电压可能低于其额定电压，阻抗较大的负载的相电压可能高于其额定电压，使负载无法正常工作，甚至会造成严重事故。下面通过例子来说明，在负载不对称时，中性线对负载正常工作的重要作用。

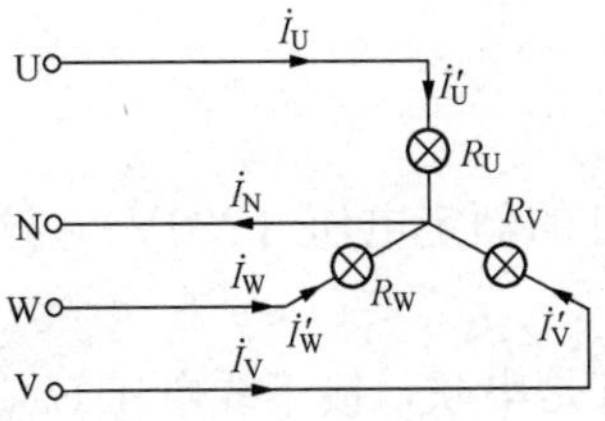

图 4-9　[例 4-2] 图

【例 4-2】　图 4-9 所示是一个三相四线制照明电路，

已知电源相电压是 220V，各相负载的额定电压均为 $U_N=220V$，额定功率分别为 $P_U=200W$，$P_V=P_W=1000W$。试求：

（1）各相负载电流和中性线电流；

（2）U 相负载断开时，其他各相负载上电压和电流如何变化？

解 U、V、W 三相白炽灯的电阻分别为

$$R_U=\frac{U_N^2}{P_U}=\frac{220^2}{200}=242(\Omega)$$

$$R_V=R_W=\frac{220^2}{1000}=48.4(\Omega)$$

（1）各相负载的电流（相电流）。设电源 U 相电压初相为零，即 $\dot{U}_U=220\angle 0°V$，则 $\dot{U}_V=220\angle -120°V$，$\dot{U}_W=220\angle 120°V$

$$\dot{I}_U=\frac{\dot{U}_U}{R_U}=\frac{220\angle 0°}{242}=0.91\angle 0°(A)$$

$$\dot{I}_V=\frac{\dot{U}_V}{R_V}=\frac{220\angle -120°}{48.4}=4.55\angle -120°(A)$$

$$\dot{I}_W=\frac{\dot{U}_W}{R_W}=\frac{220\angle 120°}{48.4}=4.55\angle 120°(A)$$

由 KCL 定律得中性线电流

$$\dot{I}_N=\dot{I}_U+\dot{I}_V+\dot{I}_W=0.91\angle 0°+4.55\angle -120°+4.55\angle 120°=-3.64(A)$$

（2）U 相负载断开后，$\dot{I}_U=0$。由于有中性线的存在，负载 V 相、W 相两端的电压不变，仍是电源对应的相电压，所以 $\dot{I}_V$、$\dot{I}_W$ 不变，而中性线电流变为

$$\dot{I}_N=\dot{I}_V+\dot{I}_W=4.55\angle -120°+4.55\angle 120°=-4.55(A)$$

中性线电流上升为 4.55A。

这个例子说明：①当某相负载发生故障时，由于有中性线存在，其余各相负载不受影响，仍然可以正常工作；②负载的不对称程度越小，中性线电流就越小。当负载对称时，电路便成为对称三相电路，中性线电流为零。

【例 4-3】 ［例 4-2］中，求下列故障情况下各相负载的相电压。

（1）U 相负载短路且中性线断开时；

（2）U 相负载断开且中性线也断开时。

解 （1）U 相负载短路且中性线断开时，负载中性点 N′即为 U 点，各相负载的相电压为

$$\dot{U}'_U=0,\ U'_U=0$$

$$\dot{U}'_V=\dot{U}_{VU},\ U'_V=380V$$

$$\dot{U}'_W=\dot{U}_{WU},\ U'_W=380V$$

此时，V 相与 W 相的灯两端所加电压为线电压，超过了灯的额定电压（220V），这是不允许的。

（2）U 相负载断开且中性线也断开时，这时 V 相与 W 相灯是串联，接于线电压 $U_{VW}=380V$ 之间，两相电流相同，两相负载上的电压取决于两相等效电阻的大小。本例中，因

$R_V=R_W$，所以$U'_V=U'_W=\frac{1}{2}U_{VW}=190$（V）。

可以得到以下结论。

（1）负载不对称而又无中性线时，负载的相电压就不再对称了。负载电压不对称，导致有的负载电压过高，超过了负载的额定电压；而有的负载电压过低，低于负载的额定电压。这些都造成负载不能正常工作。

（2）中性线的作用在于使星形连接的不对称负载的相电压对称。为了保证负载上相电压的对称，就不能让中性线断开。因此，中性线上不允许安装熔断器或开关。

（3）一般照明线路都不能保证三相负载对称，因此在作星形连接时，必须采用三相四线制（有中性线）。并且尽量调整各相负载，使之尽可能接近，以减少中性线电流，使中性线截面得以减小。

4.2.3　三相对称负载星形连接时电路分析

由于电源电压对称，当三相负载对称时，即$Z_U=Z_V=Z_W=Z$，负载的三相电流也是对称的，即电流大小相等、相位差依次为120°，如图4-10所示为星形连接三相对称负载电流相量图，可看出V相电流与W相电流的相量和与U相电流大小相等、方向相反，因此三相电流相量和为零，即

$$\dot{I}_U+\dot{I}_V+\dot{I}_W=0 \tag{4-9}$$

可见，在星形连接的三相负载对称时，中性线无电流通过，$\dot{I}_N=0$。此时完全可以把中性线省去，使三相四线制变为三相三线制供电方式，电路如图4-11所示。实际上三相电动机、三相电阻炉都是对称三相负载，它们都可用三相三线制供电。

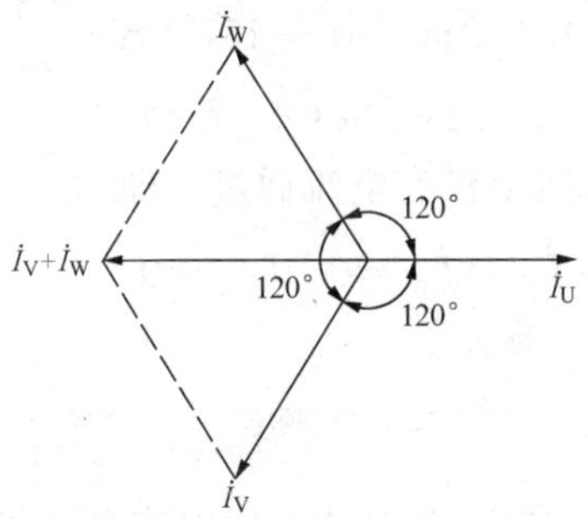

图4-10　三相对称负载电流相量图

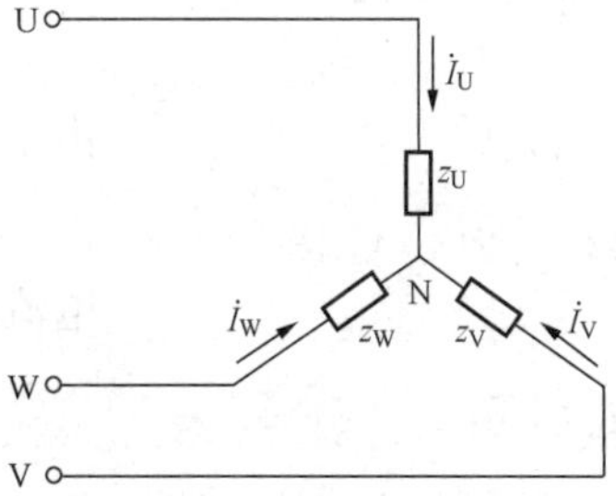

图4-11　负载的三相三线制供电

计算三相三线制的电路仍然和有中线三相四线制情况相同。由于三相负载对称，实际上只要算出三相中任意一相的电流即可，其余两相电流都可根据对称关系，直接写出。

【例4-4】　有一对称三相负载星形连接的电路，电源电压对称，每相负载的电阻$R=30\Omega$，感抗$X_L=40\Omega$，已知$u_{UV}=380\sqrt{2}\sin\omega t$V，试求：负载相电压、相电流、线电流及中性线电流，并画出各电流相量图。

解　各相复阻抗为$Z=R+jX_L=30+j40=50\angle 53°(\Omega)$

由于负载采用星形连接，负载的相电压等于电源的相电压，其值应为

$$U_P=\frac{U_L}{\sqrt{3}}=\frac{380}{\sqrt{3}}=220(\text{V})$$

根据已知条件线电压$\dot{U}_{UV}$的初相为零可写出各负载相电压

$$\dot{U}'_U=\dot{U}_U=220\angle-30°V$$
$$\dot{U}'_V=\dot{U}_V=220\angle-150°V$$
$$\dot{U}'_W=\dot{U}_W=220\angle 90°V$$

所以

$$u_U=220\sqrt{2}\sin(\omega t-30°)\ V$$
$$u_V=220\sqrt{2}\sin(\omega t-150°)$$
$$u_W=220\sqrt{2}\sin(\omega t+90°)$$

U 相电流为 $$\dot{I}'_U=\frac{\dot{U}_U}{Z}=\frac{220\angle-30°}{50\angle 53°}=4.4\angle-83°(A)$$

其余两相电流可由对称关系写出

$$\dot{I}'_V=4.4\angle 157°(A)\quad \dot{I}'_W=4.4\angle 37°(A)$$

线电流等于相应的相电流

$$\dot{I}_U=\dot{I}'_U=4.4\angle-83°(A)$$
$$\dot{I}_V=\dot{I}'_V=4.4\angle 157°(A)$$
$$\dot{I}_W=\dot{I}'_W=4.4\angle 37°(A)$$

所以各相电流（也是线电流）为

$$i'_U=i_U=4.4\sqrt{2}\sin(\omega t-83°)\ A$$
$$i'_V=i_V=4.4\sqrt{2}\sin(\omega t+157°)\ A$$
$$i'_W=i_W=4.4\sqrt{2}\sin(\omega t+37°)\ A$$

由于负载对称，中性线上没有电流通过，即

$$\dot{I}_N=\dot{I}_U+\dot{I}_V+\dot{I}_W=0\quad (i_N=0)$$

电流相量图如图 4-12 所示。

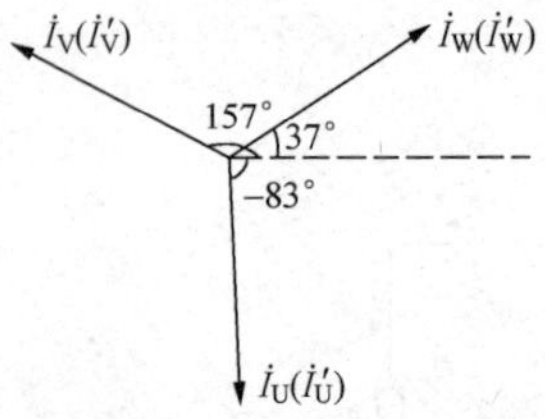

图 4-12 ［例 4-4］图

【思考题】

1. 什么是相电流和线电流？当三相负载作星形连接时，相电流与线电流必定相等吗？

2. 在三相四线制电路中中性线的作用是什么？为什么中性线上不允许安装熔断器？

3. 已知星形连接的三相对称负载，电源线电压$\dot{U}_{UV}=380\angle 30°V$，线电流$\dot{I}_U=10\angle-45°$ A，求每相负载的复阻抗。

4. 当负载做星形连接时，怎样求中性线电流？中性线何时可以省略？

4.3 负载三角形连接的三相电路

将三相负载的始末端依次相连构成闭合回路，然后将三个节点分别接在三相电源的三根相线上，这种接法称为三相负载的三角形连接，又称△连接，如图 4-13 所示。

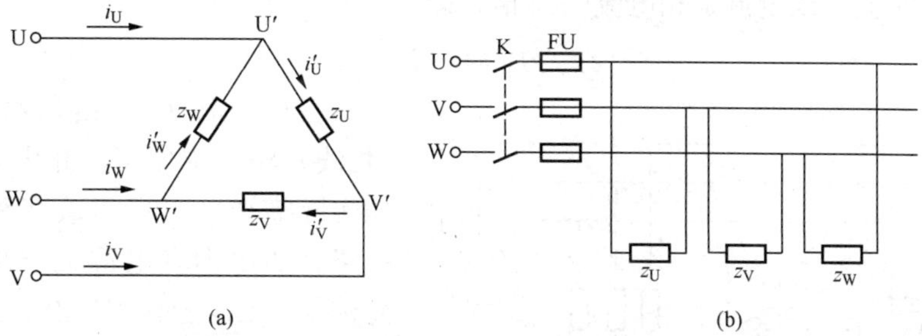

图 4-13　三相负载的三角形接法

(a) 原理图；(b) 实际接线示意图

在三角形连接中，由于各相负载接在电源两根相线之间，所以负载两端的相电压就等于电源线电压，即

$$U'_{U}=\dot{U}_{UV}$$
$$U'_{V}=\dot{U}_{VW} \tag{4-10}$$
$$U'_{W}=\dot{U}_{WU}$$

负载相电流的参考方向如图 4-13（a）所示，根据欧姆定律可计算出各相电流

$$\left.\begin{aligned}\dot{I}'_{U}&=\frac{\dot{U}'_{U}}{Z_{U}}=\frac{\dot{U}_{UV}}{Z_{U}}\\ \dot{I}'_{V}&=\frac{\dot{U}'_{V}}{Z_{V}}=\frac{\dot{U}_{VW}}{Z_{V}}\\ \dot{I}'_{W}&=\frac{\dot{U}'_{W}}{Z_{W}}=\frac{\dot{U}_{WU}}{Z_{W}}\end{aligned}\right\} \tag{4-11}$$

由图 4-13（a）可知，此时线电流不等于负载的相电流，由基尔霍夫电流定律 KCL 可得线电流与相电流的关系如下

$$\begin{cases}\dot{I}_{U}=\dot{I}'_{U}-\dot{I}'_{W}\\ \dot{I}_{V}=\dot{I}'_{V}-\dot{I}'_{U}\\ \dot{I}_{W}=\dot{I}'_{W}-\dot{I}'_{V}\end{cases} \tag{4-12}$$

将三角形连接的三相负载看作一个广义节点，根据 KCL 可知，$\dot{I}_{U}+\dot{I}_{V}+\dot{I}_{W}=0$ 恒成立。

在三角形连接中，若三相负载是对称的，即 $Z_{U}=Z_{V}=Z_{W}=Z$，由于电源电压是对称的，由式（4-11）可知，负载相电流也是对称的，即各相电流大小相等，相位差依次互为 120°。

负载对称时线电流和相电流的关系可由相量图得到，如图 4-14 所示。从图 4-14 可以得出以下结论。

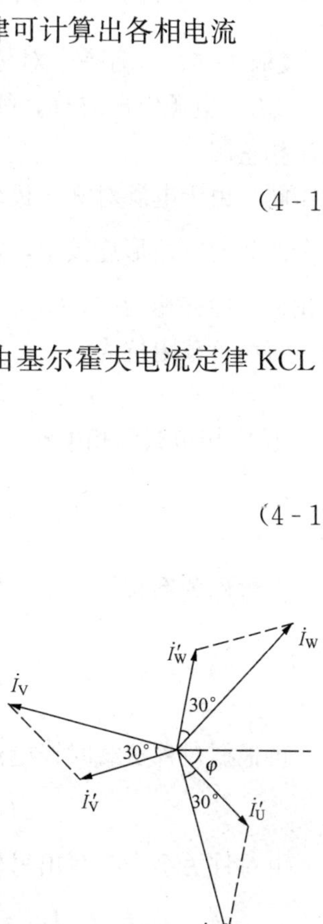

图 4-14　对称三相负载三角形连接时线电流与相电流的相量图

（1）线电流也是对称的。

（2）线电流在相位上比相应的相电流滞后 30°。

（3）在大小上，线电流是相电流的$\sqrt{3}$倍，即

$$I_L=\sqrt{3}I_P$$

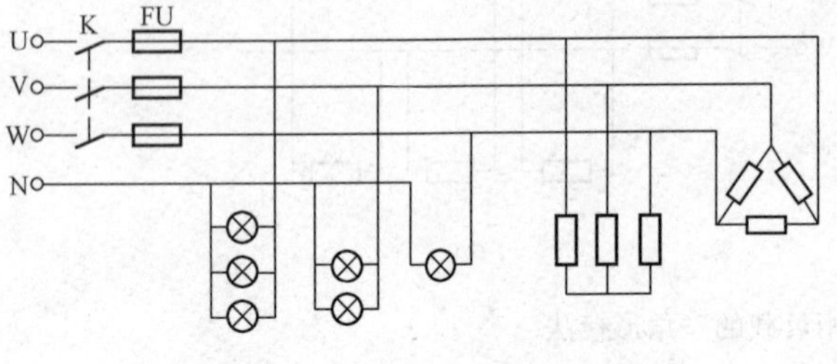

图 4-15　三相电路实例

三相电源和三相负载通过输电线（相线）相连构成了三相电路。工程上根据实际需要，可以组成多种类型的三相电路。如星形（电源）一星形（负载），简称 Y－Y；还有 Y－△；△—△等。图 4-15 所示是三相电路的一个接线实例。

图中并没有画出三相电源绕组的连接方式。这是因为从负载的角度来说，所关心的是电源能提供多大的线电压，至于电源内部如何连接，是无关紧要的。为了简化线路图，习惯上仅画出三相电源的相线和中性线即可。

三相负载按何种连接方式接入电路，必须根据每相负载的额定电压与电源线电压的关系而定。若不考虑输电线的阻抗时，当负载的额定电压等于电源线电压时，则负载应作三角形连接；当负载的额定电压等于电源线电压$\frac{1}{\sqrt{3}}$时，则负载应作星形连接。

【例 4-5】　有一个对称三相负载作三角形连接，设每相电阻为 $R=6\Omega$，每相感抗为 $X_L=8\Omega$，电源电压对称，线电压为 380V，求各相电流、线电流，并画出负载相电压及各电流相量图。

解　由于电源对称，负载对称，是一个对称三相电路，所以只需计算其中一相即可推知其余两相。三角形连接中，负载两端的相电压等于相应的电源线电压。设线电压 $\dot{U}_{UV}$ 为参考相量，即初相为零，$\dot{U}_{UV}=380\angle 0°V$。

每相负载阻抗为

$$Z=R+jX_L=(6+j8)=10\angle 53°\ (\Omega)$$

则 U 相负载的相电流

$$\dot{I}'_U=\frac{\dot{U}'_U}{Z}=\frac{\dot{U}_{UV}}{Z}=\frac{380\angle 0°}{10\angle 53.1°}=38\angle -53°\ (A)$$

由对称关系直接写出另外两个相电流 $\dot{I}'_V$、$\dot{I}'_W$

$$\dot{I}'_V=38\angle -173°\ (A)$$

$$\dot{I}'_W=38\angle 67°\ (A)$$

再根据对称负载时线电流与相电流的关系，求出线电流 $\dot{I}_U$，即

$$\dot{I}_U=\sqrt{3}\dot{I}'_U\angle -30°=38\sqrt{3}\angle -83°(A)$$

由对称关系直接写出另外两个线电流 $\dot{I}_V$、$\dot{I}_W$

$$\dot{I}_V=38\sqrt{3}\angle(-83°-120°)=38\sqrt{3}\angle 157°(A)$$

$$\dot{I}_W=38\sqrt{3}\angle 37°\ (A)$$

最后作出电压电流的相量图，如图 4-16 所示。

【例 4 - 6】 在 380V 的三相对称电路中，将三只 55Ω 的电阻分别接成星形和三角形，试求两种接法下：

（1）线电压及负载的相电压的大小；

（2）相电流和线电流的大小。

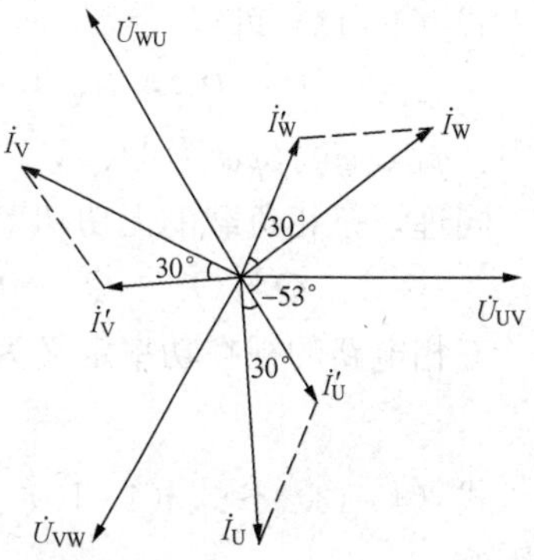

图 4 - 16 ［例 4 - 5］图

解 在星形连接中，负载相电压、相电流和线电流分别为

$$U_{P'Y}=\frac{U_L}{\sqrt{3}}=\frac{380}{\sqrt{3}}\approx 220(\text{V})$$

$$I_{LY}=I_{PY}=\frac{U_P}{R}=\frac{220}{55}\text{A}=4(\text{A})$$

在三角形连接中，负载相电压、相电流和线电流分别为

$$U_{L\triangle}=U_{P'\triangle}=380(\text{V})$$

$$I_{P\triangle}=\frac{U_P}{R}=\frac{380}{55}\approx 6.9(\text{A})$$

$$I_{L\triangle}=\sqrt{3}I_{P\triangle}=1.73\times 6.9\approx 12(\text{A})$$

从此例可以看出，在相同的三相电压作用下，对称负载做三角形连接时的线电流是星形连接时线电流的 3 倍。

【思考题】

1. 当三相负载作三角形连接时，线电流有效值必定等于相电流有效值的$\sqrt{3}$倍吗？

2. 负荷是按星形连接，还是三角连接，是根据什么来决定的？

3. 在对称三相负载作三角形连接的三相电路中，相电流 $\dot{I}'_U=1\angle-30°\text{A}$，写出其他相电流、及各线电流的相量式，并画出电流相量图。

4. 一组三角形连接的对称三相负载接入对称三相电源，测得线电流为 9A，问负载相电流是多大？将这组对称负载改成星形连接后接入同样的电源上，问线电流又是多大？

5. 有一台三相交流电动机每相绕组的额定电压为 380V，对称三相电源的线电压为 380V，则电动机的三相绕组应采用什么连接方式接入该电源？

4.4 三相交流电路的功率及其测量

4.4.1 三相交流电路的功率

根据能量守恒定律，若输电线路损失忽略不计，电源输出的总功率应等于负载消耗的总功率，而三相负载的总功率又等于各相负载功率之和，即

$$P=P_U+P_V+P_W \tag{4-13}$$

将有功功率的计算方法

$$\begin{cases}P_U=U'_U I_U\cos\varphi_U\\ P_V=U'_V I_V\cos\varphi_V\\ P_W=U'_W I_W\cos\varphi_W\end{cases}$$

代入式（4-13）可得

$$P=P_U+P_V+P_W=U'_UI_U\cos\varphi_U+U'_VI_V\cos\varphi_V+U'_WI_W\cos\varphi_W \tag{4-14}$$

式中：φ_U、φ_V、φ_W 为 U、V、W 各相负载相电压与相电流之间的相位差。

同理，三相负载的无功功率也等于各相负载无功功率的代数和，即

$$Q=Q_U+Q_V+Q_W=U'_UI_U\sin\varphi_U+U'_VI_V\sin\varphi_V+U'_WI_W\sin\varphi_W \tag{4-15}$$

三相电路的视在功率定义为

$$S=\sqrt{P^2+Q^2} \tag{4-16}$$

式（4-13）～式（4-16）是三相电路计算功率的一般表达式，无论电路对称与否都是适用的。

在对称三相电路中，有 $U'_U=U'_V=U'_W=U'_P$，$I_U=I_V=I_W=I_P$，$\varphi_U=\varphi_V=\varphi_W=\varphi$，代入式（4-13）可得

$$P=3U'_PI_P\cos\varphi \tag{4-17}$$

式中：U'_P 为负载两端相电压的大小；I_P 为负载相电流的大小；φ 为负载相电压与相电流之间的相位差。

式（4-17）表明，对称三相电路的有功功率等于一相有功功率的 3 倍。

由于三相电气设备给出的额定电压、额定电流一般是指线电压和线电流的额定值，而且测量线电压、线电流较为方便，所以常把式（4-17）中的负载相电压、相电流换成线电压、线电流。下面分析已知线电压和线电流时三相电路功率的计算公式。

负载星形连接时，$U'_P=\dfrac{U_L}{\sqrt{3}}$，$I_P=I_L$，代入（4-17）可得

$$P=3U'_PI_P\cos\varphi=3\times\frac{U_L}{\sqrt{3}}I_L\cos\varphi=\sqrt{3}U_LI_L\cos\varphi$$

负载三角形连接时，$U'_P=U_L$，$I_P=\dfrac{1}{\sqrt{3}}I_L$，代入（4-17）可得

$$P=3U'_PI_P\cos\varphi=3\times U_L\frac{I_L}{\sqrt{3}}\cos\varphi=\sqrt{3}U_LI_L\cos\varphi$$

由此可见，在对称三相负载电路中，无论采用哪种连接方式，其三相电路功率计算公式都是相同的，同理可求得无功功率和视在功率，即

$$\begin{cases}P=\sqrt{3}U_LI_L\cos\varphi\\Q=\sqrt{3}U_LI_L\sin\varphi\\S=\sqrt{3}U_LI_L\end{cases} \tag{4-18}$$

应当注意式（4-18）中的 φ 角仍然是负载相电压与相电流之间的相位差。

式（4-18）虽然对星形和三角形连接的负载都适用，但不能认为在线电压相同的情况下，将负载由星形接法改成三角形接法时，它们所耗用的功率相等。［例 4-7］可说明这个问题。

【例 4-7】 有一台三相电动机，其每相负载电阻 $R=3\Omega$，感抗 $X_L=4\Omega$，接在线电压为 380V 的对称三相电源上。求当三相负载分别接成 Y 和△时，电路的线电流和有功功率。

解 各相负载复阻抗为

$$Z=R+jX_L=3+j4=5\angle 53^\circ(\Omega)$$

阻抗和阻抗角分别为

$$|Z|=5\Omega \quad \varphi=53^\circ$$

各相负载功率因数为

$$\cos\varphi=\cos 53^\circ=0.6$$

（1）负载作星形连接时，负载相电压为

$$U'_{YP}=\frac{U_{YL}}{\sqrt{3}}=\frac{380}{\sqrt{3}}=220(V)$$

各相相电流为

$$I_{YP}=\frac{U'_{YP}}{|Z|}=\frac{220}{5}=44(A)$$

负载作星形连接时，$I_{YP}=I_{YL}$，所以线电流为 $I_{YL}=44A$。

三相负载总有功功率为

$$P_Y=\sqrt{3}U_{YL}I_{YL}\cos\varphi=\sqrt{3}\times 380\times 44\times 0.6\approx 17.36(kW)$$

（2）负载作三角形连接时，相电压等于线电压，即为 $U'_{\triangle P}=U_{\triangle L}=380V$。

相电流为

$$I_{\triangle P}=\frac{U'_{\triangle P}}{|Z|}=\frac{380}{5}=76(A)$$

三角形连接时，线电流是相电流的$\sqrt{3}$倍，即

$$I_{\triangle L}=\sqrt{3}I_{\triangle P}=\sqrt{3}\times 76=131.5(A)$$

三相负载总有功功率为

$$P_{\triangle}=\sqrt{3}U_{\triangle L}I_{\triangle L}\cos\varphi=\sqrt{3}\times 380\times 131.5\times 0.6\approx 51.87(kW)$$

从本例可看出，同一对称三相负载接到同一个三相对称电源上，三角形连接时的线电流、有功功率分别是星形连接时的 3 倍。通过计算可以知道，对无功功率和视在功率也有相同的结论。

4.4.2 三相功率的测量

三相四线制电路中，负载一般是不对称的，需分别测出各相功率后再相加，才能得到三相负载的总功率，测量线路如图 4-17 所示。这种测量方法称为“三表法”。

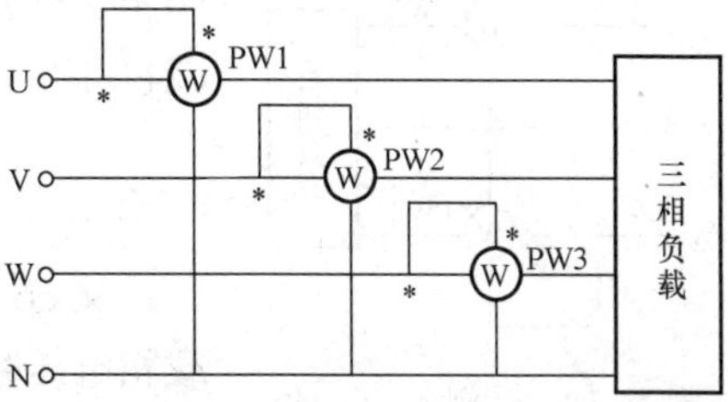

图 4-17 测量三相电路功率的“三表法”电路

三相四线制电路中，若负载是对称的，只要测出一相负载的功率，然后再乘以 3 倍，就可得到三相负载的总功率。这种测量方法称为“一表法”。

对于三相三线制电路，不论负载对称与否，都可用如图 4-18 所示的线路来测量总功率。这种测量方法称为“二表法”。两只功率表的接线方法是：两只功率表的电流线圈分别串联在任意两根相线中，而电压线圈则分别并联在本相线与第三根相线之间。两只功率表的读数之和就是三相电路的总功率，任一个功率表的读数是没有意义的。

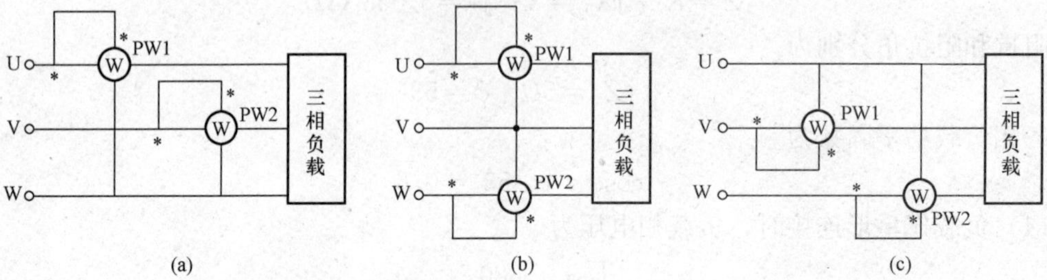

图 4-18 测量三相电路功率的“二表法”电路

下面以图 4-18（a）所示的接法求证三相有功功率等于两表读数之和。

由功率表的构造原理和图示接线可知，两个功率表的读数分别为

$$P_1 = U_{UW} I_U \cos\beta_1$$
$$P_2 = U_{VW} I_V \cos\beta_2$$

式中：β_1 为线电压 $\dot{U}_{UW}$ 与线电流 $\dot{I}_U$ 的相位差；β_2 为线电压 $\dot{U}_{VW}$ 与线电流 $\dot{I}_V$ 的相位差。

以 Y 形连接负载为例，有 $U_{UV}=U_{VW}=U_{WU}=U_{UW}=U_L$ 和 $I_U=I_V=I_W=I_L$。若设 U 相负载相电压 $\dot{U}_U$ 与相电流 $\dot{I}_U$ 的相位差为 φ，则线电压 $\dot{U}_{UW}$ 与线电流 $\dot{I}_U$ 的相位差 $\beta_1=(30°-\varphi)$，线电压 $\dot{U}_{VW}$ 与线电流 $\dot{I}_V$ 的相位差 $\beta_2=(30°+\varphi)$，则用“二表法”测量的此电路三相有功功率为

$$\begin{aligned} P &= P_1 + P_2 = U_{UW} I_U \cos\beta_1 + U_{VW} I_V \cos\beta_2 \\ &= U_L I_L \cos(30° - \varphi) + U_L I_L \cos(30° + \varphi) \\ &= \sqrt{3} U_L I_L \cos\varphi \end{aligned}$$

即两只功率表的读数之和就是三相电路的总有功功率。

若电路负载作三角形连接，可得到同样结果（负载的三角形连接可等效变换为星形连接）。

【例 4-8】 已知三相电动机的功率为 3.2kW，功率因数 $\cos\varphi=0.866$，接在线电压为 380V 的电源上。试画出用“二表法”测量功率的电路图，并求两功率表的读数。

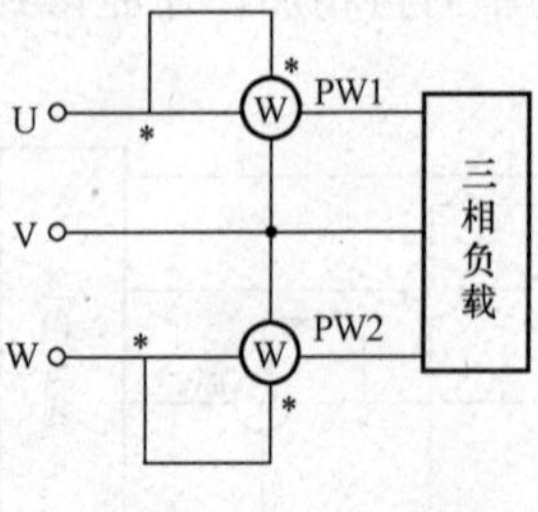

图 4-19 ［例 4-8］图

解 电路图如图 4-19 所示（也可以用另外两种接法，计算结果一样，只是两块功率表的读数表达式略有差别），由 $P=\sqrt{3}U_L I_L \cos\varphi$ 得，线电流 I_L 为

$$I_L = \frac{P}{\sqrt{3} U_L \cos\varphi} = \frac{3200}{\sqrt{3} \times 380 \times 0.866} \approx 5.61(\text{A})$$

又 $\cos\varphi=0.866$，电动机是感性负载，所以 $\varphi=30°$，即负载相电压超前相电流 30°。

设三相电动机是星形连接方式（三角形连接的三相负载可以等效变换为星形连接），电源相电压 $\dot{U}_U=220\angle 0°\text{V}$，则

$$\dot{I}_U = 5.61\angle -30°\text{A}$$
$$\dot{I}_W = 5.61\angle 90°\text{A}$$

$$\dot{U}_{UV}=380\angle 30^\circ \text{V}$$

$$\dot{U}_{VW}=380\angle -90^\circ \text{V}$$

$$\dot{U}_{WV}=380\angle 90^\circ \text{V}$$

功率表 PW1 的读数为

$$P_1=U_{UV}I_U\cos\beta_1=380\times 5.61\times\cos[30^\circ-(-30^\circ)]\approx 1068(\text{W})$$

功率表 PW2 的读数为

$$P_2=U_{wv}I_w\cos\beta_2=380\times 5.61\times\cos(90^\circ-90^\circ)\approx 2132(\text{W})$$

显然，两只功率表的读数之和等于总功率。即 $P_1+P_2=P$。

【思考题】

1. “一表法”“二表法”“三表法”分别适用于什么电路的功率测量？采用“二表法”测量功率时，功率表的读数和哪些量有关？

2. 已知星形连接的对称三相负载，电源线电压 $\dot{U}_{UV}=380\angle 60^\circ$ V，线电流 $\dot{I}_U=10\angle -30^\circ$A，求负载的阻抗及三相电路的 P、Q、S。

3. 在相同的电源线电压下，三相交流电动机作星形连接和作三角形连接时，三相功率 P 的计算公式均为 $P=\sqrt{3}U_LI_L\cos\varphi$，是否说明两种情况下电动机所取用的功率相等？为什么？

4.5　供配电与安全用电

由发电厂、输电系统、配电系统和电力用户连接而成的统一整体，称为电力系统，该系统起着电能的生产、输送、分配和消耗的作用。随着工农业生产的发展和科学技术的进步，对电力的需求量日益增大，对供电的可靠性的要求越来越高，通常把许多城市的发电厂都并起来，形成大型的电力网络，对电力进行统一的调度和分配。

目前电力工程上普遍采用三相制供电，因为三相制供电比单相制供电有以下几个方面的优越性：在发电方面，三相交流发电机比相同尺寸的单相交流发电机容量大；在输电方面，如果以同样电压将同样大小的功率输送到同样距离，三相输电线比单相输电线节省材料；在用电设备方面，三相交流电动机比单相电动机结构简单、体积小、运行特性好等。因而三相制是目前世界各国的主要供电方式。

4.5.1　发电、输电和配电

为了节省燃料和运输费用，大容量发电厂多建在燃料、水力资源丰富的地方，而电力用户是分散的，往往又远离发电厂，因此需要建设较长的输电线路进行输电；为了实现电能的经济传输和满足用电设备对工作电压的要求，需要建设升压变电所和降压变电所进行变电；将电能送到城市、农村和工矿企业后，需要经过配电线路向各类电力用户进行配电。

1. 发电

电能的产生主要来自各种类型的发电厂，简称电厂或电站。电厂将蕴藏于自然界中的一次能源转换为电能。发电方式多种多样，根据其利用的能源的不同，可分为火力发电厂、水力发电厂、核能发电厂、风力发电厂、地热发电厂、太阳能发电厂和潮汐发电厂等多种类型。

（1）火力发电。火力发电是将煤、石油、天然气等燃料燃烧后获得的热能转换成机械能，通过机械能驱动电动机运转发电的方式。有火力发电、燃气涡轮发电及内燃机发电等。其中将热能转变为蒸汽驱动汽轮机旋转发电的火力发电占主流。一般说来火力发电都是指这种形式。

（2）水力发电。水力发电是利用位于高处的河流或水库中水的势能使水轮机旋转，带动发电机生产电能的方式。水力发电具有成本低、能量转换效率高、污染小等优点。

（3）核能发电。核能发电是利用铀等放射性物质在核反应堆内发生核裂变反应所产生的热能发电。核能发电在驱动汽轮机旋转发电这一点上与火力发电相同，不同的只是产生热能的装置为核反应堆。

（4）太阳能发电。太阳能发电是通过太阳能电池直接利用太阳能进行发电。太阳能电池产生的是直流电，需要经过逆变环节将直流电转变成交流电使用。

（5）风力发电。风力发电是利用风力涡轮机将风能转换成机械能，然后驱动发电机产生电能。风能与太阳能一样，是取之不尽的清洁能源。

其他方式还有潮汐发电、地热发电、化学能发电等，这些发电方式，发电量不大，多为实验性质。

2. 输电

输电是指从发电厂向消费电能地区输送大量电力，或者不同电网之间互送电力。输电网是动力系统中最高电压等级的电网，是电力系统的主要网络（简称主网）。

电力网都采用高电压、小电流输送电力。根据焦耳-楞次定律（$Q=I^2Rt$）可知，电流通过导体所产生的热量Q，是与通过导体的电流I平方成正比的。所以在相同输送功率和输送距离下，所选用的电压等级越高，线路电流越小，则导线截面和线路中的功率损耗、电能损耗也就越小。但是电压等级越高，线路的绝缘要求也相应提高，杆塔的尺寸也要随导线间及导线对地距离的增加而加大，变电所的变压器和开关设备的造价也要随电压的增高而增加。因此，采用过高的电压不一定恰当，在设计时，需就输电容量和线路投资等综合因素，考虑其技术经济指标后决定所选用输电电压等级的高低。一般说来，传输的功率越大，传输距离越远时，选择较高的电压等级比较有利。

目前采用的送电线路有两种，一种是电力电缆，它采用特殊加工制造而成的电缆线，埋没于地下或敷设在电缆隧道中。另一种是最常见的架空线路，它一般使用无绝缘的裸导线，通过立于地面的杆塔作为支持物，将导线用绝缘子悬挂于塔上。由于电缆价格较高，目前大部分配电线路、绝大部分高压输电线路和全部超高压及特高压输电线路都采用架空线路。

3. 变电和配电

电力从电厂到用户，电压要经过多级变换。经过变电而把电压升高的，称为升压；把电压降低的，称为降压。变电分为输电电压的变换和配电电压的变换。前者通常称为变电站，或称一次变电站，主要是为输电需要而进行电压变换，但也兼有变换配电电压的设备；后者通常称为变配电站（所），或称二次变电站，主要是为配电需要而进行电压变换，一般只设置变换配电电压的设备。变配电站馈送的电力在到达用户前（或进入用户后），通常尚需再进行一次电压变换，这级变电，是电网中的最后一级变电。

电力的分配，简称配电。为配电服务的设备和线路，分别称为配电设备和配电线路。电能消费地区都有中央变电所（小规模的用户往往只有一个变电所），中央变电所接收送来的电能，然后分配到各区域，再由区域变电所或配电箱将电能分配给各用电设备。

4.5.2　安全用电

为了有效安全使用电能，除了认识和掌握电的性能和它的客观规律外，还必须了解安全用电知识、技术及措施。如果对于电能及其电气设备使用不合理、安装不妥当、维修不及时或违反电气操作的基本规程等，则可能造成停电停产、损坏设备、引起火灾，甚至造成人身伤亡等严重事故。因此，研究触电事故的原因、现象和预防措施，提高安全用电的技术理论水平，对于确保安全用电，避免各种用电事故的发生是非常重要的。

1. 触电与急救

人体触及带电体，或人体接近带电体并在其间形成了电弧，都有电流流过人体而造成伤害，这就称为触电。按照对人体的伤害不同，触电可分为电击和电伤两种。电击是电流流过人体内部器官，对人体内部组织造成伤害，乃至死亡。电伤是电流的热效应、化学效应和机械效应对人体外部造成的伤害，如电弧烧伤等。按照触及带电体的方式，触电情况主要有单相触电和两相触电。

（1）单相触电。当人站在地面上，碰触带电设备的其中一相时，电流通过人体流入大地，这种触电方式称为单相触电，如图 4-20 所示。图 4-20（b）所示为中性点不接地系统的单相触电，电流经人体、大地和另两根相线对地的绝缘阻抗形成闭合回路。图 4-20（a）所示为中性点直接接地的单相触电。当人体触及一相带电体时，该相电流通过人体经大地回到中性点形成回路，由于人体电阻比中性点直接接地的电阻大得多，电压几乎全部加在人体上，造成触电。在触电事故中，单相触电占 95%以上。

（2）两相触电。人体同时触及两根相线，如图 4-21 所示。这种情况下，不管中性点接地与否，人体承受线电压，触电者即使穿上绝缘靴或站在绝缘台上也起不了保护作用。对于 380V 的线电压，两相触电时通过人体的电流能达到 200～270mA，这样大的电流经过人体，只要经过 0～0.2s，人就会死亡。所以两相触电比单相触电危险得多。

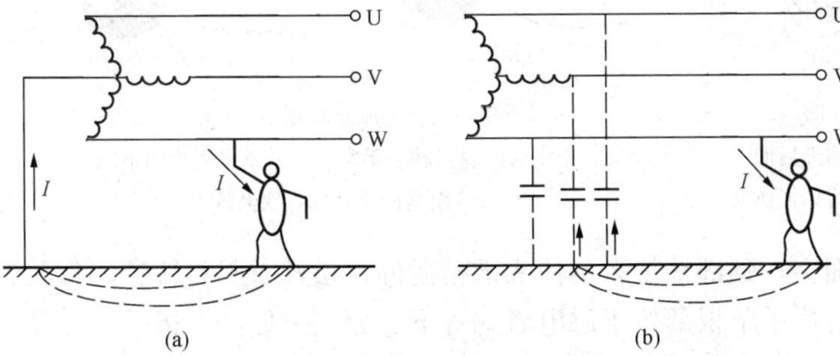

图 4-20　单相触电

（a）中性点接地系统单相触电；（b）中性点不接地系统单相触电

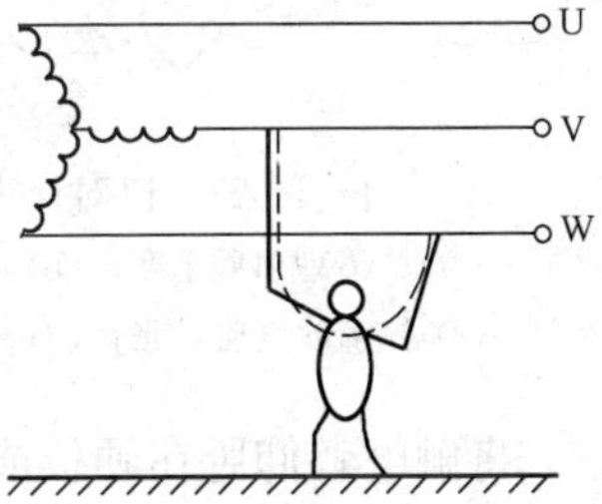

图 4-21　两相触电

（3）触电急救。

第一，使触电者迅速脱离电源。触电事故附近有电源开关或插座时，应立即断开开关或拔掉电源插头。若无法及时找到并断开电源开关时，应迅速用绝缘工具切断电线，以断开电源。

第二，简单诊断。

1）将脱离电源的触电者迅速移至通风、干燥处，将其仰卧，并将上衣和裤带放松，观察触电者是否有呼吸，摸一摸颈部的颈部动脉的搏动情况。

2）观察触电者的瞳孔是否放大，当处于假死状态时，大脑细胞严重缺氧处于死亡边缘，瞳孔就自行放大，如图 4-22 所示。

图 4-22　检查瞳孔

（a）瞳孔正常；（b）瞳孔放大

3）用“口对口人工呼吸法”进行急救对有心跳而呼吸停止的触电者，应采用“口对口人工呼吸法”进行急救，如图 4-23 所示。其步骤如下：

将触电者仰卧，解开衣领和裤带，然后将触电者头偏向一侧，张开其嘴，用手清除口腔中假牙或其他异物，使呼吸道畅通，抢救者在触电病人一边，使其鼻孔朝天后仰。抢救者在深呼吸 2～3 次后，张大嘴严密包绕触电者的嘴，同时用放在前额手的拇指、食指捏紧其双侧鼻孔，连续向肺内吹气 2 次。吹完气后应放松捏鼻子的手，让气体从触电者肺部排出，如此反复进行，以每 5 秒吹气一次，坚持连续进行。不可间断，直到触电者苏醒为止。

4）用“胸外心脏挤压法”进行急救 对“有呼吸而心脏停跳”的触电者，应采用“胸外心脏挤压法”进行急救，如图 4-24 所示。其步骤如下。

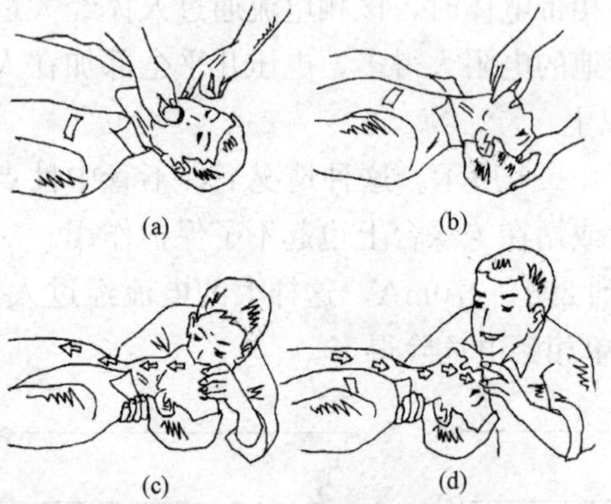

图 4-23　口对口人工呼吸

（a）清理口腔阻塞；（b）鼻孔朝天后仰

（c）贴嘴吹气胸扩张；（d）放开嘴鼻好换气

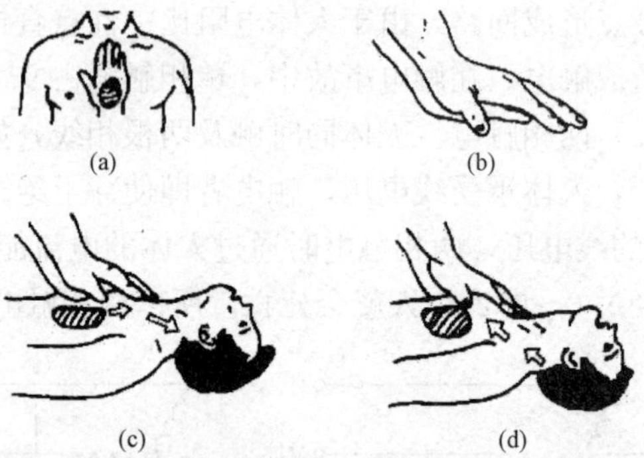

图 4-24　胸外心脏按压法

（a）中指对凹膛当胸一手掌；（b）掌根用力向下压；

（c）慢慢向下；（d）突然放

将触电者仰卧在硬板或地面上，颈部枕垫软物使头部稍后仰，松开衣服和裤带，急救者跨跪在触电者的腰部。急救者将后手掌根部按于触电者胸骨下二分之一处，中指指尖对准其颈部凹陷的下缘，当胸一手掌，左手掌复压在右手背上，如图 4-24 中的（a）、（b）。

掌根用力下压 3～4cm 后，突然放松，如图 4-24 中的（c）、（d）所示，挤压与放松的动作要有节奏，每秒钟进行一次，必须坚持连续进行，不可中断，直到触电者苏醒为止。

5）用“口对口人工呼吸法”和“胸外心脏挤压法”进行急救，对呼吸和心脏都已停止的触电者，应同时采用口对口人工呼吸和胸外心脏挤压法进行急救，其步骤如下：

单人抢救法：两种方法应交替进行，即吹气 2～3 次，再挤压 10～15 次，且速度都应快些，如图 4-25 所示。

双人抢救法：由两人抢救时，一人进行口对口吹气，另一人进行挤压。每 5s 钟吹气一次，每秒钟挤压一次，两人同时进行，如图 4-26 所示。

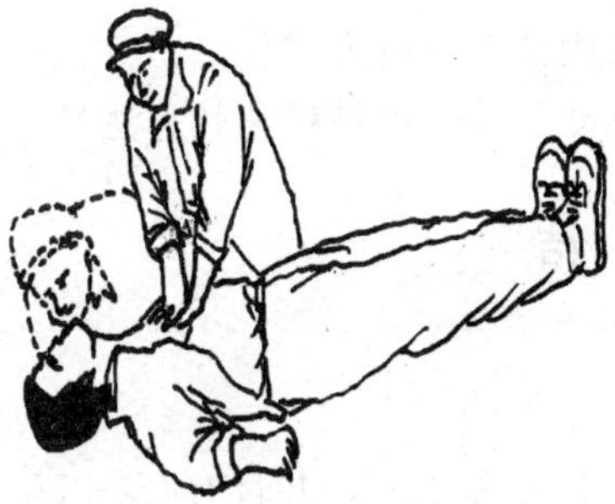

图 4-25　单人抢救法

图 4-26　双人抢救法

2. 电器设备安全知识

电气设备由于绝缘老化，被过电压击穿或磨损，致使设备的金属外壳带电，将引起电气设备损坏或人身触电事故。为了防止这类事故的发生，最常用的简便易行的防护措施是接地与接零。中性点不直接接到的三相三线制配电系统，电气设备宜采用接地保护；中性点直接接到的三相四线制配电系统，电气设备宜采用接零保护。

（1）保护接地。将电气设备正常运行下不带电的金属外壳和架构通过接地装置与大地的连接，它是用来防护间接触电的。

保护接地的作用是，在中性点不接地的三相三线低压（380V）电网中，当电气设备因一相绝缘损坏而使金属外壳带电时，如果设备上没有采取接地保护，则设备外壳存在着一个危险的对地电压，这个电压的数值接近于相电压，此时如果有人触及设备外壳，就会有电流通过人体，造成触电事故。

（2）保护接零。将电气设备正常运行下不带电的金属外壳和架构与配电系统的零线直接进行电气连接。由于它也是用来保护间接触电的，称作保护接零。

保护接零的作用是，采用保护接零时，电气设备的金属外壳直接与低压配电系统的零线连接在一起，当其中任何一相的绝缘损坏而使外壳带电时，形成相线和零线短路。由于相零回路阻抗很小，所以短路电流很大，促使线路上的保护装置（如熔断器、自动空气断路器等）迅速动作，切断故障设备的电源，从而起到防止人身触电的保护作用及减少设备损坏的机会。

（3）接地和接零的注意事项。

第一，在中性点直接接地的低压电网中，电力装置宜采用接零保护；在中性点不接地的低压电网中，电力装置应采用接地保护。

第二，在同一配电线路中，不允许一部分电气设备接地，另一部分电气设备接零，以免接地设备一相碰壳短路时，可能由于接地电阻较大，而使保护电器不动作，造成中性点电位升高，使所有接零的设备外壳都带电，反而增加了触电的危险性。

第三，由低压公用电网供电的电气设备，只能采用保护接地，不能采用保护接零，以免接零的电气设备一相碰壳短路时，造成电网的严重不平衡。

第四，为防止触电危险，在低压电网中，严禁利用大地作相线或零线。

第五，用于接零保护的零线上不得装设开关或熔断器，单相开关应装在相线上。

【思考题】

1. 保护接地适用于哪种供电运行方式？
2. 为了提高输电效率，减小输电线路损耗通常采用什么输电方式？
3. 触电人已失去知觉，还有呼吸，但心脏停止跳动，应使用哪种急救方法？

本 章 小 结

1. 对称三相电源

对称三相电压的特点：最大值相等、频率相同、相位互差 120°，并且有 $\dot{U}_U+\dot{U}_V+\dot{U}_W=0$ 和 $u_U+u_V+u_W=0$。

2. 三相电源的连接

三相电源是按照一定的方式连接之后，再向负载供电的，通常采用星形连接方式。从三个始端 U_1、V_1、W_1 引出的三根线叫做端线或相线，从中性点 N 引出的线叫中性线或零线。这样的输电方式称为三相四线制。

任意两根相线之间的电压叫线电压。相线与中性线之间的电压叫相电压。三个线电压和三个相电压之间的关系如下：

（1）各线电压的有效值是各相电压的有效值的$\sqrt{3}$倍（$U_L=\sqrt{3}U_P$）。

（2）各线电压在相位上比各对应的相电压超前 30°。

3. 三相负载 Y 形连接

（1）负载相电压等于电源相电压。

（2）不论负载对称与否，不论有无中性线，线电流恒等于相应的相电流。均用 $\dot{I}_U$、$\dot{I}_V$、$\dot{I}_W$ 表示。用相电压除以相应的复阻抗就可得相应的相电流（即线电流）。

（3）中性线电流。

1）当三相负载不对称时，$\dot{I}_N=\dot{I}_U+\dot{I}_V+\dot{I}_W\neq 0$，中性线不能断开。

2）当三相负载对称时，$\dot{I}_N=\dot{I}_U+\dot{I}_V+\dot{I}_W=0$，此时中性线可以省略。

4. 三相负载△形连接

（1）负载相电压等于电源线电压。

（2）相电流用 $\dot{I}'_U$、$\dot{I}'_V$、$\dot{I}'_W$ 表示，线电流用 $\dot{I}_U$、$\dot{I}_V$、$\dot{I}_W$ 表示。

1）当三相负载对称时，线电流与相电流的关系由 KCL 定律得出。

2）当三相负载对称时，线电流与相电流的关系 $I_L=\sqrt{3}I_p$，线电流在相位上滞后相应相电
流 30°。

不管负载对称与否，用相电压除以相应的复阻抗就可得相应的相电流。

5. 三相功率的计算

若三相电路不对称

$$P=P_U+P_V+P_W$$

若三相电路对称（不论负载Y形还是△形）$\begin{cases} P=3U_{P}I_{P}\cos\varphi=\sqrt{3}U_{L}I_{L}\cos\varphi \\ Q=3U_{P}I_{P}\sin\varphi=\sqrt{3}U_{L}I_{L}\sin\varphi \\ S=3U_{P}I_{P}=\sqrt{3}U_{L}I_{L} \end{cases}$

6. 三相功率的测量

三相电路功率的测量方法有“一表法”“二表法”“三表法”。其中三相四线制电路对称负载采用“一表法”，不对称负载采用“三表法”法；三相三线制电路不论负载是否对称，都采用“二表法”法。

7. 供配电

发电厂是把其他形式的能量转换为电能的场所。为了提高输电效率并减少输电线路上的损失，通常采用升压变压器将电压升高后再进行远距离输电。由输电线路末端的变电所将电能分配给各工业企业和城市。电能输送到企业后，各企业都要进行变压或配电。

8. 安全用电

（1）触电可分为电击和电伤两种，一般情况下规定36V以下为安全电压。

（2）触电方式有单相触电、两相触电等。大部分触电事故是单相触电。为了保护电气设备的安全运行，防止人身触电事故发生，电气设备常采用保护接地和保护接零的措施。家用电器通常使用漏电保护装置。

（3）触电的紧急救护：使触电人迅速脱离电源后，现场就地急救，同时设法联系医疗急救中心。

习　题

1. 已知对称三相电源星形连接，已知线电压 $u_{UV}=380\sqrt{2}\sin314t$ V，求：

（1）各相电压；

（2）其余两个线电压；

（3）在同一张图上绘制相电压和线电压的相量图。

2. 在三相四线制供电系统中，测得相电压为381V，试求相电压的最大值及线电压的有效值和最大值。

3. 对称三相负载星形连接，每相为电阻 $R=12\Omega$、感抗 $X_L=16\Omega$ 的串联负载，接于线电压为 $U_L=380$V 的对称三相电源上，试求各相电流、线电流，并画相量图。

4. 如图4-27所示，电源线电压为380V，已知 $R=X_L=X_C=10\Omega$。求：

（1）各相负载电流；

（2）中线电流；

（3）画出各电流的相量图。

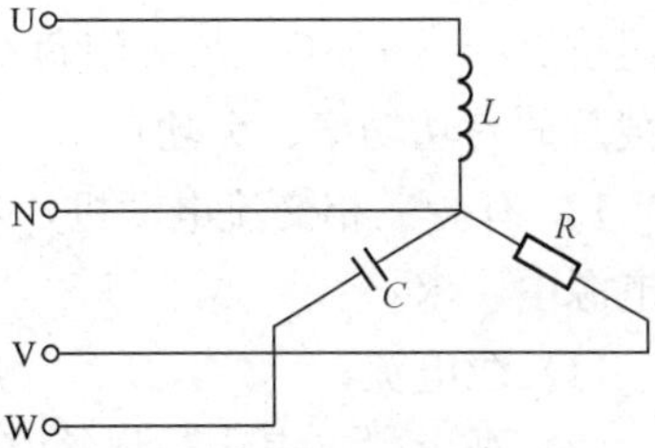

图4-27　习题4图

5. 对称三相负载星形连接，每相为电阻 $R=4\Omega$、感抗 $X_L=3\Omega$ 的串联负载，接于线电压为 $U_L=380$V 的对称三相电源上，试求：

（1）相电流、线电流及中性线电流的大小；

（2）U 相断路时，中性线电流为多少？

6. 对称三相负载△形连接，每相负载阻抗 $Z=(8+j6)\Omega$，接于线电压为 $U_L=380V$ 的对称三相电源上，试求各相电流、线电流，并画电流相量图。

7. 在三相对称电路中，电源的线电压为 380V，每相负载 $R=10\Omega$，试求负载作星形和三角形联结时的线电流 I_L 和负载相电压 U_P。

8. 如图 4-28 所示，三相对称负载作三角形连接，电源的线电压 $U_L=380V$，每相电阻 $R=30\Omega$，感抗 $X_L=40\Omega$。试求：

（1）开关 K 闭合时，各负载的相电流及线电流；

（2）开关 K 闭合时，三相电路的总功率 P、Q、S；

（3）当 K 打开时，各负载的相电流及线电流。

9. 三相电动机每相绕组的额定电压为 220V，现欲接至线电压为 380V 的三相电源中，此电动机的绕组应采用何种连接方式？若电动机每相绕组的等效阻抗为 $10\angle 30°\Omega$，求电动机的相电流和线电流。

10. 如图 4-27 所示三相四线制电路中，三相电源对称，线电压为 380V，各相负载上电流均为 10A，求：

（1）各相负载的复阻抗；

（2）中性线电流；

（3）三相功率 P、Q、S；

（4）画出电流相量图。

11. 三相电动机的功率为 3kW，功率因数为 0.866，如图 4-29 所示，电源线电压为 380V，求两功率表的读数。

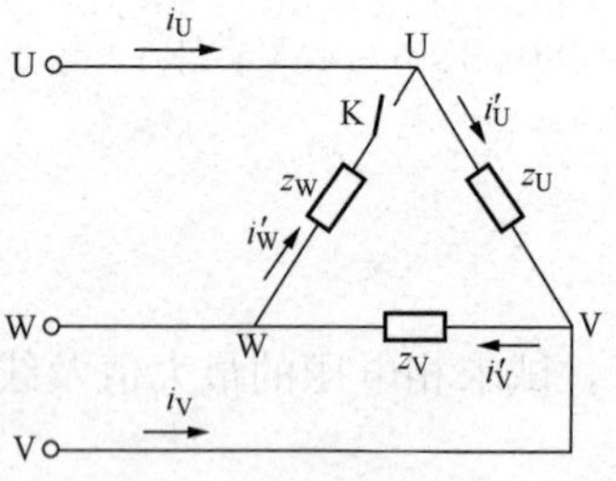

图 4-28 习题 8 图

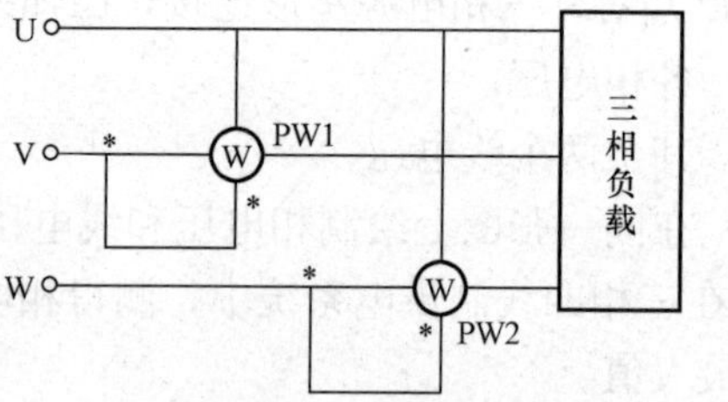

图 4-29 习题 11 图

12. 线电压为 380V 的三相对称电源，供给两组对称负载使用，一组负载星形连接，每相阻抗 $Z_L=4+j3\Omega$，另一组负载三角形连接，每相电阻 $R=38\Omega$，试画出电路图并求两组负载总的有功功率、无功功率。

13. 有一三相交流电动机，功率为 4kW，功率因数为 0.707，接在线电压为 380V 的三相电源中，求：

（1）线电流；

（2）画出“二表法”测量电路功率的接线图，并求两功率表的读数。

第 5 章　线性电路过渡过程的暂态分析

本章提要

直流电路、正弦交流电路以及非正弦交流电路中，电路中的电流和电压都是不变或周期性变化的，电路的这种工作状态称为稳态。稳态需要一定的条件，包括电路结构、电路参数和电源等固定不变。如果这些参数发生变化，电路就由原来的稳定状态转换到一种新的稳定状态，如电路的接通、断开、短路或参数改变时，都会发生这种状态转换。以上种种电路条件的变化，叫做换路。电路在换路期间发生的状态转换过程，叫做电路的过渡过程。

电路的过渡过程往往为时短暂，所以电路在过渡过程中的工作状态常称为暂态，因而过渡过程又称为暂态过程。暂态过程虽然为时短暂，但在实际工作中却是极为重要的。一方面，在这个过程中，在电路的某些部分可能出现比稳定值大很多倍的过电压或过电流现象，将破坏电气设备，必须采取防护措施加以防护；另一方面，在自动控制，电子技术中充分利用电路的过渡过程特性，用来改善波形以及产生特定波形。研究过渡过程的目的，在于找出过渡过程期间电压和电流的变化规律，分析它们与电路参数和电源之间的关系，以便利用其有利的方面，并预防某些可能发生的危害。

本章着重讨论 RC 和 RL 电路在电源或储能元件的作用下，电路中各部分的电压和电流在 $t \geqslant 0$ 时间区域内变化的规律。

5.1　换路定则和一阶电路初始值的确定

可用一阶微分方程描述的电路称为一阶电路。除电压源（或电流源）及电阻元件外，只含有一种储能元件（电容或电感）的电路都是一阶电路。

5.1.1　换路定则

电路中引起过渡过程有两个原因。其一，由于电路出现换路，会使电路工作状态发生变化，就有可能产生过渡过程。所以，换路是引起过渡过程必要的外部条件。

是否电路发生换路就一定能引起过渡过程呢？还要看电路元件性质，例如纯电阻电路在换路瞬间，其电路工作状态的改变可瞬时完成，不存在过渡过程，即电压、电流是可以跃变的。

然而，在含有储能元件（如电容器和电感器）的电路中，在电感元件中，储有磁场能 $\frac{1}{2}Li_L^2$，当换路瞬间，磁场能是不能跃变的，这反映在电感元件中的电流 i_L 不能跃变；在电容元件中，储有电场能 $\frac{1}{2}Cu_c^2$，当换路瞬间，电场能也不能跃变，这反映在电容元件上的电压 u_C 不能跃变。可见电路的暂态过程是由于储能元件的能量不能跃变而产生的。由此可知，电路中具有储能元件是引起过渡过程必要的内部条件。

我们令 $t=0$ 为换路瞬间，而以 $t=0_-$ 表示换路前的终了瞬间，$t=0_+$ 表示换路后的初始瞬间。从 $t=0_-$ 到 $t=0_+$ 瞬间，电感元件中的电流和电容元件上电压不能跃变，这称为换路定则，即电感中的电流和电容上的电压在换路前的终了瞬间和换路后的初始瞬间的值相等。用公式表示，则为

$$\left.\begin{aligned} i_L(0_+) &= i_L(0_-) \\ u_C(0_+) &= u_C(0_-) \end{aligned}\right\} \tag{5-1}$$

除了电容电压及其电荷量，以及电感电流及其磁链以外，其余的电容电流、电感电压、电阻的电流和电压、电压源的电流、电流源的电压在换路瞬间都是可以跃变的。

换路定则仅仅适用于换路瞬间，可以用它来确定 $t=0_+$ 时电路中的电压和电流值，即过渡过程的初始值。

5.1.2 初始值的确定

电路的过渡过程是指换路后瞬间（$t=0_+$）开始达到新的稳定状态（$t=\infty$）时结束。换路后电路中各电压和电流将由一个初始值逐渐变化到稳态值，因此，确定初始值 $f(0_+)$ 和稳态值 $f(\infty)$ 是暂态分析的非常关键的一步。

（1）对于电容元件的初始电压 $u_C(0_+)$ 和电感元件的初始电流 $i_L(0_+)$ 可由换路定则确定。

换路前电路已处于稳态，若是直流电路，则在 $t=0_-$ 的电路中，电容元件可视作开路，电感元件可视作短路，画出 $t=0_-$ 时刻的等效电路，利用换路定则求出 $i_L(0_+)$ 或 $u_C(0_+)$。

（2）$u_C(0_+)$ 和 $i_L(0_+)$ 之外的其他电压或电流的初始值，可通过求解 $t=0_+$ 的等效电路获得。具体步骤如下。

1）作出 $t=0_-$ 时的等效电路，求出 $i_L(0_-)$ 或 $u_C(0_-)$。

2）由换路定则求得 $t=0_+$ 的 $i_L(0_+)$ 或 $u_C(0_+)$。

3）作出 $t=0_+$ 时的等效电路。$t=0_+$ 时的等效电路，是指在换路后 $t=0_+$ 时刻，将电路中的电容 C 用电压为 $u_C(0_+)$ 的电压源替代，电感 L 用电流为 $i_L(0_+)$ 的电流源替代所得到的电路。

4）用直流电路的分析方法，通过求解 $t=0_+$ 的等效电路获得其余各初始值。

注意，$t=0_+$ 的等效电路仅用来确定电路各部分电压、电流的初始值，不能把它当作新的稳态电路。

【例 5-1】 图 5-1（a）所示电路中，直流电压源的电压 $U_s=50\text{V}$，$R_1=R_2=5\Omega$，$R_3=20\Omega$。电路已达到稳态。在 $t=0$ 时断开开关 K。试求 $t=0_+$ 时的 i_L、u_C、u_{R2}、u_{R3}、i_C、u_L。

解 （1）确定初始值 $u_C(0_+)$ 和 $i_L(0_+)$。因为电路换路前已达稳态，所以电感元件，如同短路，电容元件如同开路，$i_C(0_-)=0$，$t=0_-$ 时的等效电路如图 5-1（b）所示，故有

$$i_L(0_-)=\frac{U_s}{R_1+R_2}=\frac{50}{5+5}=5(\text{A})$$

$$u_C(0_-)=R_2 i_L(0_-)=5\times5=25(\text{V})$$

由换路定则得

$$i_L(0_+)=i_L(0_-)=5(\text{A})$$

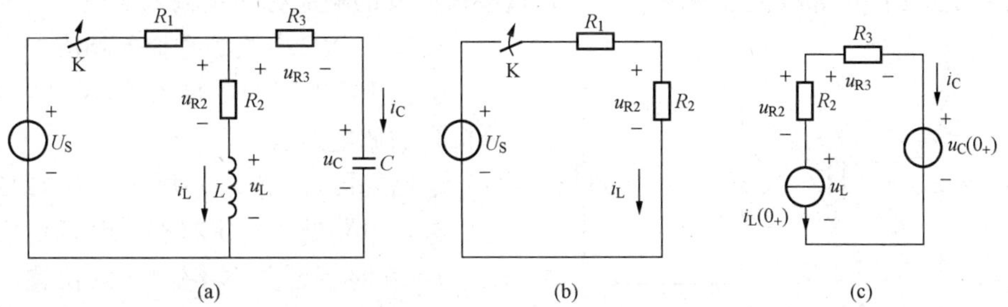

图 5-1　［例 5-1］图

$$u_C(0_+)=u_C(0_-)=25(\mathrm{V})$$

（2）计算其余初始值。将图 5-1（a）中的开关 K 断开，且电容 C 及电感 L 分别等效成电压源 $u_C(0_+)$ 及等效电流源 $i_L(0_+)$ 代替，则得 $t=0_+$ 时刻的等效电路如图 5-1（c）所示，从而可算出相关初始值，即

$$u_{R2}(0_+)=R_2 i_L(0_+)=5\times 5=25(\mathrm{V})$$

$$i_C(0_+)=-i_L(0_+)=-5(\mathrm{A})$$

$$u_{R3}(0_+)=R_3 i_C(0_+)=20\times(-5)=-100(\mathrm{V})$$

$$u_L(0_+)=-u_{R2}(0_+)+u_{R3}(0_+)+u_C(0_+)=-25+(-100)+25=-100(\mathrm{V})$$

由计算结果可以看出：其余初始值可能跃变也可能不跃变。

【思考题】

1. 什么是电路的稳态和暂态？
2. 什么是换路？
3. 电路发生过渡过程的两个必要条件是什么？
4. 怎样求电容元件的初始电压 $u_C(0_+)$ 和电感元件的初始电流 $i_L(0_+)$？
5. 怎样画 $t=0_-$ 时刻的等效电路？
6. 怎样画 $t=0_+$ 时的等效电路？
7. 怎样求 $u_C(0_+)$ 和 $i_L(0_+)$ 之外的其他电压或电流的初始值？
8. 在一般情况下，为什么在换路瞬间电容电压和电感电流不能跃变？
9. 如图 5-2 所示电路，原本处于稳态，$U_s=15\mathrm{V}$，$R_1=10\Omega$，$R_2=25\Omega$，$R_3=5\Omega$。在 $t=0$ 时闭合开关 S。试求 $t=0_+$ 时的 i_L、u_C、u_1、u_2、u_3、i_C、u_L。

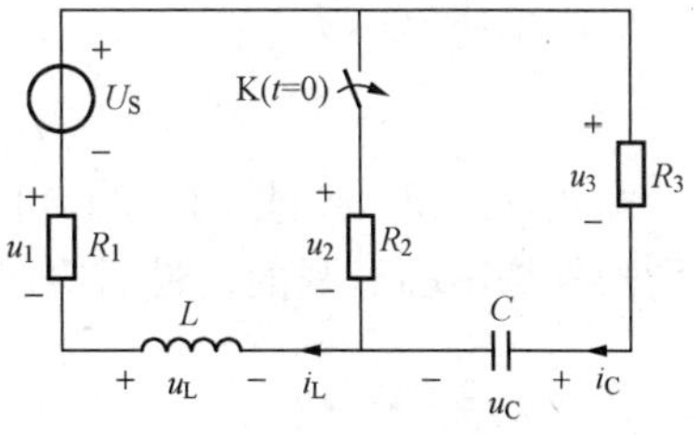

图 5-2　思考题 9 图

5.2　一阶电路的零输入响应

一阶电路中仅有一个储能元件（电容或电感），如果在换路瞬间储能元件原来就有能量储存，那么即使电路中并无电源存在，换路后电路中仍有电压、电流。所谓零输入响应，指的是在换路后的电路中，失去了所有的独立电源，即输入信号为零，电路中所有的电流、电

压都是由储能元件中储存的能量所激发的，这些被激发的响应称为零输入响应。

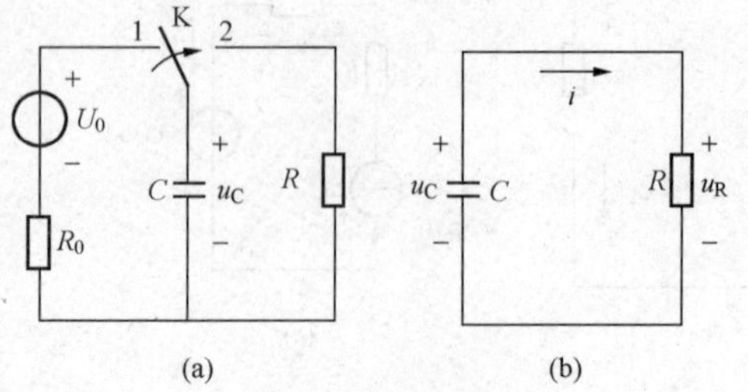

图 5-3　RC 电路的零输入响应

5.2.1　RC 电路的零输入响应

分析 RC 电路的零输入响应，实际上就是分析它的放电过程。

电路如图 5-3（a）所示，开关 K 置于 1 的位置，电路处于稳定状态，电容 C 已充电到 U_0。$t=0$ 时将开关 K 倒向 2 的位置，则已充电的电容 C 与电源脱离，并开始向电阻 R 放电，如图 5-3（b）所示。由于此时已没有外界能量输入，只靠电容中的储能在电路中产生响应，所以这种响应为零输入响应。

在所选各量的参考方向下，由基尔霍夫电压定律得换路后的电路方程

$$-u_R+u_C=0$$

又各元件的电压电流关系为

$$u_R=Ri$$

$$i=-C\frac{du_C}{dt}$$

代入上式得

$$RC\frac{du_C}{dt}+u_C=0 \qquad (t\geqslant 0) \qquad (5-2)$$

式（5-2）是一个一阶常系数齐次线性微分方程。从高等数学知道它的解为

$$u_C=U_0e^{-\frac{t}{RC}} \qquad (t\geqslant 0) \qquad (5-3)$$

根据电容元件的伏安关系，放电电流为

$$i=-C\frac{du_C}{dt}=\frac{U_0}{R}e^{-\frac{t}{RC}} \qquad (t\geqslant 0) \qquad (5-4)$$

电阻电压 u_R 为

$$u_R=Ri=U_0e^{-\frac{t}{RC}} \qquad (t\geqslant 0) \qquad (5-5)$$

由式（5-3）~式（5-5）可以看出，电压 u_C、放电电流 i 和电阻电压 u_R 都是随时间按指数规律不断衰减的，最后应趋于零。它们随时间变化的曲线如图 5-4 所示。

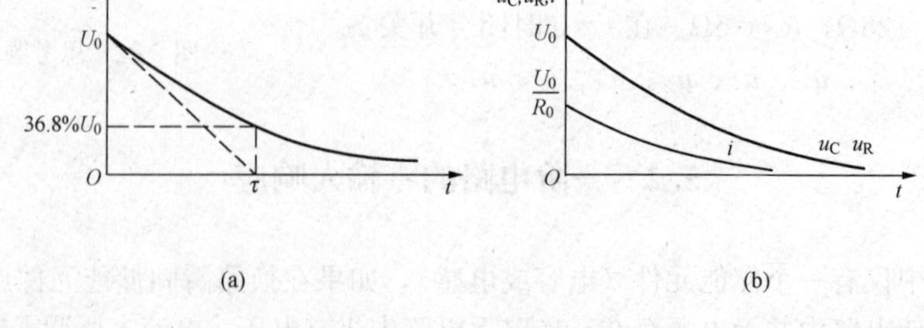

图 5-4　u_C、u_R、i 的变化曲线

在一个确定的 RC 电路中，R 和 C 的乘积是一个常数，通常用 τ 表示，即

$$\tau = RC \tag{5-6}$$

称为电路的时间常数，具有时间量纲，它反映了 RC 电路过渡过程的快慢。

将式（5-6）代入式（5-3）～式（5-5），则有

$$u_C = U_0 e^{-\frac{t}{\tau}} \quad (t \geqslant 0) \tag{5-7}$$

$$i = \frac{U_0}{R} e^{-\frac{t}{\tau}} \quad (t \geqslant 0) \tag{5-8}$$

$$u_R = U_0 e^{-\frac{t}{\tau}} \tag{5-9}$$

RC 电路的时间常数 τ 与电路的 R 和 C 成正比。在相同的初始电压 U_0 下，C 越大，它储存的电场能量越多，放电时间越长。同样 U_0 与 C 的情况下，R 越大，越限制电荷的流动和能量的释放，放电所需时间越长。

当 $t=\tau$ 时，有

$$u_C = U_0 e^{-1} = \frac{U_0}{2.718} = 0.368 U_0$$

所以，时间常数就是按指数规律衰减的量衰减到它的初始值的 36.89%时所需时间。

从理论上讲，电路只有经过 $t=\infty$ 的时间才能达到新的稳定状态，但是由于指数曲线开始变化较快，而后逐渐缓慢，见表 5-1。所以，实际经过 $(3\sim5)\tau$ 的时间，就可以认为达到新的稳定状态了。

表 5-1　$e^{-\frac{t}{\tau}}$ 随时间的衰减趋势

t	0	τ	2τ	3τ	4τ	5τ	6τ	…	∞
$e^{-\frac{t}{\tau}}$	e^0	e^{-1}	e^{-2}	e^{-3}	e^{-4}	e^{-5}	e^{-6}	…	$e^{-\infty}$
u_C	U_0	$0.368U_0$	$0.135U_0$	$0.050U_0$	$0.018U_0$	$0.007U_0$	$0.002U_0$	…	0

【例 5-2】　如图 5-5 所示电路中，电压源的电压 $U=12\text{V}$，$R_1=2\text{k}\Omega$，$R_2=8\text{k}\Omega$，$C=1\mu\text{F}$。K 闭合稳定后，在 $t=0$ 时断开开关 K。试写出 u_C、i_c 随时间的变化规律。

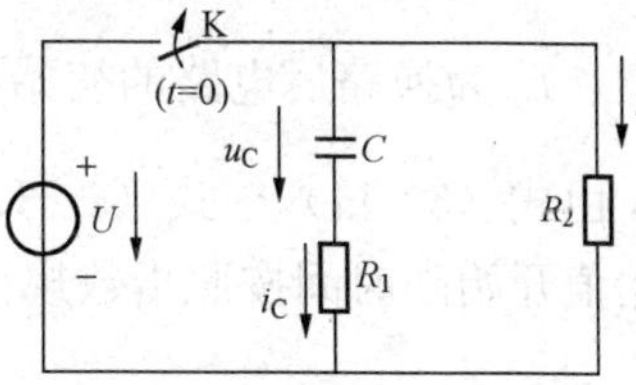

图 5-5　[例 5-2] 图

解　因为 K 闭合，稳定后再断开 K，电容器上的电压经 R_1 和 R_2 两个电阻放电。

由换路定则可知，$u_C(0_+) = u_C(0_-) = 12(\text{V})$

$$\tau = RC = (R_1 + R_2)C = 10 \times 10^3 \times 1 \times 10^{-6} = 10^{-2}(\text{s})$$

根据电容器的放电规律，$t \geqslant 0$ 时，有

$$u_C = U_0 e^{-\frac{t}{\tau}} = 12 e^{-\frac{t}{10^{-2}}} = 12 e^{-100t}(\text{V})$$

$$i_c = -i = -\frac{U_0}{R} e^{-\frac{t}{\tau}} = -\frac{12}{10 \times 10^3} e^{-\frac{t}{10^{-2}}} = -1.2 e^{-100t}(\text{mA})$$

5.2.2　RL 电路的零输入响应

在图 5-6 所示的电路中，设开关 K 原来在位置 2，电路已稳定，则 L 相当于短路，此时电感中的电流为 $i_L(0_-) = \frac{U}{R}$。在 $t=0$ 时将开关从位置 2 合到位置 1，此时电路中只有电

阻和电感，没有独立电源，电路中的响应是由于电感元件储有能量，它将通过 R 放电，从而产生电压和电流，电路中的响应即为零输入响应。

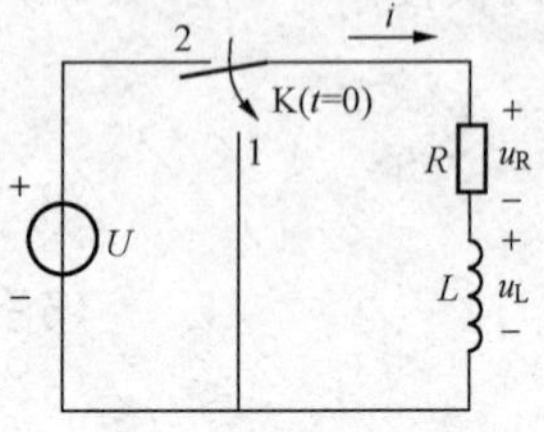

图 5-6　RL 电路的零输入响应

$t \geqslant 0$ 时，可根据基尔霍夫电压定律，列出的电路方程

$$u_L + u_R = 0$$

元件的电压电流关系为

$$u_L = L\frac{di}{dt}$$

$$u_R = Ri$$

代入上式方程得

$$L\frac{di}{dt} + Ri = 0 \quad (t \geqslant 0) \tag{5-10}$$

由数学知识求得微分方程的解为

$$i = \frac{U}{R}e^{-\frac{R}{L}t} = \frac{U}{R}e^{-\frac{t}{\tau}} = I_0 e^{-\frac{t}{\tau}} \tag{5-11}$$

式中：$\tau = \frac{L}{R}$，它也具有时间的量纲，称为 RL 电路的时间常数。它的大小同样反映了 RL 电路相应的衰减快慢程度。L 越大，在同样大的初始电流 $i_L(0_+)$ 作用下，电感储存的磁场能量越多，通过电阻释放能量所需要的时间就越长，暂态过程也就越长；而当电阻 R 越小时，在同样大的初始电流 $i_L(0_+)$ 作用下，电阻消耗的功率就越小，暂态过程也就越长。RL 短路后，电路中的物理过程实质上就是把电感中原先储存的磁场能量转换为电阻中热能的过程。

由式（5-11）可得出 $t \geqslant 0$ 时电阻元件和电感元件上的电压为

$$u_R = Ri = RI_0 e^{-\frac{t}{\tau}} \tag{5-12}$$

$$u_L = L\frac{di}{dt} = -RI_0 e^{-\frac{t}{\tau}} \tag{5-13}$$

式中：I_0 为换路后电路的初始电流，即 $i_L(0_+) = i_L(0_-) = \frac{U}{R}$。

由式（5-11）～式（5-13）可见，RL 电路的电感电流、电感电压及电阻电压都是从初始值开始随时间按照指数规律衰减的。它们随时间变化的曲线如图 5-7 所示。

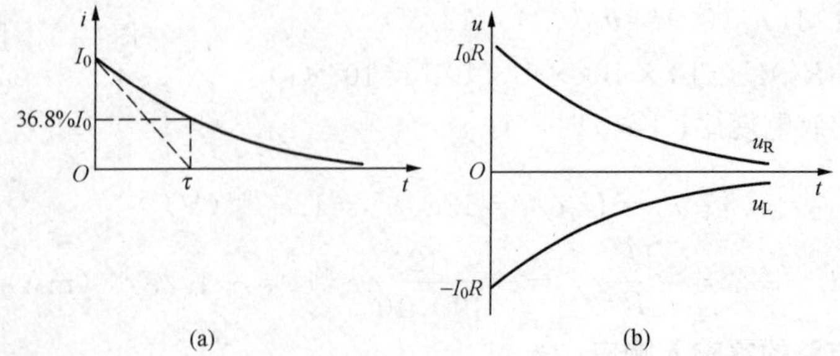

图 5-7　RL 电路零输入响应 i、u_R 及 u_L 的变化曲线

从上面的分析可见，RC 电路和 RL 电路中所有的零输入响应都具有以下相同的形式

$$f(t)=f(0_+)e^{-\frac{t}{\tau}} \qquad (t\geqslant 0)$$

式中：$f(t)$ 是零输入响应，$f(0)$ 是响应的初始值，τ 是换路后电路的时间常数，在 RC 电路中，$\tau=RC$；在 RL 电路中，$\tau=\frac{L}{R}$。其中 R 是换路后电路中储能元件 C 或 L 两端的等效电阻。

上式表明，一阶电路的零输入响应都是由初始值开始按指数规律衰减的。因此在求一阶电路的零输入响应时，可直接代入上式。

【思考题】

1. RC 电路的零输入响应实质是什么？
2. 在同一 RC 放电电路中，若电容的初始电压不同，放电至同一电压所需时间是否相等？衰减至各自初始电压的 20%所需时间是否相同？
3. 为什么 RC 电路的时间常数与 R 成正比，而 RL 电路的时间常数却与 R 成反比？
4. 什么是暂态电路的稳态值？怎样求解 RC 电路和 RL 电路的稳态值？

5.3 一阶电路的零状态响应

所谓零状态是指换路前，电路中所有储能元件没有储有能量，即 $u_C(0_-)=0$，$i_L(0_-)=0$。换路后仅在外部激励下引起的响应称为零状态响应。本节讨论外部激励为恒定直流激励下的一阶电路的零状态响应。

5.3.1 RC 电路在直流激励下的零状态响应

分析 RC 电路的零状态响应，实际上就是分析它的充电过程。

如图 5-8 所示，设开关 K 闭合前电容 C 未充电。$t=0$ 时将开关 K 闭合，恒定电压源 U 开始对电容器 C 充电。

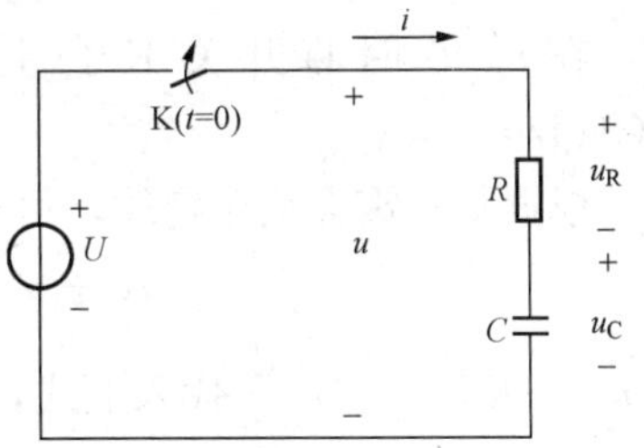

图 5-8 RC 充电电路

换路后，由换路定则可确定电容器上电压的初始值

$$u_C(0_+)=u_C(0_-)=0$$

由图 5-8 可写出基尔霍夫电压定律的方程，有

$$u_R+u_C=U$$

将元件的电压电流约束关系 $u_R=Ri$，$i=C\frac{du_C}{dt}$代入上式，得

$$RC\frac{du_C}{dt}+u_C=U \qquad (t\geqslant 0) \tag{5-14}$$

解之为

$$u_C=U-Ue^{-\frac{1}{RC}t}=U(1-e^{-\frac{1}{RC}t})=U(1-e^{-\frac{t}{\tau}}) \tag{5-15}$$

$t\geqslant 0$ 时电容器充电电路中的电流，也可求出，即

$$i=C\frac{du_C}{dt}=\frac{U}{R}e^{-\frac{t}{\tau}} \tag{5-16}$$

进而可得电阻元件 R 上的电压为

$$u_R = Ri = Ue^{-\frac{t}{\tau}} \tag{5-17}$$

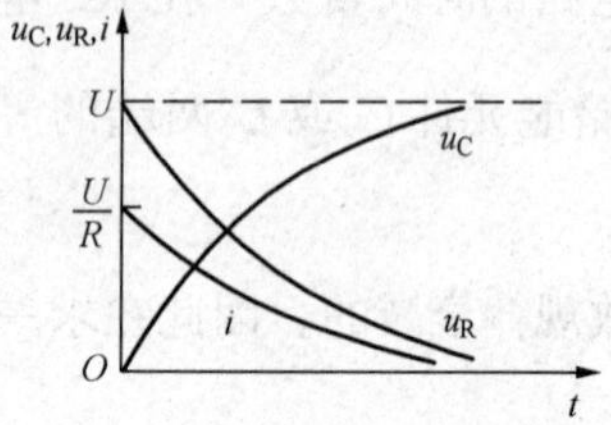

图 5-9　电容器充电时电压、电流曲线

由式（5-15）～式（5-17）可知：电容元件在充电过程中，电压 u_C 从零值按指数规律上升趋于稳态值 U；与此同时，电阻上的电压则从零跃变到最大值 U 后按指数规律衰减趋于零值；电路中的电流也是从零跃变到最大值 $\frac{U}{R}$ 后按指数规律衰减趋于零值。它们随时间变化的曲线如图 5-9 所示。

电容器充电速度的快慢取决于电路的时间常数 τ，τ 越大，充电持续时间越长，一般也认为经过（3～5）τ，充电过程基本结束。

【例 5-3】　如图 5-8 所示电路中，若电压源的电压 $U=12\text{V}$，$R=25\text{k}\Omega$，$C=10\mu\text{F}$。换路前电路处于稳态且 $u_C(0_-)=0$，在 $t=0$ 时闭合开关 K。试写出 $t \geqslant 0$ 时 u_C 随时间的变化规律。

解　由换路定则有

$$u_C(0_+) = u_C(0_-) = 0$$

此电路在换路后的响应为零状态响应。

换路后的时间常数为

$$\tau = RC = RC = 25 \times 10^3 \times 10 \times 10^{-6} = 0.25(\text{s})$$

代入式（5-15）可得

$$u_C = U(1 - e^{-\frac{t}{\tau}}) = 12(1 - e^{-\frac{t}{0.25}}) = 12(1 - e^{-4t})(\text{V})$$

5.3.2　RL 电路在直流激励下的零状态响应

如图 5-10 所示 RL 串联电路，开关闭合前电感 L 无电流，在 $t=0$ 时将开关 K 合上，为零状态，即 $i_L(0_-) = i_L(0_+) = 0$。

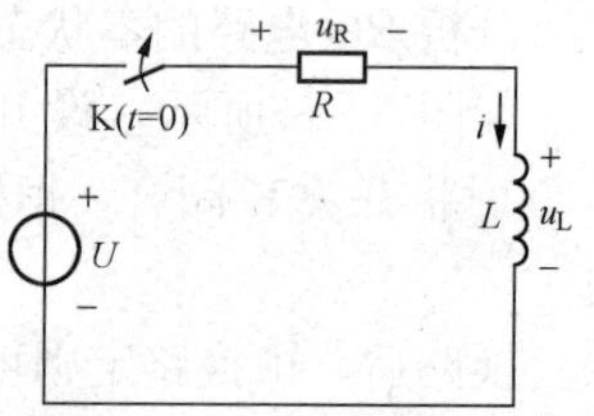

图 5-10　RL 电路在直流激励下零状态响应

根据基尔霍夫电压定律，可列出换路后的电压方程

$$u_R + u_L = U$$

把 $u_R = iR$，$u_L = L\frac{di}{dt}$代入上式，得

$$L\frac{di}{dt} + Ri = U \quad (t \geqslant 0) \tag{5-18}$$

它是一阶常系数非齐次常微分方程，它的解为

$$i = \frac{U}{R} - \frac{U}{R}e^{-\frac{R}{L}t} = \frac{U}{R}(1 - e^{-\frac{t}{\tau}}) \quad (t \geqslant 0) \tag{5-19}$$

并可得到

$$u_R = Ri = U(1 - e^{-\frac{t}{\tau}}) \quad (t \geqslant 0) \tag{5-20}$$

$$u_L = U - u_R = Ue^{-\frac{t}{\tau}} \quad (t \geqslant 0) \tag{5-21}$$

各响应的波形如图 5-11 所示。

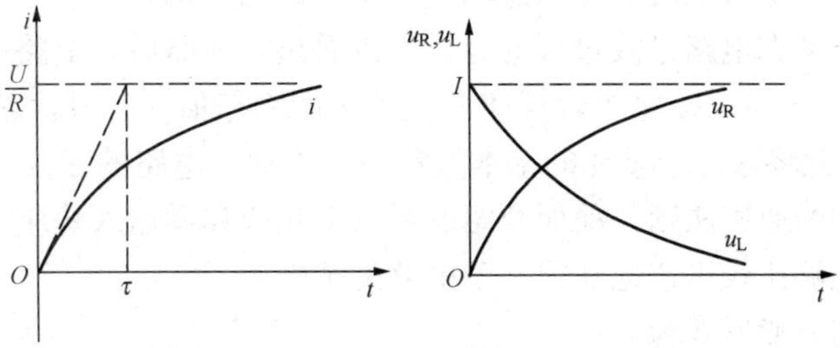

(a)　　(b)

图 5-11　i、u_R、u_L 随时间变化曲线

【思考题】

1. RC 电路的零状态响应实质是什么？

2. RC 电路和 RL 电路的时间常数计算公式里的 R 是什么？怎样计算？

3. 如图 5-12 所示电路中，分别求开关 K 接通与断开时的时间常数。已知 $R_1=R_2=R_3=1\text{k}\Omega$，$C=1\mu\text{F}$。

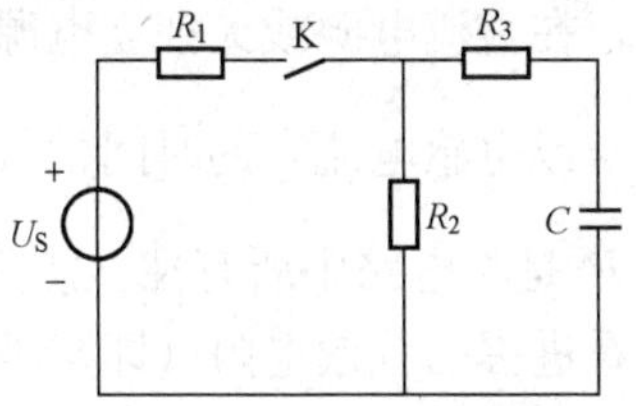

图 5-12　思考题 3 图

4. 如图 5-13 所示，当电路 $t\geqslant0$ 时，各电路的时间常数分别为多大？

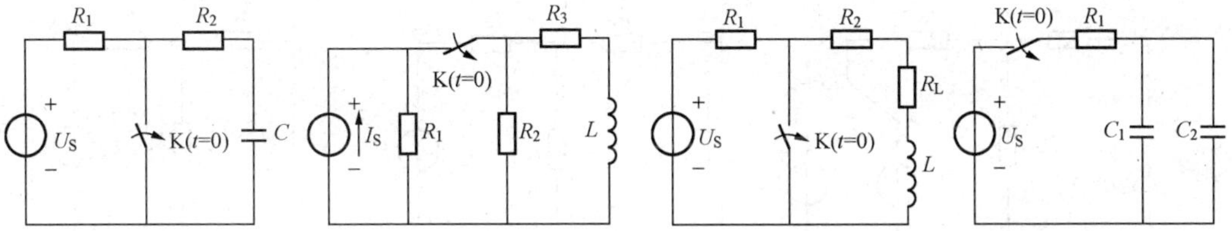

(a)　　(b)　　(c)　　(d)

图 5-13　思考题 4 图

5.4　一阶电路的全响应及三要素法

由储能元件和独立电源共同作用引起的响应称为全响应。如图 5-14 所示，在换路前，开关 K 是合在位置 1 的，且电路已达到稳态，此时，$u_C(0_-)=U_0$。在 $t=0$ 时将开关 K 从位置 1 合到位置 2，换路后，继续有电源 U_s 作为 RC 串联回路的激励，因此在 $t\geqslant0$ 时电路发生的过渡过程是全响应。

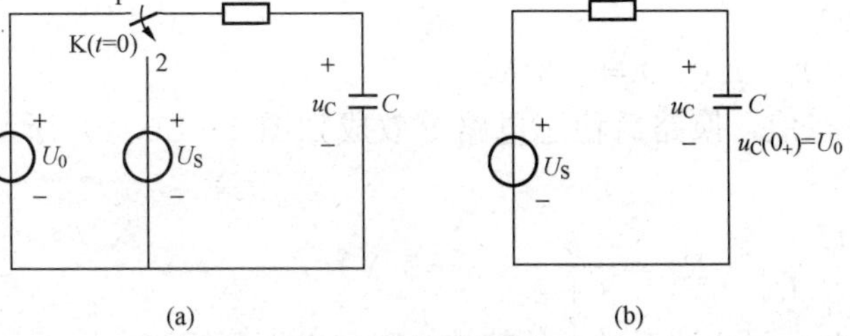

(a)　　(b)

图 5-14　一阶电路的全响应

（a）$t=0$ 时；（b）$t\geqslant0$ 时

全响应是零输入响应与零状态响应叠加的结果，符合线性电

路的叠加性，或者说零输入响应与零状态响应是全响应的特例。

通过前面对一阶动态电路过渡过程的分析可以看出，换路后，电路中的电压、电流都是从一个初始值 $f(0_+)$ 开始，按照指数规律递变到新的稳态值 $f(\infty)$，递变的快慢取决于电路的时间常数 τ。因此将这三个重要的基本量称为一阶动态电路的三要素。三要素法是对一阶电路分析最为有用的通用法则，前面介绍的零状态响应和零输入响应均可用三要素法来分析。同样用该法则能够比较迅速地获得一阶电路的全响应。

三要素法公式的一般形式为

$$f(t)=f(\infty)+[f(0_+)-f(\infty)]e^{-\frac{t}{\tau}} \tag{5-22}$$

由式（5-22）可以看出，只要获得了三个要素，以式（5-22）作为公式，即可直接写出直流激励下响应的表达式。式中 $f(t)$ 可代表不同的电量。

应当强调，三要素法只适用于求解只含一个（或可等效成一个）储能元件的一阶线性电路，在直流电源或无独立电源作用下的瞬变过程。在同一个一阶电路中各响应（不限于电容电压或电感电流）的时间常数 τ 都是相同的。对 RC 电路，$\tau=RC$；对 RL 电路，$\tau=\frac{L}{R}$，其中 R 是将电路中所有独立源除去（即理想电压源短路，理想电流源开路）后，从 C 或 L 两端看进去的等效电阻（即戴维南等效电阻）。

【例 5-4】 如图 5-15（a）所示，已知：$U_s=5V$，$C=0.2\mu F$，$R_1=R_2=3\Omega$，$R_3=2\Omega$，开关原来在 A 位置，电路处于稳态，$t=0$ 时开关 K 由 A 切换到 B，试求电容上电压 $u_C(t)$。

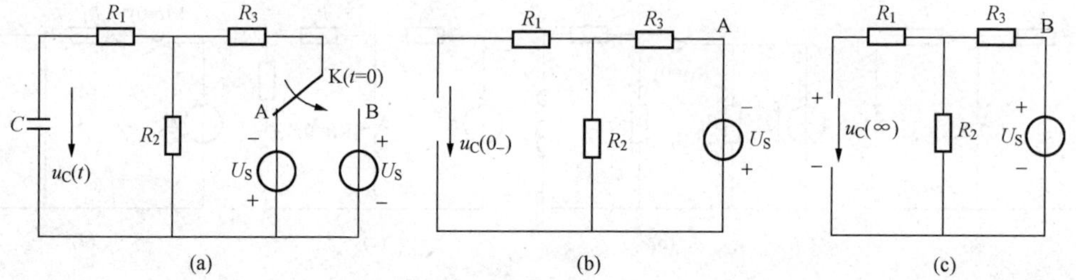

图 5-15　［例 5-4］图

解　（1）求换路后电容上电压的初始值 $u_C(0_+)$。换路前，电路处于稳态，其等效电路如图 5-15（b）所示。

$$u_C(0_-)=-\frac{U_s}{R_2+R_3}\times R_2=-\frac{5}{3+2}\times 3=-3(V)$$

由换路定则可得

$$u_C(0_+)=u_C(0_-)=-3(V)$$

（2）求换路后电容器上电压的稳态值，换路后稳态电路等效成如图 5-15（c）所示的电路。

$$u_C(\infty)=\frac{U_s}{R_2+R_3}\times R_L=\frac{5}{3+2}\times 3=3(V)$$

（3）求时间常数 τ。换路后，从电容器两端看进去的等效电阻（电压源短路）为

$$R_0=R_1+\frac{R_2R_3}{R_2+R_3}=3+\frac{3\times 2}{3+2}=4.2(\Omega)$$

时间常数为　　$\tau = R_0 C = 4.2 \times 0.2 \times 10^{-6} = 0.84 \times 10^{-6} = 0.84(\mu s)$

（4）求 $u_C(t)$。

$$u_C(t) = u_C(\infty) + [u_C(0_+) - u_C(\infty)]e^{-\frac{t}{\tau}}$$
$$= 3 + [-3-3]e^{-\frac{t}{0.84\times10^{-6}}} = (3 - 6e^{-1.19\times10^{6}})(V)$$

【例 5 - 5】　如图 5 - 16 所示电路中，若电压源的电压 $U=12V$，$R_1=2k$，$R_2=3k\Omega$，$C=5\mu F$。开关 S 闭合前电容器没有储能。求：

（1）开关 K 闭合后，电容电压 u_C 随时间的变化规律；

（2）开关 K 闭合后电路达到稳定状态，又将开关 K 打开，试写出电容电压 u_C 随时间的变化规律。

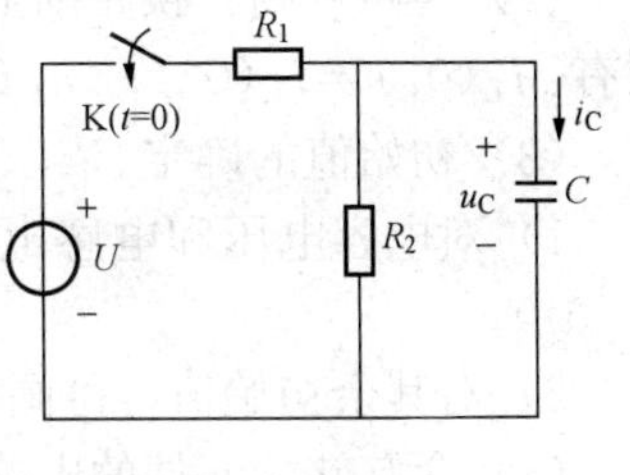

图 5 - 16　[例 5 - 5] 图

解　（1）开关 K 闭合前有 $u_C(0_-) = 0$，开关 K 闭合后有

$$u_C(0_+) = u_C(0_-) = 0$$
$$u_C(\infty) = \frac{U}{R_2 + R_1} \times R_2 = \frac{12}{3+2} \times 3 = 7.2(V)$$
$$\tau = RC = \frac{R_1 R_2}{R_1 + R_2} C = \frac{2\times3}{2+3} \times 10^3 \times 5 \times 10^{-6} = 6 \times 10^{-3}(s)$$

应用三要素法可求得

$$u_C(t) = u_C(\infty) + [u_C(0_+) - u_C(\infty)]e^{-\frac{t}{\tau}}$$
$$= 7.2 + [0 - 7.2]e^{-\frac{t}{6\times10^{-3}}} = (7.2 - 7.2e^{-167t})(V) \qquad (t \geqslant 0)$$

（2）稳定后再将 K 断开，有

$$u_C(0_+) = u_C(0_-) = 7.2(V)$$
$$u_C(\infty) = 0$$
$$\tau = R_2 C = 3 \times 10^3 \times 5 \times 10^{-6} = 1.5 \times 10^{-2}(s)$$

应用三要素法可求得

$$u_C(t) = u_C(\infty) + [u_C(0_+) - u_C(\infty)]e^{-\frac{t}{\tau}} = 7.2e^{-66.7t}(V)$$

【思考题】

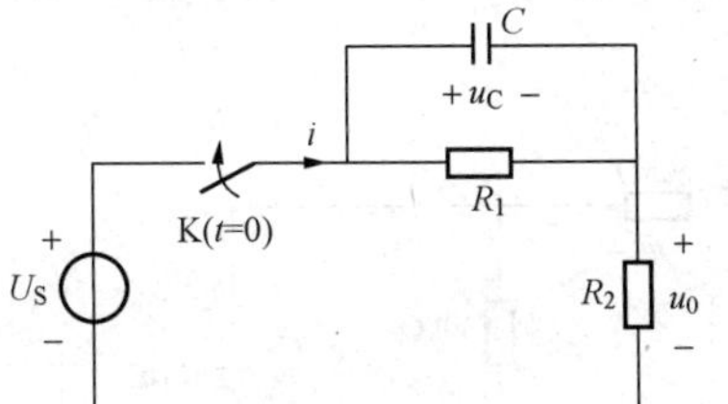

图 5 - 17　思考题 3 图

1. 三要素法适用于什么样的电路？

2. 试用三要素法的公式写出一阶电路的零输入响应表达式及在直流电源激励下的零状态响应表达式。

3. 已知图 5 - 17 所示电路中 $u_C(0_-)=0$，$U_S=6V$，$R_1=10k\Omega$，$R_2=20k\Omega$，$C=10^3 pF$，用三要素法求 $t \geqslant 0$ 时的 $u_C(t)$。

本章小结

（1）含有储能元件的电路换路后，就产生从一种稳定状态转换到另一种稳定状态的变化，该过程称为过渡过程。引起过渡过程的根本原因是由于能量的储存与释放不能突变。

（2）换路定则：换路前后瞬间，电容电压和电感电流不能突变，即 $t=0$ 为换路时刻，则有：$i_L(0_+)=i_L(0_-)$； $u_C(0_+)=u_C(0_-)$。

（3）初始值的确定。

1）对电容电压和电感电流，可根据换路定则来确定，即 $i_L(0_+)=i_L(0_-)$； $u_C(0_+)=u_C(0_-)$。

2）对其余初始值，可画出 $t=0_+$ 时刻的等效电路，根据电路求得。

（4）含有储能元件的电路响应，可分为以下三种情况：

1）电路无输入信号作用，电路响应是由初始时刻的储能产生，称为零输入响应。

2）电路初始时刻无储能，电路响应是由输入信号产生，称为零状态响应。

3）电路响应由输入信号及初始时刻的储能所共同产生，称为全响应。

（5）时间常数 τ，在 RC 电路中 $\tau=RC$，在 RL 电路中 $\tau=\dfrac{L}{R}$，它是反映过渡过程快慢的物理量，是暂态分量衰减到初始值 36.8%所需要的时间。它的大小取决于电路结构及元件参数，而与电路储能和外加电压无关。

（6）分析暂态过程的重要方法——三要素法。

直流激励的全响应为

$$f(t)=f(\infty)+[f(0_+)-f(\infty)]e^{-\frac{t}{\tau}}$$

式中：$f(\infty)$ 为稳态分量；$f(0_+)$ 为初始值；τ 为时间常数。$f(\infty)$、$f(0_+)$、τ 合称三要素。

稳态值 $f(\infty)$ 的求法：取换路后的电路，将其中电感视作短路，电容视作开路，获得直流电阻性电路，求出各支路电流和各元件端电压，即为它们的稳态值 $f(\infty)$。

习　题

1. 如图 5-18 所示电路中，电容 C 原先没有充电，试求开关 K 闭合后的一瞬间，电路中 $u_1(0_+)$， $i_C(0_+)$。

2. 如图 5-19 所示电路，在开关 K 断开前已处于稳态。$t=0$ 时开关 K 断开。求 $i(0_+)$、$u(0_+)$ 及 $u_C(0_+)$、 $i_C(0_+)$。

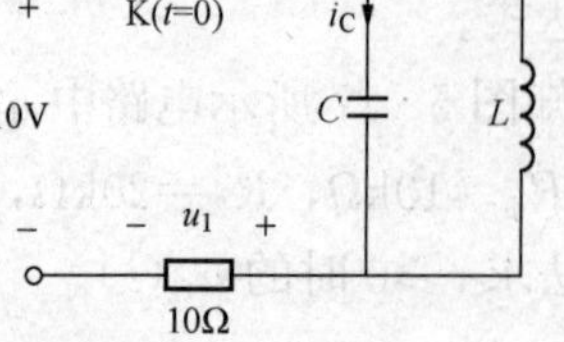

图 5-18　习题 1 图

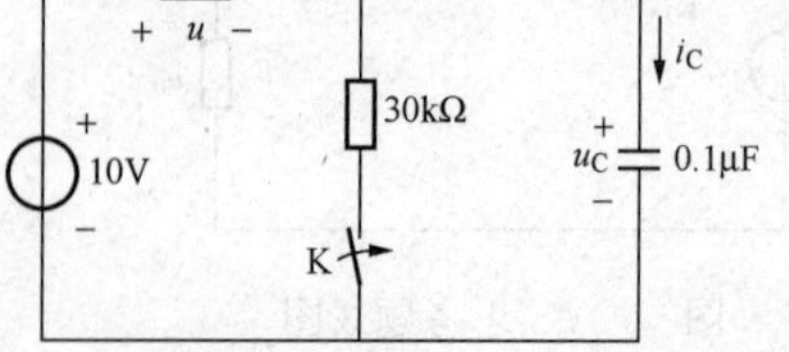

图 5-19　习题 2 图

3. 如图 5-20 所示的电路中，试确定开关 K 刚断开后的电压 u_C 和电流 i_C、i_1、i_2 的初值（K 断开前电路已处于稳态）。

4. 在图 5-21 中，开关长期接在位置 1 上，如在 $t=0$ 时把它接到位置 2，试求电容 u_C 及电流 i 的初始值及电路的时间常数。

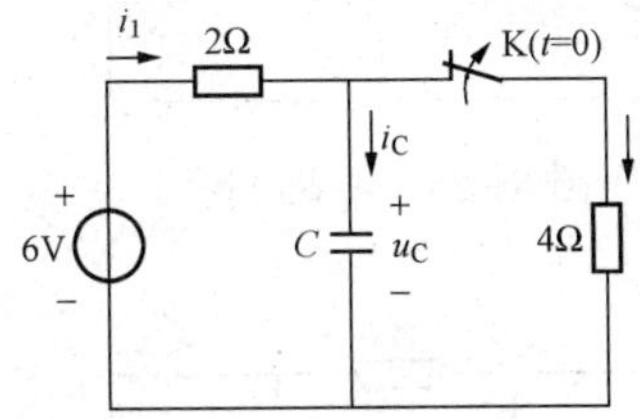

图 5-20　习题 3 图

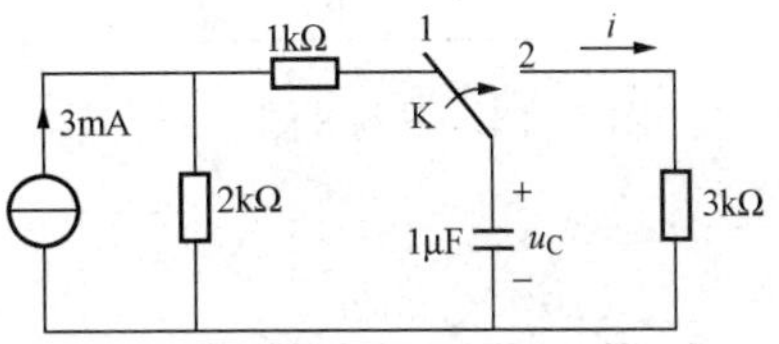

图 5-21　习题 4 图

5. 图 5-22 所示各电路在换路前都处于稳态，试求换路后其中电流 i 的初始值 $i(0_+)$ 和稳态值 $i(\infty)$。

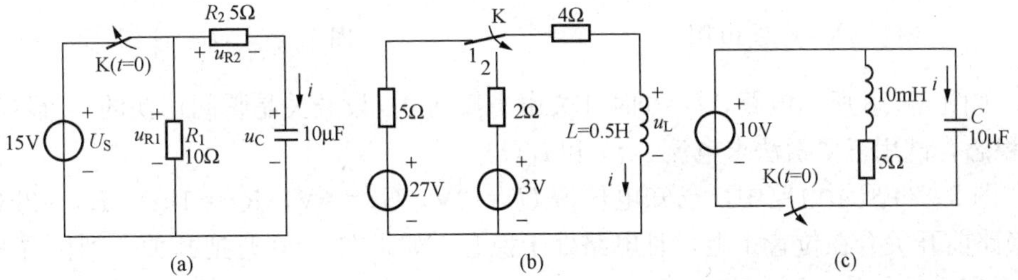

图 5-22　习题 5 图

6. 试求上题中图 5-22（a）和图 5-22（b）所示两图换路后的时间常数。

7. 求图 5-23 所示各电路 $t\geqslant0$ 时的时间常数 τ。

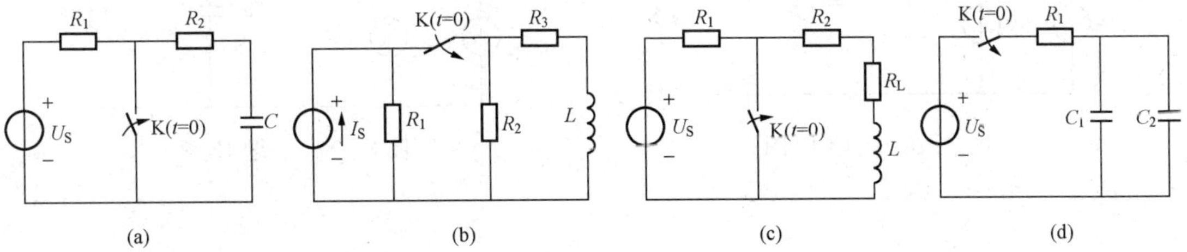

图 5-23　习题 7 图

8. 求图 5-24 所示电路换路后电容电压随时间的变化规律 $u_C(t)$。

9. 图 5-25 所示电路在换路前已达稳态，在 $t=0$ 时开关 K 打开。试求：$t\geqslant0$ 时的 $i(t)$ 及 $u_L(t)$ 的表达式。

10. 如图 5-26 所示电路，当开关 K 闭合，电路接通直流电源（开关闭合前电容没有储能），求 $t\geqslant0$ 时电容电压 $u_C(t)$。

11. 试求图 5-27 所示电路换路后的零状态响应 $i_L(t)$。

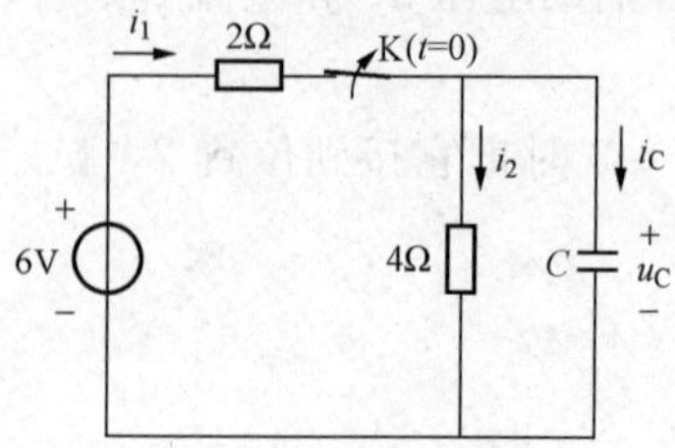

图 5-24　习题 8 图

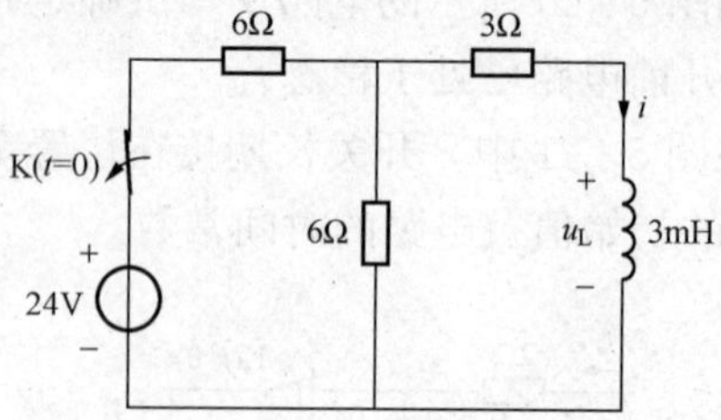

图 5-25　习题 9 图

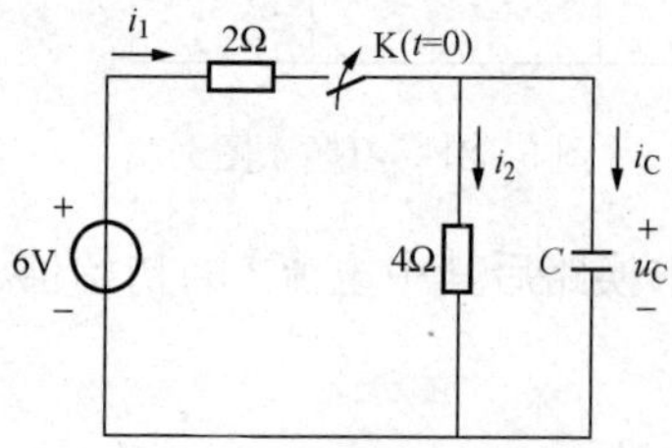

图 5-26　习题 10 图

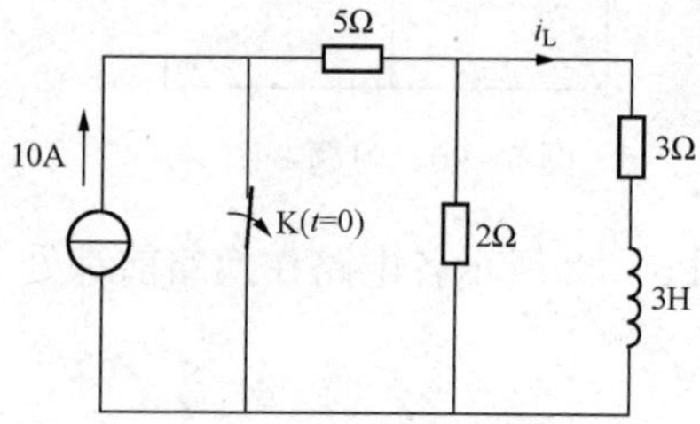

图 5-27　习题 11 图

12. 如图 5-28 所示电路，$t=0$ 时开关由 1 投向 2（设开关是瞬间切换的），设换路前电路处于稳态，试用三要素法求电流 $i(t)$ 和 $i_L(t)$。

13. 图 5-29 所示电路中，已知电压源 $U_1=3V$，$U_2=6V$，$R_1=1k\Omega$，$R_2=2k\Omega$，$C=3\mu F$。换路前开关合在位置 1 上，且电路处于稳态。如果在 $t=0$ 时把开关合到位置 2，试求 $t\geqslant 0$ 时电容元件上的电压 $u_C(t)$。

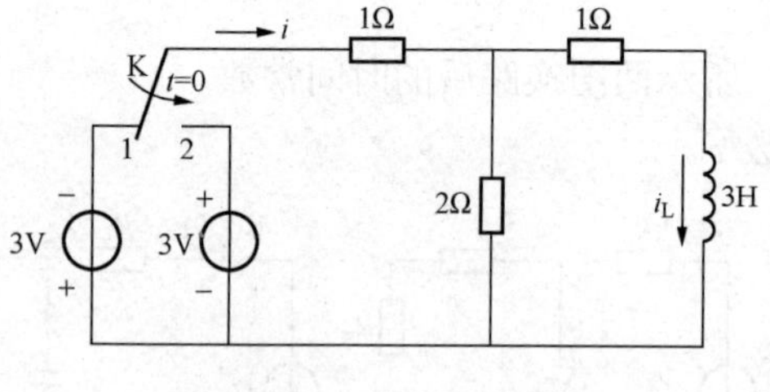

图 5-28　习题 12 图

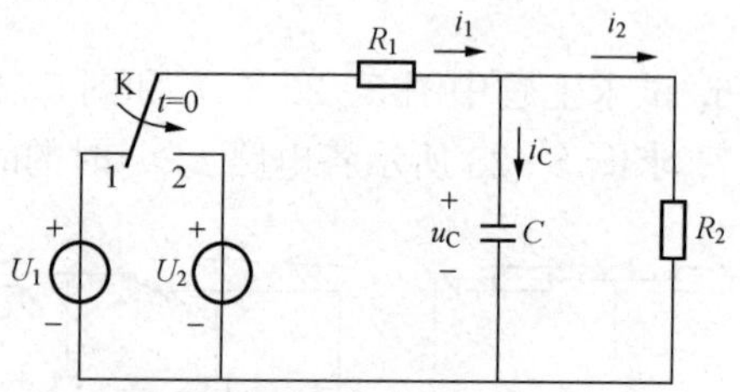

图 5-29　习题 13 图

第 6 章　磁路与铁芯线圈电路

本章提要

常见的电气设备及电工仪表，例如变压器、电动机、电工测量仪表灯，它们中不仅有电路问题，同时还存在磁路问题。因此，本章首先介绍磁路的基本知识和基本定律，然后介绍交流铁芯线圈，最后介绍变压器的结构及工作原理。

6.1　磁场的基本物理量

6.1.1　磁体与磁感线

磁场是一种特殊的物质。磁体周围存在磁场，将一根磁铁放在另一根磁铁的附近，两根磁铁的磁极之间会产生互相作用的磁力，同名磁极互相排斥，异名磁极互相吸引。磁极之间相互作用的磁力，就是以磁场作为介质的。磁极在自己周围空间里产生的磁场，对处在它里面的磁极均产生磁场力的作用。磁体间的相互作用磁场存在于电流、运动电荷、磁体或变化电场的周围空间，一般磁体的磁极有两种，即 N 极和 S 极，且同性相斥，异性相吸。磁体的磁性来源于电流，电流是电荷的运动。磁场的基本特征是能对其中的运动电荷施加作用力，磁场对电流、对磁体的作用力或力矩皆源于此。

磁场可以用磁感线来表示，磁感线存在于磁极之间的空间中。在一般情况下，磁感线不能被阻挡或隔绝，它可以穿过任何物质，可以穿过磁铁及其周围空间而形成闭合环路，磁感线的方向从北极出来，进入南极，磁感线在磁极处密集，并在该处产生最大磁场强度，离磁极越远，磁感线越疏。

6.1.2　磁场与磁场方向判定

磁铁在自己周围的空间产生磁场，通电导体在其周围的空间也产生磁场。

通电直导线产生的磁场磁感线（磁场）方向可用安培定则（也叫右手螺旋法则）来判定：用右手握住导线，让伸直的大拇指所指的方向跟电流方向一致，那么弯曲的四指所指的方向就是磁感线的环绕方向。

通电线圈产生的磁场磁感线是一些围绕线圈的闭合曲线，其方向也可用安培定则来判定：让右手弯曲的四指和线圈电流的方向一致，那么伸直的拇指所指的方向就是线圈中心轴线上磁感线的方向。

6.1.3　磁场的基本物理量

1. 磁感应强度 B

磁感应强度是表示空间某点磁场强弱和方向的物理量。其大小可用通过垂直于磁场方向的单位面积内磁力线数目来表示，在磁感线密的地方磁感应强度大，在磁感线疏的地方磁感应强度小。磁感应强度也可用通以单位电流的导线的电流方向与磁场垂直时，导线所受的磁场力的大小来表示。B 是矢量，其方向与产生它的电流方向之间成右螺旋关系，其大小定

义为

$$B = \frac{F}{l} \tag{6-1}$$

式中：B 为磁感应强度，单位为特斯拉，简称特，SI 符号为 T，工程上常采用高斯（Gs）为单位。$1T=10^4Gs$。F 为导线所受的力（N·m），l 为导线的长度（m），I 为导线中通过的电流（A）。

磁感应强度 B 可用专门的仪器来测量，如高斯计。

2. 磁通量 Φ

磁通可以用通过与磁感线相垂直的某一截面 S 的磁感线总数来表示。若磁场中各点的磁感应强度相等（大小与方向都相同），则为匀强磁场。磁感应强度 B 与垂直于磁场方向的面积 S 的乘积，称为通过该面积的磁通量 Φ，即

$$\Phi = BS \text{ 或 } B = \Phi / S \tag{6-2}$$

磁通表示穿过某一截面的磁力线根数，磁感应强度在数值上可以看成与磁场方向相垂直的单位面积所通过的磁通，故又称磁通密度。磁通的单位是韦伯，简称韦，SI 符号为 Wb。

3. 磁场强度 H

磁场强度是为了更方便地分析磁场的某些问题而引入的物理量，它是矢量，其方向与磁感应强度 B 的方向相同。在磁场中，各点磁场强度的大小只与电流的大小和导体的形状有关，而与媒质的性质无关。在数值上磁场强度与产生该磁场的电流之间的关系，可以由安培环路定律确定为

$$\oint H \mathrm{d}l = \sum I \tag{6-3}$$

即磁场强度沿任一闭合路径 l 的线积分等于此闭合路径所包围的电流的代数和。磁场强度的国际单位是安培/米（A/m）。

4. 磁导率 μ

实验进一步表明通电线圈产生的磁场强弱程度除了与电流大小及线圈匝数（磁通势）有关外，还与线圈中的介质（即线圈内所放入的物质）有关。如线圈内放入铜、铝、木材或空气等物质时，则线圈产生的磁场基本不变，如放入铁、镍、钴等物质时，线圈中的磁场在外磁场的作用下显著增强。

磁导率是用来表示各种不同材料导磁能力的强弱的物理量，某介质的磁导率是指该介质中磁感应强度和磁场强度的比值，即

$$\mu = \frac{B}{H} \tag{6-4}$$

磁导率的单位为亨/米（H/m）。真空的磁导率 μ_0 由实验测得为一常数，其值为 $\mu_0 = 4\pi \times 10^{-7}$ H/m。

为了便于比较不同磁介质的导磁性能，常把它们的磁导率 μ 与真空的磁导率 μ_0 相比较，其比值称为相对磁导率，用 μ_r 表示，即

$$\mu_r = \frac{\mu}{\mu_0} \tag{6-5}$$

相对磁导率 μ_r 无量纲，不同材料的相对磁导率 μ_r 相差很大，见表 6-1。由表 6-1 中可见铸钢、硅钢片、铁氧磁体及坡莫合金等磁性材料的相对磁导率比非磁性材料要高 10^2～

10^6 倍，铁磁材料的这种高导磁性能被广泛应用于电气设备中。铁磁材料的 μ_r 并不是常数，它随励磁电流和温度而变化，温度升高时铁磁材料的 μ_r 将下降或磁性全部消失。

表 6-1　不同材料的相对磁导率

材料名称	μ_r
空气、材料、铜、铝、橡胶、塑料等	1
铸铁	200～400
铸钢	500～2200
硅钢片	6000～7000
铁氧磁体	几千
坡莫合金	约十万

5. 磁动势 *F*

磁场是由电流产生的，但取决于电流与线圈匝数的乘积，把这一乘积称为磁动势或磁通势，简称磁势。磁势是磁路中产生磁通的“动力”。

$$F = NI \tag{6-6}$$

磁势的单位为安培，简称安，SI 符号为 A。

如果磁路的平均长度（即磁路中心线的长度）为 l，则磁场强度为

$$H = \frac{NI}{l} \tag{6-7}$$

磁场强度是每单位长度的磁势，又因为 $B = \mu H$，所以又有磁感应强度，即

$$B = \frac{\mu NI}{\ell} \tag{6-8}$$

【思考题】

试说明磁感应强度、磁通、磁导率和磁场强度的物理意义、相互关系和单位。

6.2　磁性材料的磁性能

物质按其导磁性能大体上分为磁性材料和非磁性材料两大类，铁、镍、钴及其合金等为磁性材料，μ_r 值很高，从几百到几万，而非磁性材料的磁导率与真空相近，都是常数，故 $\mu_r \approx 1$。因此，在具有高磁性能材料的铁芯线圈中，通入不大的励磁电流，便可产生足够大的磁通和磁感应强度，因此具有励磁电流小、磁通大的特点。

分析磁路时，首先要了解磁性材料的磁性能，主要为高导磁性、磁饱和性和磁滞性。

6.2.1　高导磁性

磁性材料的相对磁导率很高，$\mu_r \gg 1$，可达数百、数千乃至数万。这使其具有被强烈磁化（呈现磁性）的特性。

磁性物质内部形成许多小区域，其分子间存在的一种特殊的作用力，使每一区域内的分子磁场排列整齐，显示磁性，称这些小区域为磁畴。在没有外磁场作用的普通磁性物质中，各个磁畴排列杂乱无章，磁场互相抵消，整体对外不显磁性，如图 6-1（a）所示。在外磁

场作用下，磁畴方向发生变化，使之与外磁场方向趋于一致，物质整体显示出磁性来，称为磁化，即磁性物质能被磁化，如图 6-1（b）所示。

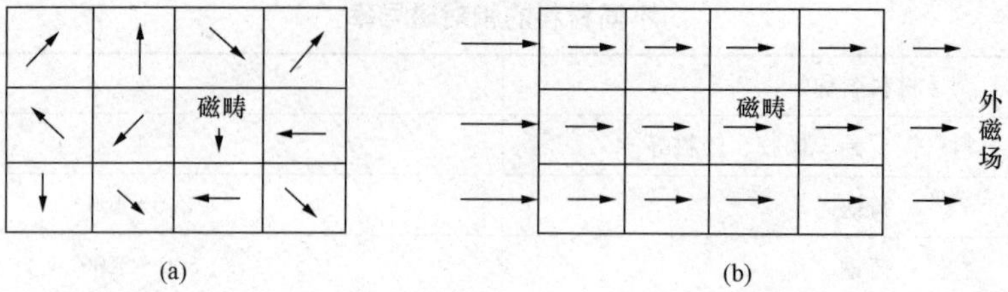

图 6-1 磁性物质的磁化

不同的介质，其导磁能力不同，而磁性材料具有极高的磁导率 μ，其值可达几百、几千甚至几万。磁导率 μ 和磁场强度 B 的关系为

$$B=\mu\frac{NI}{l}=\mu H \tag{6-9}$$

由式（6-9）可以看出，当（空心）线圈通有电流时，会产生磁场。若线圈绕制在磁性材料（如铁芯）上所构成的线圈通有电流时，会产生极高的磁场 B。反过来，若使线圈达到一定的磁感应强度，则所需的励磁电流 I 就可以大大地降低。

磁性物质的这一磁性能广泛应用于电工设备中。如电机、变压器及各种铁磁元件的线圈中都放有铁芯，在这种具有铁芯的线圈中通入不大的励磁电流，便可产生足够大的磁通和磁感应强度。这就解决了既要磁通大，又要励磁电流小的矛盾。利用优质的磁性材料可使同一容量的电机的质量和体积大大减轻和减小。

非磁性材料没有磁畴的结构，所以不具有磁化的特性。

6.2.2 磁饱和性

磁性物质由于磁化所产生的磁化磁场不会随着外磁场的增强而无限的增强。当外磁场（或励磁电流）增大到一定值时，全部磁畴的磁场都转向与外磁场一致的方向，这时磁化磁场的磁感应强度 B_J 即达到饱和值。在外磁场作用下，磁场内如果不存在磁性物质，则磁感应强度为 B_O。将磁性材料放入磁场强度为 H 的磁场内，磁性材料会受到强烈的磁化，其磁化曲线（$B-H$ 曲线）如图 6-2 所示。纵坐标 B 为 B_J 曲线 B_O 的叠加值。开始时，B 与 H 近似于成正比地增加。而后，随着 H 的增加，B 的增加缓慢降下来，最后趋于磁饱和。

磁性物质的磁导率 $\mu=B/H$，由于 B 与 H 不成正比，所以 μ 不是常数，随 H 的变化而变化（见图 6-2）。

由于磁通 Φ 与 B 成正比，产生磁通的励磁电流 I 与 H 成正比，因此，在存在磁性物质的情况下，Φ 与 I 也不成正比。

6.2.3 磁滞性

当铁芯线圈中通有大小和方向变化的电流时，铁芯就产生交变磁化，磁感应强度 B 随磁场强度 H 变化的关系如图 6-3 所示。oc 段 B 随 H 增加而增加，当磁化曲线达到 c 时，减小电流使 H 由 H_m 逐渐减小，B 将沿另一条位置较高的曲线 b 下降。当 $H=0$ 时，仍有 $B=B_r$，B_r 为剩余磁感应强度，简称剩磁。欲使 $B=0$，须通有反向电流加反向磁场 $-H_c$，H_c 称为矫顽力。当达到 $-H_m$ 时，磁性材料达到反向磁饱和。然后令 H 反向减小，曲线回升，到 $H=0$ 时相应有 $-B_r$，为反向剩磁。再使 H 从零正向增加到 H_m，即又正向磁化到饱和，便得到一条闭合的对称于坐标原点的回线。

由图可见，当 H 减到零值时，B 并未回到零值，这种磁感应强度滞后于磁场强度变化的性质称为磁性物质的磁滞性，图 6-3 所示曲线称为磁滞回线。

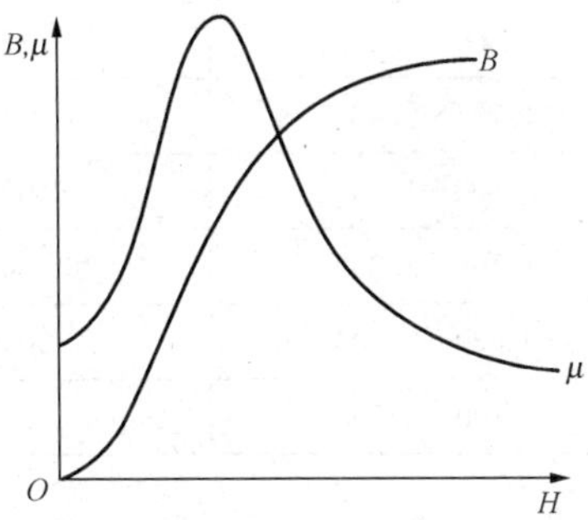

图 6-2　B、μ 与 H 的关系

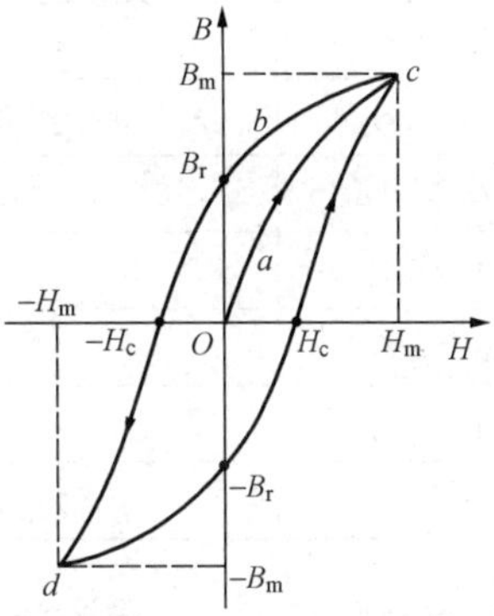

图 6-3　磁滞回线

铁芯中存在剩磁，永久磁铁的磁性就是由剩磁产生的。例如，自励直流发电机的磁极，为了产生电压，必须具有剩磁。但对剩磁也要一分为二地看待，有时它是有害的。例如，当工件在平面磨床上加工完毕后，由于电磁吸盘有剩磁，还将工件吸住，为此，要通入反向去磁电流，去掉剩磁，才能将工件取下。

磁性物质不同，其磁滞回线和磁化曲线也不同（由实验得出）。几种磁性材料的磁化曲线如图 6-4 所示。

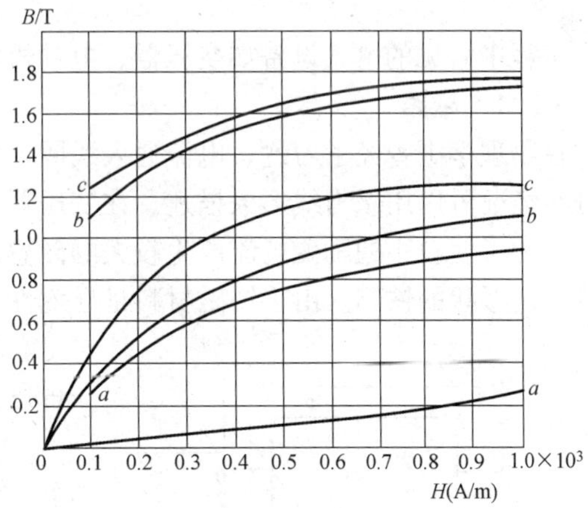

图 6-4　磁化曲线

a—铸铁；*b*—铸钢；*c*—硅钢片

6.2.4　铁磁材料的分类

按磁性物质的磁性能，磁性材料可分为以下三种类型。

1. 软磁材料

软磁材料具有较小的矫顽磁力，磁滞回线较窄，一般用于制造电机、电器及变压器等的铁芯。常用的有铸铁、硅钢、坡莫合金及铁氧体等。铁氧体在电子技术中应用也很广泛，如用于制作计算机的磁芯、磁鼓及录音机的磁带、磁头等。

2. 永磁材料

永磁材料具有较大的矫顽磁力，磁滞回线较宽。一般用于制造永久磁铁。常用的有碳钢及铁镍铝钴合金等。近年来稀土永磁材料发展很快，像稀土钴、稀土钕铁硼等，其矫顽磁力很大。

3. 矩磁材料

矩磁材料具有较小的矫顽磁力和较大的剩磁，磁滞回线接近矩形，稳定性良好。在计算机和控制系统中可用作记忆元件、开关元件和逻辑元件。常用的有镁锰铁氧体及 1J51 型铁镍合金等。

常用的几种磁性材料的最大相对磁导率、剩磁及矫顽磁力见表 6-2。

表 6-2　　常用磁性材料的最大相对磁导率、剩磁和矫顽磁力

材料名称	u_{rmax}	B_r/T	H_c（A/m）
铸铁	200	0.475～0.500	880～1040
硅钢片	8000～10 000	0.800～1.200	32～64
坡莫合金（78.5%Ni）	20 000～200 000	1.100～1.400	4～24
碳钢（0.45%C）		0.800～1.100	2400～3200
铁镍铝钴合金		1.100～1.350	40 000～52 000
稀土钴		0.600～1.000	320 000～690 000
稀土钕铁圈		1.100～1.300	600 000～900 000

【思考题】

1. 铁磁物质在磁化过程中有哪些特点？
2. 起始磁化曲线、磁滞回线和基本磁化曲线有哪些区别？它们是如何形成的？
3. 铁磁物质有几种类型，各有什么特点？

6.3 磁路及其基本定律

工程中常见的电气设备如变压器、电动机等，不仅包含电路部分，而且还有磁路部分。

6.3.1 磁路

在物理学中曾经学习过，电流通入线圈，在线圈内部及周围就会产生磁场，磁场在空间的分布情况可以用磁力线形象描述。在变压器、电动机和各种铁磁元件等电气设备和测量仪表中，为了使较小的励磁电流产生较大的磁感应强度（磁场），常采用磁导率高的磁性材料做成一定形状的铁芯。由于铁磁材料是导磁性能良好的物质，其磁导率比其他物质的磁导率大得多，能把分散的磁场集中起来，使磁力线绝大部分通过铁芯形成闭合的磁路。

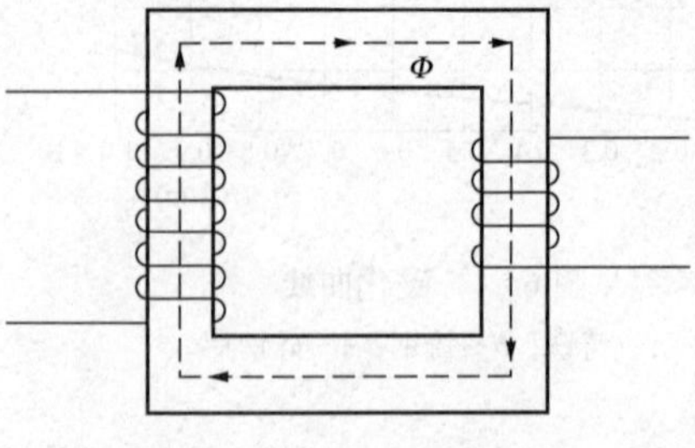

图 6-5　均匀磁路

所谓磁路就是经过这些磁材料构成的磁通路径，它是一个闭合的通路。图 6-5 所示是变压器的磁路，磁通经过铁芯闭合，铁芯中磁场均匀分布，这种磁路也称为均匀磁路；图 6-6 所示的交流发电机和接触器的磁路中，磁通都经过铁芯和空气隙闭合，磁场分布不均，所以又称为不均匀磁路。

当线圈中通以电流后，沿铁芯、衔铁和工作气隙构成回路的这部分磁通称为主磁通，占总磁通的绝大部分，指没有经过工作气隙和衔铁，而经空气自成回路的这部分磁通称为漏磁通。磁通经过的闭合路径称为磁路。磁路也像电路一样，分为有分支磁路和无分支磁路。在无分支磁路中，通过每一个横截面的磁通都相等。

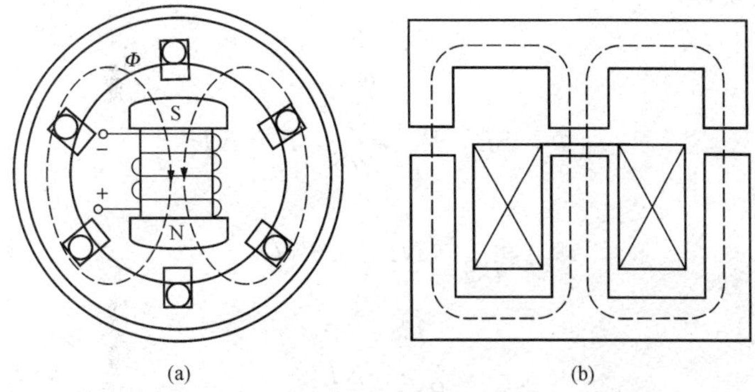

图6-6　不均匀磁路

(a) 交流发电机的磁路；(b) 接触器的磁路

6.3.2　磁路中的基本定律

1. 磁路欧姆定律

磁路中也有类似电路欧姆定律的磁路欧姆定律，它是分析磁路的基本定律。

以图6-7所示铁芯线圈为例，媒质是均匀的，磁导率为 μ，根据式（6-3）得

$$NI=Hl=\frac{B}{\mu}l=\frac{\Phi}{\mu s}l \quad （N 为线圈匝数） \tag{6-10}$$

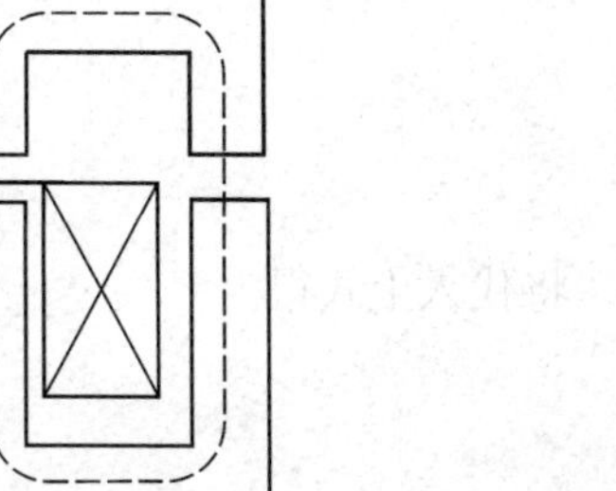

图6-7　磁路

因此，可以得到磁路欧姆定律的基本关系式为

$$\varphi=\frac{NI}{R_m}=\frac{F}{R_m} \tag{6-11}$$

式中：Φ 为磁通（对应于电流）；$F=NI$ 为磁通势（对应于电动势）；R_m 为磁阻（对应于电阻）。

而磁阻在计算时也有类似电阻计算的关系式为

$$R_m=\frac{l}{\mu S} \tag{6-12}$$

式中：l、μ、S 分别为磁路长度、铁磁材料的磁导率和磁路截面积。

磁通势（磁动势）F，实验表明通电线圈产生的磁场强弱与线圈内通入电流 I 的大小及线圈的匝数 N 成正比，把 I 与 N 的乘积称为磁通势，即

$$F=NI \tag{6-13}$$

式中：磁通势的单位为安（A）。

从以上的分析可知，磁路中的某些物理量与电路中的某些物理量有对应关系，同时磁路中某些物理量之间与电路中某些物理量之间也有相似的关系。磁路与电路对应的物理量及其关系式见表6-3。

表6-3　磁路与电路对应的物理量及其关系式

电　路	磁　路
电流 I	磁通 Φ
电阻 $R=\rho\frac{1}{s}$	磁阻 $R_m=\frac{1}{\mu S}$
电阻率 ρ	磁导率 μ
电动势 E	磁通势 $F=NI$
电路欧姆定律	磁路欧姆定律

2. 全电流定律（安培环路定律）

全电流定律是磁场计算中的一个重要定律，可根据如下公式推导而来。

根据磁路欧姆定律

$$\Phi=\frac{F}{R_{\mathrm{m}}}$$

$$\Phi=SB,\ R_{\mathrm{m}}=\frac{l}{\mu S},\ F=NI$$

将代入上式得

$$BS=\frac{NI}{\dfrac{l}{\mu S}}=\frac{\mu SNI}{l} \tag{6-14}$$

即

$$B=\mu\frac{NI}{l} \tag{6-15}$$

又因为 $B=\mu H$，所以

$$H=\frac{NI}{l}\text{ 或 }Hl=NI \tag{6-16}$$

上式表明，磁路中磁场强度 H 与磁路的平均长度 l 的乘积，在数值上等于磁场的磁通势，称为全电流定律。

磁场强度 H 与磁路平均长度 l 的乘积，又称为磁位差，用符号 U_{m} 表示，即

$$U_{\mathrm{m}}=lH \tag{6-17}$$

若研究的磁路具有不同的截面，并且是由不同的材料（如铁芯和气隙）构成的，则可以把一个磁路分成许多段来考虑，即把同一截面、同一材料划为一段，可得

$$NI=l_1H_1+l_2H_2+\cdots+l_nH_n \tag{6-18}$$

【例 6-1】 一闭合的均匀铁芯线圈，匝数为 600 匝，铁芯中的磁感应强度为 0.8T，磁路的平均长度为 55cm，试求：

(1) 铁芯材料为铸铁时线圈中的电流；

(2) 铁芯材料为铸钢时线圈中的电流。

解 (1) 查图 6-4 所示铸铁材料的磁化曲线，当 $B=0.8\mathrm{T}$ 时，磁场强度 $H=5700\mathrm{A/m}$，则

$$I=\frac{Hl}{N}=\frac{5700\times0.55}{600}=5.23(\mathrm{A})$$

(2) 查图 6-4 所示铸钢材料的磁化曲线，当 $B=0.8\mathrm{T}$ 时，磁场强度 $H=400\mathrm{A/m}$，则

$$I=\frac{Hl}{N}=\frac{400\times0.55}{600}=0.37(\mathrm{A})$$

由［例 6-1］可见，如果要得到相等的磁感应强度，采用磁导率高的铁芯材料，可以降低线圈电流，减少用铜量。

【例 6-2】 有一线圈匝数为 1500 匝，套在铸钢制成的闭合铁芯上，铁芯的截面积为 $10\mathrm{cm}^2$，长度为 75cm，问：

(1) 如果要在铁芯中产生 0.001Wb 的磁通，线圈中应通入多大的直流电流？

(2) 若线圈中通入 2.5A 电流，则铁芯中的磁通多大？

解 (1) 铁芯中的磁感应强度为

$$B=\frac{\Phi}{S}=\frac{0.001}{10\times10^{-4}}=1(\mathrm{T})$$

查铸钢材料的磁化曲线，当 $B=1\text{T}$ 时，磁场强度 $H=700\text{A/m}$，线圈中应通入的电流

$$I=\frac{Hl}{N}=\frac{700\times0.75}{1500}=0.35(\text{A})$$

（2）当线圈中通入 2.5A 电流时，有

$$H=\frac{IN}{l}=\frac{2.5\times1500}{0.75}=5000(\text{A/m})$$

查铸钢磁化曲线，当 $H=5000\text{A/m}$ 时，磁感应强度 $B=1.6\text{T}$，铁芯中的磁通为

$$\Phi=B\times S=1.6\times0.001=0.0016(\text{Wb})$$

【思考题】

1. 请比较磁路与电路的区别与联系。
2. 说明磁路全电流定律的内容。

6.4　交流铁芯线圈

铁芯线圈分为直流铁芯线圈和交流铁芯线圈两种。直流铁芯线圈通直流来励磁，如直流电机的励磁线圈、电磁吸盘及各种直流电器的线圈，而交流铁芯线圈通交流来励磁，如交流电机、变压器及各种交流电器的线圈。

分析直流铁芯线圈比较简单。因为励磁电流是直流，产生的磁通是恒定的，在线圈和铁芯中不会感应出电动势；在一定电压下，线图中的电流 I 只与线圈本身的电阻 R 有关，功率损耗也只有 RI^2。而交流铁芯线圈在电磁关系、电压电流关系及功率损耗等几个方面和直流铁芯线圈均有所不同。

6.4.1　电磁关系

图 6-8 所示为交流铁芯线圈电路，线圈的匝数为 N，线圈的电阻为 R，当在线圈两端加上交流电压时，磁通势 Ni 产生的绝大部分磁通通过铁芯而闭合，这部分磁通称为主磁通或工作磁通 Φ，此外还有很少的一部分磁通经过空气或其他非导磁介质而闭合，这部分磁通称为漏磁通 Φ_S。这两个磁通在线圈中产生主磁电动势 e 和漏磁电动势 e_S 两个感应电动势。

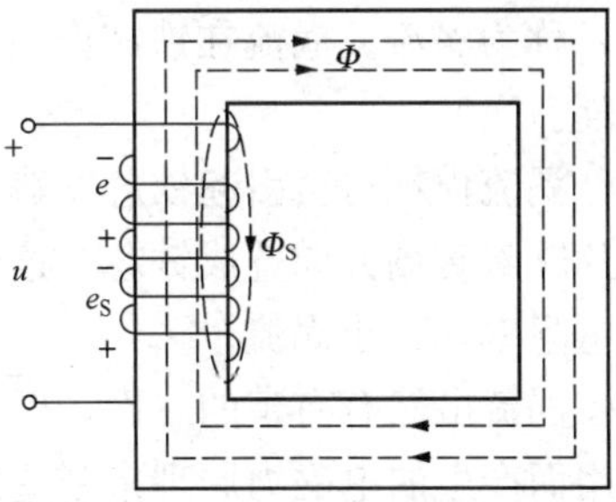

图 6-8　交流铁芯线圈电路

因为主要漏磁通不经过铁芯，所以励磁电流 i 与 Φ_S 之间可认为呈线性关系，铁芯线圈的漏磁电感为

$$L_S=\frac{N\Phi_S}{i}=\text{常数} \tag{6-19}$$

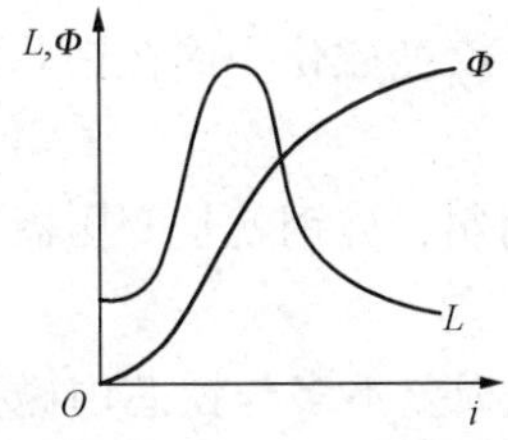

图 6-9　Φ、L 与 i 的关系

但主磁通通过铁芯，所以 i 与 Φ 之间不存在线性关系，如图 6-9 所示。铁芯线圈的主磁电感 L 不是一个常数，因此，铁芯线圈是一非线性电感元件。

6.4.2　电流电压关系

设电压、电流和磁通及感应电动势的参考方向如图 6-8 中所示。由基尔霍夫电压定律有

$$u+e+e_s-Ri=0 \tag{6-20}$$

或

$$u=Ri+(-e)+(-e_s) \tag{6-21}$$

大多数情况下，线圈的电阻 R 很小，漏磁通 Φ_S 较小，即

$$u=-e \tag{6-22}$$

根据法拉第电磁感应定律有

$$e=-N\frac{d\Phi}{dt} \tag{6-23}$$

得

$$u=N\frac{d\Phi}{dt} \tag{6-24}$$

由于电源电压与产生的磁通同频变化，设 $\Phi=\Phi_m\sin\omega t$，则

$$u=\omega N\Phi_m\sin(\omega t+90°)=2\pi fN\Phi_m\sin(\omega t+90°) \tag{6-25}$$

电压的有效值为

$$U=\frac{1}{\sqrt{2}}\omega N\Phi_m=\frac{2\pi}{\sqrt{2}}fN\Phi_m=4.44fN\Phi_m \tag{6-26}$$

即当铁芯线圈上加以正弦交流电压时，铁芯线圈中的磁通也是按正弦规律变化，在相位上，电压超前于磁通 90°，在数值上，端电压有效值为 $U=4.44fN\Phi_m$。

6.4.3 功率损耗

在交流铁芯线圈中，除线圈电阻 R 上有功率损耗 RI^2（铜损）外，在交变磁通作用下，铁芯中也有功率损耗，称为铁损。铁损主要由两部分组成。

1. 涡流损耗

由涡流所产生的铁损称为涡流损耗 ΔP_e。

铁芯中的交变磁通 $\Phi(t)$ 在铁芯中感应出电压，由于铁芯也是导体，便产生一圈圈的电流，称为涡流。涡流在铁芯内流动时，在所经回路的导体电阻上产生的能量损耗称为涡流损耗。

涡流损耗也会引起铁芯发热。减少涡流损耗的途径有两种：一是用较薄的彼此绝缘的硅钢片顺着磁场方向叠成铁芯，这样可以将涡流限制在较小的截面内流通；二是提高铁芯材料的电阻率来减小涡流。

涡流虽然有有害的一面，但是有时候也有有利的一面。例如，可以利用涡流和磁场相互作用而产生的电磁力原理来制造感应式仪器及涡流测距器等，还可以利用涡流的热效应来冶炼金属。

2. 磁滞损耗

由磁滞所产生的铁损称为磁滞损耗 ΔP_h。

铁磁性物质在反复磁化时，磁畴反复变化，磁滞损耗是克服各种阻滞作用而消耗的那部分能量。磁滞损耗的能量转换为热能而使磁性材料发热。可以证明，交变磁化一周在铁芯的单位体积内所产生的磁滞损耗能量与磁滞回线所包围的面积成正比。

为了减小磁滞损耗，一般交流铁芯都采用磁滞回线狭小的软磁材料。硅钢就是变压器和电机中较常用的铁芯材料。

在交变磁通的作用下，铁芯内的这两种损耗合称铁损 ΔP_{Fe}。铁损差不多与铁芯内磁感应强度的最大值 B_m 的平方成正比，故 B_m 不宜选得过大，一般取 (0.8 ~ 1.2)T。

综上所述，铁芯线圈交流电路的有功功率为

$$P = UI\cos\Phi = RI^2 + \Delta P_{Fe} \tag{6-27}$$

【思考题】

1. 交流铁芯线圈的损耗有几种？分别由何原因引起？

2. 铁芯线圈接到电压有效值一定的电压源上，若铁芯上增加一空气隙，则将使磁通、电流有效值有何变化？

6.5 变压器与电磁铁

变压器是根据电磁感应原理将某一等级的交流电压或电流变换成同频率的另一等级的交流电压或电流的一种常见的电气设备。它的基本作用是将一种等级的交流电变换成另外一种等级的交流电。单相变压器具有变换电压、电流和阻抗的作用，它在电力系统和电子电路中得到广泛的应用。

6.5.1 变压器

1. 变压器的基本结构

变压器的种类很多，结构形式多种多样，但基本结构及工作原理都相类似。变压器主要部件由铁芯和线圈（或称绕组）组成。图 6-10 所示是变压器符号。铁芯是磁路部分，绕组是电路部分，它们两个构成变压器的主体，将它们装配在一起称为变压器的器身。

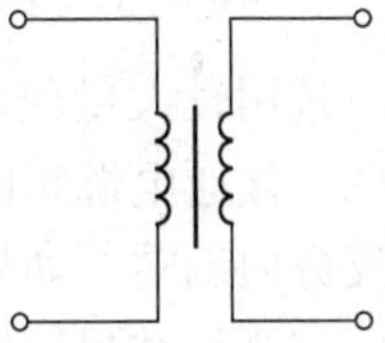

图 6-10　变压器图形符号

铁芯的基本结构形式有芯式（小容量）和壳式（容量较大）两种，如图 6-11 所示。壳式单相变压器的绕组被铁芯包围，仅用于小功率的单相变压器和特殊用途的变压器。芯式单相变压器的绕组环绕着铁芯柱，是应用最多的一种结构型式。

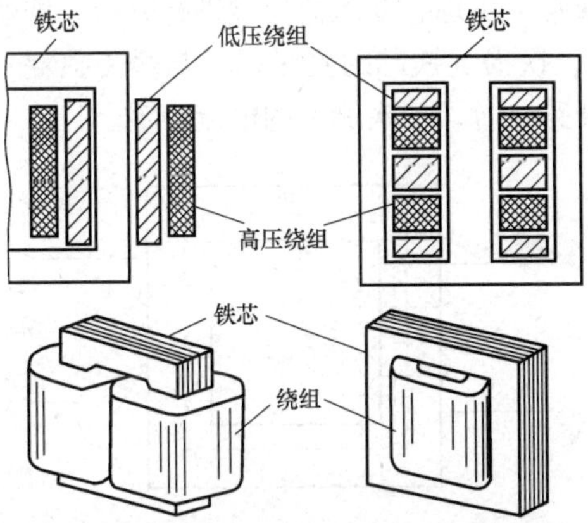

图 6-11　变压器的基本结构

铁芯不但是变压器的磁路，也是变压器的机械骨架。铁芯一般是由导磁性能较好的 0.35～0.55mm 厚表面涂有绝缘漆的硅钢片交错叠压而成，这样可以提高磁路的导磁性能，避免在交流电源作用下铁芯中产生较大的涡流损耗。

变压器的绕组起着输入和输出电能的作用。由漆包铜线或铝线在绝缘筒上绕成。与电源相接的线圈，称为一次绕组，其电磁量用下标数字“1”表示；与负载相接的线圈称为二次绕组，其电磁量用下标数字“2”表示。通常一次绕组和二次绕组匝数不相等，匝数多的线圈电压高，称为高压绕组，匝数少的线圈电压低，称为低压绕组。

由于有铁损的存在，铁芯不可避免地会发热，因此，变压器要有冷却系统。小容量变压器采用自冷式，中大容量变压器采用油冷式。

2. 变压器同名端判断

在使用多绕组变压器时，常常需要弄清各绕组引出线的同名端或异名端，才能正确将线圈并联或串联使用。所谓同名端是指在同一交变磁通的作用下，两个绕组上所产生的感应瞬时极性始终相同的端子，同名端又称同极性端，常用“·”或“*”进行标明。那么应该怎样来判断线圈的同名端呢?

任找一组绕组线圈接上 1.5～3V 电池，然后将其余各绕组线圈抽头分别接在直流毫伏表或直流毫安表的正、负接线柱上。接通电源的瞬间，表的指针会很快摆动一下，如果指针向正方向偏转，则接电池正极的线头与接电表正极接线柱的线头为同名端，如果指针反向偏转，则接电池正极的线头与接电表负接线柱的线头为同名端。

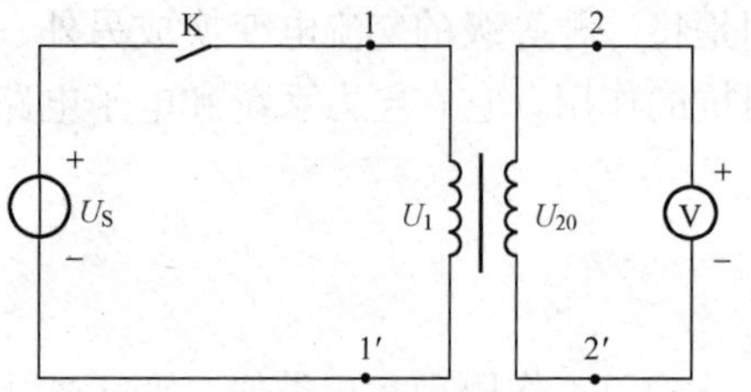

图 6-12 同名端的测定

按照图 6-12 所示电路原理图接线，电路连接无误后，闭合电源开关 K。在 K 闭合瞬间，如果电压表指针正向偏转，说明 1 和 2 是同名端；如果指针反向偏转，则 1 和 2′是同名端。

在测试时应注意以下两点。

(1) 若变压器的匝数较多的绕组接电池，电表应选用最小量程，使指针摆动幅度较大，以利于观察；若变压器的匝数较少的绕组接电池，电压表应选用较大量程，以免损坏电表。

(2) 接通电源瞬间，指针会向某一个方向偏转，但断开电源时，由于自感作用，指针将向相反方向倒转。如果接通和断开电源的间隔时间太短，很可能只看到断开时指针的偏转方向，而把测量结果搞错。所以接通电源后要等几秒钟后再断开电源，也可以多测几次，以保证测量的准确。

3. 变压器的工作原理

为便于讨论变压器的工作原理和基本作用，通常采用理想变压器模型进行分析，即假设变压器无漏磁、铜损（导线电阻产生的功率损耗）、铁损（铁芯的磁滞损耗与涡流损耗）均可以忽略，并且当空载运行（二次侧不接负载、开路）时，一次侧中的电流为零。

变压器依据电磁感应原理工作，它的基本工作原理可以用图 6-13 来说明。

(1) 空载工作原理。为了便于分析，将一次绕组和二次绕组分别画在两边，电路如图 6-13 所示，设一次、二次绕组的匝数分别为 N_1、N_2。当一次绕组接上交流电压 u_1 时，一次绕组中有电流 i_0 通过，一次绕组的磁动势 $N_1 i_1$ 产生的磁通大部分通过铁芯而闭合，从而在二次绕组中感应出电动势。

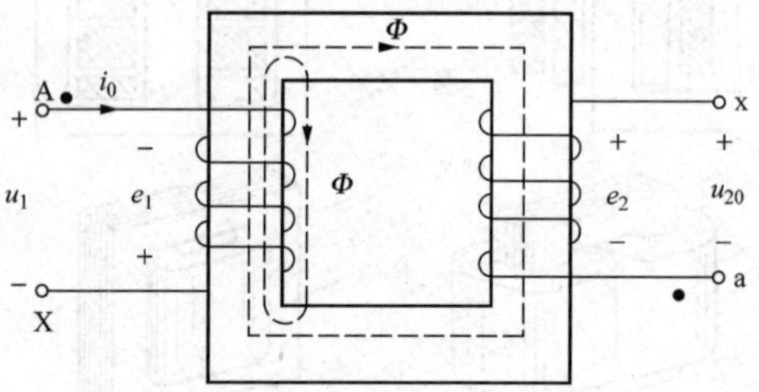

图 6-13 变压器的空载变压原理图

根据电磁感应定律，一、二次侧中感应电动势分别为

$$E_1 = 4.44 f \Phi_m N_1 \quad E_2 = 4.44 f \Phi_m N_2 \tag{6-28}$$

得到
$$\frac{E_1}{E_2}=\frac{N_1}{N_2}=n \tag{6-29}$$
忽略线圈电阻，可以得到
$$\frac{U_1}{U_{2o}}\approx\frac{N_1}{N_2}=n \tag{6-30}$$
式中：n 称为变压器的变压比，简称变比。

由此可见，理想变压器的一、二次端电压之比等于两线圈的匝数之比。当 $n>1$ 时，$U_1>U_2$，此变压器为降压变压器；当 $n<1$ 时，$U_1<U_2$，此变压器为升压变压器。

（2）有载工作原理。电路如图 6-14 所示，对于理想变压器，由于忽略其内部损耗，则一次绕组的容量与二次绕组的相等，即
$$U_1I_1=U_2I_2 \tag{6-31}$$
$$\frac{U_1}{U_2}=\frac{I_2}{I_1}=\frac{N_1}{N_2}=n \tag{6-32}$$
由此可见，理想变压器一、二次侧中的电流之比等于匝数的反比。也就是说"高"压绕组通过"小"电流，"低"压绕组通过"大"电流。因此外观上，变压器的高压线圈匝数多，通过的电流小，以较细的导线绕制；低压线圈匝数少，通过的电流大，要用较粗的导线绕制。

综上所述，变压器是利用电磁感应原理，将一次绕组从电源吸收的电能传递给二次绕组所连接的负载，来实现能量的传递，使匝数不同的一次、二次绕组中感应出大小不等的电动势来实现电压等级的变换，这就是变压器的基本工作原理。

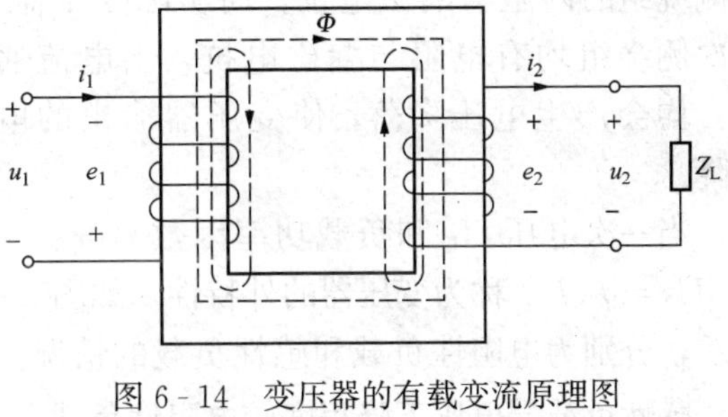

图 6-14　变压器的有载变流原理图

（3）阻抗变换作用。理想变压器变换阻抗的作用可通过输入电阻的概念分析得到。如图 6-15（a）所示，负载阻抗模 $|Z|$ 接在变压器的二次侧，而中间的虚线框部分可以用一个阻抗模 $|Z'|$ 来等效代替，变压器的输入阻抗则为
$$|Z'_L|=\frac{U_1}{I_1}=\left(\frac{N_1}{N_2}U_2\right)\times\left(\frac{N_1}{N_2I_2}\right)=\left(\frac{N_1}{N_2}\right)^2\frac{U_2}{I_2}=n^2|Z_L| \tag{6-33}$$

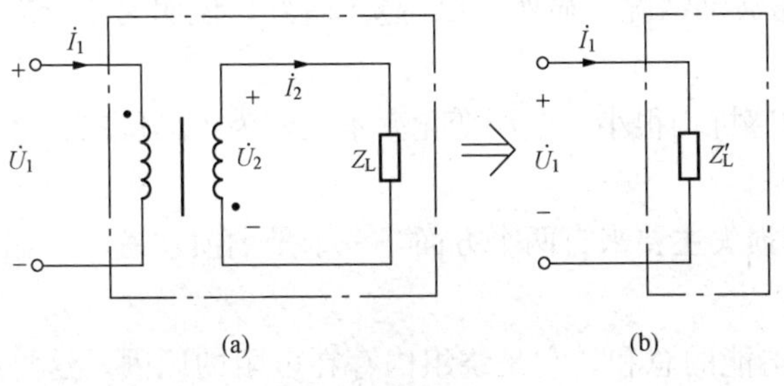

图 6-15　理想变压器的阻抗变换

由此可见，当变压器工作时，可以采用不同的匝数比将负载阻抗模变换为所需要的、比较合适的数值，这种做法称为阻抗匹配。其输入阻抗为实际负载阻抗的 n^2 倍，也就是说，负载阻抗折算到电源侧的阻抗值为 $n^2|Z_L|$。图 6-15（b）所示为其示意图。

变压器阻抗的变换作用在电子线路中有重要应用。如在晶体管收音机中，可实现阻抗匹配，从而获得最大功率输出。

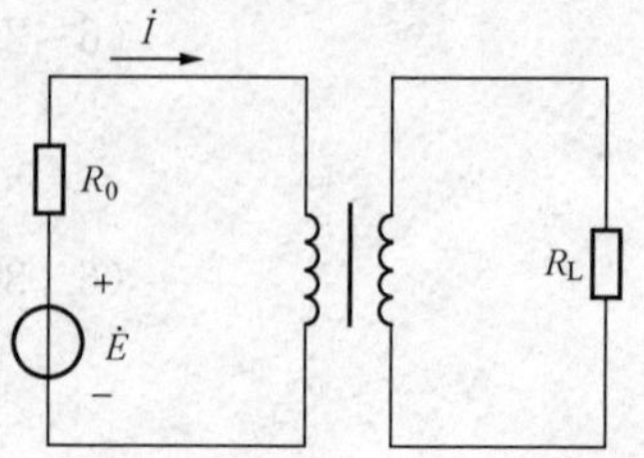

图 6-16　［例 6-3］图

【例 6-3】　如图 6-16 所示，已知交流信号源电动势 $E=120\text{V}$，内阻 $R_0=800\Omega$，负载电阻 $R_L=8\Omega$。

（1）当 R_L 折算到一次侧的等效电阻 $R'_L=R_0$ 时，求变压器的匝数比和信号源输出的功率；

（2）当将负载直接与信号源连接时，信号源的输出功率是多少？

解　（1）变压器的匝数比应为

$$\frac{N_1}{N_2}=\sqrt{\frac{R'_L}{R_L}}=\sqrt{\frac{800}{8}}10$$

信号源的输出功率为

$$P=\left(\frac{E}{R_o+R'_L}\right)^2R'_L=\left(\frac{120}{800+800}\right)^2\times800=4.5(\text{W})$$

（2）当将负载直接介质信号源上时，输出功率为

$$P=\left(\frac{120}{800+800}\right)^2\times8=0.176(\text{W})$$

4. 变压器的外特性

上面讨论的是理想变压器，即略去了一、二次侧绕组的内阻与漏磁电抗。而实际变压器一、二次侧绕组均有电阻与漏磁电抗，当电流通过时，均会产生电压降落，使变压器输出的电压下降。

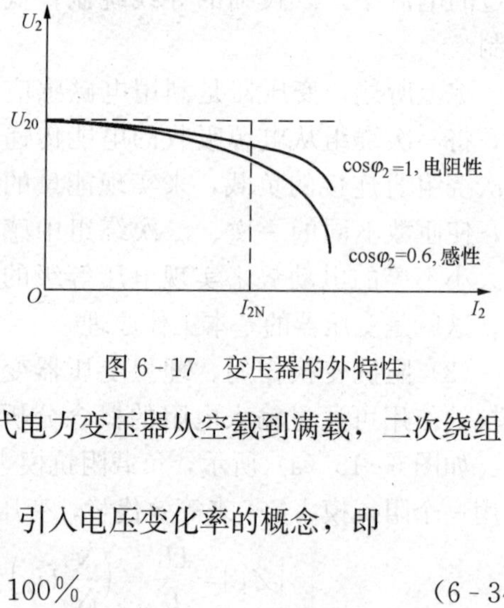

图 6-17　变压器的外特性

当一次电压 U_1 和负载功率因数 $\cos\varphi_2$ 一定时，$U_2=f(I_2)$ 称为变压器的外特性。如图 6-17 所示，分别为电阻性负载和感性负载的情况。可见，感性负载端电压下降程度较电阻性负载大。现代电力变压器从空载到满载，二次绕组的端电压下降为其额定电压的 4%～6%。

为了反映电压随负载的变化而产生的波动程度，引入电压变化率的概念，即

$$\Delta U=\frac{U_{20}-U_2}{U_{20}}\times100\% \tag{6-34}$$

式（6-34）反映变压器二次侧的电压波动情况。显然，ΔU 越小越好，说明变压器二次端电压越稳定。

在一般变压器中，由于其电阻和漏磁感抗均很小，电压变化率不大，为±5%左右。

5. 变压器的损耗与效率

与交流铁芯线圈一样，变压器的功率损失主要来自两个方面，一个是铜损，另一个就是铁损，它们分别用符号 P_{CU} 和 P_{Fe} 表示。

P_{CU}——是指变压器绕组内电阻消耗电能的总和。它是绕组内存在电阻的原因。这种损耗是与变压器所带负载的大小有关的，故称其为可变损耗。

P_{Fe}——是指变压器铁芯处在交变的磁场中，会存在涡流和磁滞损耗，电能损耗的总和，即是铁损。它的大小仅与一次电压有关，而与负载的大小无关，故又称其为不变损耗。

由以上可知，变压器的总损耗为

$$\Delta P = P_{Cu} + P_{Fe} \tag{6-35}$$

如果记变压器的输入功率为 P_1，输出功率为 P_2，则有

$$P_1 - P_2 = P_{Cu} + P_{Fe} \tag{6-36}$$

则变压器的效率为

$$\eta = \frac{P_2}{P_1} \times 100\% = \frac{P_2}{P_2 + P_{Cu} + P_{Fe}} \times 100\% \tag{6-37}$$

变压器为静止电器，功率损耗很小，所以一般是属于效率比较高的电器，通常在 95% 以上，对于一般的电力变压器，当负载为额定负载的 50%～75% 时，其效率达到最大值。

6. 变压器的铭牌和技术数据

变压器的铭牌上一般会有如图 6-18 所示标记，其含义如下：

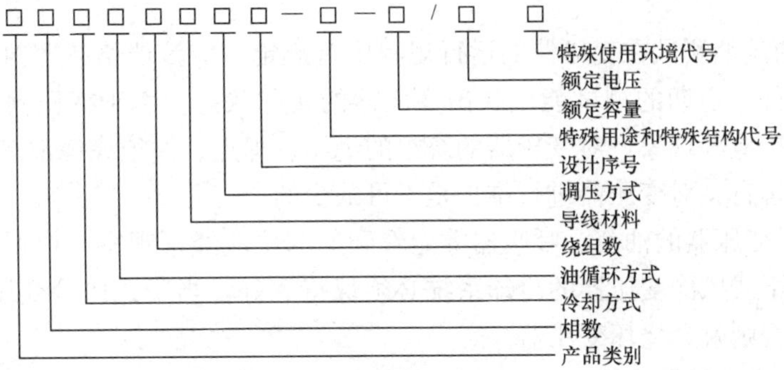

图 6-18　变压器的铭牌

（1）产品类别代号：O—自耦变压器，通用电力变压器不标；H—电弧炉变压器；C—感应电炉变压器；Z—整流变压器；K—矿用变压器；Y—试验变压器。

（2）相数：D—单相变压器；S—三相变压器。

（3）冷却方式：F—风冷式；W—水冷式，油浸自冷式和空气自冷式不标注。

（4）油循环方式：N—自然循环；O—强迫导向循环；P—强迫循环。

（5）绕组数：S—三绕组，双绕组不标注。

（6）导线材料：L—铝绕组，铜绕组不标注。

（7）调压方式：Z—有载调压，无载调压不标注。

（8）设计序号：性能水平代号。

（9）特殊用途或特殊结构代号：Z—低噪声用；L—电缆引出；X—现场组装式；J—中性点为全绝缘；CY—发电厂自用变压器。

（10）变压器的额定容量、额定电压：变压器额定容量的单位为 kVA，变压器额定电压的单位为 kV。

为了合理、安全地使用变压器，有必要知道变压器的额定值。变压器的铭牌上列出了一系列的额定值。主要的数据如额定电压、额定电流、额定容量、额定频率等，对于三相变压器电压、电流的额定值均指线值，而不是相值。

7. 变压器使用注意事项

（1）安全问题。变压器安全问题，分运行和设备自身安全问题。变压器运行安全问题首

先是设计要合理，变压器不能长期过负荷运行。由于变电站中变压器是最主要的电器元件，投资大，更改麻烦，因此要求设计人员设计要准确，使变压器长期运行在合理的情况下。其次是变压器运行的监护工作，当发生故障或运行异常时能及时消除。

设备自身安全问题。由于变电站投资不同，设备的情况差别很大。室外油浸式变压器投资小，但应按安装规程要求进行安装，特别是安全围栏在风吹日晒等自然条件下容易损坏，如不及时修理就可能发生短路、接地、人畜触电等事故。

（2）设备维护。随着全社会自动化程度的提高，人们对电的依赖性越来越强，变压器故障影响面越来越大，就电力变压器来讲，运行后看不出什么问题，但应按照规程进行维护，以免小毛病成为大毛病，从而使变压器停运或损坏。

1）变压器的定期清扫是基本维护方式。长期运行的变压器上面有许多灰尘，特别是严重污染地区，灰尘的增加会使变压器外部发生短路故障，定期清扫是一种简单而重要的维护方式。

2）变压器的定期测试在变压器的运行规程中有规定，应该严格按照执行。变压器是长期运行的电器元件，定期的测试能反映出变压器的实际状态。由于变压器运行中要产生振动、温升、电磁反应等现象，对变压器的绕组的绝缘、焊点、油绝缘等都有损害，所以，为了变压器能安全运行，对变压器进行维护是不可缺少的。

3）对于油浸变压器的油色、呼吸器等能看到的部位应经常观察，根据其变化判断变压器的运行状况。干式风冷变压器的冷却系统必须保持完好，当干式风冷变压器温度升高时，风机必须启动，否则就会烧坏变压器。

4）对于小功率变压器来讲，要选择合适的功率，以免负载过重，变压器温升过高，不但变压器被烧坏，后面的负载也被烧坏。所以，选择变压器的容量时，要留有充分的余量，以保证负载的安全。

6.5.2 电磁铁

1. 电磁铁的工作原理

电磁铁是利用通电的铁芯线圈产生的电磁吸力来吸引衔铁或保持某种机械零件、工件于固定位置以完成预期动作的一种电器。

电磁铁是将电能转换为机械能的一种电磁元件。它广泛应用在自动控制的机械传动系统，可以单独作为一类电器，如牵引电磁铁、制动电磁铁、起重电磁铁等，也可作为开关电器的一种部件，如接触器、继电器的电磁系统，断路器的电磁脱扣器等。

电磁铁主要由线圈、铁芯及衔铁三部分组成，其结构形式如图 6-19 所示。铁芯和衔铁一般用软磁材料制成。铁芯一般是静止的，线圈总是装在铁芯上。开关电器的电磁铁的衔铁上还装有弹簧。

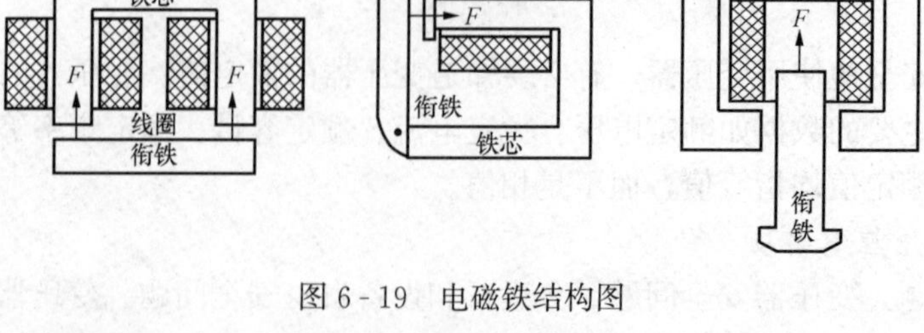

图 6-19 电磁铁结构图

当电磁铁的线圈未通电时，衔铁在弹簧的作用下，与铁芯之间保持一个比较大的气隙，这时衔铁处于释放位置状态。当线圈通电后，在线圈磁通势的作用下，建立磁场，产生磁通，其中绝大部分磁通通过铁芯和衔铁形成的闭合回路。这时铁芯和衔铁被磁化，称为极性相反的两块磁铁，它们之间产生电磁吸力。当吸力大于弹簧的反作用力时，衔铁开始向着铁芯方向运动，同时，可以通过衔铁来带动其他机械装置或部件，完成预期的自动化动作。当线圈中的电流小于某一定值或中断供电时，电磁吸力小于弹簧的反作用力，衔铁将在反作用力的作用下返回原来的释放位置。这就是电磁铁的基本工作原理。

2. 电磁铁的分类

电磁铁的结构形式很多。

(1) 按磁路系统形式可分为拍合式、盘式、E 形和螺管式。按衔铁运动方式可分为转动式和直动式。结构形式不同，电磁铁的工作特性不同，适用的场合也不同。

(2) 按其线圈电流的性质可分为支流电磁铁和交流电磁铁。直流电磁铁正常工作时，线圈中通过的是直流电，在稳定状态下铁芯中的磁通是恒定的，铁芯中没有磁滞和涡流损耗，铁芯中部产生热量。直流电磁铁的铁芯和衔铁由整块软钢或电工纯铁制成。交流电磁铁正常工作时，线圈中通过的是交流电，铁芯中的磁通是交变的，交变的磁通在铁芯中将会产生磁滞和涡流损耗，使铁芯中产生热量。为了减小铁损，铁芯和衔铁采用硅钢片叠成。

(3) 按用途分类可分为牵引电磁铁、制动电磁铁、起重电磁铁及其他类型的专用电磁铁。

牵引电磁铁主要用于自动控制设备中，用来牵引或推斥机械装置，以达到自控或遥控的目的，例如，用来开启或关闭水路、油路、气路等阀门，用以操纵金属切割机床的各种操作机构，以实现自动控制。当前常用的牵引电磁铁有 MQ1 和 MQ2 两个系列交流单相螺管式电磁铁及 MQZ1 系列小型直流电磁铁。

制动电磁铁是用来操纵制动器，以完成制动任务的电磁铁。当接通电源时，电磁铁动作而拉开弹簧，将抱闸提起，于是可以放开装在电动机轴上的制动轮，这时电动机可以自由转动，当电源断开时，电磁铁的衔铁落下，弹簧将抱闸压在制动轮上，于是电动机就被制动。通常与瓦式制动器配合使用，在电气传动装置中，用来对电动机进行机械制动，以达到准确、迅速停车的目的。常用的制动电磁铁有 MZS1 系列三相交流长行程制动电磁铁、MZZ2 系列直流长行程制动电磁铁、MZD1 系列单相交流短行程制动电磁铁、MZZ1 系列直流短行程制动电磁铁等。

起重电磁铁是用于起重、搬运铁磁性重物的电磁铁。它广泛应用于冶炼、铸造、机械制造和运输部门，在常温下搬运钢板、生铁锭、废钢屑、钢轨、铁矿石等磁性物件。在起重机中采用电磁铁制动可以避免由于工作过程中断电而使重物滑下所造成的事故。起重电磁铁为直流电磁铁，常用的起重电磁铁有 MW1 和 MW5 系列圆盘形起重电磁铁、MW2 和 MW4 系列矩形起重电磁铁、MW61 系列椭圆形起重电磁铁。

3. 电磁铁的吸力

电磁铁的一个主要参数是吸力 F，是由于线圈得电后铁芯被磁化后对衔铁的吸引力。

电磁铁吸力与铁芯和衔铁间的空气隙的截面积 S_0，空气隙中磁感应强度 B_0 有关。

(1) 对于直流电磁铁，有

$$F=\frac{10^7}{8\pi}B_0^2S_0 \tag{6-38}$$

式中：F 的单位为牛（N）。

（2）对于交流电磁铁，因为交流电磁铁中的磁场是交变的，设 $B_0=B_m\sin\omega t$，则

$$f=\frac{10^7}{8\pi}B_0^2S_O=\frac{10^7}{8\pi}B_m^2S_O\sin^2\omega t=F_m\sin^2\omega t$$

$$=\frac{1}{2}F_m-\frac{1}{2}F_m\cos^2\omega t \tag{6-39}$$

式中：F_m 为吸力的最大值，其平均值为

$$F=\frac{1}{T}\int_0^T f\,\mathrm{d}t=\frac{1}{2}F_m=\frac{10^7}{16\pi}B_m^2S_O \tag{6-40}$$

【思考题】

1. 为什么变压器的铁芯要用硅钢片叠成？能否用整块的铁芯？
2. 简述电磁铁的工作原理、主要用途及其特点。
3. 举例说明电磁铁在日常生活中的应用。

本 章 小 结

1. 磁路及其基本物理量

（1）磁感应强度 B 是描述磁场内某点磁场强弱和方向的物理量，是一个矢量，其数学表达式为

$$B=\frac{F}{Il}$$

（2）磁通 Φ 是磁感应强度 B 与面积 S 的乘积，称为该面积的磁通量，简称磁通。若磁场为均匀磁场且方向垂直于 S 面，则有 $\Phi=BS$，若 S 不是平面或 B 不与 S 垂直，则有

$$\Phi=\int_S \mathrm{d}\Phi=\int_S B\,\mathrm{d}S$$

（3）磁导率 μ 是反映物质导磁性能强弱的物理量。真空的磁导率为 $\mu_O=4\pi\times10^{-7}$ H/m，其他物质的磁导率为 $\mu=\mu_r\mu_O$，$\mu_r=\mu/\mu_O$ 为相对磁导率。非磁性物质的磁导率 $\mu_r\approx1$，磁性物质的磁导率 $\mu_r\gg1$。

（4）磁场强度 H 是计算磁场时所引用的一个物理量，也是矢量，$H=B/\mu$。

2. 铁磁材料的磁化

铁磁物质内部有许多的小磁畴，在外磁场的作用下而显示出磁性，这就是铁磁物质的磁化、铁磁材料具有高导磁性、磁饱和性和磁滞件。

3. 磁化曲线和铁磁物质的分类

磁化曲线有起始磁化曲线、磁滞回线、基本磁化曲线。

按磁性物质的磁性能，磁性材料可以分成软磁材料、永磁材料和矩磁材料三种类型。软磁材料的磁滞回线较窄，永磁材料的磁滞回线较宽，矩磁材料的磁滞回线接近矩形。

4. 交流铁芯线圈

交流铁芯线圈是非线性元件，不考虑线圈的电阻及漏磁通时，其端电压、感应电动势与

磁通的关系为

$$U \approx E = 4.44 f N \Phi_{\mathrm{m}}$$

线圈本身的电阻引起的损耗，称为铜损；交变磁通在铁芯中引起的能量损耗，称为铁损。铁损又分为涡流损耗和磁滞损耗。

5. 变压器

变压器是由铁芯和绕组构成的，是利用电磁感应定律来实现电能传递的，只有变化的电流才会产生感应电压。

单相变压器具有变换电压、变换电流及变换阻抗的作用，即

$$\frac{U_1}{U_{20}} \approx \frac{N_1}{N_2} = n \qquad \frac{I_1}{I_2} = \frac{N_2}{N_1} = \frac{1}{n} \qquad |Z'_{\mathrm{L}}| = n^2 |Z_{\mathrm{L}}|$$

同名端是指电压瞬时极性始终相同的端子。

变压器的运行特性有外特性和效率特性两种。

习　题

一、选择题（将正确的选项填入括号内）

1. 制造永久磁铁的材料应选（　　）。

(A) 软磁材料　(B) 硬磁材料　(C) 矩磁材料　(D) 非铁磁材料

2. 制造变压器的铁芯材料应选（　　）。

(A) 软磁材料　(B) 硬磁材料　(C) 矩磁材料　(D) 非铁磁材料

3. 变压器的额定电流，是指在额定运行情况下一、二次电流的（　　）。

(A) 最大值　(B) 瞬时值　(C) 有效值　(D) 初始值

4. 变压器铁芯采用硅钢片的目的是（　　）。

(A) 减小铜损　(B) 减小铁损　(C) 减小磁阻　(D) 减小电流

5. 变压器不能用来变（　　）。

(A) 电流　(B) 电压　(C) 阻抗　(D) 容量

6. 把某一数值的交变电压变换为同频率的另一数值的交变电压的装置是（　　）。

(A) 电容器　(B) 变压器　(C) 电感器　(D) 电阻器

7. 变压器一、二次电压之比与变压器一、二次绕组匝数之比（　　）。

(A) 相等　(B) 不相等　(C) 成反比　(D) 无关

8. 电压互感器一次绕组应和电源（　　）。

(A) 并接　(B) 串接　(C) 混接

9. 变压器接电源的绕组称为（　　）。

(A) 一次绕组　(B) 二次绕组　(C) 电压绕组　(D) 电流绕组

10. 变压器的损耗有（　　）。

(A) 铜损和铁损　(B) 磁滞损耗和涡流损耗

(C) 铜损和涡流损耗　(D) 铜损和磁滞损耗

11. 某理想变压器 $K = 10$，当一次绕组匝数 $N_1 = 100$ 时，二次绕组匝数 N_2 等于（　　）。

（A）10　　（B）50　　（C）100　　（D）1000

12. 某理想变压器 $K>1$ 时，$N_1>N_2$，该变压器的作用是（　　）。

（A）升压　　（B）降压　　（C）隔离　　（D）阻抗匹配

二、判断题（正确的打“√”，错误的打“×”）

1. 磁场总是由电流产生的。（　　）
2. 线圈通过的电流越大，所产生的磁场就越强。（　　）
3. 铁磁材料的磁导率很大，其值是固定的。（　　）
4. 为了减小衔铁振动，交流电磁铁铁芯都装有短路环。（　　）
5. 电磁抱闸制动器广泛用于起重机械上。（　　）
6. 变压器既可以变换电压、电流和阻抗，又可以变换频率和功率。（　　）
7. 变压器一次绕组中的电流越大，磁路中的磁通就越强。（　　）
8. 电流互感器的作用主要是扩大电压表的量程。（　　）
9. 变压器输出功率的大小取决于本身的容量。（　　）

三、计算题

1. 某变压器一次绕组电压 $U_1=220V$，二次绕组有两组绕组，其电压分别为 $U_{21}=110V$，$U_{22}=36V$。若一次绕组匝数 $N_1=440$ 匝，求二次绕组两组绕组的匝数各为多少？

2. 某晶体管收音机原配好 4Ω 的扬声器，若改接 8Ω 的扬声器，已知输出变压器的一次绕组匝数为 $N_1=250$ 匝，二次绕组匝数 $N_2=60$ 匝，若一次绕组匝数不变，问二次绕组匝数应如何变动，才能使阻抗匹配？

3. 同名端是如何定义的？如何用实验的方法判断同名端？

4. 某电力变压器的电压变化率 $\Delta U=4\%$，要使该变压器在额定负载下输出的电压 $U_2=220V$，求该变压器二次绕组的额定电压 U_{2N}。

5. 某台变压器容量为 10kV·A，铁损耗 $\Delta P_{Fe}=280W$，满载铜损耗 $\Delta P_{Cu}=340W$，求下列两种情况下变压器的效率：

（1）在满载情况下，给功率因数为 0.9（滞后）的负载供电；

（2）在 75%的负载情况下，给功率因数为 0.8（滞后）的负载供电。

第二部分

电子基础知识

第7章　半导体与放大电路

本章提要

晶体三极管是一种重要的半导体器件，其构成的放大电路可以将微弱的电信号放大成电压或电流较大的电信号。放大电路广泛地应用于生产、生活中，是各种电路的基础。而半导体材料则是构成晶体三极管的基础。

本章从半导体材料讲起，分别介绍半导体二极管、三极管的构造与特性，其次讨论由其构成的放大电路的结构、工作原理及其应用。

7.1　半导体器件

物质按导电性能可分为导体、绝缘体和半导体。物质的导电性能取决于原子结构。导体一般为低价元素，绝缘体一般为高价元素和高分子物质，半导体一般是外层电子为4。半导体的导电性能介于导体和绝缘体之间，所以称为半导体。

7.1.1　本征半导体

纯净晶体结构完整的半导体称为本征半导体。常用的半导体材料是硅和锗，它们都是四价元素，在原子结构中最外层轨道上有4个价电子，如图7-1所示。在晶体中，每个原子都和周围的4个原子用共价键的形式互相紧密地联系起来。共价键中的价电子由于热运动而获得一定的能量，其中少数能够摆脱共价键的束缚而成为自由电子，同时必然在共价键中留下空位，称为空穴。空穴带正电。在外电场作用下，自由电子产生定向移动，形成电子电流；另一方面，价电子也按一定方向依次填补空穴，即空穴产生了定向移动，形成所谓空穴电流。

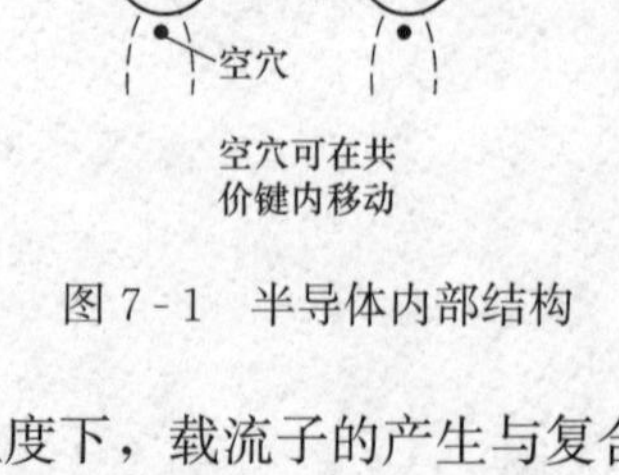

图7-1　半导体内部结构

由此可见，半导体中存在着两种载流子——带负电的自由电子和带正电的空穴。本征半导体中自由电子与空穴是同时成对产生的，因此，它们的浓度是相等的。用n和p分别表示电子和空穴的浓度，即$n_i=p_i$，下标i表示为本征半导体。价电子在热运动中获得能量摆脱共价键的束缚，产生电子—空穴对。同时自由电子在运动过程中失去能量，与空穴相遇，使电子—空穴对消失，这种现象称为复合。在一定的温度下，载流子的产生与复合过程是相对平衡的，即载流子的浓度是一定的。本征半导体中的载流子浓度，除了与半导体材料本身的性质有关外，还与温度有关，而且随着温度的升高，基本上按指数规律增加。所以半导体载流子的浓度对温度十分敏感。半导体的导电性能与载流子的浓度有关，因本征载流子在常温下的浓度很低，所以它们的导电能力很差。

7.1.2 杂质半导体

本征半导体中虽然存在两种载流子，但因本征载流子的浓度很低，所以它们的导电能力很差。当我们人为地、有控制地掺入少量的特定杂质时，其导电性将产生质的变化。掺入杂质的半导体称为杂质半导体。

1. N 型半导体

在本征半导体中掺入微量 5 价元素，如磷、锑、砷等，这就大大加强了半导体的导电能力，我们把这种掺杂的半导体称为 N 型半导体，如图 7-2 所示。在 N 型半导体中电子浓度远远大于空穴的浓度，主要靠电子导电，所以称自由电子为多数载流子（多子）；空穴为少数载流子（少子）。

2. P 型半导体

在本征半导体中，掺入微量 3 价元素，如硼、镓、铟等，这种杂质半导体中空穴是多数载流子，而自由电子是少数载流子，被称为 P 型半导体，如图 7-3 所示。

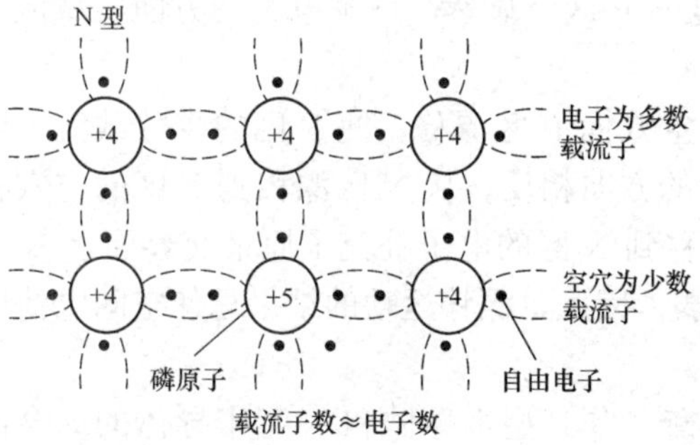

图 7-2 N 型半导体内部结构

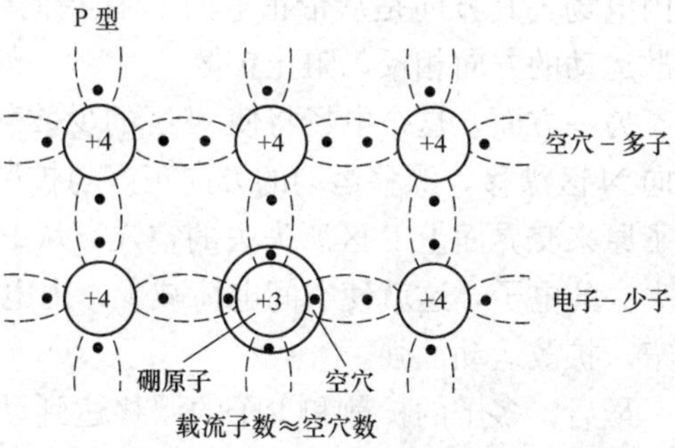

图 7-3 P 型半导体内部结构

3. 杂质半导体的导电性能

在杂质半导体中，多子是由杂质原子提供的，而本征激发产生的少子浓度则因与多子复合机会增多而大为减少。可以证明，在半导体中两种载流子的浓度的乘积是恒定值，与掺杂程度无关，即

$$pn = p_n n_n = p_p n_p = p_i n_i = p_i^2 = n_i^2 \tag{7-1}$$

由上式可知，杂质半导体中多子越多，则少子越少。

另外，杂质半导体中少子虽然浓度很低，但它对温度非常敏感，将影响半导体器件的性能。至于多子，因其浓度基本上等于杂质原子的浓度，所以受温度影响不大。

7.1.3 PN 结

PN 结是构成其他半导体的器件的基础。PN 结的内部结构如图 7-4 所示。

1. PN 结的形成

在一块完整的硅片上，用不同的掺杂工艺使其一边形成 N 型半导体，另一边形成 P 型半导体，那么在两种半导体的交界面附近就形成了 PN 结。

在 P 型半导体和 N 型半导体结合后，由于 N 区内电子很多而空穴很少，而 P 区内空穴很多电子很少，在它们的交界处就出现了电子和空穴的浓度差。这样，电子和空穴都要从浓度高的地方向浓度低的地方扩散。于是，有一些电子要从 N 型区向 P 型区扩散，也有一些空穴要从 P 型区向 N 型区扩散。它们扩散的结果就使 P 区一边失去空穴，留下了带负电的

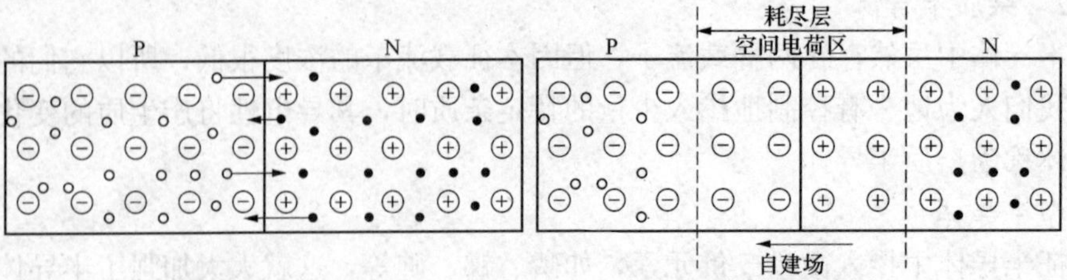

图 7-4 PN结的内部结构

杂质离子，N 区一边失去电子，留下了带正电的杂质离子。半导体中的离子不能任意移动，因此不参与导电。这些不能移动的带电粒子在 P 区和 N 区交界面附近，形成了一个很薄的空间电荷区。

在出现了空间电荷区以后，由于正、负电荷之间的相互作用，在空间电荷区就形成了一个内电场，其方向是从带正电的 N 区指向带负电的 P 区。显然，这个电场的方向与载流子扩散运动的方向相反，阻止扩散。

另一方面，这个电场将使 N 区的少数载流子空穴向 P 区漂移，使 P 区的少数载流子电子向 N 区漂移，漂移运动的方向正好与扩散运动的方向相反。从 N 区漂移到 P 区的空穴补充了原来交界面上 P 区所失去的空穴，从 P 区漂移到 N 区的电子补充了原来交界面上 N 区所失去的电子，这就使空间电荷减少，内电场减弱。因此，漂移运动的结果是使空间电荷区变窄，扩散运动加强。

最后，多子的扩散和少子的漂移达到动态平衡。在 P 型半导体和 N 型半导体的结合面两侧，留下离子薄层，这个离子薄层形成的空间电荷区称为 PN 结。PN 结的内电场方向由 N 区指向 P 区。在空间电荷区，由于缺少多子，所以也称耗尽层。

综上所述，PN 结的形成过程如下。

（1）扩散：由于浓度不同产生的运动；由于扩散产生空间电荷区，也产生电场（自建电场）。

（2）漂移：在自建电场的作用下，载流子也在电场力的作用下运动，称为漂移。

（3）动态平衡：扩散运动和漂移运动相等。

（4）耗尽层：阻挡层，形成空间电荷区。

2. PN 结的单向导电特性

在 PN 结外加不同方向的电压，就可以破坏原来的平衡，从而呈现出单向导电特性。

（1）PN 结外加正向电压。若将电源的正极接 P 区，负极接 N 区，则称此为正向接法或正向偏置。此时外加电压在阻挡层内形成的电场与自建电场方向相反，削弱了自建电场，使阻挡层变窄。扩散作用大于漂移作用，在电源的作用下，多数载流子向对方区域扩散形成电流，其方向由电源正极通过 P 区、N 区到达电源负极。

此时，PN 结处于导通状态，它所呈现出的电阻为正向电阻，其阻值很小，正向电压越大，正向电流越大。

（2）PN 结外加反向电压。若将电源的正极接 N 区，负极接 P 区，则称此为反向接法或反向偏置。此时外加电压在阻挡层内形成的电场与自建电场方向相同，增强了自建电场，使阻挡层变宽。此时漂移作用大于扩散作用，少数载流子在电场作用下作漂移运动，由于电流方向与加正向电压时相反，故称为反向电流。由于反向电流是由少数载流子所形成的，故反向电流很小，而且当外加超过零点几伏时，少数载流子基本全被电场拉过去形成漂移电流，此时反向电压再增加，载流子数也不会增加，因此反向电流也不会增加，故称为反向饱和电流，即 $I_D=-I_S$。

由于反向电流很小，此时，PN 结处于截止状态，呈现出的电阻称为反向电阻，其阻值很大，高达几百千欧以上。

可见，PN 结加正向电压，处于导通状态；加反向电压，处于截止状态，即 PN 结具有单向导电特性。

PN 结的电压与电流的关系为

$$I_D=I_S(e^{\frac{U}{U_T}}-1) \tag{7-2}$$

此方程称为 PN 结的伏安特性方程，用曲线示此方程，称为伏安特性曲线。

3. PN 结的击穿

PN 结处于反向偏置时，在一定电压范围内，流过 PN 结的电流是很小的反向饱和电流。但是当反向电压超过某一数值后，反向电流急剧增加，这种现象称为反向击穿，PN 结的击穿分为雪崩击穿和齐纳击穿。

（1）雪崩击穿。阻挡层中的载流子漂移速度随内部电场的增强而相应加快到一定程度时，其动能足以把束缚在共价键中的价电子碰撞出来，产生自由电子—空穴对，新产生的载流子在强电场作用下，再去碰撞其他中性原子，又产生新的自由电子—空穴对，如此连锁反应，使阻挡层中的载流子数量急剧增加，像雪崩一样。雪崩击穿发生在掺杂浓度较低的 PN 结中，阻挡层宽，碰撞电离的机会较多，雪崩击穿的击穿电压高，器件易烧毁。

（2）齐纳击穿。齐纳击穿通常发生在掺杂浓度很高的 PN 结内。由于掺杂浓度很高，PN 结很窄，这样即使施加较小的反向电压（5V 以下），结层中的电场却很强（可达 2.5×105V/m 左右）。在强电场作用下，会强行促使 PN 结内原子的价电子从共价键中拉出来，形成“电子—空穴对”，从而产生大量的载流子。它们在反向电压的作用下，形成很大的反向电流，出现了击穿。显然，齐纳击穿的物理本质是场致电离。

发生击穿并不意味着 PN 结被损坏。当 PN 结反向击穿时，只要注意控制反向电流的数值（一般通过串接电阻 R 实现），不使其过大，以免因过热而烧坏 PN 结，当反向电压降低时，PN 结的性能就可以恢复正常。稳压二极管正是利用了 PN 结的反向击穿特性来实现的，当流过 PN 结的电流变化时，结电压保持基本不变。

【思考题】

1. 什么是半导体？为什么要研究半导体？
2. 半导体导电有哪些粒子？N 型半导体主要靠什么导电？
3. P 型半导体是在本征半导体中掺入了几价的杂质？呈什么电性？
4. PN 结是如何形成的？
5. PN 结的主要特性是什么？

7.2　半导体二极管

半导体二极管是由 PN 结加上引线和管壳构成的。

7.2.1　二极管的种类

二极管按材料分为硅二极管和锗二极管。

二极管按结构分为点接触二极管、面接触二极管、硅平面型二极管。

1. 点接触二极管

点接触二极管的特点是结面积小，因而结电容小，适用于高频下工作，主要应用于小电流的整流和检波、混频等，如图 7-5 所示。其中阳极引线接二极管的正极。

2. 面接触二极管

面接触二极管的特点是结面积大，因而能通过较大的电流，但结电容也大，只能工作在较低频率下，可用于整流，如图 7-6 所示。

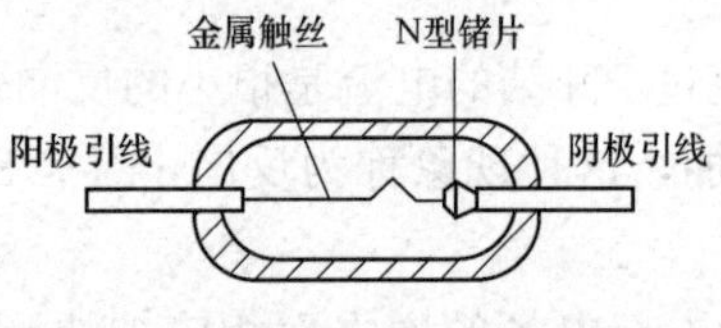

图 7-5　点接触二极管内部结构

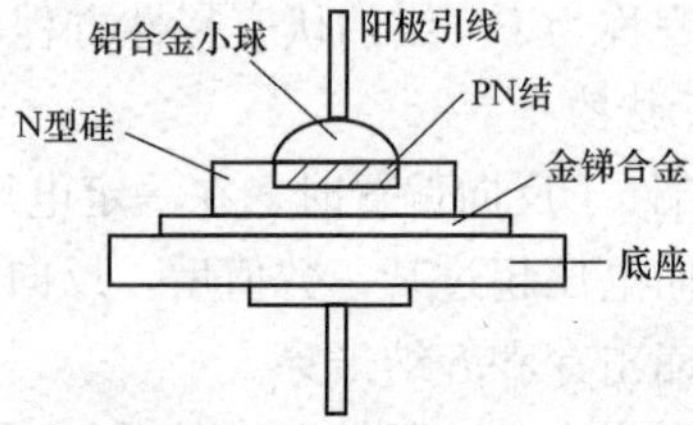

图 7-6　面接触二极管内部结构

3. 硅平面型二极管

结面积大的，可通过较大的电流，适用于大功率整流；结面积小的，结电容小，适用于在脉冲数字电路中作开关管。

二极管的符号如图 7-7 所示。

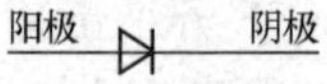

图 7-7　二极管符号

7.2.2　二极管的特性曲线

二极管的本质是一个 PN 结，但是对于真实的二极管器件，考虑到引线电阻和半导体的体电阻及表面漏电等因素的影响。二极管的特性与 PN 结略有差别。实测特性曲线如图 7-8 所示。

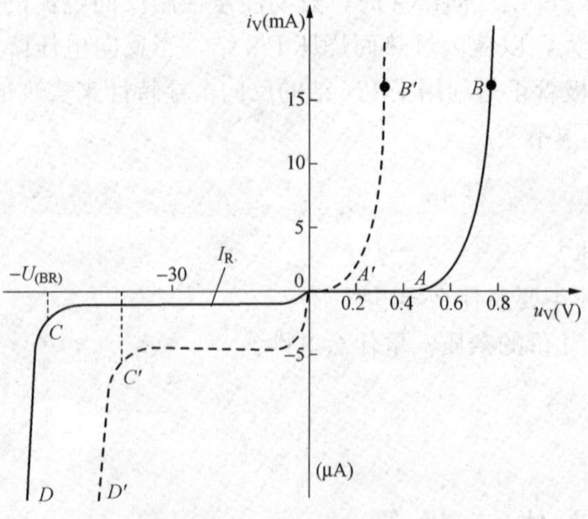

图 7-8　二极管伏安特性曲线

1. 正向特性

正向电压低于某一数值时，正向电流很小，只有当正向电压高于某一值后，才有明显的正向电流。该电压称为门限电压或死区电压，用 U_{th} 表示。在室温下，硅管的 U_{th} 为 0.5V 左右，当电压增加到 U_{on} 时，电流突飞向上。硅管的 U_{on} 为 0.6～0.8V，如图 7-8 曲线 AB 所示，锗管的 U_{on} 为 0.1～0.3V，如图 7-8 曲线 AB' 所示。通常认为，当正向电压 $U<U_{on}$ 时，二极管截止；$U>U_{on}$ 时，二极管导通。

2. 反向特性

二极管加反向电压，反向电流数值

很小，且基本不变，称为反向饱和电流。硅管的反向饱和电流为纳安（nA）数量级，锗管为微安数量级。当反电压加到一定值时，反向电流急剧增加，产生击穿，如图 7-8 曲线 *CD* 所示。普通二极管反向击穿电压一般在几十伏以上（高反压管可达几千伏）。

3. 温度特性

二极管的特性对温度很敏感，温度升高，正向特性曲线向左移，反向特性曲线向下移。其规律是：在室温附近，在同一电流下，温度每升高 1℃，正向电压减小 2～2.5mV；温度每升高 10℃，反向电流增大约 1 倍。

4. 二极管的主要参数

描述器件的物理量，称为器件的参数。它是器件特性的定量描述，也是选择器件的依据。各种器的参数可由手册查得。二极管的主要参数如下：

（1）最大整流电流 I_F。

（2）最大反向工作电压 U_R。

（3）反向电流 I_R。

（4）最高工作频率 f_M。

7.2.3 半导体二极管电路分析

1. 理想二极管及二极管特性的折线近似

（1）理想二极管模型，如图 7-9 所示。

忽略二极管的导通电阻，称为二极管理想模型。

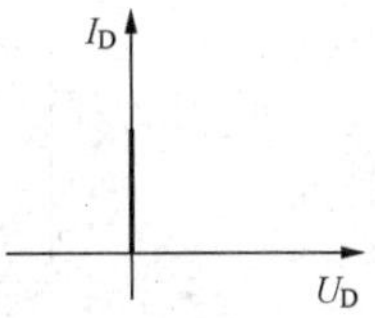

图 7-9 理想二极管模型

（2）特性曲线的折线模型，如图 7-10 所示。

外加电压远大于二极管的导通电压时，将二极管的特性曲线用从坐标原点出发的两段折线逼近，一段为横线，一段为竖线，称为二极管的折线模型。

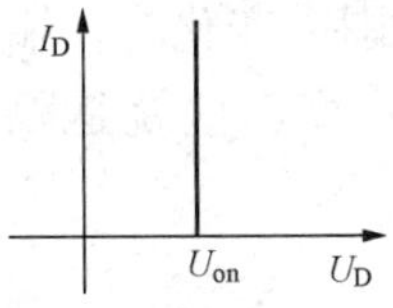

图 7-10 特性曲线的折线模型

综上所述：理想二极管可以等效为开关，导通时相当于导线，不导通相当于断路；非理想二极管不导通时也相当于断路，导通时可等效为一个电压源。

2. 二极管电路分析（理想和非理想）

【例 7-1】 硅二极管，$R=2k\Omega$，分别用二极管理想模型和恒压降模型求出 $V_{DD}=2V$ 和 $V_{DD}=10V$ 时 I_O 和 U_O 的值，如图 7-11 所示。

解 $V_{DD}=2V$，则理想

$$U_O=V_{DD}=2V$$

$$I_O=V_{DD}/R=2/2=1(mA)$$

恒压降 $U_O=V_{DD}-U_D$（on）$=2-0.7=1.3$（V）。

$$I_O=U_O/R=1.3/2=0.65(mA)$$

$$V_{DD}=10(V)$$

理想 $I_O=V_{DD}/R=10/2=5$（mA）

恒压降 $U_O=10-0.7=9.3$（V）

$$I_O=9.3/2=4.65(mA)$$

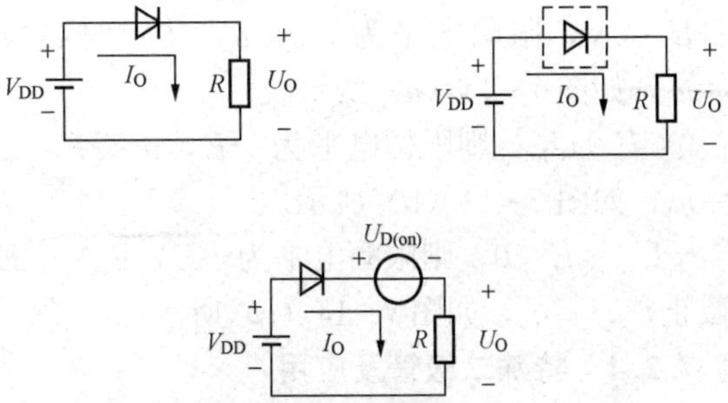

图 7-11 ［例 7-1］图

【例 7-2】 二极管构成“门”电路，设 VD1、VD2 均为理想二极管，当

输入电压 U_A、U_B 为低电压 0V 和高电压 5V 的不同组合时，求输出电压 U_O 的值，如图 7-12 所示。

解 输出电压 U_O 的值见表 7-1。

表 7-1 **［例 7-2］输入＼输出数值**

输入电压		理想二极管		输出电压（V）
U_A	U_B	VD1	VD2	
0V	0V	正向导通	正向导通	0
0V	5V	正向导通	反向截止	0
5V	0V	反向截止	正向导通	0
5V	5V	正向导通	正向导通	5

【例 7-3】 限幅电路，如图 7-13 所示。

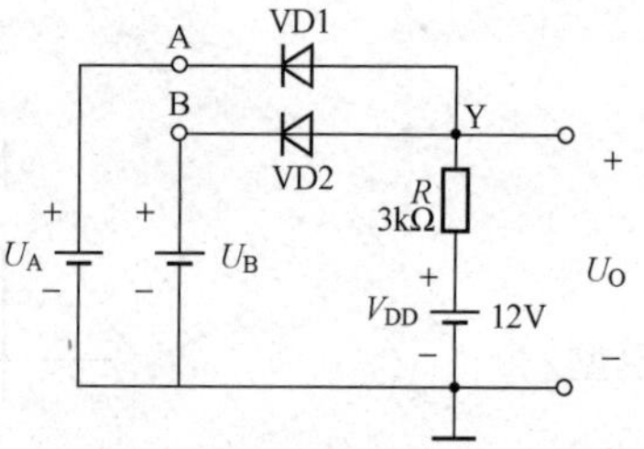

图 7-12 ［例 7-2］图

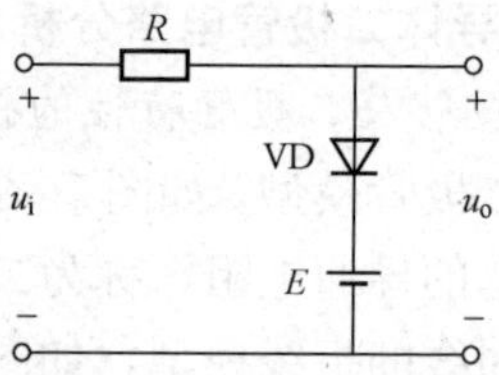

图 7-13 ［例 7-3］图

并联二极管上限幅电路图

（1）限幅电路的概念（限幅电路的功能）。当输入信号电压在一定范围内变化时，输出电压随输入电压相应变化；当输入电压超出该范围时，输出电压保持不变，这就是限幅电路。

（2）限幅电平和上下限幅。

限幅电平：通常将输出电压开始不变的电压值称为限幅电平。

上限幅：当输入电压高于限幅电平时，输出电压保持不变的限幅称为上限幅。

下限幅：当输入电压低于限幅电平时，输出电压保持不变的限幅称为下限幅。

（3）限幅电路。

并联二极管上限幅电路，如图 7-14 所示。

$E=0$V，限幅电平为 0V，$u_i>0$V 时二极管导通，$u_o=0$V；$u_i<0$V，二极管截止，$u_o=u_i$，如图 7-14（a）所示。

$0<E<U_m$，则限幅电平为 $+E$，$u_i>E$，二极管导通，$u_o=E$；$u_i<E$，二极管截止，$u_o=u_i$，如图 7-14（b）所示。

$-U_m<E<0$，则限幅电平为 $-E$，$u_i>-E$，二极管导通，$u_o=-E$；$u_i<-E$，二极管截止，$u_o=u_i$，如图 7-14（c）所示。

7.2.4 特殊二极管及应用

1. 稳压二极管

（1）稳压二极管的原理。稳压二极管的工作原理是利用 PN 结的击穿特性。由二极管的

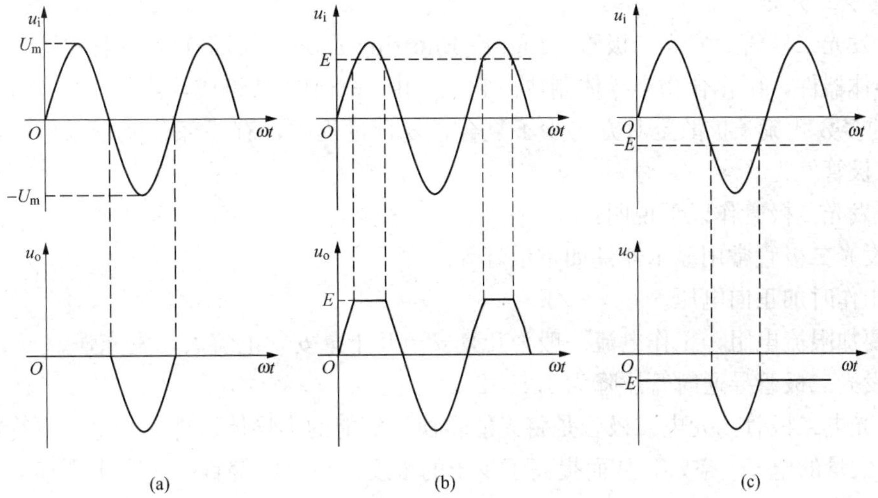

图7-14 并联二极管上限幅电路波形关系

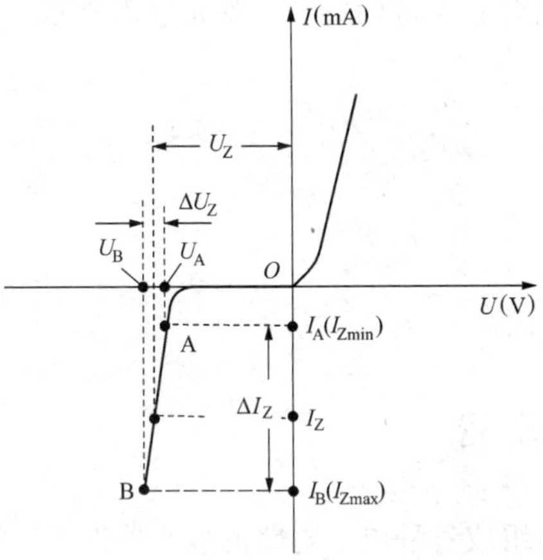

图7-15 稳压二极管伏安特性曲线

特性曲线可知，如果二极管工作在反向击穿区，则当反向电流在较大范围内变化 ΔI 时，管子两端电压相应的变化 ΔU 却很小，如图7-15中A-B段所示，这说明它具有很好的稳压特性。

（2）用稳压二极管组成稳压电路。稳压管组成的简单的稳压电路如图7-16所示。电阻 R 起限流和分压作用，稳压电路的输入电压来自整流滤波电路的输出。电路特性如下：

1）稳压二极管正常工作是在反向击穿状态，即外加电源正极接稳压二极管的N区（负极），电源负极接稳压二极管的P区（正极）。

2）稳压管应与负载并联。

3）必须限制流过稳压管的电流 I_Z，使其不超过规定值。

4）还应保证流过稳压管的电流 I_Z 大于某一数值（稳定电流），以确保稳压管有良好的稳压特性。

5）使用稳压管时限流电阻不可少，它保证3）4）项内容。选好限流电阻是保证稳压电路正常工作的前提。

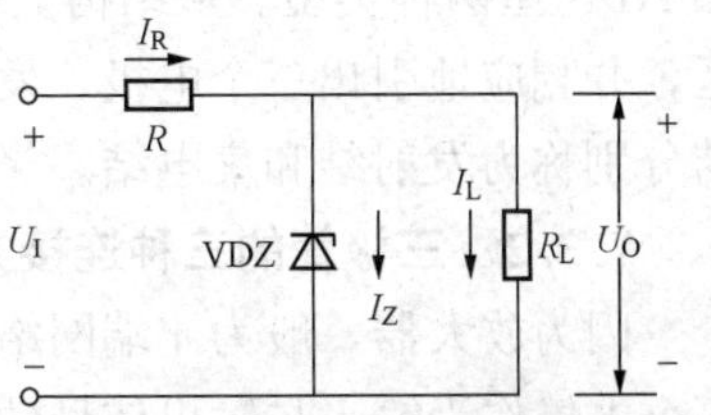

图7-16 稳压二极管电路

（3）稳压二极管的主要参数是稳定电压 U_Z。稳定电压是稳压管工作在反向击穿时的稳定工作电压。由于稳定电压随工作电流的不同而略有变化，因而测试 U_Z 时应使稳压管的电流为规定值。稳定电压 U_Z 是根据要求挑选稳压管的主要依据之一。不同型号的稳压管，其稳定电压值不同。同一型号的管子，由于制造工艺的分散性，各个管子的 U_Z 值也有小的差别。

2. 其他二极管

（1）发光二极管。发光二极管（Light - Emitting Diode，LED）是一种将电能转换为光能的半导体器件，由化合物半导体制成。它也是由一个 PN 结组成，当加正向电压时，P 区和 N 区的多数载流子扩散至对方与少子复合，复合过程中，有一部分能量以光子的形式放出，使二极管发光。

关于发光二极管作以下说明：

1）发光二极管常用显示器件如指示灯等。

2）工作时加正向电压。

3）要加限流电阻，工作电流一般为几毫安至几十毫安，电流大，发光强。

4）发光二极管导通时管压降为 1.8～2.2V。

（2）光电二极管。光电二极管是将光能转换为电能的半导体器件。光电二极管被光照射时，产生大量的电子 - 空穴，从而提高了少子的浓度，在反向偏置下，产生漂移电流，从而使反向电流增加。这时外电路的电流随光照的强弱而改变。

说明一点的是光电二极管应用时反向偏置。

（3）光电耦合器件。将光电二极管和发光二极管组合起来可构成二极管光电耦合器。它以光为媒介传递电信号。

【思考题】

1. 二极管与 PN 结有什么区别?

2. 二极管的作用有哪些?

3. 特殊二极管有哪些应用?

7.3 半导体三极管

半导体三极管又称为晶体管、双极性三极管。它是组成各种电子电路的核心器件。三极管有三个电极。

7.3.1 三极管的结构及类型

如图 7 - 17 所示，三极管是由两个 PN 结组成，按 PN 结的组成方式，三极管有 PNP 型和 NPN 型两种类型。从结构上看，三极管内部有三个区域，分别称为发射区、基区和集电区，并相应地引出三个电极，发射极（e）、基极（b）和集电极（c）。三个区形成的两个 PN 结分别称为发射结和集电结。

7.3.2 三极管的三种连接方式

因为放大器一般为 4 端网络，而三极管只有 3 个电极，所以组成放大电路时，势必要有一个电极作为输入与输出信号的公共端，即输入输出的公共接地端。根据所选公共端电极的不同，有共基极、共发射极、共集电极三种连接方式，如图 7 - 18 所示。

7.3.3 三极管的放大作用

1. 三极管实现放大的结构要求和外部条件

（1）结构要求。

1）发射区重掺杂，多数载流子电子浓度远大于基区多数载流子空穴浓度。

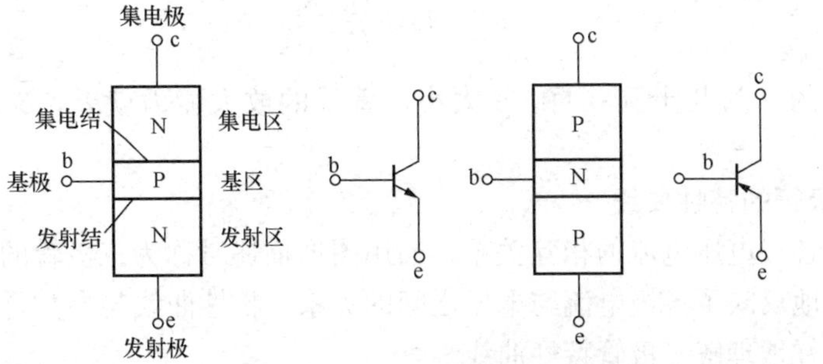

图 7-17 三极管 NPN 型和 PNP 型三极管

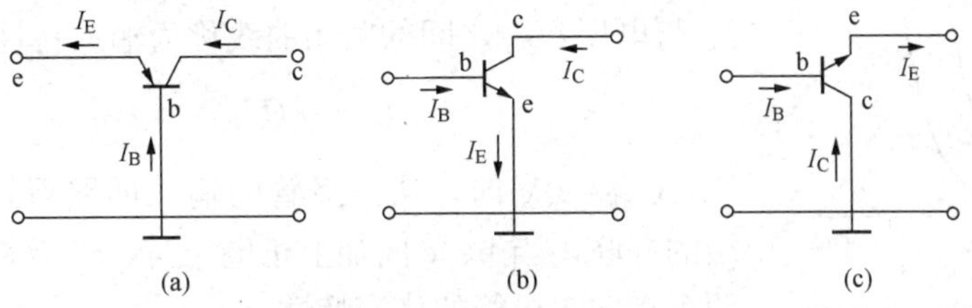

图 7-18 三极管的三种连接组态

(a) 共基极；(b) 共发射极；(c) 共集电极

2）基区做得很薄，通常只有几微米到几十微米，而且是低掺杂。

3）集电极面积大，以保证尽可能收集到发射区发射的电子。

(2) 外部条件。外加电源的极性应使发射结处于正向偏置，集电结处于反向偏置状态。

2. 载流子的传输过程

(1) 发射。

(2) 扩散与复合。

(3) 收集。

3. 电流分配

载流子运动即形成电流，相应的各极电流的计算公式为

集电极电流

$$I_C = I_{Cn} + I_{CBO} \tag{7-3}$$

发射极电流

$$I_E = I_{En} + I_{Ep} \approx I_{En} = I_{Cn} + I_{Bn} \tag{7-4}$$

基极电流

$$I_B = I_{Bn} - I_{CBO} \tag{7-5}$$

4. 共发射极直流电流放大系数 $\bar{\beta}$

如将基极作为输入，集电极作为输出，希望知道 I_C 与 I_B 的关系，推导如下。

三极管的三个极的电流关系满足节点定律，即

$$I_E = I_C + I_B \tag{7-6}$$

$$I_C = \alpha(I_C + I_B) + I_{CBO} \tag{7-7}$$

$$\bar{\beta} \approx \frac{I_C}{I_B} \quad (7-8)$$

一般三极管的 $\bar{\beta}$ 为几十到几百。$\bar{\beta}$ 太小，管子的放大能力就差，$\bar{\beta}$ 过大，则管子不够稳定。

7.3.4 三极管的特性曲线

三极管外部各极电压电流的相互关系，当用图形描述时称为三极管的特性曲线。它既简单又直观，全面地反映了各极电流与电压之间的关系。特性曲线与参数是选用三极管的主要依据。所以要很好地理解三极管特性曲线。

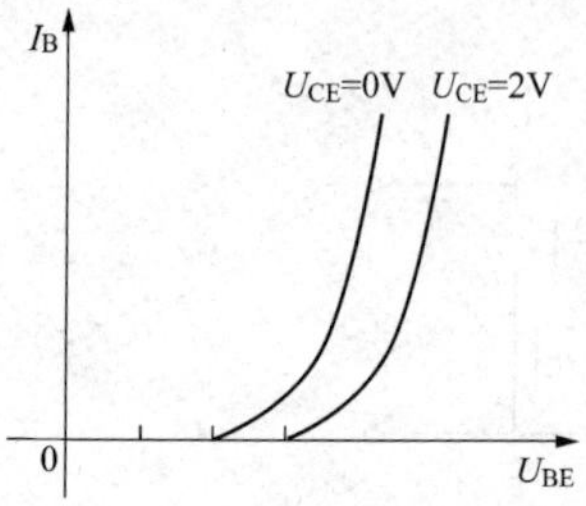

图 7-19 三极管的输入特性曲线

1. 输入特性

如图 7-19 所示，当 U_{CE} 不变时，输入回路中的电流与 I_B 与电压 U_{BE} 之间的关系曲线称为输入特性，其计算公式为

$$I_B = f(U_{BE})\Big|_{U_{CE}=\text{常数}} \quad (7-9)$$

$U_{CE}=0$V 时，从三极管的输入回路看，相当于两个 PN 结的并联，当 b、e 间加上正电压时，三极管的输入特性就是两个正向二极管的伏安特性。

$U_{CE} \geqslant 1$V，b、e 间加正电压，此时集电极电位比基极高，集电结为反向偏置，阻挡层变宽，基区变窄，基区电子复合减少，故基极电流 I_B 下降。与 $U_{CE}=0$V 时相比，在相同条件下，I_B 要小得多。结果输入特性曲线将右移。

2. 输出特性

如图 7-20 所示，当 I_B 不变时，输出回路中的电流 I_C 与电压 U_{CE} 之间的关系曲线称为输出特性曲线，其计算公式为

$$I_C = f(U_{CE})\Big|_{U_B=\text{常数}} \quad (7-10)$$

固定一个 I_B 值，得一条输出特性曲线，改变 I_B 值，可提一簇输出特性曲线。在输出特性曲线上可以划分为三个区域。

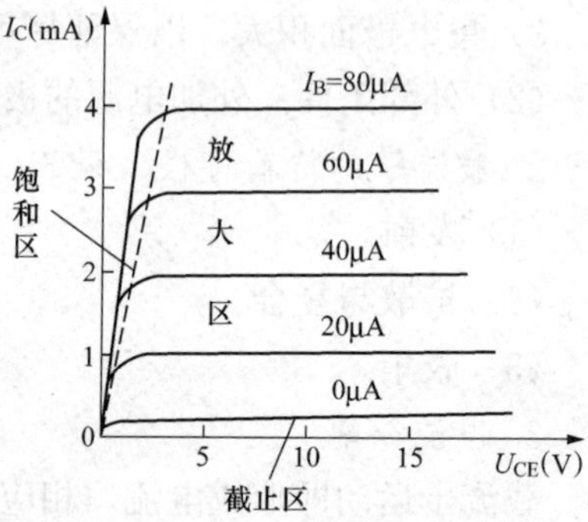

图 7-20 三极管的输出特性曲线

（1）截止区。$I_B \leqslant 0$ 的区域称为截止区。在截止区，集电结和发射结均处于反向偏置。即 $U_{BE}<0$、$U_{BC}<0$。

（2）放大区。发射结正向偏置，集电结反向偏置。对于硅 NPN 型三极管，$U_{BE} \geqslant 0.7$、$U_{BC}<0$、$\Delta I_C=\beta \Delta I_B$。

（3）饱和区。在靠近纵轴附近，各条输出曲线的上升部分属于饱和区，在这个区域，不同 I_B 值的各条曲线几乎重叠在一起。I_C 不再随 I_B 变化，此时三极管失去了放大作用。

发射结和集电结都处于正向偏置状态。对 NPN 型三极管，$U_{BE}>0$、$U_{BC}>0$。

临界饱和：$U_{CE}=U_{BE}$，即 $U_{CB}=0$。

过饱和：$U_{CE}<U_{BE}$ 时。在深度饱和时，小功率管的管压降为 U_{CES} 通常小于 0.3V。

7.3.5 三极管的主要参数

1. 电流放大系数

（1）共发射极交流电流放大系数 β。

（2）共发射极直流电流放大系数$\overline{\beta}$。

（3）共基极交流电流放大系数α。

（4）基极直流电流放大系数$\overline{\alpha}$。

2. 极限参数

（1）集电极最大允许电流I_{CM}。

（2）集电极最大允许功率损耗P_{CM}。

（3）反向击穿电压U_{CEO}。

7.3.6　温度对三极管参数的影响

由于半导体的载流子浓度受温度影响，因而三极管的参数也会受温度的影响。这将严重影响到三极管电路的热稳定性。通常三极管的如下参数受温度影响比较明显。

1. 温度对U_{BE}的影响

输入特性曲线随温度升高向左移动。即I_B不变时，U_{BE}将下降，其变化规律是温度每升高1℃，U_{BE}减小2～2.5mV。

2. 温度对I_{CBO}的影响

I_{CBO}是由少数载流子形成的。当温度上升时，少数载流子增加，故I_{CBO}也上升。其变化规律是，温度每上升10℃，I_{CBO}约上升1倍。I_{CEO}随温度的变化规律大致与I_{CBO}相同。在输出特性曲线上，温度上升，曲线上移。

3. 温度对β的影响

β随温度的升高而增大，变化的规律是：温度每升高1℃，β值增大0.5%～1%。在输出特性曲线上，曲线间的距离随温度升高而增大。

综上所述，温度对U_{BE}、I_{CBO}、β的影响，均使I_C随温度上升而增加，这将严重影响三极管的工作状态。

7.3.7　三极管的小信号等效模型

由于三极管属于非线性元件，直接分析计算三极管构成的电路比较复杂。当三极管输入微小变化的交流信号时，三极管的电压和电流近似为线性关系。因此，在小信号输入时，为计算方便，将三极等效为一个线性元件，称为三极管的微变等效模型。

1. 三极管基极与发射极间的等效

放大电路正常工作时，发射结导通，即基极与发射极之间相当于一个导通的PN结，三极管的输入二端口等效为一个交流电阻r_{be}，如图7-21所示。它是三极管输入特性曲线上工作点Q附近的电压微小变化量与电流微小变化量之比。

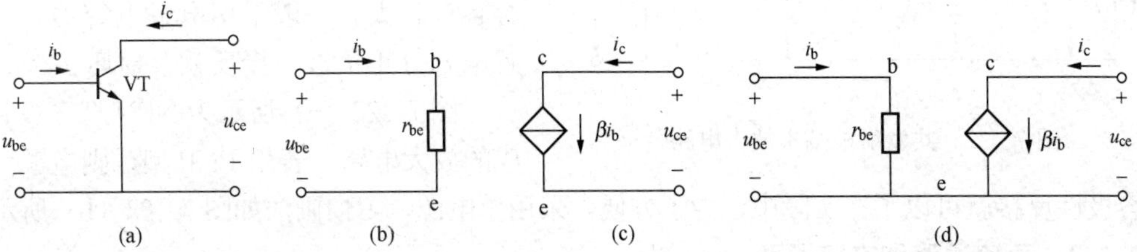

图7-21　三极管微变等效过程

根据三极管输入回路结构分析，r_{be}的数值可以用下列公式计算，即

$$r_{be}=r'_{bb}+(1+\beta)\frac{26\text{mV}}{I_{EQ}} \qquad (7-11)$$

式中：r'_{bb}为基区体电阻，对于低频小功率管，r'_{bb}为100～500Ω，如果无特别说明，一般取$r'_{bb}=300\Omega$；I_{EQ}为发射极静态电流。

2. 三极管集电极与发射极间的等效

当三极管工作在放大区时，i_c的大小只受i_b的控制，$i_c=\beta i_b$，即实现了三极管的受控恒流特性。所以，三极管集电极与发射极间可等效为一个理想受控电流源，大小为βi_b，如图7-21（c）所示。将图7-21（b）、（c）组合，即可得到三极管的微变等效模型，如图7-21（d）所示。

【思考题】

1. 三极管由几个极构成？分别叫什么名称？
2. 三极管的主要作用是什么？
3. 如何让三极管工作于放大状态？

7.4 放大电路分析基础

实际中常常需要把一些微弱信号，放大到便于测量和利用的程度。例如，从收音机天线接收到的无线电信号或者从传感器得到的信号，有时只有微伏或毫伏的数量级，必须经过放大才能驱动扬声器或者进行观察、记录和控制。

所谓放大，表面上是将信号的幅度由小增大，但是，放大的实质是能量的转换，即由一个较小的输入信号控制直流电源，使之转换成交流能量输出，驱动负载。

7.4.1 放大电路的组成原理

图7-22为共发射极基本放大电路，放大电路的组成的原则如下：

（1）为保证三极管工作在放大区，发射结必须正向偏置，集电结必须反向偏置。

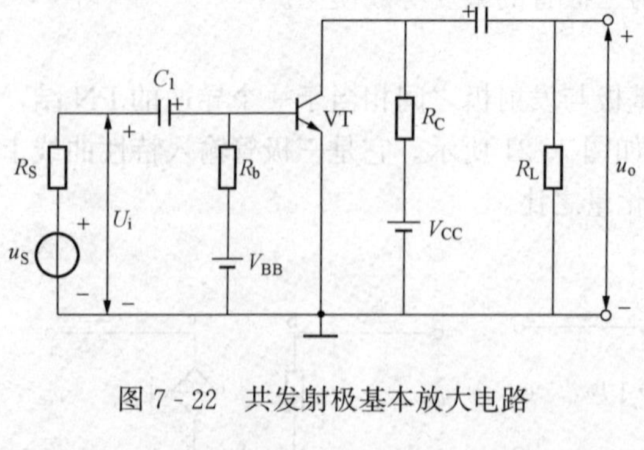

图7-22 共发射极基本放大电路

（2）电路中应保证输入信号能加至三极管的发射结，以控制三极管的电流。同时，也要保证放大了的信号从电路中输出。

耦合电容（隔直电容）的作用：使交流信号顺利通过，而无直流联系。耦合电容容量较大，一般采用电解电容器，而电解电容分正负极，接反就会损坏。

图7-23（a）所示为NPN型三极管组成的放大电路，若用PNP型，则电源和电解电容极性反接就可以了。实际中，为了方便，采用单电源，习惯画法如图7-23（b）所示。

7.4.2 直流通路和交流通路

当输入信号为零时，电路只有直流电流；当考虑信号的放大时，我们应考虑电路的交流通路。所以在分析、计算具体放大电路前，应分清放大电路的交、直流通路。

由于放大电路中存在着电抗元件，所以直流通路和交流通路不相同。

直流通路：电容视为开路，电感视为短路。

交流通路：电容和电感作为电抗元件处理，一般电容按短路处理，电感按开路处理。直流电源因为其两端的电压固定不变，内阻视为零，故在画交流通路时也按短路处理。

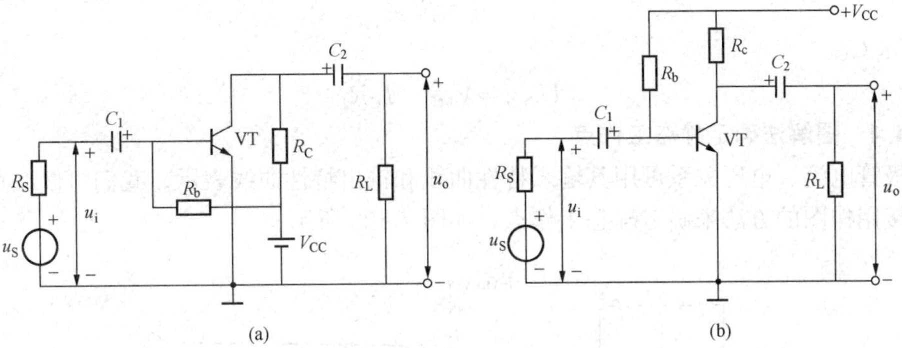

图 7-23　单电源共发射极放大电路

(a) 单电源；(b) 习惯画法

要求同学能画出一个放大电路的直流通路和交流通路。下面画出基本共发射极电路的交、直流通路，如图 7-24 所示。

同样，放大电路的分析也包含两部分。

直流分析：又称为静态分析，用于求出电路的直流工作状态，即基极直流电流 I_B；集电极直流电流 I_C；集电极与发射极间的直流电压 U_{CE}。

交流分析：又称为动态分析，用来求出电压放大倍数、输入电阻和输出电阻。

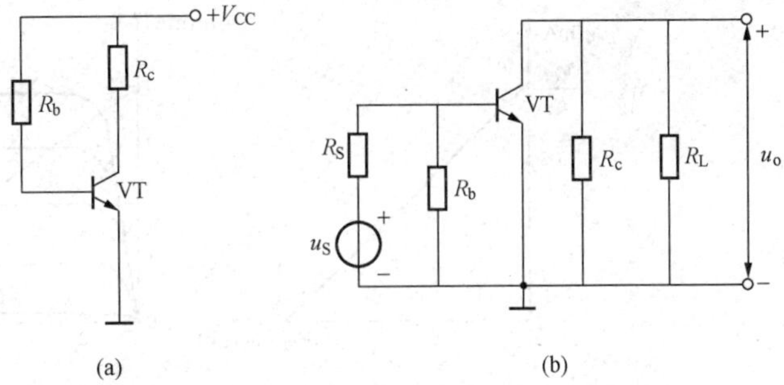

图 7-24　共发射极放大电路的直流、交流通路

(a) 直流通路；(b) 交流通路

放大电器核心器件是具有放大能力的三极管，而三极管要保证在放大区，其 e 结应正向偏置，c 结应反向偏置，即要求对三极管设置正常的直流工作状态，如何计算出一个放大电路的直流工作状态，是本节讨论的主要问题。

直流工作点，又称静态工作点，简称 Q 点。它可通过公式求出，也可以通过作图的方法求出。

7.4.3　解析法确定静态工作点

根据放大电路的直流通路，可以估算出该放大电路的静态工作点。

求静态工作点就是求 I_B、I_C、U_{CE}。

1. 求 I_B

$$I_{BQ}=\frac{V_{CC}-U_{BE}}{R_b} \tag{7-12}$$

由于三极管导通时，U_{BE} 变化很小，可视为常数。一般如下：

硅管：U_{BE}=0.6～0.8V，取0.7V。

锗管：U_{BE}=0.1～0.3V，取0.2V。

当V_{CC}、R_b已知，可求出I_{BQ}。

2. 求I_C

$$I_{CQ}=\beta I_{BQ} \tag{7-13}$$

3. 求U_{CE}

$$U_{CEQ}=V_{CC}-I_C R_C \tag{7-14}$$

7.4.4 图解法确定静态工作点

三极管电流、电压关系可用其输入特性曲线和输出特性曲线表示。我们可以在特性曲线上，直接用作图的方法来确定静态工作点，如图7-25所示。

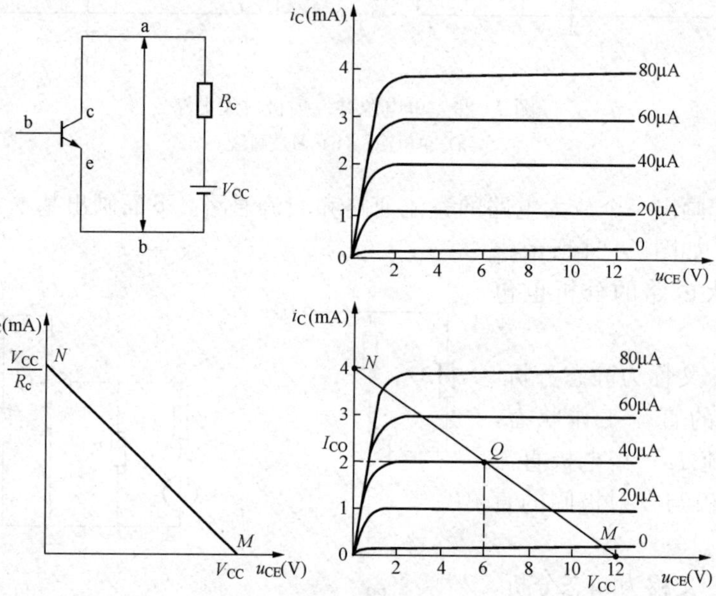

图7-25 图解静态工作点

图解法求Q点的步骤如下：

(1) 在输出特性曲线所在坐标中，按直流负载线方程$u_{CE}=V_{CC}-I_C R_C$，作出直流负载线。

(2) 由基极回路求出I_{BQ}。

(3) 找出$i_B=I_{BQ}$这一条输出特性曲线与直流负载线的交点即为Q点。读出Q点的电流、电压即为所求。

【例7-4】 如图7-26所示电路，已知R_b=280kΩ，R_c=3kΩ，V_{CC}=12V，三极管的输出特性曲线也如右图所示，试用图解法确定静态工作点。

解 首先写出直流负载方程，并做出直流负载线。

$$U_{CE}=V_{CC}-I_C R_C$$

$I_C=0$，$U_{CE}=V_{CC}=12V$，得M点；$U_{CE}=0$，$I_C=V_{CC}/R_C=12/3=4mA$，得N点；连接MN，即得直流负载线。

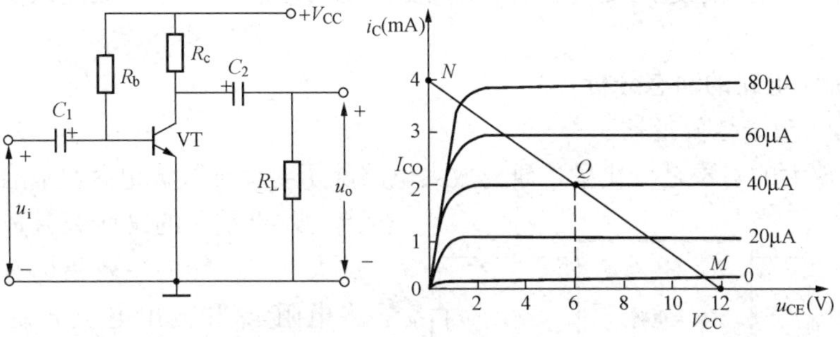

图 7-26 ［例 7-4］图

$$I_{BQ}=\frac{V_{CC}-U_{BE}}{R_b}=\frac{12-0.7}{280\times 10^3}\approx 0.04(\text{mA})=40(\mu\text{A})$$

直流负载线与 $I_B=I_{BQ}=40\mu A$ 这一条特性曲线的交点，即为 Q 点，从图 7-26 可得 $I_{CQ}=2mA$，$U_{CEQ}=6V$。

7.4.5 电路参数对静态工作点的影响

在后面我们将看到静态工作点的位置十分重要，而静态工作点与电路参数有关。下面将分析电路参数 R_b、R_c、V_{CC} 对静态工作点的影响，为调试电路给出理论指导，如图 7-27 所示。

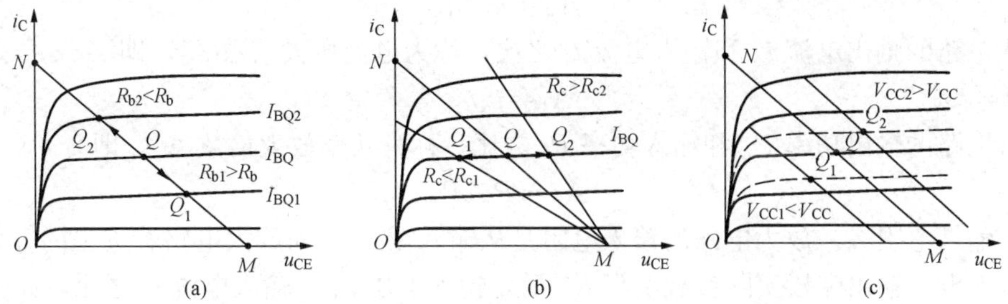

图 7-27 电路参数对 Q 点的影响

(a) R_b 变化对 Q 点的影响；(b) R_c 变化对 Q 点的影响；(c) V_{CC} 变化对 Q 点的影响

1. R_b 对 Q 点的影响

$R_b\uparrow\rightarrow I_{BQ}\downarrow\rightarrow$工作点沿直流负载线下移。

$R_b\downarrow\rightarrow I_{BQ}\uparrow\rightarrow$工作点沿直流负载线上移。

2. R_C 对 Q 点的影响

R_C 的变化，仅改变直流负载线的 N 点，即仅改变直流负载线的斜率。

$R_C\downarrow\rightarrow N$ 点上升→直流负载线变陡→工作点沿 $i_b=I_{BQ}$ 这一条特性曲线右移。

$R_C\uparrow\rightarrow N$ 点下降→直流负载线变平坦→工作点沿 $i_b=I_{BQ}$ 这一条特性曲线左移。

3. V_{CC} 对 Q 点的影响

V_{CC} 的变化不仅影响 I_{BQ}，还影响直流负载线，因此，V_{CC} 对 Q 点的影响较复杂。

$V_{CC}\uparrow\rightarrow I_{BQ}\uparrow\rightarrow M\uparrow\rightarrow N\uparrow\rightarrow$直流负载线平行上移→工作点向右上方移动。

$V_{CC}\downarrow\rightarrow I_{BQ}\downarrow\rightarrow M\downarrow\rightarrow N\downarrow\rightarrow$直流负载线平行下移→工作点向左下方移动。

实际调试中，主要通过改变电阻 R_b 来改变静态工作点，而很少通过改变 V_{CC} 来改变工作点。

7.4.6 放大电路的动态分析

1. 放大器的动态性能指标

放大电路放大的对象是变化量，研究放大电路除了要保证放大电路具有合适的静态工作点外，更重要的是研究其放大性能。衡量放大电路性能的主要指标有放大倍数、输入电阻 r_i 和输出电阻 r_o。为了说明各指标的含义，将放大电路用图 7-28 所示有源线性四端网络表示。如图 7-28 所示，1-2 端为放大电路的输入端，r_s 为信号源内阻，u_s 为信号源电压，此时放大电路的输入电压和电流分别为 u_i 和 i_i。3-4 端为放大电路的输出端，接实际负载电阻 R_L，u_o、i_o 分别为电路的输出电压和输出电流。

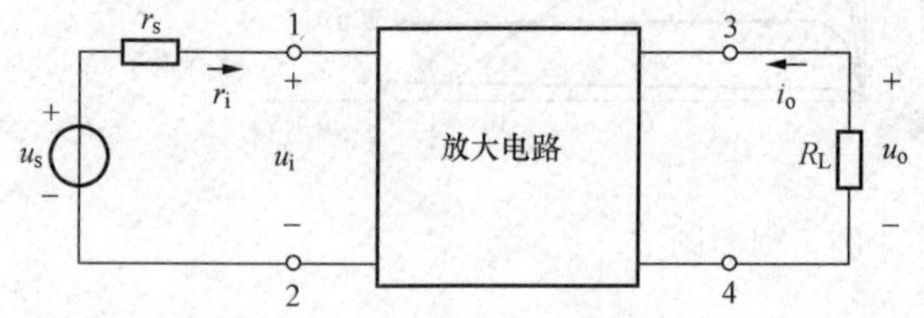

图 7-28　放大电路四端网络表示

(1) 放大倍数。放大倍数是衡量放大电路放大能力的指标。放大倍数是指输出信号与输入信号之比，有电压放大倍数、电流放大倍数和功率放大倍数等表示方法，其中电压放大倍数最常用。

放大电路的输出电压 u_o 和输入电压 u_i 之比，称为电压放大倍数 A_u，即

$$A_u = u_o/u_i \tag{7-15}$$

放大电路的输出电流 i_o 和输入电流 i_i 之比，称为电流放大倍数 A_i，即

$$A_i = i_o/i_i \tag{7-16}$$

放大电路的输出功率 P_o 和输入功率 P_i 之比，称为功率放大倍数 A_p，即

$$A_p = P_o/P_i \tag{7-17}$$

(2) 输入电阻 r_i。放大电路的输入电阻是从输入端 1-2 向放大电路看进去的等效电阻，它等于放大电路输出端接实际负载电阻 R_L 后，输入电压 u_i 与输入电流 i_i 之比，如图 7-29 所示。

$$r_i = u_i/i_i \tag{7-18}$$

对于信号源来说，r_i 就是它的等效负载，如图 7-29 所示。由图可得

$$u_i = u_s \frac{r_i}{r_s + r_i} \tag{7-19}$$

可见，r_i 是衡量放大电路对信号源影响程度的重要参数。其值越大，放大电路从信号源索取的电流越小，信号源对放大电路的影响越小。

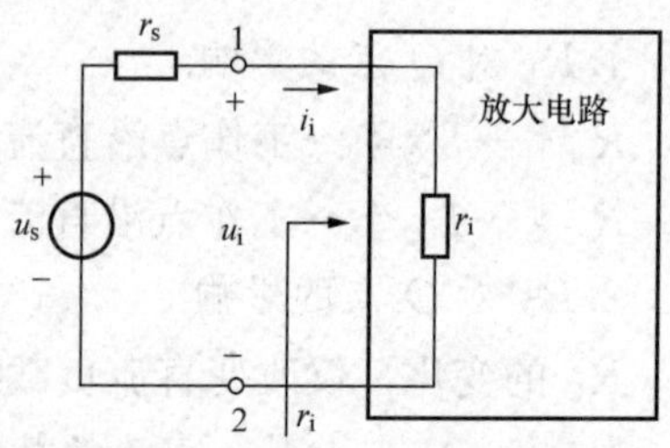

图 7-29　放大电路输入等效电路

(3) 输出电阻 r_o。从输出端向放大电路看入的等效电阻，称为输出电阻 r_o，如图 7-30 所示。由图 7-30 可得

$$r_o = \frac{u_o}{i_o} \tag{7-20}$$

等效输出电阻用戴维南定理分析：将输入信号源 u_s 短路（电流源开路），但要保留其信

号源内阻 r_s，用电阻串并联方法加以化简，计算放大电路的等效输出电阻。

实验方法计算输出电阻的步骤如下：

(1) 将负载 R_L 开路，测放大电路输出端的开路电压，即放大电路 3-4 端的开路电压，测得有效值为 U'_o。

(2) 将负载 R_L 接入，测量放大电路 3-4 端的电压，测得有效值为 U_o。

(3) 放大电路的输出电阻为

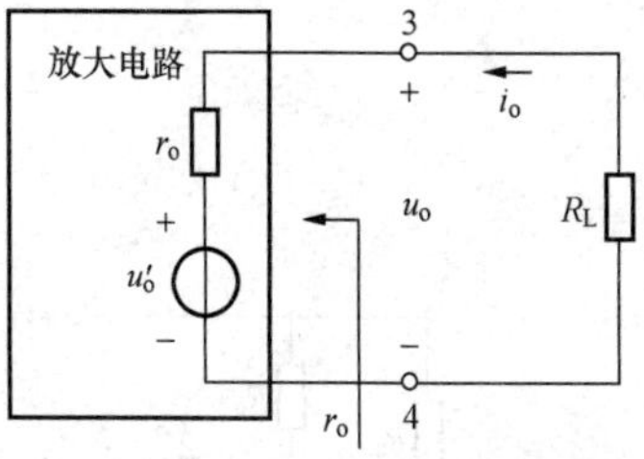

图 7-30 放大电路输出等效电路

$$r_o=\frac{U'_o-U_o}{U_o}R_L \tag{7-21}$$

由式 (7-21) 可以看出，r_o 越小，输出电压受负载的影响就越小，放大电路带负载能力越强。因此，r_o 的大小反映了放大电路带负载能力的强弱。

我们讨论当输入端加入信号 u_i 时，电路的工作情况。由于加进了输入信号，输入电流 i_B 不会静止不动，而是变化的。这样三极管的工作状态将来回移动，故又将加进输入交流信号时的状态称为动态。下面我们来讨论图解法分析动态特性，通过图解法，我们将画出对应输入波形时的输出电流和输出电压的波形。

由于交流信号的加入，此时应按交流通路来考虑。交流负载 $R'_L=R_C/\!/R_L$。在信号的作用下。三极管的工作状态的移动不再沿直流负载线，而是按交流负载线移动。因此，分析交流信号前。应先画出交流负载线。

2. 画交流负载线

交流负载线具有如下两个特点。

(1) 交流负载线必通过 Q 点，因为当输入信号 u_i 的瞬时值为零时，如忽略电容 C_1 和 C_2 的影响，则电路状态和静态相同。

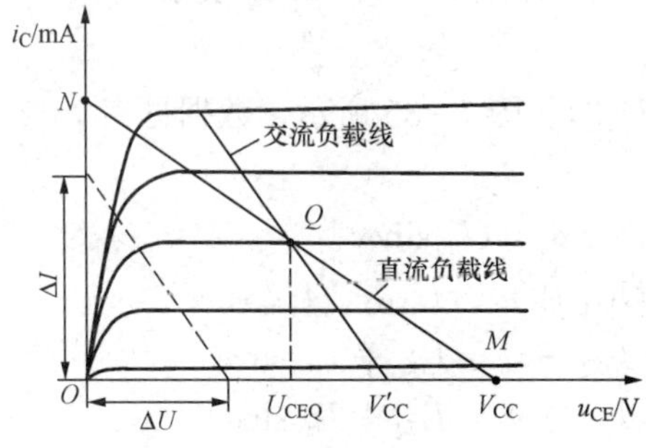

图 7-31 交流负载线

(2) 交流负载线的斜率由 R'_L 决定。

因此，按上述特点，可做出交流负载线，即通过 Q 点，作一条 $\Delta U/\Delta I=R'_L$ 的直线，就是交流负载线，如图 7-31 所示。

具体作法如下。

首先作一条 $\Delta U/\Delta I=R'_L$ 的辅助线（此线有无数条），然后过 Q 点作一条平行于辅助线的直线即为交流负载线。

由于 $R'_L=R_C/\!/R_L$，所以 $R'_L<R_C$，故一般情况下交流负载线比直流负载线陡。

交流负载线的另外一种作法如下：

交流负载线也可以通过求出交流负载线在 U_{CE} 坐标的截距，再与 Q 点相连即可得到。设截距点为 V'_{CC}，则有

$$V'_{CC}=U_{CEQ}+I_{CQ}R'_L \tag{7-22}$$

推导过程如下

$$\frac{\Delta U}{\Delta I}=\frac{V'_{CC}-U_{CEQ}}{0-I_{CQ}}=-R'_L \quad (7-23)$$

$$V'_{CC}-U_{CEQ}=I_{CQ}R'_L \quad (7-24)$$

$$V'_{CC}=U_{CEQ}+I_{CQ}R'_L \quad (7-25)$$

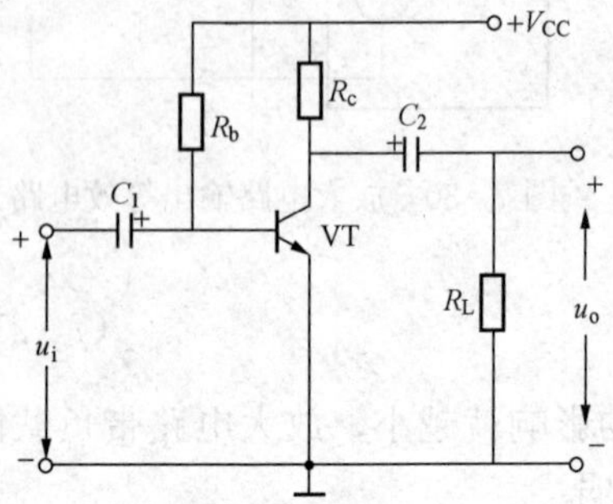

图 7-32 ［例 7-5］图

【例 7-5】 如图 7-32 所示电路，做出交流负载线。已知 $R_b=280k\Omega$，$R_e=3k\Omega$，$V_{CC}=12V$，$R_L=3k\Omega$。

解 （1）首先做出直流负载线，求出 Q 点。

（2）做出交流负载线的辅助线。

$$R'_L=R_C \,/\!/\, R_L=1.5(k\Omega)$$

$$\frac{\Delta U}{\Delta I}=-R'_L=1.5(k\Omega)$$

取 $\Delta U=6V$ 可得 $\Delta I=4mA$，连接这两点即为交流负载线的辅助线。

（3）过 Q 点做辅助线的平行线，即为交流负载线。

也可以用

$$V'_{CC}=U_{CEQ}+I_{CQ}R'_L=6+2\times1.5=9V$$

做出交流负载线，如图 7-33 所示。

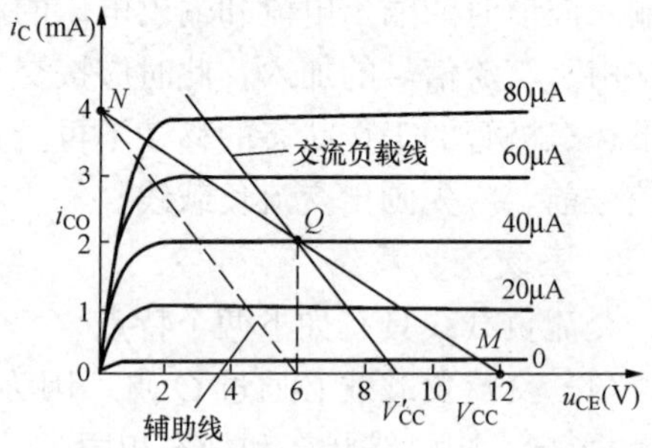

图 7-33 ［例 7-5］交流负载线

3. 画输入输出的交流波形图

$$u_i=U_{im}\sin\omega t$$

$$u_{BE}=U_{BEQ}+u_i=U_{BEQ}+U_{im}\sin\omega t$$

$$i_B=I_{BQ}+i_b=I_{BQ}+I_{bm}\sin\omega t$$

设电路中 $I_{bm}=20\mu A$，则

$$i_B=40+20\sin\omega t(\mu A)$$

从图 7-33 可读出相应的数据，画出波形如图 7-34、图 7-35 所示，数据见表 7-2。

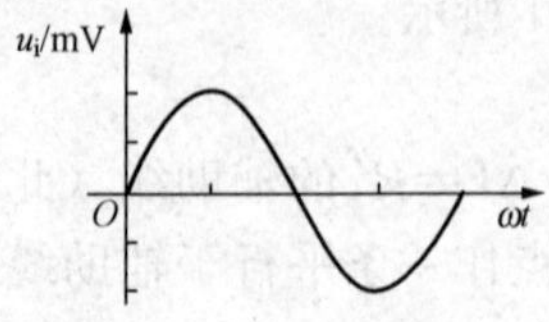

图 7-34 ［例 7-5］输入波形

$$u_i=U_{im}\sin\omega t$$

$$u_{BE}=U_{BEO}+u_i=U_{BEQ}+U_{im}\sin\omega t$$

$$i_B=I_{BQ}+i_b=I_{BQ}+I_{bm}\sin\omega t$$

$$i_C=I_{CQ}+i_c=I_{CQ}+I_{cm}\sin\omega t$$

$$u_{CE}=U_{CEQ}+u_{ce}=U_{CEQ}+U_{cem}\sin(\omega t+\pi)$$

表 7-2　［例 7-5］ 数 据

ωt	0π	1/2π	π	3/2π	2π
$i_B/\mu A$	40	60	40	20	40
I_C/mA	2	3	2	1	2
U_{CE}/V	6	4.5	6	7.5	6

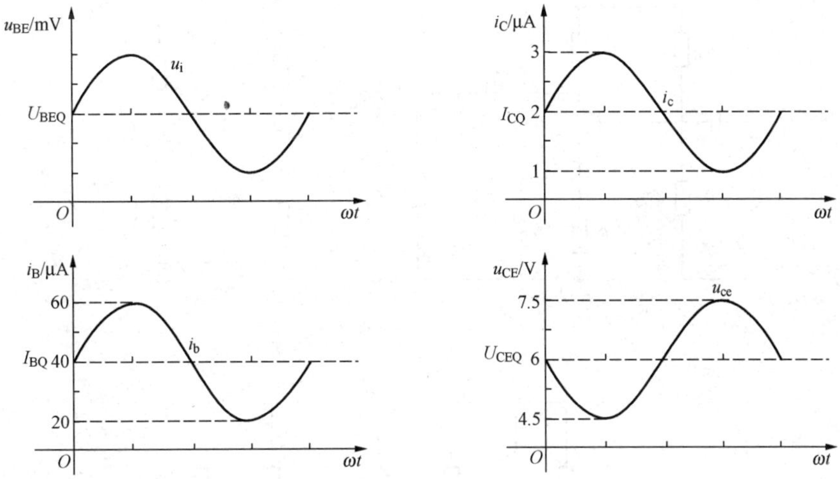

图 7 - 35　［例 7 - 5］输入输出波形

i_C、i_B、u_{BE} 三者同相，u_{CE} 与它们的相位相反。即输出电压与输入电压相位是相反的，这是共发射极放大电路的特征之一。

7.4.7　微变等效电路法求解

微变等电路法的基本思想是：当输入信号变化的范围很小时，可以认为三极管电压、电流变化量之间的关系基本上是线性的。即在一个很小的范围内，输入特性输出特性均可近似地看作是一段直线。因此，就可以给三极管建立一个小信号的线性模型。（等效方法可参考本书 7.3.7 节内容）。利用微变等效电路，可以将含有非线性元件（三极管）的放大电路，转化为我们熟悉的线性电路，然后，就可利用电路分析的有关方法求解。

【例 7 - 6】　共射极放大电路微变等效法求解。电路如图 7 - 36（a）所示，求：

（1）静态工作点；

（2）电压放大倍数、输入输出电阻。

解　画出此电路的直流通路与微变等效电路如图 7 - 36（b）、（c）所示。

可以看到，信号从基极输入、集电极输出，发射极是交流接地，是输入回路和输出回路的公共端，故该电路称为共射极放大电路。

1. 静态分析

与固定偏置式电路不同的是：基极直流偏置电位 U_{BQ} 是由基极偏置电阻 R_{b1} 和 R_{b2} 对 V_{CC} 分压来取得的，故称这种电路为分压式偏置电路，其直流通路如图 7 - 36（b）所示。

当三极管工作在放大区时，I_{BQ} 很小。当满足 $I_1 \gg I_{BQ}$ 时，$I_1 \approx I_2$，则有

$$U_{BQ} \approx \frac{R_{b2}}{R_{b1}+R_{b2}} V_{CC} \tag{7-26}$$

$$I_{EQ} = \frac{U_B - U_{BEQ}}{R_e} \tag{7-27}$$

$$I_{CQ} \approx I_{EQ} \tag{7-28}$$

$$I_{BQ} = \frac{I_{CQ}}{\beta} \tag{7-29}$$

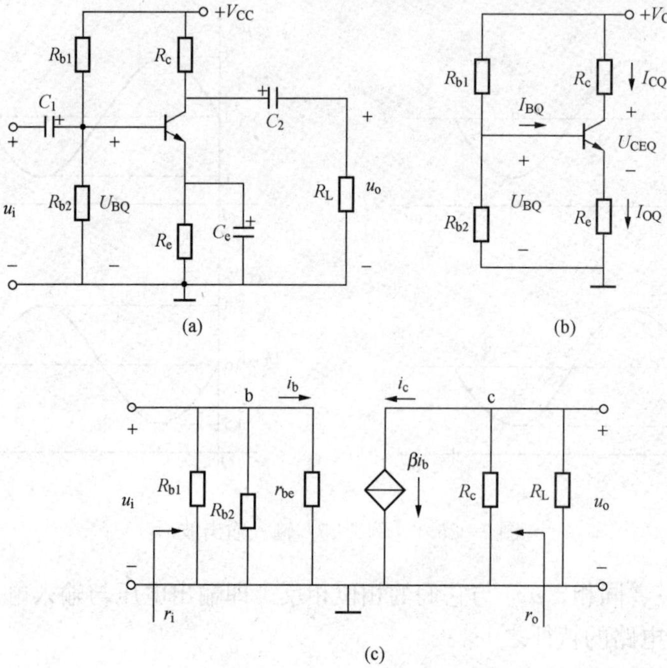

图 7-36 ［例 7-6］图

(a) 电路图；(b) 直流通路；(c) 微变等效电路

$$U_{CEQ} \approx V_{CC} - I_{CQ}(R_c + R_e) \tag{7-30}$$

当满足 $I_1 \gg I_{BQ}$ 时，U_{BQ} 固定，假如温度上升，则

$$T\uparrow \rightarrow I_{CQ}\uparrow \rightarrow I_{EQ}\uparrow \rightarrow U_{EQ}\uparrow \rightarrow U_{BEQ}\downarrow \rightarrow I_{BQ}\downarrow \rightarrow I_{CQ}\downarrow \tag{7-31}$$

由此可见，这种电路是在基极电压固定的条件下，利用发射极电流 I_{EQ} 随温度 T 的变化所引起的U_{EQ} 变化，进而影响 U_{BE} 和 I_B 的变化，使 I_{CQ} 趋于稳定的。此电路又称为静态工作点稳定电路。

2. 动态分析

(1) 电压放大倍数，由图 7-36（c）可得

$$u_o = -i_c R'_L = -\beta i_b R'_L \tag{7-32}$$

$$R'_L = R_c \mathbin{/\!/} R_L \tag{7-33}$$

如无负载，$R'_L = R_c$。

$$u_i = i_b r_{be}，得 \tag{7-34}$$

$$A_u = \frac{u_o}{u_i} = -\frac{\beta i_b R'_L}{i_b r_{be}} = -\frac{\beta R'_L}{r_{be}} \tag{7-35}$$

式中：“－”表示输入信号与输出信号相位相反。

(2) 输入电阻 r_i 为

$$r_i = \frac{u_i}{i_i} = R_{b1} \mathbin{/\!/} R_{b2} \mathbin{/\!/} r_{be} \tag{7-36}$$

当 $R_b \gg r_{be}$ 时，$r_i \approx r_{be}$。

(3) 输出电阻 r_o。在图 7-36（c）中，根据戴维南定理等效电阻的计算方法，将信号源

$u_s=0$，则 $i_b=0$，$\beta i_b=0$，可得输出电阻

$$r_o=R_c \tag{7-37}$$

7.4.8 放大电路的非线性失真

作为对放大电路的要求，应使输出电压尽可能地大，但它受到三极管非线性的限制，当信号过大或工作点选择不合适，输出电压波形将产生失真。这些失真是由于三极管的非线性（特性曲线的非线性）引起的失真，所以称为非线性失真。

1. 由三极管特性曲线非线性引起的失真——非线性失真

（1）输入特性曲线弯曲引起的失真。

（2）输出曲线簇上疏下密引起的失真。

（3）输出曲线簇上密下疏引起的失真。

（4）输出曲线弯曲也引起失真。

2. 工作点不合适引起的失真——截止失真和饱和失真

（1）截止失真。当工作点设置过低（I_B 过小），在输入信号的负半周，三极管的工作状态进入截止区。因而引起 i_B、i_C、u_{CE} 的波形失真，称为截止失真。

对于 NPN 型共 e 极放大电路，截止失真时，输出电压 u_{CE} 的波形出现顶部失真。对于 PNP 型共 e 极放大电路，截止失真时，输出电压 u_{CE} 的波形出现底部失真。

（2）饱和失真。当工作点设置过高（I_B 过大），在输入信号的正半周，三极管的工作状态进入饱和区。因而引起 i_C、u_{CE} 的波形失真，称为饱和失真。

对于 NPN 型共 e 极放大电路，饱和失真时，输出电压 u_{CE} 的波形出现底部失真。对于 PNP 型 e 极放大电路，饱和失真时，输出电压 u_{CE} 的波形出现顶部失真。

3. 不失真输出电压幅值 U_{max}（或最大峰—峰 V_{p-p}）

由于存在截止失真和饱和失真，放大电路存在最大不失真输出电压幅值 U_{max}（或最大峰—峰 V_{p-p}），如图 7-37 所示。最大不失真输出电压是指：当直流工作状态已定的前提下，逐渐增大输入信号，三极管尚未进入截止或饱和时，输出所能获得的最大不失真电压。

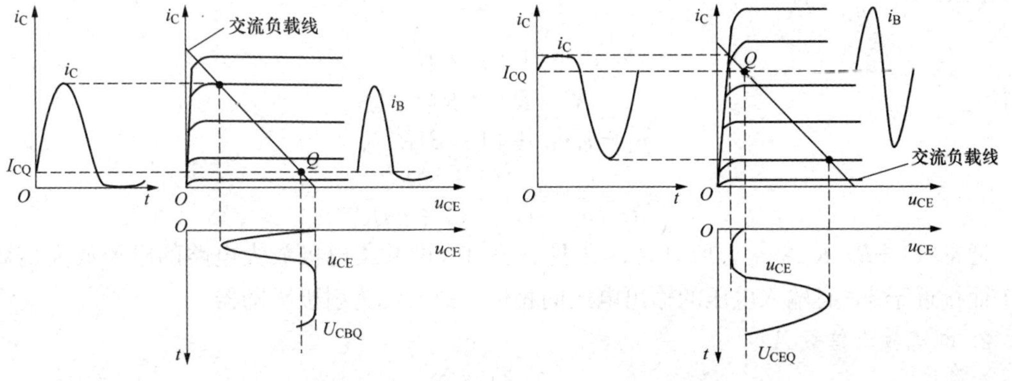

图 7-37 静态工作点不合适引起的失真

（a）截止失真；（b）饱和失真

【思考题】

1. 放大器的基本组成有哪些？
2. 放大器的静态主要分析哪些参数？
3. 放大器的动态有哪些性能指标？
4. 为什么要用微变等效法分析放大电路？
5. 放大器会产生哪些失真，为什么会产生失真？

7.5 共集电极放大电路和共基极放大电路

7.5.1 共集电极放大电路

共集电极放大电路如图 7-38（a）所示，信号从基极输入，射极输出，故又称为射极输出器，其微变等效电路如图 7-38（b）所示。注意共集电极的理解，不能当共发射极。

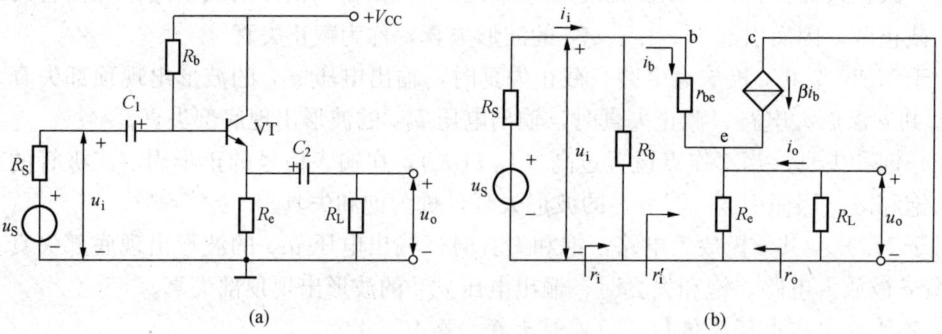

图 7-38 共集电极放大电路

（a）共集电极放大电路；（b）共集放大电路的微变等效电路

1. 电压放大倍数

根据 $A_u=\dfrac{u_o}{u_i}$，有

$$u_o=(1+\beta)i_bR'_e \tag{7-38}$$

式中

$$R'_e=R_e /\!/ R_L$$

$$u_i=i_br_{be}+(1+\beta)R'_ei_b \tag{7-39}$$

$$A_u=\frac{u_o}{u_i}=\frac{(1+\beta)R'_e}{r_{be}+(1+\beta)R'_e} \tag{7-40}$$

通常 $(1+\beta)\ R'_e\gg r_{be}$，所以 $A_u<1$ 且 $A_u\approx1$。即共集电极放大电路的电压放大倍数小于 1 而接近于 1，且输入电压的输出电压同相位，故又称为射极跟随器。

2. 电流放大倍数 A_i

$$A_i=\frac{i_o}{i_i}=\frac{-i_e}{i_b}=\frac{-(1+\beta)i_b}{i_b}=-(1+\beta) \tag{7-41}$$

3. 输入电阻 r_i

$$r_i=R_b /\!/ r'_i \quad r'_i=\frac{u_i}{i_b}=r_{be}+(1+\beta)R'_e$$

$$r_i = R_b \mathbin{/\!/} [r_{be} + (1+\beta)R'_e] \tag{7-42}$$

共集放大电路输入电阻高，这是共集电路的特点之一。

4. 输出电阻 r_o

按输出电阻的计算办法，信号源 u_s 短路，在输出端加入 u_2，如图 7-39 所示求出电流 i_2，则有

$$r_o = \frac{u_2}{i_2}$$

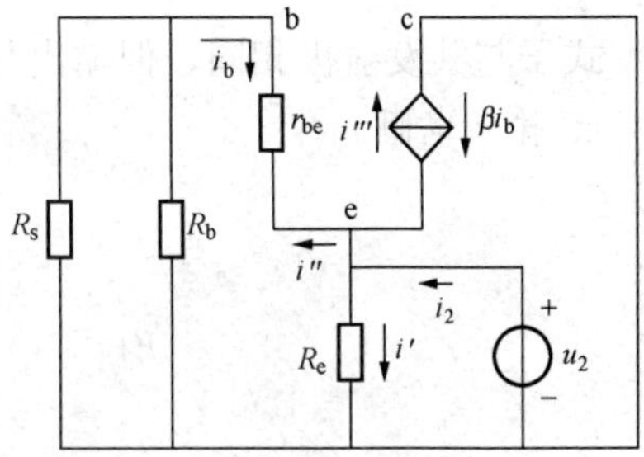

图 7-39　共集电路求 r_o 等效电路

其等效电路如图 7-39 所示，可得

$$i_2 = i' + i'' + i'''$$

$$i' = \frac{u_2}{R_e} \quad i'' = \frac{u_2}{R'_s + r_{be}} = -i_b$$

式中

$$R'_s = R_s /\!/ R_b$$

$$i''' = -\beta I_b = \frac{\beta u_2}{R'_s + r_{be}}$$

$$i_2 = \frac{u_2}{R_e} + \frac{(1+\beta)u_2}{R'_s + r_{be}}$$

$$r_o = \frac{u_2}{I_2} = R_e \mathbin{/\!/} \frac{R'_s + r_{be}}{1+\beta} \tag{7-43}$$

r_o 是一个很小的值。输出电阻小，这是共集电路的又一特点。

综上所述，共集电极放大电路是一个具有高输入电阻、低输出电阻、电压放大倍数近似为 1 的电路。共集放大电路又叫射极输出器，在多级放大电路中常用作输入级，提高电路的带负载能力，也可作为缓冲级，用来隔离前后两级电路的相互影响。

7.5.2　共基极放大电路

共基极电路是从发射极输入信号，从集电极输出信号。共基极放大电路和微变等效电路如图 7-40 所示，注意共基极的理解，是交流信号共基极。

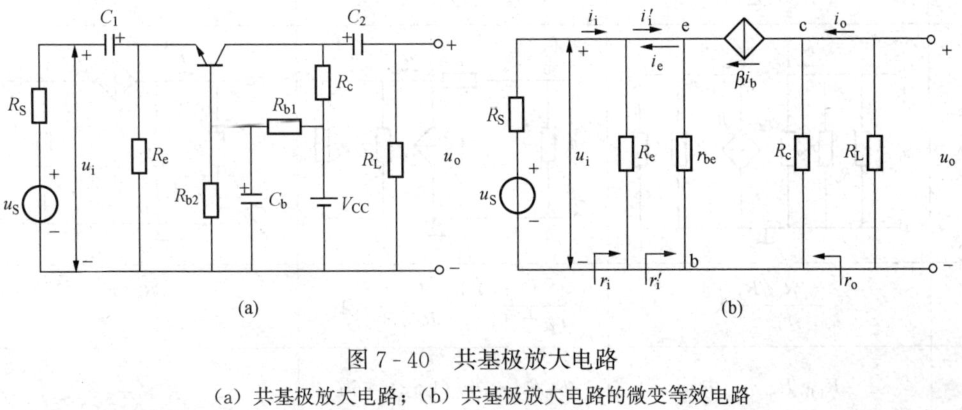

图 7-40　共基极放大电路

（a）共基极放大电路；（b）共基极放大电路的微变等效电路

1. 电压放大倍数

根据电压放大倍数 $A_u = \dfrac{u_o}{u_i}$，有

$$u_o = -\beta i_b R'_L \quad R'_L = R_c \,//\, R_L \quad u_i = -i_b r_{be}$$

$$A_u = \frac{u_o}{u_i} = \frac{-\beta i_b R'_L}{-i_b r_{be}} = \frac{\beta R'_L}{r_{be}} \tag{7-44}$$

式子与共发射极相同，但输出与输入同相。

2. 输入电阻 r_i

$$r_i = R_e \,//\, r'_i \quad r'_i = \frac{u_i}{i'_i}$$

$$u_i = -i_b r_{be} \quad i'_i = -i_e = -(1+\beta) i_b$$

$$r'_i = \frac{u_t}{i'_t} = \frac{r_{be}}{1+\beta}$$

$$r_i = R_e \,//\, r'_i = R_e \,//\, \frac{r_{be}}{1+\beta} \approx \frac{r_{be}}{1+\beta} \tag{7-45}$$

与共射放大电路相比，其输入电阻减小。

3. 输出电阻 r_o

当 $u_S=0$ 时，$i_b=0$，$\beta i_b=0$，故 $r_o=R_c$。三种基本组态放大电路的性能比较见表 7-3。

表 7-3　三种基本组态放大电路的性能比较

电路 / 性能	共发射极放大电路	共集电极放大电路	共基极放大电路
电路形式	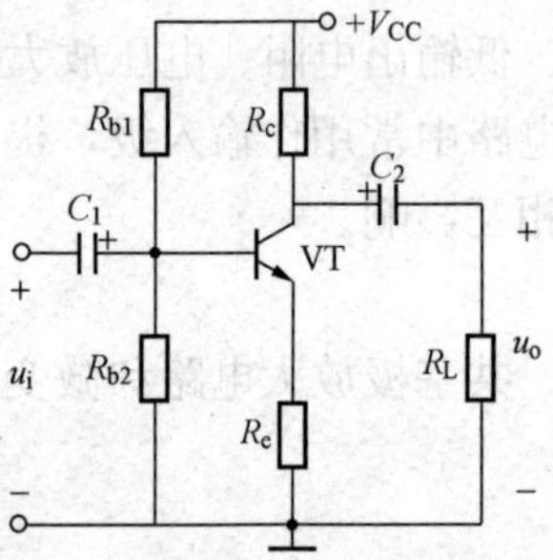	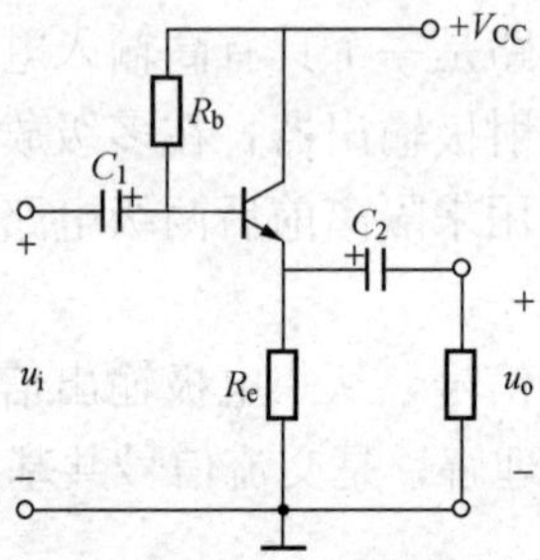	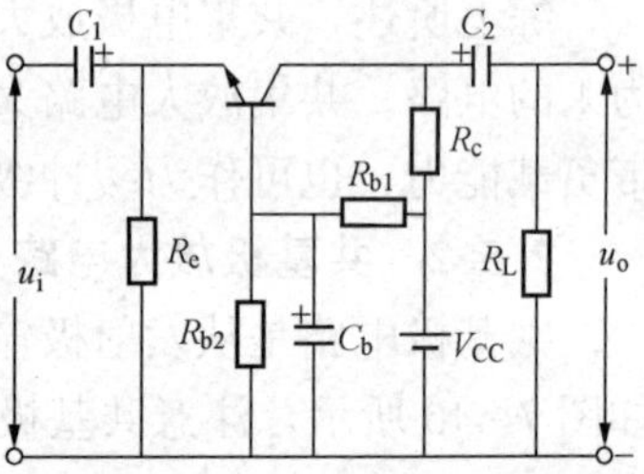
微变等效电路	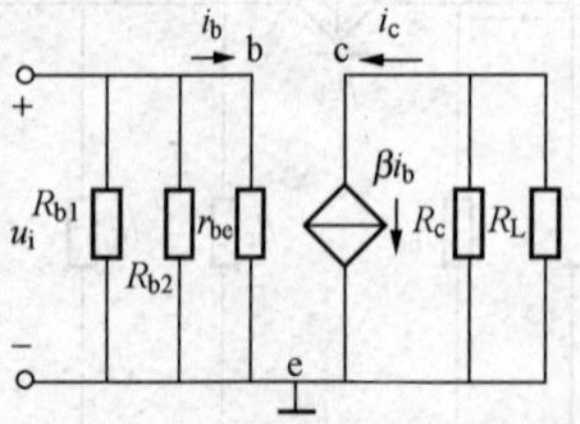	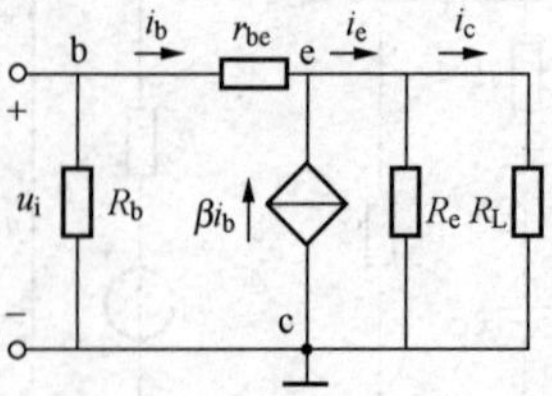	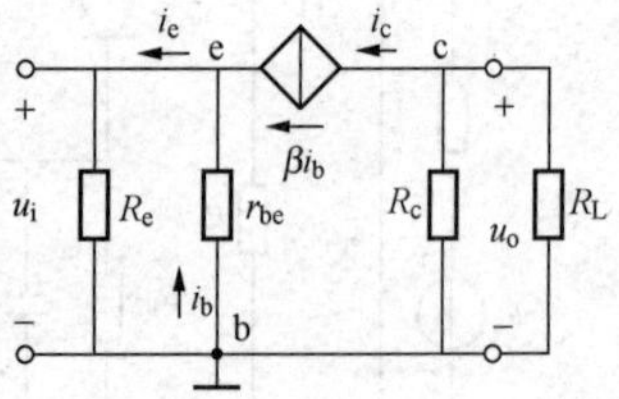
A_u	$\frac{-\beta R_c//R_L}{r_{be}}$ 大	$\frac{(1+\beta)\ R_e//R_L}{r_{be}+\ (1+\beta)\ R_e//R_L} \approx 1$	$\frac{\beta R_c//R_L}{r_{be}}$ 大
r_i	$R_{b1}//R_{b2}//r_{be}$ 中	$R_b//\ [r_{be}+\ (1+\beta)\ ]$ 高	$R_e//\frac{r_{be}}{(1+\beta)}$ 低
r_o	R_c 高	$R_e//\frac{r_{be}}{(1+\beta)}$ 低	R_c 高

续表

电路 性能	共发射极放大电路	共集电极放大电路	共基极放大电路
相位	180°（u_i 与 u_o 反相）	0°（u_i 与 u_o 同相）	0°（u_i 与 u_o 同相）
高频特性	差	较好	好

【思考题】

1. 射极输出器的特点是什么？
2. 共基极放大电路的特点是什么？

本章小结

半导体中有电子和空穴两种载流子。载流子有扩散运动和漂移运动两种运动方式。本征激发使半导体中产生电子—空穴对，但它们的数目很少，并与温度有密切关系。在纯半导体中掺入不同的有用杂质，可分别形成 P 型和 N 型两种杂质半导体。它们是各种半导体器件的基本材料。PN 结是各种半导体器件的基本结构，如二极管由一个 PN 结加引线组成。因此，掌握 PN 结的特性对于了解和使用各种半导体器件有着十分重要的意义。PN 结的重要特性是单向导电性。为合理选择和正确使用各种半导体器件，必须熟悉它们各自的一整套参数。这些对数大致可分为两类：一类是性能参数，如稳压管的稳定电压 V_Z、稳定电流 I_Z、温度系数等；另一类是极限参数，如二极管的最大整流电流、最高反向工作电压等。必须结合 PN 结特性及应用电路，逐步领会这些参数的意义。二极管的伏安特性是非线性的，所以它是非线性器件。为分析计算电路的方便，在特定条件下，常把二极管的非线性伏安特性进行分段线性化处理，从而得到几种简化的模型，如理想模型、恒压降模型、折线模型和小信号模型。在实际应用中，应根据工作条件选择适当的模型。对二极管伏安特性曲线中不同区段的利用，可以构成各种不同的应用电路。组成各种应用电路时，关键是外电路（包括外电源、电阻等元件）必须为器件的应有用提供必要的工作条件和安全保证。

半导体三极管是由两个 PN 结组成的三端有源器件。有 NPN 型和 PNP 型两大类，两者电压、电流的实际方向相反，但具有相同的结构特点，即基区宽度薄且掺杂浓度低，发射区掺杂浓度高，集电结面积大，这一结构上的特点是三极管具有电流放大作用的内部条件。

三极管是一种电流控制器件，即用基极电流或发射极电流来控制集电极电流，故所谓放大作用，实质上是一种能量控制作用。放大作用的实现，依赖于三极管发射结必须正向偏置、集电结必须反向偏置这一条件的满足，以及静态工作点的合理设置。

三极管的特性曲线是指各极间电压与各极电流间的关系曲线，最常用的是输出特性曲线和输入特性曲线。它们是三极管内部载流子运动的外部表现，因而也称外部特性。图解法和小信号模型分析方法是分析放大电路的两种基本方法。图解法的要领是：先根据放大电路直流通路的直流负载线方程作出直流负载线，并确定静态工作点 Q，再根据交流负载线的斜率为 $-1/（R_C//R_L）$ 及过 Q 点的特点，作出交流负载线，并对应画出输入信号、输出信号

（电压、电流）的波形。

小信号模型分析方法的要领是：在小信号工作条件下，用小信号模型等效电路（一般只考虑三极管的输入电阻和电流放大系数）代替放大电路交流通路中的三极管，再用线性电路原理分析、计算放大电路的动态性能指标，即电压增益、输入电阻 R_i 和输出电阻 R_o 等。小信号模型等效电路模型只能用于电路的动态分析，不能用来求 Q 点，但其参数值却与电路的 Q 点直接相关。

习　题

1. 在 P 型半导体中，________是多数载流子，________是少数载流子。

2. N 型半导体是在________中掺入了________的杂质，掺入后呈________（正电、负电、电中）性。

3. 二极管的主要特性是：________。正向________反向________。

4. 半导体三极管属于________控制________器件，其输入电阻________。

5. 场效应管属于________控制________器件，其输入电阻________。

（A）电压　（B）电流　（C）大　（D）小

6. 当 NPN 型三极管的 $V_{CE}>V_{BE}$ 且 $V_{BE}>0.5V$ 时，则三极管工作在（　）。

（A）截止区　（B）放大区　（C）饱和区　（D）击穿区

7. 固定共射偏置放大电路中，当环境温度升高后，输出特性曲线上其静态工作点将（　）。

（A）不变　（B）沿直线负载线下移

（C）沿交流负载线上移　（D）沿直流负载线上移

8. 杂质半导体中的少数载流子浓度取决于（　）。

（A）掺杂浓度　（B）工艺　（C）温度　（D）晶体缺陷

9. 硅稳压管在稳压电路中稳压时，工作于（　）。

（A）正向导通状态　（B）反向电击穿状态

（C）反向截止状态　（D）反向热击穿状态

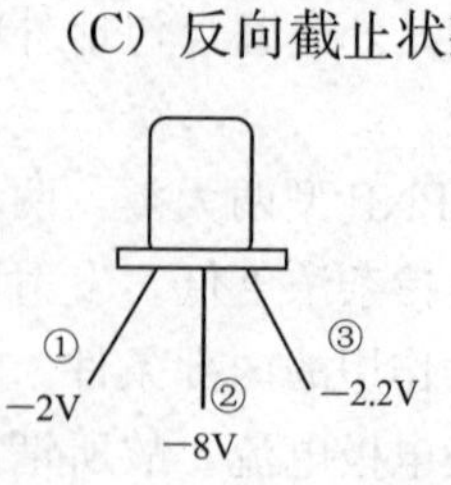

图 7-41　习题 10 图

10. 测得一放大电路中的三极管各电极相对一地的电压如图 7-41 所示，该管为（　）。

（A）PNP 型硅管

（B）NPN 型锗管

（C）PNP 型锗管

（D）PNP 型硅管

11. 温度上升时，半导体三极管的（　）。

（A）β 和 I_{CEO} 增大，u_{BE} 下降　（B）β 和 u_{BE} 增大，I_{CEO} 减小

（C）β 减小，I_{CEO} 和 u_{BE} 增大　（D）β、I_{CEO} 和 u_{BE} 均增大

12. 理想二极管正向导通时就相当于开路。（　）

13. 常温下，硅晶体三极管的 $U_{be}=0.7V$，且随温度升高 U_{be} 也增加。（　）

14. 本征半导体内没有任何载流子。（　）

15. 载流子从高浓度区向低浓度区的运动称为扩散。 ( )

16. 稳压二极管在正向导通时与一般二极管无异。 ( )

17. 硅二极管死区电压约0.7V。 ( )

18. 如图7-42所示，已知直流电压 $U_{\mathrm{I}}=3\mathrm{V}$，电阻 $R=1\mathrm{k\Omega}$，二极管的正向压降为0.7V，判断二极管的导通状态，并求 U_{O}。

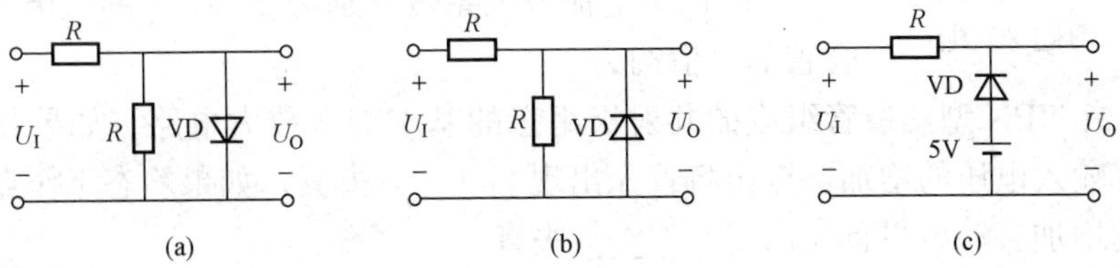

图7-42 习题18图

19. 如图7-43所示三极管在电路中处于正常放大状态，现测得三电极对地电位分别为图7-43中所标。

(1) 试在图7-43中标明相应的b、c、e三个电极；

(2) 注明硅管还是锗管；

(3) 注明是PNP管还是NPN管。

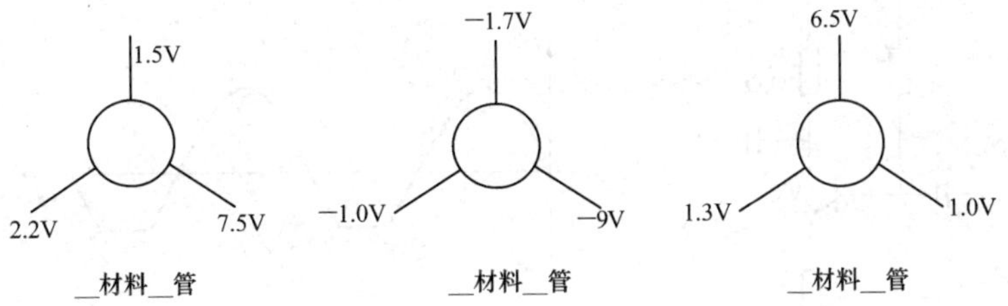

图7-43 习题19图

20. 如图7-44所示各电路中，$u_{\mathrm{i}}=10\sin(\omega t)$ V，二极管的正向压降可忽略不计，试分别画出各电路的输入、输出电压波形 U_{o}。

21. 如图7-45所示电路中，试求下列几种情况下输出端F的电位 U_{F}，图7-45中的二极管为理想元件。

(1) $U_{\mathrm{A}}=U_{\mathrm{B}}=0\mathrm{V}$；

(2) $U_{\mathrm{A}}=3\mathrm{V}$，$U_{\mathrm{B}}=0\mathrm{V}$；

(3) $U_{\mathrm{A}}=U_{\mathrm{B}}=3\mathrm{V}$。

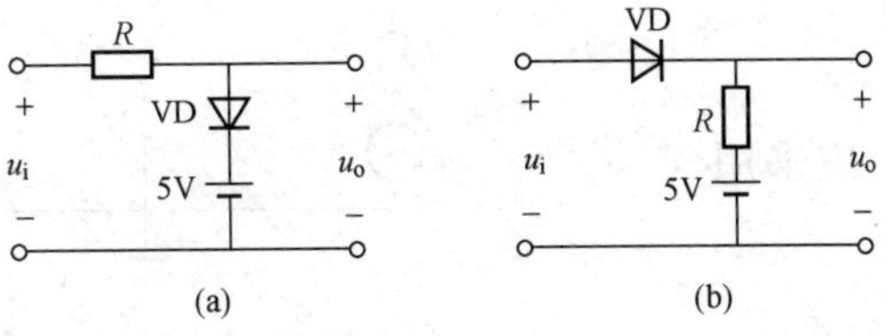

图7-44 习题20图

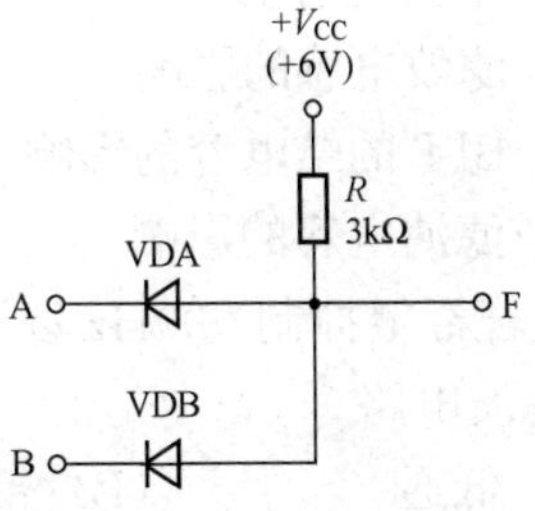

图7-45 习题21图

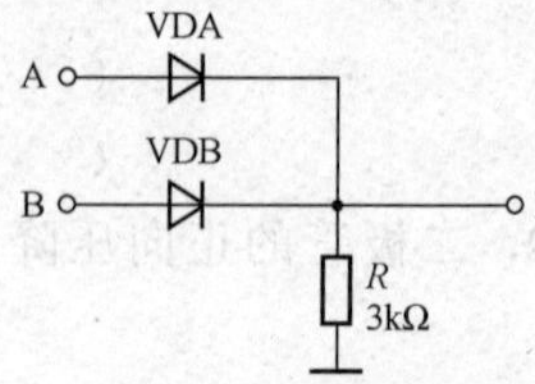

图 7-46 习题 22 图

22. 如图 7-46 所示电路中，试求下列几种情况下输出端 F 的电位 U_F，图中的二极管为理想元件。

（1）$U_A=U_B=0V$；

（2）$U_A=3V$，$U_B=0V$；

（3）$U_A=U_B=3V$。

23. 两个电流放大系数分别为 β_1 和 β_2 的三极管复合，其复合管的 β 值约为________。

24. 一个由 NPN 型三极管组成的共射极组态的基本交流放大电路，如果其静态工作点偏低，则随着输入电压的增加，输出将首先出现________失真；如果静态工作点偏高，则随着输入电压的增加，输出将首先出现________失真。

25. 在低频段，当放大电路增益下降到中频增益的________倍时，所对应的频率称为下限频率。

26. 如图 7-47 所示放大电路，试求：

（1）已知 $\beta=50$，要使 $u_i=0$ 时，$U_{CE}=4V$，则 $R_b=$________。

（2）用示波器观察到 u_o 的波形如右图所示，则是出现饱和失真还是截止失真？________

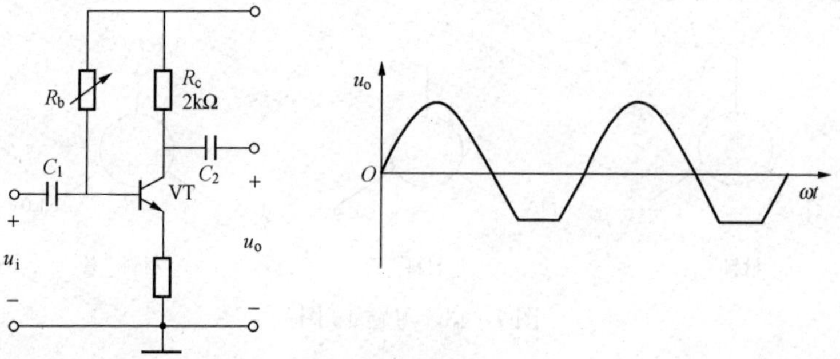

图 7-47 习题 26 图

27. 放大电路如图 7-48 所示。设 $V_{CC}=12V$，$R_b=565k\Omega$，$R_c=6k\Omega$，$U_{BE}=0.7V$。当 $\beta=50$ 时，静态电流 $I_{BQ}=$________；管压降 $U_{CEQ}=$________。如换上一个 $\beta=100$ 的管子，则 $I_{BQ}=$________，电路工作在________状态。

28. 三极管放大电路增益在高频段下降的主要原因是（　　）。

（A）耦合电容的影响

（B）滤波电感的影响

（C）BJT 的结电容的影响

（D）滤波电容的影响

29. 若希望抑制 500Hz 以下的信号，应采用（　　）类型的滤波电路。

（A）低通　　（B）带通

（C）带阻　　（D）高通

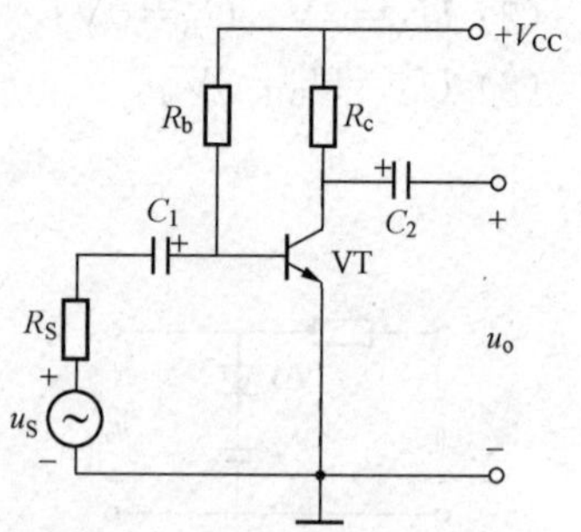

图 7-48 习题 27 图

30. 如图 7-49 所示电路中，能实现交流放大的是（　　）。

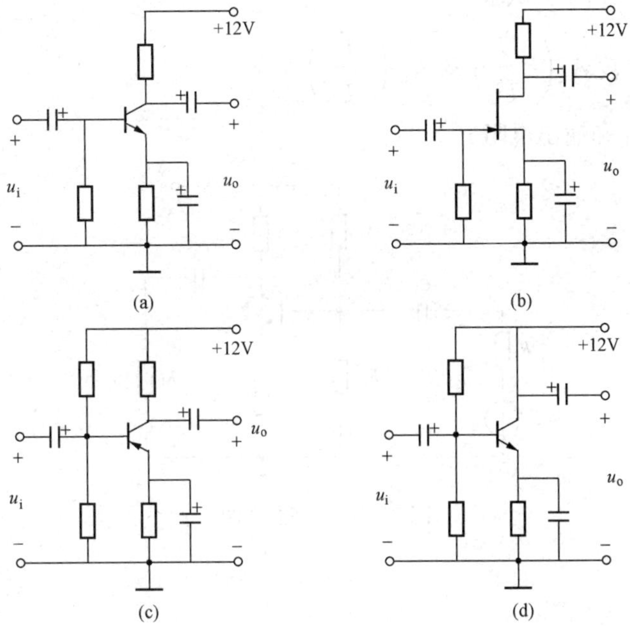

图 7-49　习题 30 图

（A）（a）图　　（B）（b）图　　（C）（c）图　　（D）（d）图

31. 共集电极放大电路的特点为（　　）。（多选）

（A）输入电阻高且与负载有关

（B）输出电阻小且与信号源内阻有关

（C）电压放大倍数小于 1 且近似等于 1

（D）输出电压与输入电压相位相同

32. 在共射极、共基极、共集电极、共漏极四种基本放大电路中，u_o 与 u_i 相位相反、$|A_u|>1$ 的只可能是（　　）。

（A）共集电极放大电路　　（B）共基极放大电路

（C）共漏极放大电路　　（D）共射极放大电路

33. 晶体管的输入电阻 r_{be} 是一个动态电阻，故它与静态工作点无关。（　　）

34. 三极管具有放大作用的外部条件是发射结、集电结均正偏。（　　）

35. 电路如图 7-50 所示，设 $\beta=100$，$r_{bb'}\approx 0$，$U_{BE}=0.7V$，C_1、C_2 足够大，求：

（1）求静态工作点；

（2）画出小信号（微变）等效电路；

（3）中频电压放大倍数 A_V；

（4）输入电阻和输出电阻。

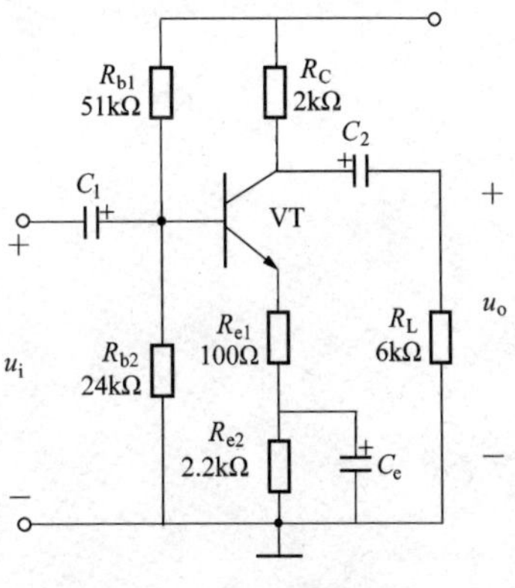

图 7-50　习题 35 图

36. 电路如图 7-51 所示。已知 $R_{B1}=50k\Omega$，$R_{B2}=10k\Omega$，$R_C=6k\Omega$，$R_E=750\Omega$，信号源内阻 $R_S=5k\Omega$，负

载电阻 $R_L=10\text{k}\Omega$，电源电压 $+V_{CC}=12\text{V}$，电容 C_1、C_2 的电容量均足够大，晶体管的 $\beta=99$，$r_{be}=1\text{k}\Omega$，$U_{BE}=0.7\text{V}$。试求：

（1）电压放大倍数 $A_u\left(=\dfrac{\dot{U}_o}{\dot{U}_i}\right)$ 及 $A_{us}\left(=\dfrac{\dot{U}_o}{\dot{U}_S}\right)$；

（2）输入电阻 r_i 和输出电阻 r_o。

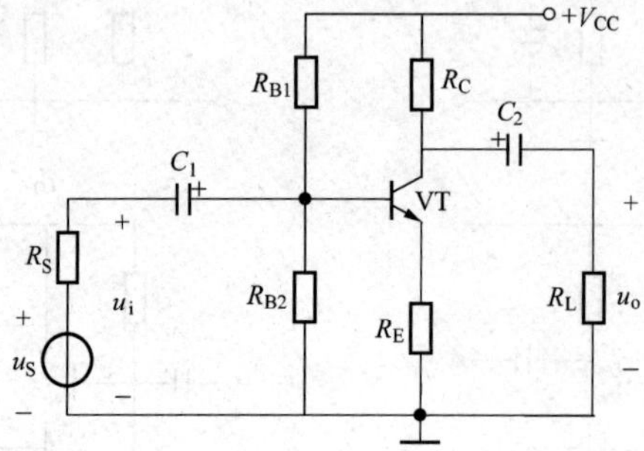

图 7-51　习题 36 图

第8章　集成运算放大器

本章提要

本章以集成运算放大器（简称集成运放）的基本单元电路入手，分析典型集成运放电路以及集成运放的主要指标参数，包括电流源的构成、恒流特性及其在放大电路中的作用、直接耦合放大电路中零点漂移（简称零漂）产生的原因及有关指标。介绍了差分放大电路的组成、工作原理及差模信号、共模信号、差模增益、共模增益和共模抑制比的基本概念，以及抑制零点漂移的原理。介绍了差分放大电路的静态工作点和动态指标的计算，以及输出输入相位关系。在负反馈放大电路中，分析了如何判断反馈的类型和极性、正确引入反馈、深度负反馈条件下放大电路的闭环增益等问题。

8.1　集成运放中的电流源

8.1.1　镜像电流源

1. 电路组成

镜像电流源是由三极管电流源演变而来的，如图 8-1 所示。

2. 电流估算

由于两管的 U_{BE} 相同，所以它们的发射极电流和集电极电流均相等。电流源的输出电流，即 VT2 的集电极电流为

$$I_{C2}=I_{C1}=I_{REF}-2I_B=I_{REF}-\frac{2I_C}{\beta}$$

$$=\frac{V_{CC}-U_{BE}}{R}-\frac{2I_C}{\beta}\qquad(8-1)$$

当 $b\gg 1$ 时，有

$$I_{C2}\approx I_{REF}=\frac{V_{CC}-U_{BE}}{R}\approx\frac{V_{CC}}{R}\qquad(8-2)$$

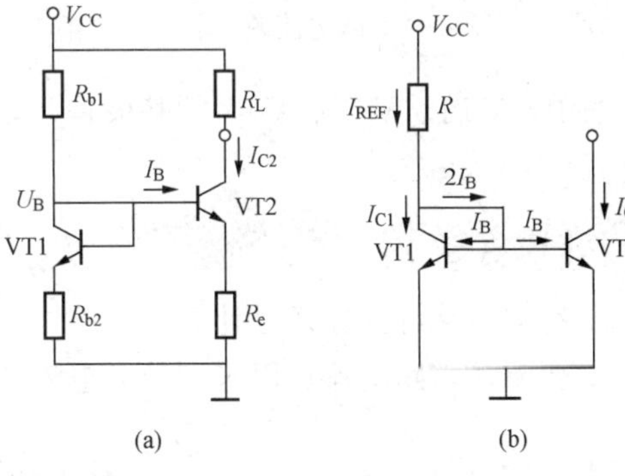

图 8-1　电路组成

(a) 三极管电流源；(b) 镜像电流源

当 R 和 V_{CC} 确定后，基准电流 I_{REF} 也就确定了，I_{C2} 也随之而定。由于 $I_{C2}\approx I_{REF}$，把 I_{REF} 看作是 I_{C2} 的镜像，所以，这种电流源称为镜像电流源。

原镜像电流源电路中，对 I_{REF} 的分流为 $2I_B$。带缓冲级的镜像电流源电路中，对 I_{REF} 的分流为 $2I_B/\beta$，比原来小。

8.1.2　微电流源

镜像电流源电路适用于较大工作电流（毫安数量级）的场合，若需要减小 I_{C2} 的值（例如微安级），可采用微电流源电路。

1. 电路组成

为了减小 I_{C2} 的值，可在镜像电流源电路中的 VT2 发射极串入一电阻 R_{e2}，如图 8-2 所示，便构成微电流源。

2. 电流估算

由电路可得

$$U_{EB1}=U_{EB2}+I_{E2}R_{e2} \tag{8-3}$$

所以

$$I_{C2}\approx I_{E2}=\frac{U_{BE1}-U_{BE2}}{R_{e2}}=\frac{\Delta U_{BE}}{R_{e2}} \tag{8-4}$$

可见，用阻值不大的 R_{e2} 就可获得微小的工作电流。

8.1.3 多路电流源

在模拟集成电路中，经常用到多路电流源。其目的是用一个电流源对多个负载进行偏置。典型的多路电流源如图 8-3 所示。

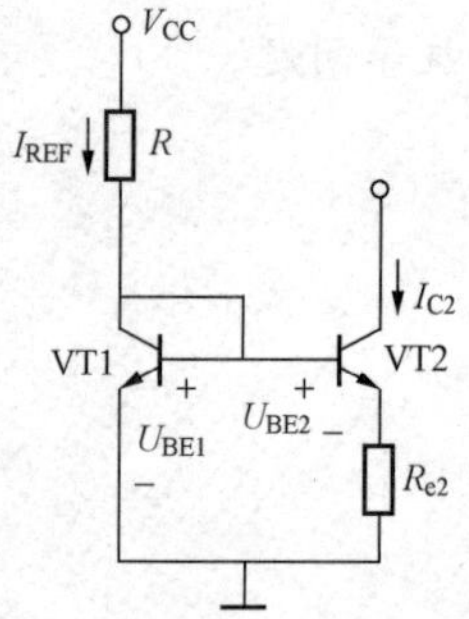

图 8-2 微电流源

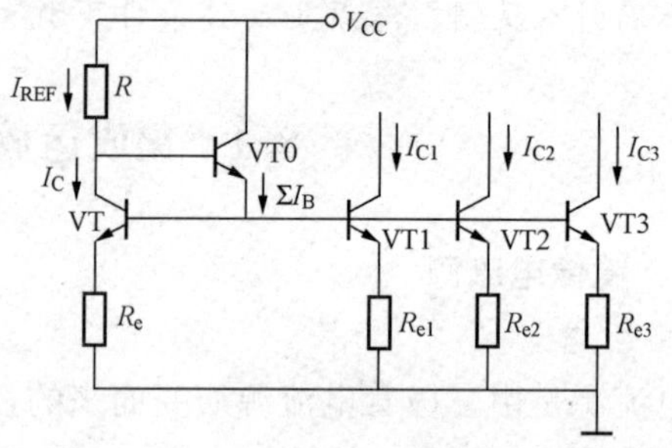

图 8-3 多路电流源

图中，VT1、VT2、VT3 的基极是并联在一起的。电路用一个基准电流 I_{REF} 获得了多个电流。

【思考题】

1. 镜像电流源的原理是什么？
2. 要驱动多路电流可以采用什么电流源？

8.2 差分式放大电路

8.2.1 差模信号和共模信号的概念

1. 概念

差分式放大电路是一个双口网络，每个端口有两个端子，可以输入两个信号，输出两个信号。其端口结构示意图如图 8-4 所示。

注意

普通放大电路也可以看成是一个双口网络，但每个端口都有一个端子接地。因此，只能输入一个信号，输出一个信号。

当差分放大电路的两个输入端子接入的输入信号分别为 u_{i1} 和 u_{i2} 时，两信号的差值称为差模信号，而两信号的算术平均值称为共模信号。即差模信号

$$u_{id}=u_{i1}-u_{i2} \tag{8-5}$$

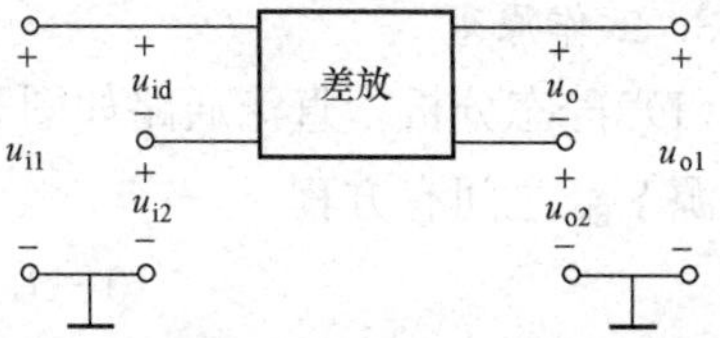

图 8-4 差分式放大电路输入输出结构

共模信号

$$u_{ic}=\frac{1}{2}(u_{i1}+u_{i2}) \tag{8-6}$$

根据以上两式可以得到

$$u_{i1}=u_{ic}+\frac{u_{id}}{2} \tag{8-7}$$

$$u_{i2}=u_{ic}-\frac{u_{id}}{2} \tag{8-8}$$

可以看出，两个输入端的信号均可分解为差模信号和共模信号两部分。

2. 两种信号的特点

差模分量：大小相等，相位相反。

共模分量：大小相等，相位相同。

3. 增益

差模电压增益为

$$A_{VD}=\frac{u'_o}{u_{id}} \tag{8-9}$$

共模电压增益为

$$A_{VC}=\frac{u''_o}{u_{ic}} \tag{8-10}$$

总输出电压为

$$u_o=u'_o+u''_o=A_{VD}u_{id}+A_{VC}u_{ic} \tag{8-11}$$

其中，u'_o表示由差模信号产生的输出。

4. 共模抑制比

共模抑制比是衡量放大电路抑制零点漂移能力的重要指标。

$$K_{CMR}=\left|\frac{A_{VD}}{A_{VC}}\right| \tag{8-12}$$

8.2.2 基本差分式放大电路

1. 电路的组成及特点

（1）基本差分式放大电路的组成：由两个共射级电路组成，如图 8-5 所示。

（2）基本差分式放大电路的特点：电路对称，射级电阻共用，或射级直接接电流源（大的电阻和电流源的作用是一样的），有两个输入端，有两个输出端。

2. 工作方式

差分式放大电路的输入输出方式有：双端输入、双端输出，双端输入、单端输出，单端输入、双端输出，单端输入、单端输出。具体电路将在后文给出。

3. 工作原理

(1) 静态分析。直流通路如图 8-6 所示，由于电路完全对称，$I_{E1}=I_{E2}$，所以，由地到负电源 V_{EE} 之间有方程

$$0-U_{BE1}-2I_{E1}R_e-(-V_{EE})=0$$

解得
$$I_{E1}=\frac{V_{EE}-U_{BE1}}{2R_e}$$

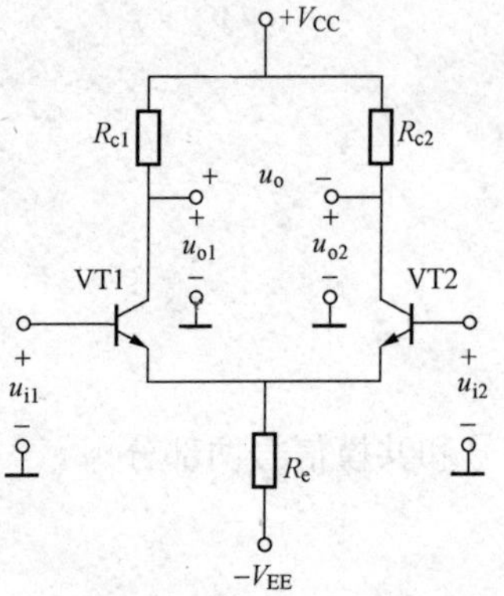

图 8-5 基本差分式放大电路图

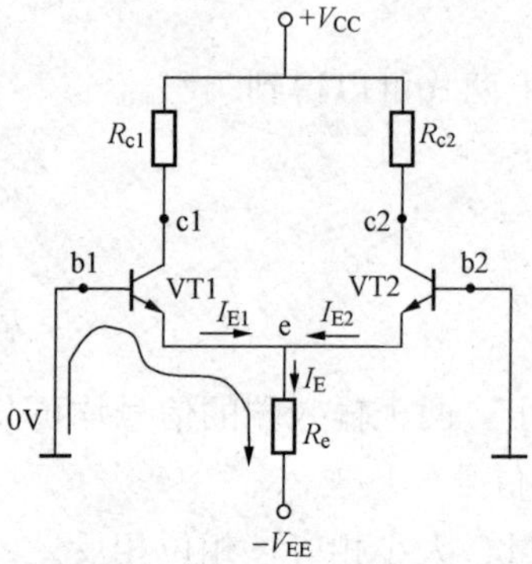

图 8-6 差分放大电路直流通路

当 $U_{BE1}\ll V_{EE}$ 时，$I_{E1}\approx\frac{V_{EE}}{2R_e}$，$I_{C1}=I_{C2}$，$I_{B1}=I_{B2}=\frac{I_{C1}}{\beta}$。

两管发射极点位为

$$V_E=0-U_{BE1}$$

所以

$$U_{CE2}=U_{CE1}=V_{CC}-R_{C1}I_{C1}-V_E=V_{CC}-R_{C1}I_{C1}+U_{BE1}$$

关键：求出 VT1、VT2 两管的发射极电流。根据电路对称性有 $I_{E1}=I_{E2}=\frac{1}{2}I_E$。

注意

两管的基极电位为零，这是因为在静态时，$u_i=0$ 即 u_i 短路。

静态时 $V_{c_1}=V_{c_2}$，所以 $U_o=V_{c_1}-V_{c_2}=0$。即输入为 0 时，输出也为 0。

(2) 动态分析。当电路的两个输入端各加入一个大小相等极性相反的差模信号时

$$u_{i1}=u_{i2}=u_{id}/2$$

一管电流将增加，另一管电流减小，输出电压为

$$u_o=u_{c1}-u_{c2}\neq 0$$

即差模信号输入时，两管之间有差模信号输出。

4. 抑制零点漂移的原理

(1) 零点漂移。如果将直接耦合放大电路的输入端短路，其输出端应有一固定的直流电压，即静态输出电压。但实际上输出电压将随着时间的推移，偏离初始值而缓慢地随机波动，这种现象称为零点漂移，简称零漂。零漂实际上就是静态工作点的漂移。

对于差分电路，当输入端信号为0（短路）时，输出应为0。但实际上输出电压将随着时间的推移，偏离0电位。这种现象称为零点漂移。

（2）零漂产生的主要原因。

1）温度的变化。温度的变化最终都将导致BJT的集电极电流 I_C 的变化，从而使静态工作点发生变化，使输出产生漂移。因此，零漂有时也称为温漂。

2）电源电压波动。电源电压的波动，也将引起静态工作点的波动，而产生零点漂移。

无论是温度变化还是电源波动，都会对两管产生相同的作用，其效果相当于在两个输入端加入了共模信号。因此，当共模信号作用于电路时，必须分析电路的零漂情况。

（3）差动放大电路对零漂的抑制。

1）双端输出时，靠电路的对称性和恒流源偏置抑制零漂。

温度变化→两管集电极电流以及相应的集电极电压发生相同的变化→在电路完全对称的情况下，双端输出（两集电极间）的电压可以始终保持为零（或静态值）→抑制了零点漂移。

2）单端输出时，由于电路中 R_e 的存在，将对电路产生如下影响：

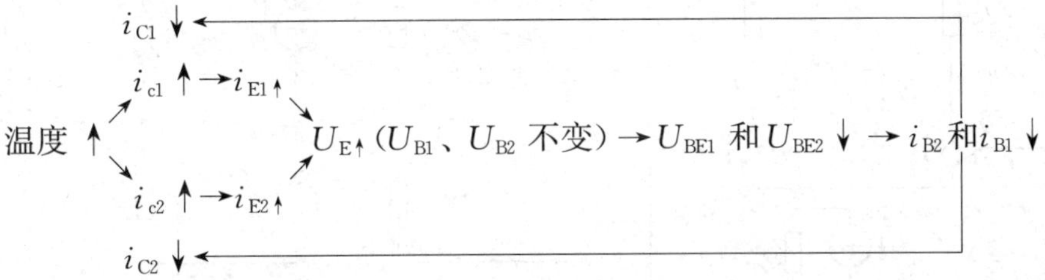

以上过程类似于分压式射极偏置电路的温度稳定过程。由于 R_e 的存在，使 I_c 得到了稳定，所以在双端输出的情况下，两管的输出会稳定在0（静态）值。抑制了零点漂移。R_e 越大，抑制零漂的作用越强。

即使电路处于单端输出方式时，仍有较强的抑制零漂能力。但由于 R_e 上流过两倍的集电极变化电流，其稳定能力比射极偏置电路更强。

5. 差模输入时主要技术指标的计算

（1）双端输入双端输出，如图8-7所示。

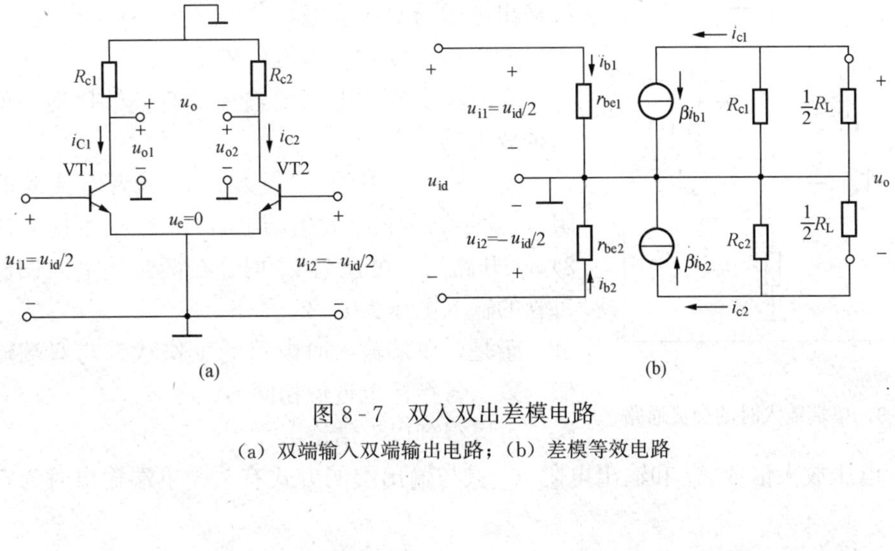

图8-7 双入双出差模电路

（a）双端输入双端输出电路；（b）差模等效电路

1）差模输入时，$u_{i1}=-u_{i2}=u_{id}/2$，当一管电流 i_{c1} 增加时，另一管的电流 i_{c2} 必然减小。由于电路对称，i_{c1} 的增加量必然等于 i_{c2} 的减少量。所以流过恒流源（或 R_e）的电流不变，$v_e=0$。故如图所示的交流通路中 R_e 为 0（短路）。

2）差模输入时，$u_{i1}=-u_{i2}=u_{id}/2$，每一管上的电压仅为总的输入电压 u_{id} 的 1/2。故虽然电路由两管组成，但总的电压放大倍数仅与单管的相同。即 $A_v=-\beta R_c/r_{be}$。

3）如果在输出端接有负载电阻 R_L，由于负载两端的电位变化量相等，变化方向相反，故负载的中点处于交流地电位。因此，如图所示的交流通路中每一管的负载为 $R_L/2$。此时，总的电压放大倍数与单管的相同，即 $A_v=-\beta R_L'/r_{be}$。

4）由于双端输入，故输入电阻为两管输入电阻的串联，即 $R_{id}=2r_{be}$。

5）由于双端输出，故输出电阻为两管输出电阻的串联，即 $R_o=2R_c$。

（2）双端输入单端输出电路和差模等效电路，如图 8-8 所示。

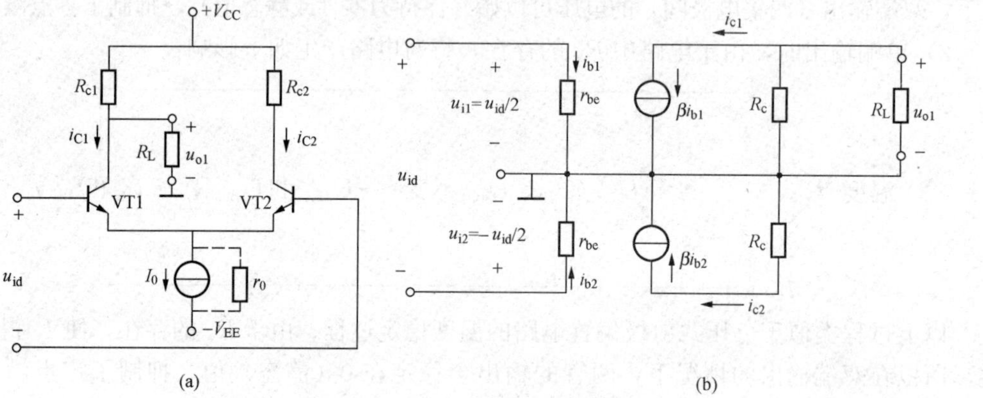

图 8-8 双入单出差模电路

（a）双端输入单端输出电路；（b）差模等效电路

1）由于单端输出时负载上输出的只是一个管子的变化量，而输入情况与双端输出时完全一样。故放大倍数是双端输出的一半。

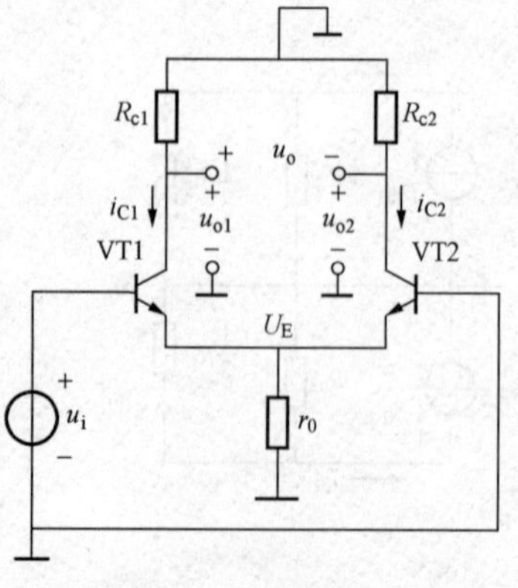

图 8-9 单端输入时的交流通路

2）单端输出时，输出电阻是一个管子的输出电阻。故输出电阻为双端输出的一半。

（3）单端输入，如图 8-9 所示。

有时要求放大电路的输入端有一端接地，就要使用这种放大器。

1）图 8-9 中的 r_o 很大（R_e 或者电流源的等效电阻），满足 $r_o \gg r_e$（发射结电阻），故 r_o 可视为开路。

2）r_o 开路后，可认为 u_i 均分在两管的输入回路上。即每管的输入电压为 $u_i/2$。

于是，单端输入时电路的工作状态与双端输入时近似一致。各指标也近似相同。

可以得到以下结论：

（1）电压放大倍数 A_v 和输出电阻 R_o 只与输出端的方式有关；单端输出时为双端输出

的一半。

(2) 输入电阻 R_i 只与输入端的方式有关；单端输入时为双端输入的一半。

6. 共模输入时技术指标及共模抑制比

(1) 双端输出。双端输出时的交流电路如图 8-10 所示。

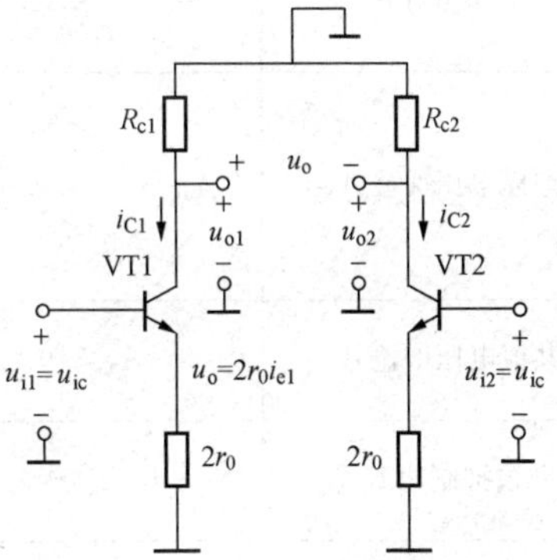

图 8-10　双端输出时的交流电路

共模电压增益：双端输出时的共模电压增益是指电路的双端输出电压与共模输入电压之比。

在电路完全对称的情况下，$u_{o1}=u_{o2}$，$u_o=u_{o1}-u_{o2}=0$。

共模增益为

$$A_{VC}=\frac{u_o}{u_{ic}}=\frac{u_{o1}-u_{o2}}{u_{ic}}=\frac{0}{u_{ic}}=0 \qquad (8-13)$$

输入电阻：共模情况下，两输入端是并联的，因此

$$R_{ic}=\frac{1}{2}[r_{be}+(1+\beta)2r_o] \qquad (8-14)$$

(2) 单端输出。单端输出时的交流电路如图 8-11 所示。它等效于一个射级电阻为 $2r_o$ 的共射放大电路。

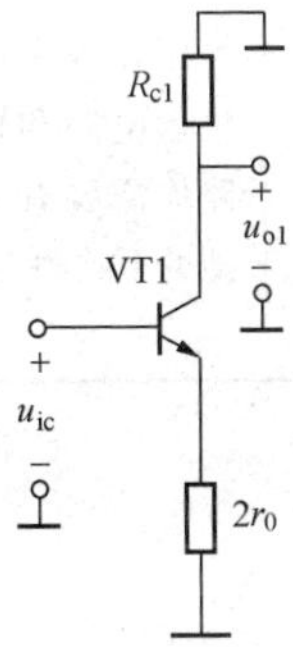

图 8-11　单端输出时的交流电路

共模增益为

$$A_{VC1}=\frac{u_{o1}}{u_{ic}}=-\frac{\beta R_{c1}}{r_{be}+(1+\beta)2r_o} \qquad (8-15)$$

一般情况下，$2r_o \gg r_{be}$，$\beta \gg 1$，则有

$$A_{VC1}=-\frac{R_{c1}}{2r_o} \qquad (8-16)$$

(3) 共模抑制比。共模抑制比定义为差模增益与共模增益之比，即

$$K_{CMR}=\left|\frac{A_{VD}}{A_{VC}}\right|$$

或

$$K_{CMR}=20\lg\left|\frac{A_{VD}}{A_{VC}}\right|(dB) \qquad (8-17)$$

电路的共模抑制比 K_{CMR} 显示电路对零漂的抑制能力的大小。因此希望 K_{CMR} 越大越好。双端输出时，电路完全对称的理想情况下，由于共模增益 $A_{oc}=0$，所以 $K_{CMR}=\infty$。单端输出时，有

$$K_{CMR}=\left|\frac{A_{VD1}}{A_{VC1}}\right|\approx\frac{\beta R_e}{r_{be}} \qquad (8-18)$$

若用电流源替换 R_e，则共模抑制比为

$$K_{CMR}=\left|\frac{A_{VD1}}{A_{VC1}}\right|\approx\frac{\beta r_o}{r_{be}} \qquad (8-19)$$

差分式放大电路几种接法的性能指标比较见表 8-1。

表 8-1 差分式放大电路几种接法的性能指标比较

输出方式	双端输入		单端输入	
	双端	单端	双端	单端
差模电压增益 A_{VD}	$A_{VD}=\frac{u_o}{u_{id}}=-\frac{\beta R_C}{r_{be}}$	$A_{VD1}=\frac{u_{o1}}{u_{id}}=\frac{u_{o2}}{u_{id}}=-\frac{\beta R_C}{2r_{be}}$	$A_{VD}=\frac{\beta R_C}{r_{be}}$	$A_{VD1}=\frac{u_{o1}}{u_{id}}=\frac{u_{o2}}{u_{id}}=-\frac{\beta R_C}{2r_{be}}$
共模电压增益 A_{VC}	$A_{VC}\to 0$	$A_{VC1}\approx-\frac{R_C}{2r_o}$	$A_{VC}\to 0$	$A_{VC1}\approx\frac{R_C}{2r_o}$
共模抑制比 K_{CMR}	$K_{CMR}\to\infty$	$K_{CMR}\approx\frac{\beta r_c}{r_{be}}$	$K_{CMR}\to\infty$	$K_{CMR}\approx\frac{\beta r_c}{r_{be}}$
差模输入电阻 R_{id}	$R_{id}=2r_{be}$		$R_{id}=2r_{be}$	
共模输入电阻 R_{ic}	$R_{ic}=\frac{1}{2}$［$r_{be}+(1+\beta)2r_o$］		$R_{ic}=\frac{1}{2}$［$r_{be}+(1+\beta)2r_o$］	
输出电阻 R_o	$R_o=2R_e$	$R_o=R_e$	$R_o=2R_e$	$R_o=R_e$
用途	（1）用于输入、输出不需要一端接地时。（2）常用于多级直接耦合放大电路的输入级、中间级	将双端输入转换为单端输出，常用于多级直接耦合放大电的路输入级、中间级	将单端输入转换为双端输出，常用于多级直接耦合放大电路的输入级	用在放大电路的输入电路和输出电路均需要有一端接地的电路中

【思考题】

1. 差分放大电路的主要作用是什么？
2. 抑制零点漂移的原理是什么？
3. 差分放大电路共有几种输入输出方式？

8.3 放大电路中的负反馈

8.3.1 反馈的基本概念

前面各章讨论放大电路的输入信号与输出信号间的关系时，只涉及了输入信号对输出信号的控制作用，这称作放大电路的正向传输作用。然而，放大电路的输出信号也可能对输入信号产生反作用，简单地说，这种反作用就叫做反馈。

8.3.2 反馈的分类

1. 按照反馈产生的途径分类

按照反馈产生的途径来分，反馈分为内部反馈和外部反馈。

在器件内部产生的反馈称为内部反馈。

在器件外部产生的反馈称为外部反馈。

具体实例：闭环情况，电路中有反馈通路；开环情况，电路中没有反馈通路。

2. 按反馈信号分类

按反馈信号来分，有直流反馈和交流反馈。

在放大电路中既含有直流分量，又含有交流分量，因而，必然有直流反馈与交流反馈之分。反馈信号中只含有直流分量的称为直流反馈。或者说存在于放大电路的直流通路中的反馈网络引入直流反馈。直流反馈影响电路的直流性能，如静态工作点。反馈信号中只含有交流分量的称为交流反馈。或者说存在于交流通路中的反馈网络引入交流反馈。交流反馈影响电路的交流性能。共集电路中的直流反馈和交流反馈如图 8-12 所示。

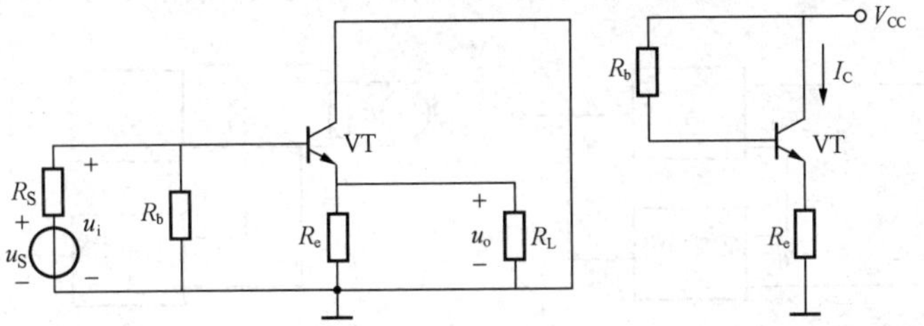

图 8-12　共集电路中的直流反馈和交流反馈

3. 按反馈的作用效果分类

按反馈的作用效果来分，有负反馈与正反馈。

反馈信号 x_f 送回到输入回路与原输入信号 x_i 共同作用后，对净输入信号 x_{id} 的影响有两种结果：一种是使净输入信号 x_{id} 比没有引入反馈时减小了，有 $x_{id}=x_i-x_f$，称这种反馈为负反馈；另一种是使净输入信号 x_{id} 比没有引入反馈时增加了，有 $x_{id}=x_i-x_f$，称这种反馈为正反馈。在放大电路中一般引入负反馈。反馈系统框图如图 8-13 所示。

4. 按反馈的信号取样的方式分类

按反馈的信号取样的方式来分，有电压反馈与电流反馈。

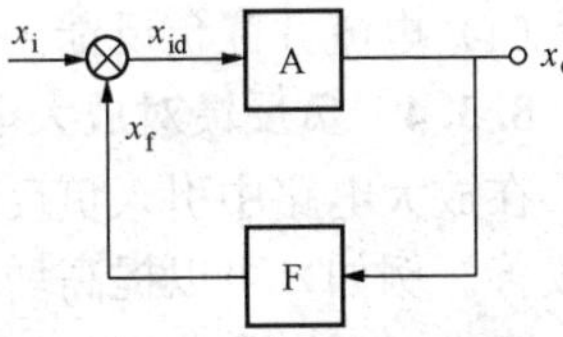

图 8-13　反馈系统框图

(1) 电压反馈。在反馈放大电路中，反馈网络把输出电量（输出电压或输出电流）的一部分或全部取出来送回到输入回路，因此，在放大电路输出端的取样方式有两种：一种是电压取样，这时反馈信号是输出电压的一部分或全部，即反馈信号与输出电压成正比（$x_f=Fu_o$），称为电压反馈，如图 8-14 (a) 所示。

(2) 电流反馈。如果反馈信号是输出电流的一部分或全部，即反馈信号与输出电流成正比（$X_f=Fi_o$），称为电流反馈，如图 8-14 (b) 所示。

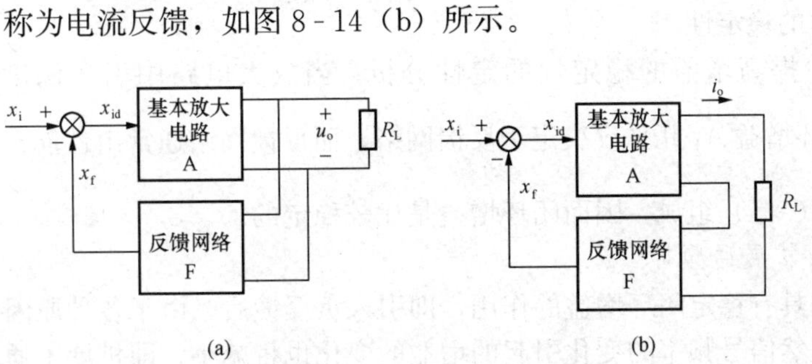

图 8-14　电压反馈和电流反馈

(a) 电压反馈；(b) 电流反馈

（3）判断是电压反馈还是电流反馈的方法。判断是电压反馈还是电流反馈时，常用“输出短路法”，即假设负载短路（$R_L=0$），使输出电压 $u_o=0$，看反馈信号是否还反馈信号还存在。若存在，则说明反馈信号与输出电压成比例，是电压反馈；若反馈信号不存在了，则说明反馈信号不是与输出电压成比例，而是和输出电流成比例，是电流反馈。

5. 按照反馈信号与输入信号的连接方式分类

按照反馈信号与输入信号的连接方式来分，有串联反馈与并联反馈，如图 8-15 所示。

（1）串联反馈。在串联反馈中，反馈信号和输入信号是在输入端以电压方式求和的。

（2）并联反馈。在并联反馈中，反馈信号和输入信号是在输入端以电流方式求和的。

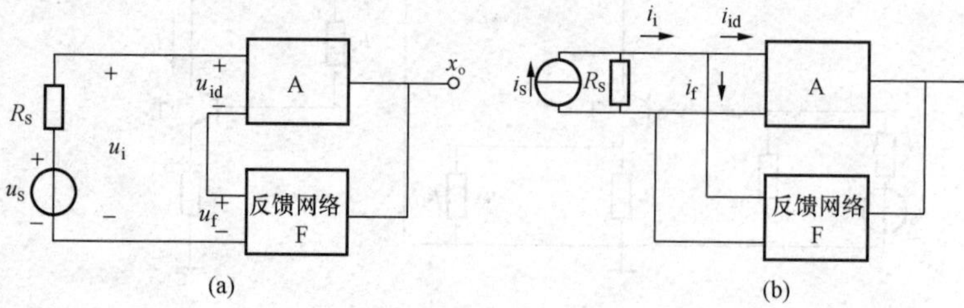

图 8-15 串联反馈和并联反馈

（a）串联反馈；（b）并联反馈

8.3.3 反馈电路的组态

由于反馈网络在放大电路输出端有电压和电流两种取样方式，在放大电路输入端有串联和并联两种求和方式，因此可以构成以下四种组态（或称类型）的负反馈放大电路。

（1）电压串联负反馈。

（2）电压并联负反馈。

（3）电流串联负反馈。

（4）电流并联负反馈。

8.3.4 负反馈对放大电路性能的改善

在放大电路中引入负反馈，虽然会导致闭环增益的下降，但能使放大电路的许多性能得到改善。例如，可以提高增益的稳定性，扩展通频带，减小非线性失真，改变输入电阻和输出电阻等。下面将分别加以讨论。

1. 负反馈可提高增益的稳定性

（1）问题的提出。放大电路的增益可能由于元器参数的变化、环境温度的变化、电源电压的变化、负载大小的变化等因素的影响而使放大器的增益不稳定。引入适当的负反馈后，可提高闭环增益的稳定性。

（2）负反馈提高增益的稳定性的定性分析。当放大电路中引入深度交流负反馈时，$\dot{A}_f \approx \frac{1}{\dot{F}}$，即闭环增益 $\dot{A}_f$ 几乎仅决定于反馈网络，而反馈网络通常由性能比较稳定的无源线性元件（如 R、C 等）组成，因而闭环增益是比较稳定的。

2. 负反馈可扩展通频带

既然负反馈具有稳定闭环增益的作用，即引入负反馈后，由于各种原因引起的增益的变化都将减小，当然信号频率的变化引起的增益的变化也将减小，即扩展了通频带。

3. 负反馈可减小非线性失真

三极管、场效应管等有源器件具有非线性的特性，因而由它们组成的基本放大电路的电压传输特性也是非线性的，如图 8-16 所示。

当输入正弦信号的幅度较大时，输出波形引入负反馈后，将使放大电路的闭环电压传输特性曲线变平缓，线性范围明显展宽。在深度负反馈条件下，$\dot{A}_f \approx \frac{1}{\dot{F}}$，若反馈网络由纯电阻构成，则闭环电压传输特性曲线在很宽的范围内接近于直线，如图 8-16 中的曲线 2 所示，输出电压的非线性失真会明显减小。

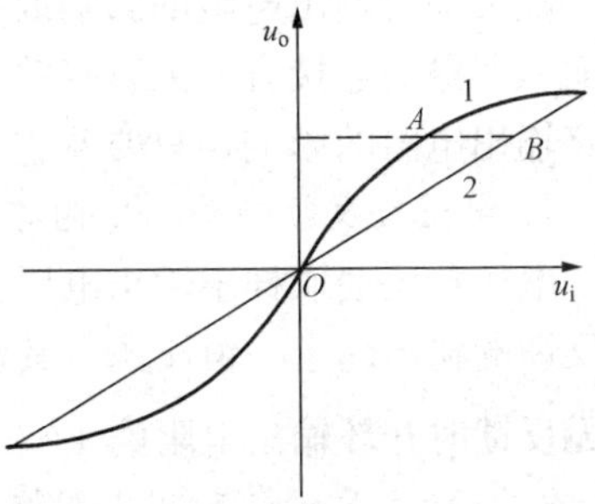

图 8-16　非线性电压传输特性图

需要说明的是，加入负反馈后，若输入信号的大小保持不变，由于闭环增益降至开环增益的$\frac{1}{1+\dot{A}\dot{F}}$，基本放大电路的净输入信号输出信号也降至开环时的$\frac{1}{1+\dot{A}\dot{F}}$，显然，三极管等器件的工作范围变小了，其非线性失真也相应地减小了。为了去除工作范围变小对输出波形失真的影响，以说明非线性失真的减小是由负反馈作用的结果，必须保证闭环和开环两种情况下，有源器件的工作范围相同（输出波形的幅度相同），因此，应使闭环时的输入信号幅度加至开环时的 $|1+\dot{A}\dot{F}|$ 倍，如图 8-16 中的 A、B 两点。另外，负反馈只能减小反馈环内产生的非线性失真，如果输入信号本身就存在失真，负反馈则无能为力。

4. 负反馈能抑制反馈环内的噪声和干扰

例如，一台扩音机的功率输出级常有交流哼声，来源于电源的 50Hz 的干扰。其前置级或电压放大级，由稳定的直流电源供电，噪声或干扰较小，当对整个系统的后面几级外加一负反馈环时，对改善系统的信噪比具有明显的效果。若噪声或干扰来自反馈环外，则加负反馈也没有用。

8.3.5　负反馈对放大电路输入电阻的影响

负反馈对输入电阻的影响取决于反馈网络与基本放大电路在输入回路的连接方式，而与输出回路中反馈的取样方式无直接关系（取样方式只改变 $\dot{A}\dot{F}$ 的具体含义）。

1. 串联负反馈使输入电阻增大

引入串联负反馈后，输入电阻 R_{if} 是开环输入电阻 R_i 的 $(1+\dot{A}\dot{F})$ 倍。应当指出，在某些负反馈放大电路中，有些电阻并不在反馈环内，如共射电路中的基极电阻 R_b，反馈对它并不产生影响。可以看出

$$R'_{if}=(1+\dot{A}\dot{F})R_i \tag{8-20}$$

而整个电路的输入电阻

$$R_{if}=R'_{if}\,//\,R_b \tag{8-21}$$

因此，引入串联负反馈，使引入反馈的支路的等效电阻增大到基本放大电路输入电阻的 $(1+\dot{A}\dot{F})$ 倍。但不管哪种情况，引入串联负反馈都将输入电阻增大。

2. 并联负反馈使输入电阻减小

引入并联负反馈后，闭环输入电阻是开环输入电阻的 $1/(1+\dot{A}\dot{F})$ 倍。

8.3.6 负反馈对放大电路输出电阻的影响

负反馈对输出电阻的影响取决于反馈网络在放大电路输出回路的取样方式，与反馈网络在输入回路的连接方式无直接关系。因为取样对象就是稳定对象。因此，分析负反馈对放大电路输出电阻的影响，只要看它是稳定输出信号电压还是稳定输出信号电流。

1. 电压负反馈使输出电阻减小

电压负反馈取样于输出电压，又能维持输出电压稳定，即是说，输入信号一定时，电压负反馈的输出趋于一恒压源，其输出电阻很小。可以证明，有电压负反馈时的闭环输出电阻为无反馈时开环输出电阻的 $1/(1+\dot{A}\dot{F})$。反馈越深，R_{of} 越小。

2. 电流负反馈使输出电阻增加

电流反馈取样于输出电流，能维持输出电流稳定，就是说，输入信号一定时，电流负反馈的输出趋于一恒流源，其输出电阻很大。可以证明，有电流负反馈时的闭环输出电阻为无反馈时开环输出电阻的 $1/(1+\dot{A}\dot{F})$ 倍。反馈越深，R_{of} 越大。

8.3.7 放大电路中引入负反馈的一般原则

由以上分析可以知道，负反馈之所以能够改善放大电路的多方面性能，归根结底是由于将电路的输出量（$\dot{U}_o$ 或 $\dot{I}_o$）引回到输入端与输入量（$\dot{U}_1$ 或 $\dot{I}_1$）进行比较，从而随时对净输入量（$\dot{U}_{1d}$ 或 $\dot{I}_{1d}$）及输出量进行调整。前面研究过的增益恒定性的提高、非线性失真的减少、抑制噪声、扩展频带以及对输入电阻和输出电阻的影响，均可用自动调整作用来解释。反馈越深，即 $|1+\dot{A}\dot{F}|$ 的值越大时，这种调整作用越强，对放大电路性能的改善越为有益。另外，负反馈的类型不同，对放大电路所产生的影响也不同。

工程中往往要求根据实际需要在放大电路中引入适当的负反馈，以提高电路或电子系统的性能。入负反馈的一般原则如下：

(1) 为了稳定静态工作点，应引入直流负反馈；为了改善放大电路的动态性能，应引入交流负反馈（在中频段的极性）。

(2) 要求提高输入电阻或信号源内阻较小时，应引入串联负反馈；要求降低输入电阻或信号源内阻较大时，应引入并联系反馈。

(3) 根据负载对放大电路输出电量或输出电阻的要求决定是引入电压还是电流负反馈。若负载要求提供稳定的电压信号（输出电阻小），则应引入电压负反馈；若负载要求提供稳定的电流信号，输出电阻大，则应引入电流负反馈。

(4) 在需要进行信号变换时，应根据四种类型的负反馈放大电路的功能选择合适的组态。例如，要求实现电流——电压信号的转换时，应在放大电路中引入电压并联负反馈等。

这里介绍的只是一般原则。要注意的是，负反馈对放大电路性能的影响只局限于反馈环内，反馈回路未包括的部分并不适用。性能的改善程度均与反馈深度 $|1+\dot{A}\dot{F}|$ 有关，但并是 $|1+\dot{A}\dot{F}|$ 越大越好。因为 $\dot{A}\dot{F}$ 都是频率的函数，对于某些电路来说，在一些频率下产生的附加相移可能使原来的负反馈变成了正反馈，甚至会产生自激振荡，使放大电路无法正常工作。另外，有时也可以在负反馈放大电路中引适当的正反馈，以提高增益等。

8.3.8 负反馈放大电路的分析方法

用 $\dot{A}_f=\dfrac{\dot{A}}{1+\dot{A}\dot{F}}$ 计算负反馈放大电路的闭环增益比较精确但较麻烦，因为要先求得开环增益和反馈系数，就要先把反馈放大电路划分为基本放大电路和反馈网络，但这不是简单地断开反馈网络就能完成，而是既要除去反馈，又要考虑反馈网络对基本放大电路的负载作用。所以，通常从工程实际出发，利用一定的近似条件，即在深度反馈条件下对闭环增益进行估算。一般情况下，大多数反馈放大电路特别是由集成运放组成的放大电路都能满足深度负反馈的条件。

根据 $\dot{A}_f$ 和 $\dot{F}$ 的定义

$$\dot{A}_f=\frac{\dot{X}_o}{\dot{X}_1}\qquad \frac{1}{\dot{F}}=\frac{\dot{X}_o}{\dot{X}_f}$$

在 $\dot{A}_f=\dfrac{\dot{A}}{1+\dot{A}\dot{F}}$ 中，若 $|1+\dot{A}\dot{F}|\gg 1$，则 $\dot{A}_f\approx\dfrac{1}{\dot{F}}$，即 $\dfrac{\dot{X}_o}{\dot{X}_1}=\dfrac{\dot{X}_o}{\dot{X}_f}$，所以有 $\dot{X}_1\approx\dot{X}_f$。

此式表明，当 $|1+\dot{A}\dot{F}|\gg 1$ 时，反馈信号 $\dot{X}_f$ 与输入信号 $\dot{X}_1$ 相差甚微，净输入信号 $\dot{X}_{1d}$ 甚小，因而有 $\dot{X}_{1d}\approx 0$。对于串联负反馈有 $\dot{U}_{1d}\approx 0$（虚短），$\dot{U}_1\approx\dot{U}_f$；对于并联负反馈有 $\dot{I}_{1d}\approx 0$（虚断）$\dot{I}_1\approx\dot{I}_f$。利用“虚短”、“虚断”的概念可以快速方便地估算出负反馈放大电路的闭环增益 $\dot{A}_f$ 或闭环电压增益 $\dot{A}_{vf}$。

【思考题】

1. 反馈的分类有哪些？如何判断？
2. 负反馈的作用有哪些？
3. 如何在深度反馈条件下对闭环增益进行估算？

8.4　集成电路运算放大器的组成

集成电路运算放大器是一种高电压增益、高输入电阻和低输出电阻的多级直接耦合放大电路，它的类型很多，电路也不一样，但结构具有共同之处，一般由四部分组成，如图 8-17 所示。

(1) 输入级一般是由 BJT、JFET 或 MOSFET 组成的差分式放大电路，利用它的对称特性可以提高整个电路的共模抑制比和其他方面的性能，它的两个输入端构成整个电路的反相输入端和同相输入端。温度漂移要小。

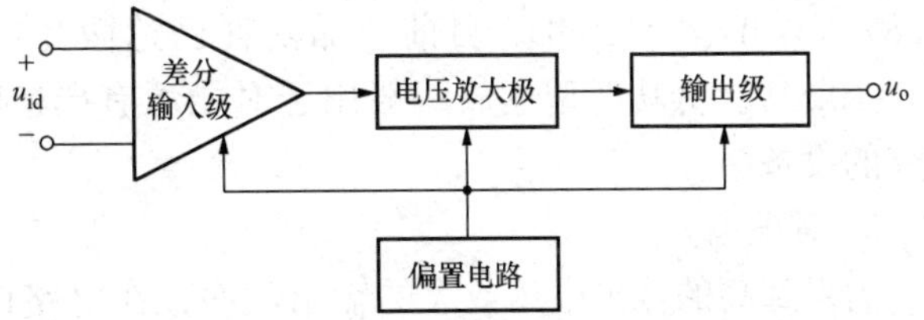

图 8-17　放大电路内部组成框图

(2) 电压放大级的主要作用是提高电压增益，它可由一级或多级放大电路组成。

(3) 输出级一般由电压跟随器或互补电压跟随器所组成，以降低输出电阻，提高带负载能力，功率放大。

(4) 偏置电路是为各级提供合适的工作电流。

此外还有一些辅助环节，如电平移动电路、过载保护电路以及高频补偿环节等。

8.4.1 集成电路运算放大器的分类

目前它们可分为高输入阻抗、低漂移、高精度、高速、宽带、低功耗、高压、大功率和程控型等专用型集成运放。

1. 高输入阻抗型

该类型集成运放的差模输入电阻 $r_{id}>(10^9\sim10^{12})$ W，输入偏置电流 I_{IB} 为几皮安～几十皮安，故又称为低输入偏置电流型。

实现这些指标的主要措施，一般是利用 FET 输入阻抗高、BJT 电压增益高的优点，由 BJT 与 FET 相结合而构成差分输入级电路，常称为 BiFET 型。

2. 高精度、低漂移型

这种类型的运放，一般用于毫伏量级或更低的微弱信号的精密检测、精密模拟计算、高精度稳压电源及自动控制仪表中。

3. 高速型

对这种类型的运放，要求转换速率 $S_R>30$V/ms，最高可达几百伏/微秒，单位增益带宽 $BW_G>10$MHz。一般用于快速 A/D 和 D/A 转换器、有源滤波器、高速取样—保持电路、锁相环、精密比较器和视频放大器中。实现高速的主要措施是，在信号通道中尽量采用 NPN 型管，以提高转换速率；同时加大工作电流，以使电路中各种电容的电压变化加快；或在电路结构上采用 FET 和 BJT 相兼容的 BiFET，或用全 MOSFET 结构，使电路的输入动态范围加大，因而电路转换速率也增加。目前产品有 mA715、LH0032 和 AD9618 等，其中 mA715 的 $S_R<100$V/ms，$BW_G=65$MHz，而 AD9618 的 S_R 高达 1800V/ms，$BW_G=8$GHz。

4. 低功耗型

对于这种类型的运放，要求在电源电压±15V 时，最大功耗不大于 6mW；或要求工作在低电源电压（如 1.5～4V）时，具有低的静态功耗和保持良好的电气性能（如 $A_{VO}=80\sim100$dB）。为此，在电路结构上，一般采用外接偏置电阻和用有源负载代替高阻值的电阻，以保证降低静态偏置电流和总功耗，使电路处于最佳工作状态，以获得良好的电气性能。目前产品有 mPC253、ICL7641 及 CA3078 等，其中 mPC253 的 $P_C<0.6$mW，$V_{CC}=(\pm3\sim\pm18)$ V，$A_{VO}=110$dB。目前产品功耗已达微瓦级，如 ICL7600 的 V_{CC}（V_{EE}）为 1.5V，$P_C=10$mW。低功耗型运放一般用于对能源有严格限制遥测、遥感、生物医学和空间技术研究的设备中。

5. 高压型

为得到高的输出电压或大的输出功率，在电路设计和制作上需要解决 BJT 的耐压、动态工作范围等问题。为此在电路结构上利用 BJT 的 cb 结和横向 BJT（PNP 型）的耐高压性能，或用单管的串接方式来提高耐压，或用 FET 作为输入级，耐压指标可提高到 300V 左右。此外，为使运放工作在高电压和大电流（或大功率）的情况下，电路中加入一些特殊保护电路。

除了以上几种专用型集成运放外，还有互导型 LM308，程控型 LM4250、mA776，电流型 LM1900 及仪用放大器 LH0036、AD522 等。表 0640001 XX _ 01 列举了典型集成运放的主要参数。

8.4.2　理想运放的基本性能

1. 符号

符号如图 8-18 所示。

反相输入端：u_-；

同相输入端：u_+。

2. 特性

为了分析方便，把集成运放电路均视为理想器件，应满足以下条件。

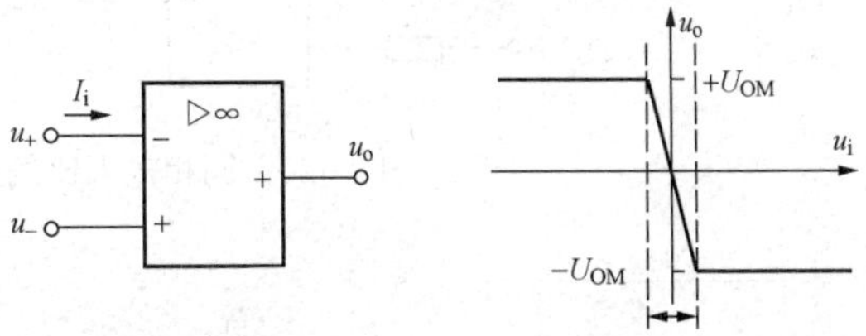

图 8-18　集成运放电路符号和传输特性

(1) 开环电压增益 $A_u=\infty$。

(2) 输入电阻 $R_i=\infty$，输出电阻 $R_o=0$。

(3) 开环带宽 $BW=\infty$。

(4) 同相输入端端压与反相输入端端压 $U_P=U_N$ 时，输出电压 $U_o=0$，无温漂。

因此，对于工作在线性区的理想运放应满足“虚短”：即 $U_P=U_N$；“虚断”：即 $i_P=i_N=0$。本节讨论的即是上述“虚短”、“虚断”四字法则的灵活应用。

8.4.3　集成运算放大器的应用

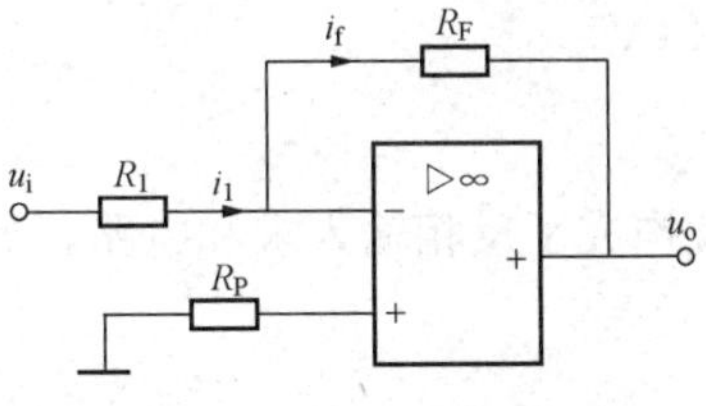

图 8-19　反相比例运算电路

1. 反相比例运算电路

反相比例运算电路如图 8-19 所示。根据运放工作在线性区的两条分析依据可知

$$i_1=i_f,\ u_-=u_+=0$$

$$i_1=\frac{u_i-u_-}{R_1}=\frac{u_i}{R_1}$$

而

$$i_f=\frac{u_--u_o}{R_F}=-\frac{u_o}{R_F}$$

由此可得

$$u_o=-\frac{R_F}{R_1}u_i \tag{8-22}$$

式中的负号表示输出电压与输入电压的相位相反。

闭环电压放大倍数为

$$A_{uf}=\frac{u_o}{u_i}=-\frac{R_F}{R_1}$$

当 $R_F=R_1$ 时，$u_o=-u_i$，即 $A_{uf}=-1$，该电路就成了反相器。

2. 同相比例运算电路

同反相输入比例运算电路一样根据运放工作在线性区的虚短和虚断两条分析依据，如图 8-20 所示，环电压放大倍数为

$$A_{uf}=\frac{u_o}{u_i}=1+\frac{R_F}{R_1} \tag{8-23}$$

可见同相比例运算电路的闭环电压放大倍数必定大于或等于 1。

电压跟随器：当 $R_f=0$ 或 $R_1=\infty$时，$u_o=u_i$，即 $A_{uf}=1$。

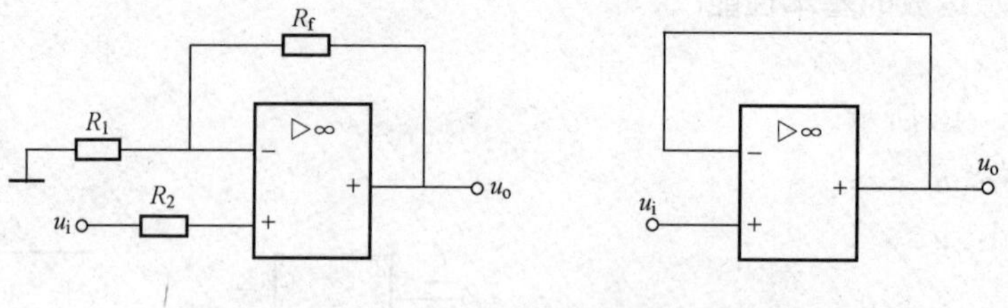

图 8-20 同相输入比例运算电路和电压跟随器

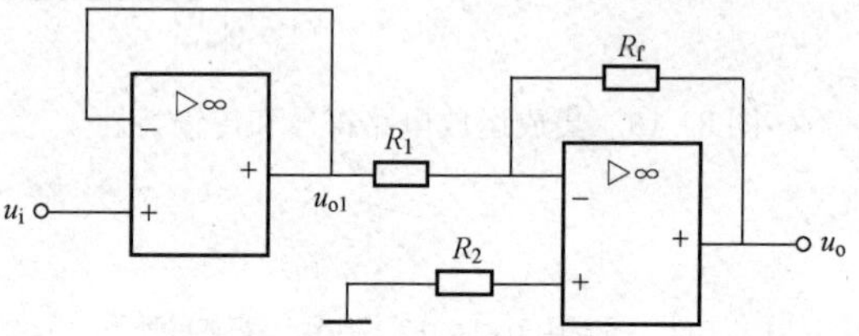

图 8-21 ［例 8-1］图

【例 8-1】 如图 8-21 所示电路中，已知 $R_1=100\text{k}\Omega$，$R_f=200\text{k}\Omega$，$u_i=1\text{V}$，求输出电压 u_o，并说明输入级的作用。

解 输入级为电压跟随器，由于是电压串联负反馈，因而具有极高的输入电阻，起到减轻信号源负担的作用。且 $u_{o1}=u_i=1\text{V}$，作为第二级的输入。

第二级为反相输入比例运算电路，因而其输出电压为

$$u_o=-\frac{R_f}{R_1}u_{o1}=-\frac{200}{100}\times1=-2(\text{V})$$

3. 反相加法运算电路

在反相比例运算电路的基础上，增加一个输入支路，就构成了反相输入求和电路，如图 8-22 所示此时两个输入信号电压产生的电流都流向 R_f。

可得

$$u_o=-\left(\frac{R_F}{R_1}u_{i1}+\frac{R_F}{R_2}u_{i2}\right) \tag{8-24}$$

若 $R_1=R_2=R_F$，则

$$u_o=-(u_{i1}+u_{i2})$$

可见输出电压与两个输入电压之间是一种反相输入加法运算关系。这一运算关系可推广到有更多个信号输入的情况。

4. 减法运算电路

减法运算电路如图 8-23 所示。

若 $R_3=\infty$（断开），则

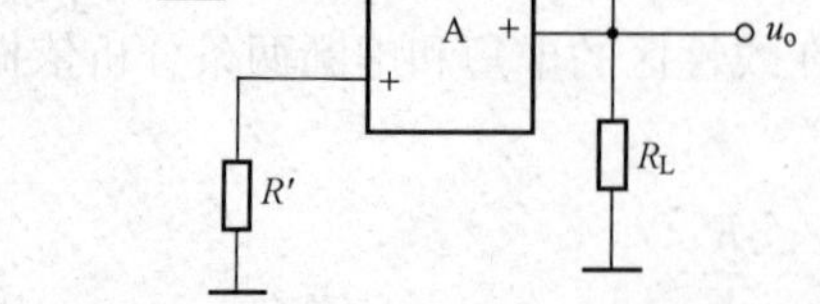

图 8-22 反相加法运算电路

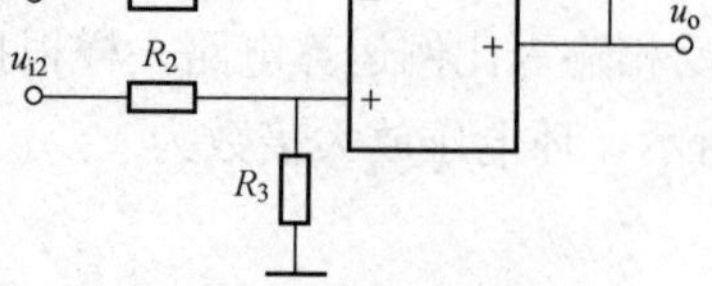

图 8-23 减法运算电路

$$u_o=-\frac{R_F}{R_1}u_{i1}+\left(1+\frac{R_F}{R_1}\right)u_{i2} \tag{8-25}$$

若$R_1=R_2$，且$R_3=R_F$，则

$$u_o=\frac{R_F}{R_1}(u_{i2}-u_{i1})$$

若$R_1=R_2=R_3=R_F$，则

$$u_o=u_{i2}-u_{i1} \tag{8-26}$$

由此可见，输出电压与两个输入电压之差成正比，实现了减法运算。

【思考题】

1. 集成运放一般由哪几部分构成?
2. 虚短和虚断的使用条件是什么?
3. 反相比例运算电路的公式是什么?

本章小结

差分式放大电路是集成电路运算放大器的重要组成单元，它既能放大直流信号，又能放大交流信号；它对差模信号具有很强的放大能力，而对共模信号却具有很强的抑制能力。由于电路输入、输出方式的不同组合，共有四种典型电路。分析这些电路时，要着重分析两边电路输入信号分量的不同，至于具体指标的计算与共射（或共源）的单级电路基本一致。

集成电路运算放大器是用集成工艺制成的、具有高增益的直接耦合多级放大电路。它一般由输入级、中间级、输出级和偏置电路四部分组成。为了抑制温漂和提高共模抑制比，常采用差分式放大电路作输入级；中间为电压增益级；互补对称电压跟随电路常用作输出级；电流源电路构成偏置电路。

几乎所有实用的放大电路中都要引入负反馈。反馈是指把输出电压或输出电流的一部分或全部通过反馈网络，用一定的方式送回到放大电路的输入回路，以影响输入电量的过程。反馈网络与基本放大电路一起组成一个闭合环路。通常假设反馈环内的信号是单向传输的，即信号从输入到输出的正向传输只经过基本放大电路，反馈网络的正向传输作用被忽略；而信号从输出到输入的反向传输只经过反馈网络，基本放大电路的反向传输作用被忽略。判断、分析、计算反馈放大电路时都要用到这个合理的设定。

在熟练掌握反馈基本概念的基础上，能对反馈进行正确判断尤为重要，它是正确分析和设计反馈放大电路的前提。

对于简单的由分立元件组成的负反馈放大电路（如共集电极电路），可以直接用微变等效电路法计算闭环电压增益等性能指标。对于由运放组成的深度（即$|1+\dot{A}\dot{F}|\gg1$）负反馈放大电路，可利用“虚短”（$\dot{U}_1\approx\dot{U}_f$，$\dot{U}_{1d}\approx0$）、“虚断”（$\dot{I}_1\approx\dot{I}_f$，$\dot{I}_{1d}\approx0$）概念估算闭环电压增益。对于串联负反馈，有“虚短”概念，只要将$\dot{U}_{1d}\approx\dot{U}_f$中的$\dot{U}_f$用含有$\dot{U}_o$的表达式代替，即可求得闭环电压增益；对于并联负反馈，因为有$\dot{I}_{1d}\approx0$，即流入放大电路的净输入电流为零，所以放大电路两个输入端（同相输入端与反相输入端）上的交流电位也近似相

等，“虚短”也同时存在。利用这个条件，将 $\dot{I}_1 \approx \dot{I}_f$ 中的 $\dot{I}_1$ 用含有 $\dot{U}_1$ 的表达式代替，$\dot{I}_f$ 用含有 $\dot{U}_o$ 的表达式代替，即可求得闭环电压增益。

习　题

1. 理想运算放大器的差模输入电阻等于________，开环增益等于________。

2. 差动放大电路的共模抑制比定义为________（用文字或数学式子描述均可）；在电路理想对称情况下，双端输出差动放大电路的共模抑制比等于________。

3. 图 8-24 所示放大电路中引入的反馈组态是________。该反馈能稳定电路的输出电压________。

4. 若一个放大电路具有交流电流并联负反馈，则可以稳定输出________（电压、电流或两者皆可）并________（提高、降低、基本不变）输入电阻。

5. 电路图如图 8-25 所示。设运放具有理想特性，且已知其最大输出电压为±15V，问

（1）m、n 两点接通，$U_i=1V$，$U_o=$________；

（2）m 点接地，$U_i=-1V$，$U_o=$________。

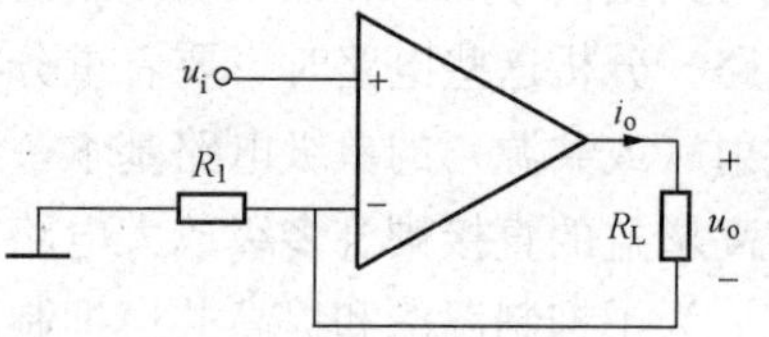

图 8-24　习题 3 图

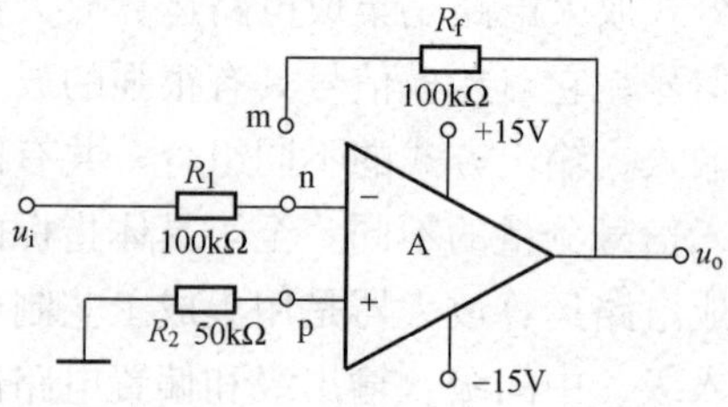

图 8-25　习题 5 图

6. 某负反馈放大电路框图如图 8-26 所示，则电路的增益 $\dot{A}_F=\dfrac{\dot{X}_o}{\dot{X}_i}$ 为（　　）。

（A）100　　（B）10　　（C）90　　（D）0.09

7. 如图 8-27 所示，二个稳压管的正向导通压降均为 0.7V，稳定电压均为 5.3V。图中 A 为理想运算放大器，所用电源电压为±12V。若 $u_i=0.5V$，则输出电压 $u_o=$（　　）。

（A）−12V　　（B）12V　　（C）6V　　（D）−6V

8. 如图 8-28 所示电路实现（　　）运算。

（A）积分　　（B）对数　　（C）微分　　（D）反对数

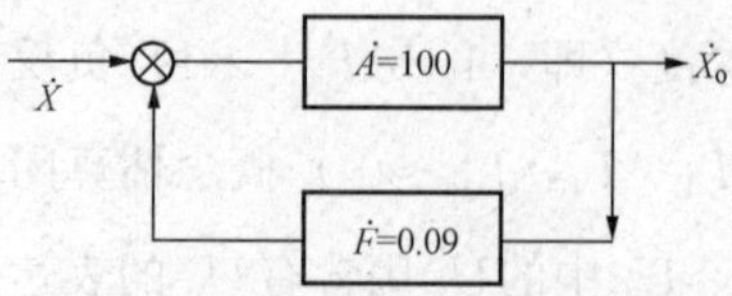

图 8-26　习题 6 图

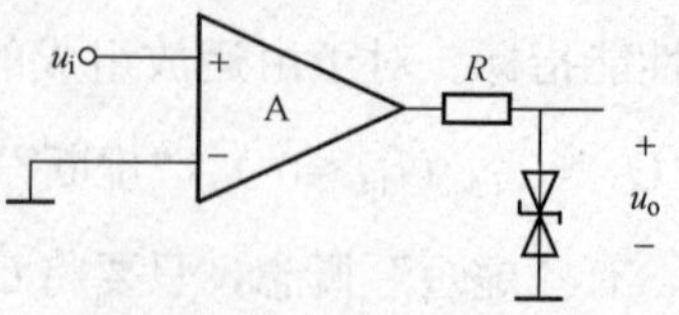

图 8-27　习题 7 图

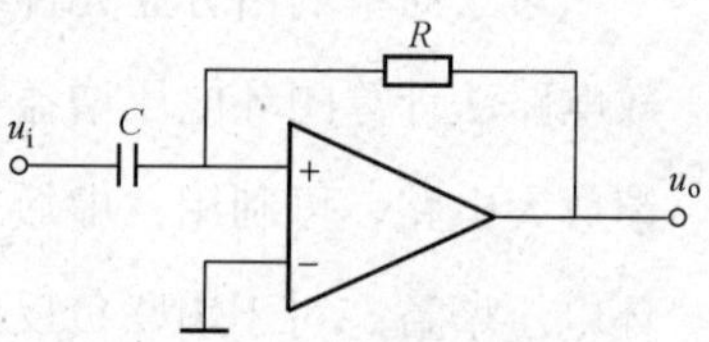

图 8-28　习题 8 图

9. 差动放大电路中所谓共模信号是指两个输入信号电压（　　）。

(A) 大小相等、极性相反　　(B) 大小相等、极性相同

(C) 大小不等、极性相同　　(D) 大小不等、极性相反

10. 双端输出的差动放大电路能抑制零漂的主要原因是（　）。

(A) 电压放大倍数大　　(B) 电路和参数的对称性好

(C) 输入电阻大　　(D) 采用了双极性电源

11. 在四种反馈组态中，能够使输出电压稳定，并提高输入电阻的负反馈是（　）。

(A) 电压并联负反馈　　(B) 电压串联负反馈

(C) 电流并联负反馈　　(D) 电流串联负反馈

12. 运算放大器的输入电流接近于零，因此，将输入端断开，运算放大器仍可以正常工作。（　）

13. 反相比例运算电路属于电压串联负反馈，同相比例运算电路属于电压并联负反馈。（　）

14. 实际运放在开环时，输出很难调整到零电位，只有在闭环时才能调至零电位。（　）

15. 差动放大器能抑制共模信号。（　）

16. 理想运算放大器的输出电阻为零。（　）

17. 图 8-29 所示图中经 R_f 构成的级间反馈是属于何种类型负反馈?

18. 如图 8-30 所示，求输出电压是多少?

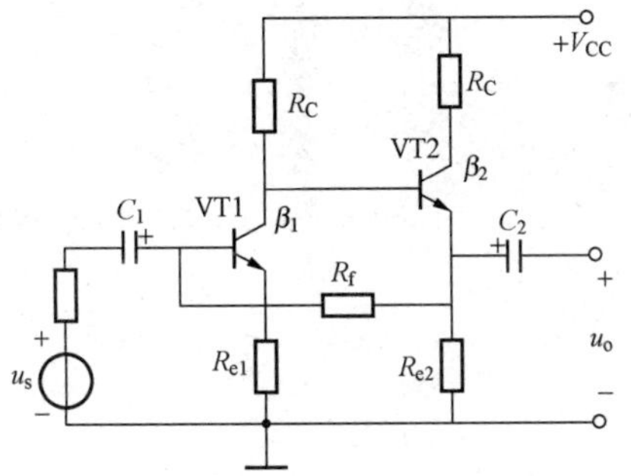

图 8-29　习题 17 图

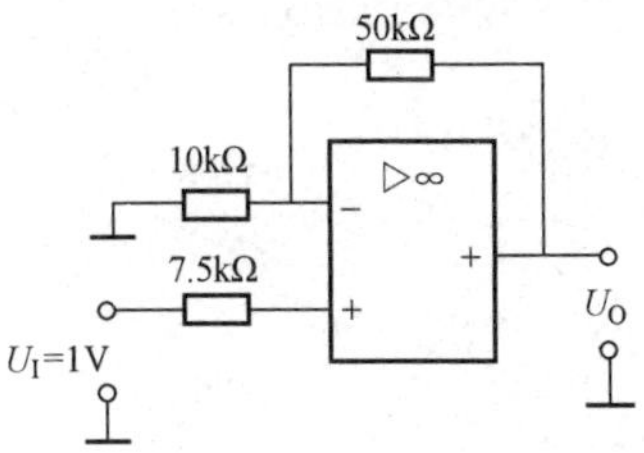

图 8-30　习题 18 图

19. 写出图 8-31 所示电路中 U_o 与 U_{i1} 与 U_{i2} 的关系式。

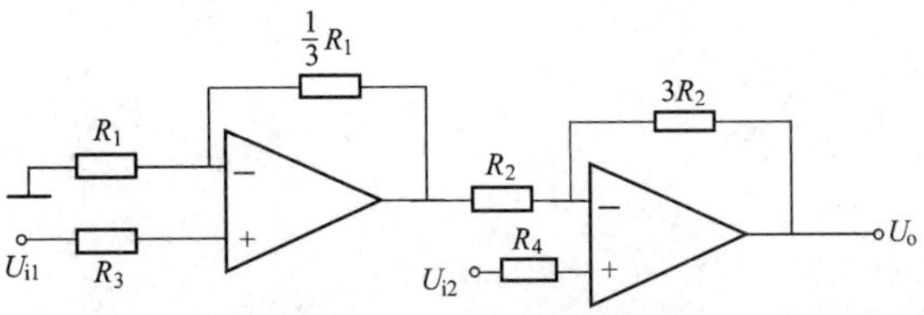

图 8-31　习题 19 图

20. 有电路如图 8-32 所示。图中运放为理想运放。试画出电路的电压传输特性曲线，并标明有关参数。

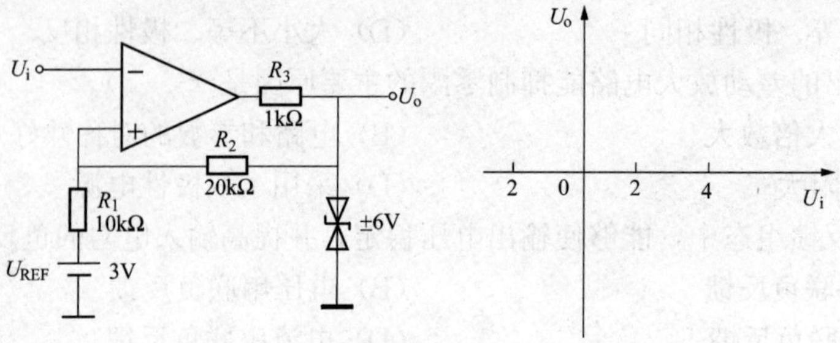

图 8-32　习题 20 图

第9章 直流稳压电源

本章提要

电子设备一般都需要直流电源供电。获得直流电源的方法很多，如干电池、蓄电池、直流电机等。但比较经济实用的办法是，把交流电源变换成直流电源。这就是我们要讨论的问题。一般直流电源的组成如下：

交流电网→变压器→整流电路→滤波电路→稳压电路→负载。

9.1 单相整流电路

9.1.1 直流稳压电源的组成

直流稳压电源的组成框图如图 9-1 所示。

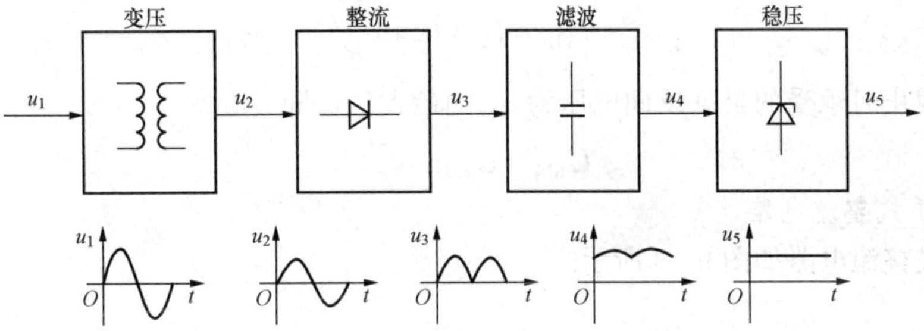

图 9-1 直流稳压电源的组成

整流电路是将工频交流电转换为脉动直流电。

滤波电路将脉动直流中的交流成分滤除，减少交流成分，增加直流成分。

稳压电路采用负反馈技术，对整流后的直流电压进一步进行稳定。

9.1.2 整流电路

利用具有单向导电性能的整流元件如二极管等，将交流电转换成单向脉动直流电的电路称为整流电路。整流电路按输入电源相数可分为单相整流电路和三相整流电路，按输出波形又可分为半波整流电路和全波整流电路。目前广泛使用的是桥式整流电路。

1. 单相半波整流电路

输出电压在一个工频周期内，只是正半周导电，在负载上得到的是半个正弦波。负半周时，二极管 VD 承受反向电压，如图 9-2 所示。

单相半波整流电压的平均值为

$$U_o = \frac{1}{2\pi}\int_0^{\pi}\sqrt{2}U_2\sin\omega t\,\mathrm{d}(\omega t) = \frac{\sqrt{2}}{\pi}U_2 = 0.45U_2 \tag{9-1}$$

流过负载电阻 R_L 的电流平均值为

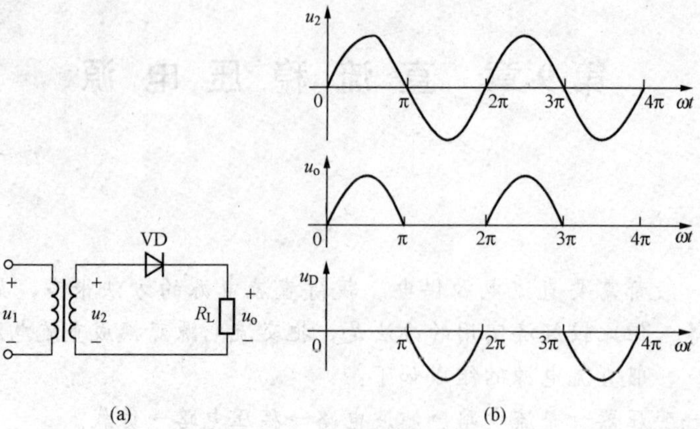

图 9-2　半波整流波形

（a）电路；（b）波形

$$I_o=\frac{U_o}{R_L}=0.45\frac{U_2}{R_L} \tag{9-2}$$

流经二极管的电流平均值与负载电流平均值相等，即

$$I_{VD}=I_o=0.45\frac{U_2}{R_L} \tag{9-3}$$

二极管截止时承受的最高反向电压为 u_2 的最大值，即

$$U_{RM}=U_{2M}=\sqrt{2}U_2 \tag{9-4}$$

2. 单相桥式整流电路

单相桥式整流电路如图 9-3 所示。

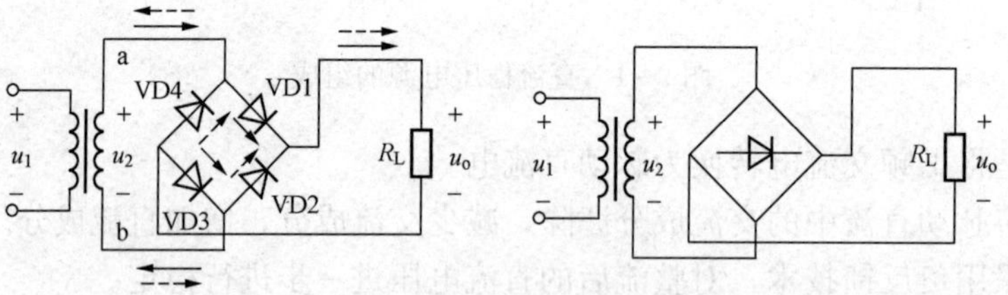

图 9-3　单相桥式整流电路

当正半周时，二极管 VD1、VD3 导通，在负载电阻上得到正弦波的正半周。

当负半周时，二极管 VD2、VD4 导通，在负载电阻上得到正弦波的负半周。

在负载电阻上正、负半周经过合成，得到的是同一个方向的单向脉动电压。

单相全波整流电压的平均值为

$$U_o=\frac{1}{\pi}\int_0^{\pi}\sqrt{2}U_2\sin\omega t\,d(\omega t)=2\frac{\sqrt{2}}{\pi}U_2=0.9U_2 \tag{9-5}$$

流过负载电阻 R_L 的电流平均值为

$$I_o=\frac{U_o}{R_L}=0.9\frac{U_2}{R_L} \tag{9-6}$$

单相桥式整流电路波形如图 9-4 所示。

流经每个二极管的电流平均值为负载电流的一半，即

$$I_{VD}=\frac{1}{2}I_{o}=0.45\frac{U_2}{R_L} \qquad (9-7)$$

每个二极管在截止时承受的最高反向电压为 u_2 的最大值，即

$$U_{RM}=U_{2M}=\sqrt{2}U_2 \qquad (9-8)$$

整流变压器二次电压有效值为

$$U_2=\frac{U_o}{0.9}=1.11U_o \qquad (9-9)$$

整流变压器二次电流有效值为

$$I_2=\frac{U_2}{R_L}=1.11\frac{U_2}{R_L}=1.11I_o \qquad (9-10)$$

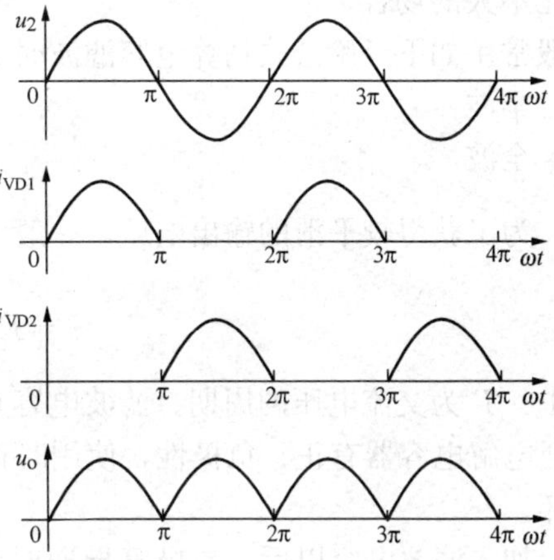

图 9-4 单相桥式整流电路波形

由以上计算，可以选择整流二极管和整流变压器。

注意

整流电路中的二极管是作为开关运用的，整流电路既有交流量，又有直流量，通常输入（交流）——用有效值或最大值；输出（交直流）——用平均值；整流管正向电流——用平均值；整流管反向电压——用最大值。

9.1.3 滤波电路

整流电路可以将交流电转换为直流电，但脉动较大。滤波电路利用电抗性元件对交、直流阻抗的不同，实现滤波，得到平稳的直流电源。滤波通常是利用电容或电感的能量存储功能来实现的。

1. 电容滤波电路

电容滤波电路如图 9-5 所示。

电容 C 放电的快慢取决于时间常数（$\tau=R_LC$）的大小，时间常数越大，电容 C 放电越慢，输出电压 u_o 就越平坦，平均值也越高。

单相桥式整流、电容滤波电路的输出特性曲线如图 9-6 所示。从图 9-6 可见，电容滤

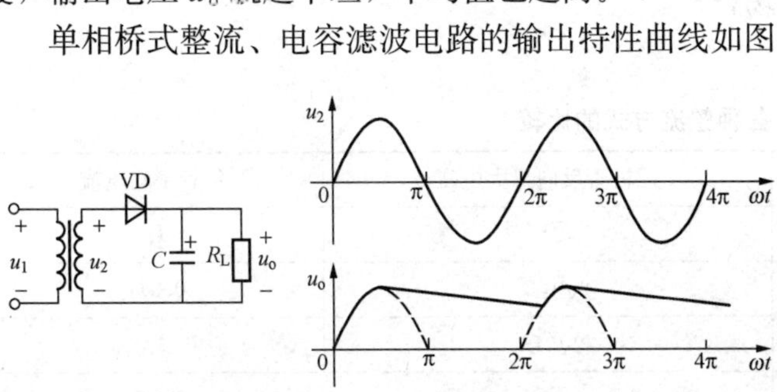

图 9-5 电容滤波电路与波形

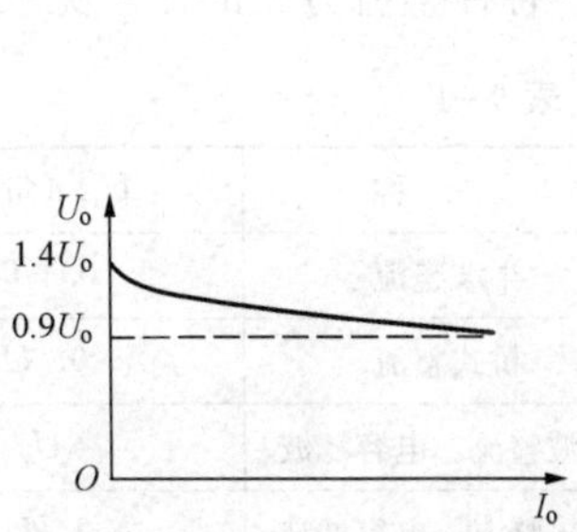

图 9-6 电容滤波电路的输出特性曲线

波电路的输出电压在负载变化时波动较大，说明它的带负载能力较差，只适用于负载较轻且变化不大的场合。

一般常用如下经验公式估算电容滤波时的输出电压平均值，即

半波　　$U_o = U_2$　　(9-11)

全波　　$U_o = 1.2U_2$　　(9-12)

为了获得较平滑的输出电压，一般要求 $R_L \geqslant (10\sim15)\dfrac{1}{\omega C}$，即

$$\tau = R_L C \geqslant (3\sim5)\frac{T}{2}$$

式中：T 为交流电压的周期。滤波电容 C 一般选择体积小，容量大的电解电容器。应注意，普通电解电容器有正、负极性，使用时正极必须接高电位端，如果接反会造成电解电容器的损坏。

加入滤波电容以后，二极管导通时间缩短，且在短时间内承受较大的冲击电流（$i_C + i_o$），为了保证二极管的安全，选管时应放宽裕量。

单相半波整流、电容滤波电路中，二极管承受的反向电压为 $u_{DR} = u_C + u_2$，当负载开路时，承受的反向电压为最高。

2. 电感滤波电路

电感滤波适用于负载电流较大的场合。它的缺点是制作复杂、体积大、笨重且存在电磁干扰，如图 9-7 所示。

3. 复合滤波电路

复合滤波电路如图 9-8 所示。

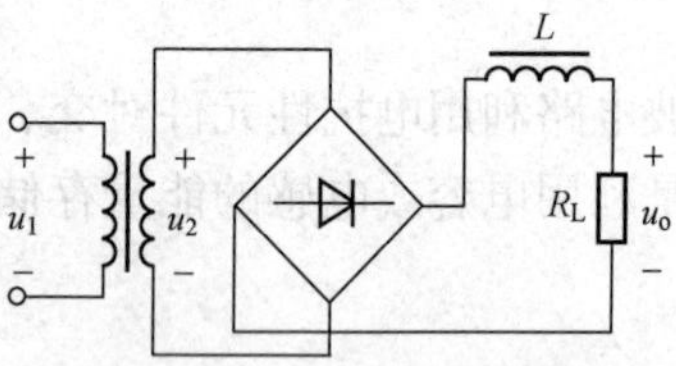

图 9-7　电感滤波电路

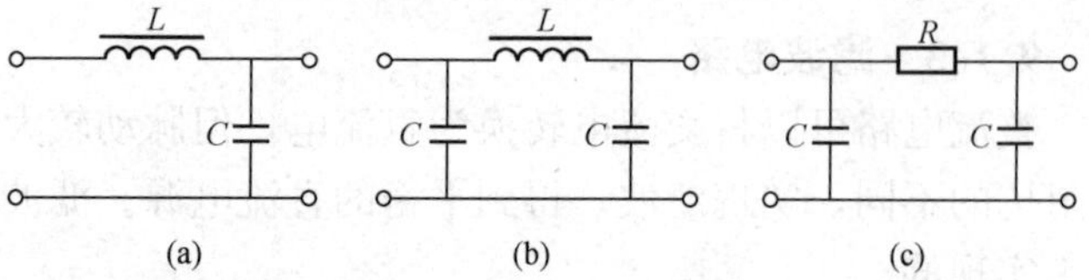

图 9-8　复合滤波电路

(a) LC 滤波电路；(b) CLC 滤波电路；(c) CRC 滤波电路

LC、CLCπ 型滤波电路适用于负载电流较大，要求输出电压脉动较小的场合。CRCπ 型滤波电路，只适用于负载电流较小的场合。

各种整流方式的比较见表 9-1。

表 9-1　　各种整流方式的比较

名　称	U_O（带载）	二极管反向最大电压	每管平均电流
半波整流	$0.45U_2$	$\sqrt{2}U_2$	I_O
桥式整流	$0.9U_2$	$\sqrt{2}U_2$	$0.5I_O$
半波整流、电容滤波	U_2	$2\sqrt{2}U_2$	I_O
桥式整流、电容滤波	$1.2U_2$	$\sqrt{2}U_2$	$0.5I_O$

【思考题】

1. 直流稳压电源由哪几部分构成？
2. 有无滤波电路输出电压的变化？
3. 有电容滤波电路的情况下二极管的反向电压最大是多少？

9.2 直流稳压电路

引起输出电压变化的原因是负载电流的变化和输入电压的变化，将不稳定的直流电压变换成稳定且可调的直流电压的电路称为直流稳压电路。

直流稳压电路按调整器件的工作状态可分为线性稳压电路和开关稳压电路两大类。串联型稳压电路——调整管与负载串联，并联型稳压电路——调整管与负载并联。

9.2.1 并联型稳压电路

硅稳压二极管稳压电路的电路图如图 9-9 所示。它是利用稳压二极管的反向击穿特性稳压的，由于反向特性陡直，较大的电流变化，只会引起较小的电压变化。适合于负载电流小，输出电压固定的场合。

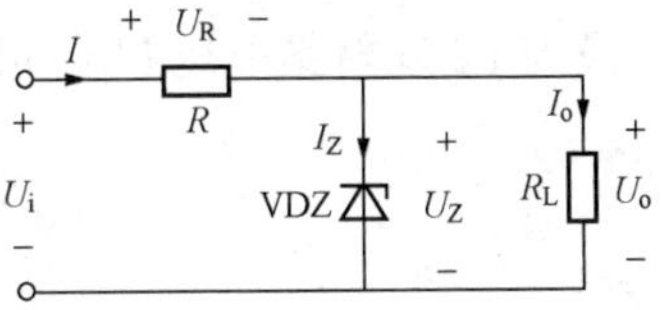

图 9-9 硅稳压二极管稳压电路

1. 当输入电压变化时如何稳压

这一稳压过程可概括如下：

$$U_i\uparrow \rightarrow U_O\uparrow \rightarrow U_Z\uparrow \rightarrow I_Z\uparrow \rightarrow I_R\uparrow \rightarrow U_R\uparrow \rightarrow U_O\downarrow$$

2. 负载电流变化时如何稳压

这一稳压过程可概括如下：

$$I_O\uparrow \rightarrow I_R\uparrow \rightarrow U_R\uparrow \rightarrow U_Z\downarrow (U_O\downarrow) \rightarrow I_Z\downarrow \rightarrow I_R\downarrow \rightarrow U_R\downarrow \rightarrow U_O\uparrow$$

9.2.2 串联型稳压电路

稳压的实质：U_{CE}的自动调节使输出电压恒定，电路框图如图 9-10 所示。

1. 电路的组成及各部分的作用

串联型稳压电路图如图 9-11 所示。

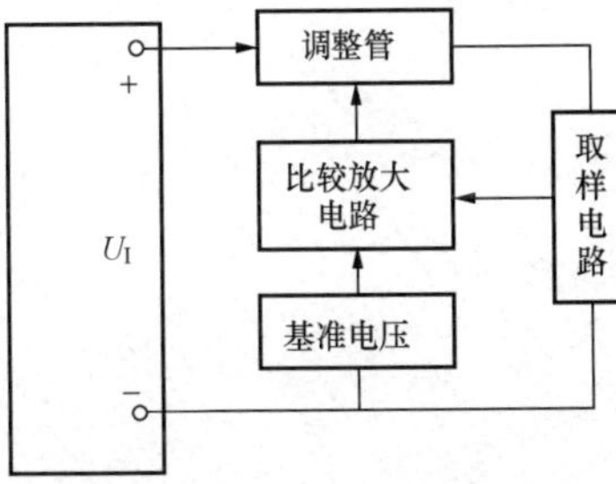

图 9-10 串联型稳压电路框图

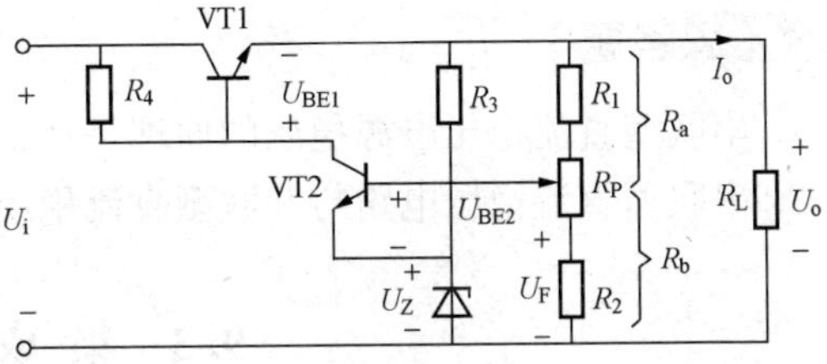

图 9-11 串联型稳压电路图

(1) 取样环节。由 R_1、R_P、R_2 组成的分压电路构成，它将输出电压 U_o 分出一部分作为取样电压 U_F，送到比较放大环节。

（2）基准电压。由稳压二极管 VDZ 和电阻 R_3 构成的稳压电路组成，它为电路提供一个稳定的基准电压 U_Z，作为调整、比较的标准。

（3）比较放大环节。由 VT2 和 R_4 构成的直流放大器组成，其作用是将取样电压 U_F 与基准电压 U_Z 之差放大后去控制调整管 VT1。

（4）调整环节。由工作在线性放大区的功率管 VT1 组成，VT1 的基极电流 I_{B1} 受比较放大电路输出的控制，它的改变又可使集电极电流 I_{C1} 和集、射电压 U_{CE1} 改变，从而达到自动调整稳定输出电压的目的。

2. 电路工作原理

稳压的实质：U_{CE} 的自动调节使输出电压恒定。

$$U_O\uparrow \rightarrow U_F\uparrow \rightarrow I_{B2}\uparrow \rightarrow I_{C2}\uparrow \rightarrow U_{C2}\downarrow \rightarrow I_{B1}\downarrow \rightarrow U_{CE1}\uparrow \rightarrow U_O\downarrow$$

3. 电路的输出电压

设 VT2 发射结电压 U_{BE2} 可忽略，则

$$U_F = U_Z = \frac{R_b}{R_a + R_b}U_o \qquad (9-13)$$

或

$$U_o = \frac{R_a + R_b}{R_b}U_Z$$

用电位器 R_P 即可调节输出电压 U_o 的大小，但 U_o 必定大于或等于 U_Z。

4. 采用集成运算放大器的串联型稳压电路

采用集成运算放大器的串联型稳压电路如图 9-12 所示。

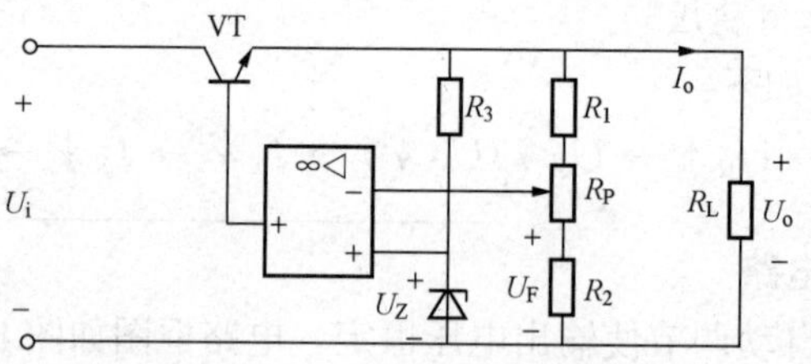

图 9-12 采用集成运算放大器的串联型稳压电路图

其电路组成部分、工作原理及输出电压的计算与前述电路完全相同，唯一不同之处是放大环节采用集成运算放大器而不是晶体管。

【思考题】

1. 串联型直流稳压电源稳压的原理是什么？
2. 串联型直流稳压电路与并联型直流稳压电路的区别？

9.3 集成稳压器

集成稳压电路是将稳压电路的主要元件甚至全部元件制作在一块硅基片上的集成电路，因而具有体积小、使用方便、工作可靠等特点。

9.3.1 外形和引脚排列

集成稳压器外形和引脚排列如图 9-13 所示。

输出电压有 5、6、9、12、15、18、24V 几种。

输出电流：78L××/79L××—输出电流 100mA；

78M××/9M××—输出电流 500mA；

78××/79××—输出电流 1.5A。

例如：CW7805，输出 5V，最大电流 1.5A。

CW78M05，输出 5V，最大电流 0.5A。

CW78L05，输出 5V，最大电流 0.1A。

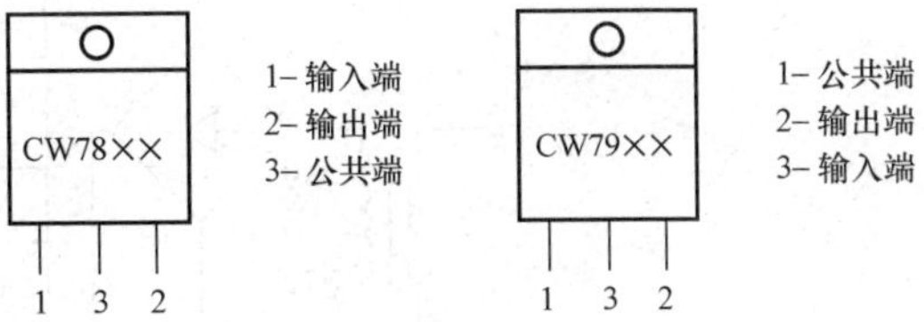

(a) (b)

图 9-13 集成稳压器外形和引脚排列

(a) CW7800 系统（正电源）；

(b) CW7900 系统（负电源）

9.3.2 典型应用电路

1. 基本应用电路

图 9-14 所示为用 W7812 输出固定 12V 电压的稳压电路。C_1、C_2 及二极管的作用如图 9-14 所示。

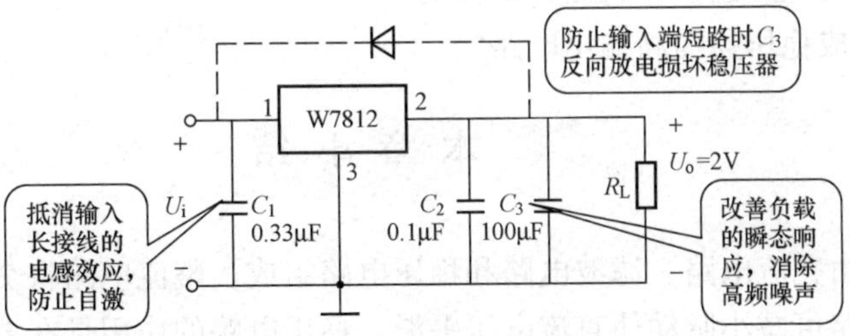

图 9-14 集成稳压器基本应用电路

2. 提高输出电压的电路

如果实际需要的电压超过集成稳压器的电压，可外接元件提高输出电压，如图 9-15 所示电路，R_1 两端电压为集成稳压器的额定电压，则输出电压 $U_O=U_{\times\times}+U_Z$。

3. 扩大输出电流的电路

集成稳压器一般有输出电流的限制，当负载所需电流大于其输出时，可外接功率管来扩大输出，如图 9-16 所示，图中 I_3 为稳压器公共端电流，其值很小，可以忽略不计，所以 $I_1\approx I_2$，则可得

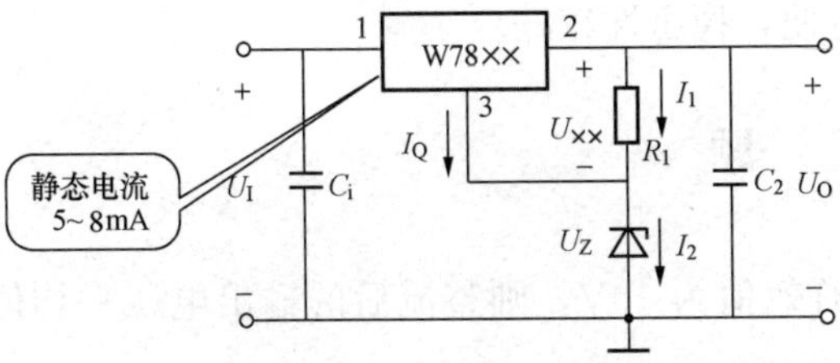

图 9-15 集成稳压器提高输出电压的电路

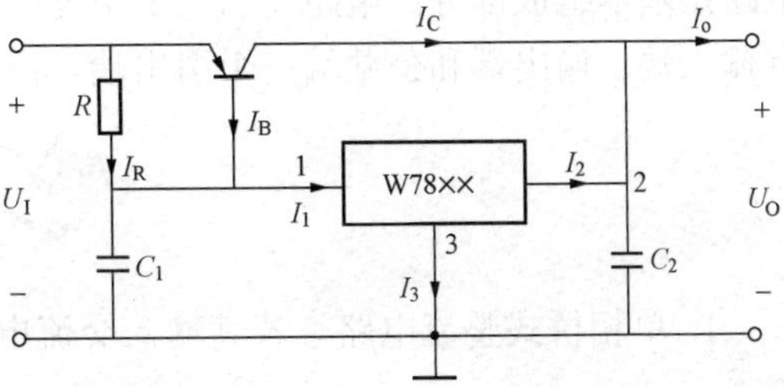

图 9-16 集成稳压器扩大输出电流的电路

$$I_o = I_2 + I_C = I_2 + \beta I_B = I_2 + \beta(I_1 - I_R) \approx (1+\beta)I_2 + \beta\frac{U_{BE}}{R} \tag{9-14}$$

4. 能同时输出正、负电压的电路

将 78 系列和 79 系列稳压器组成如图 9-17 所示电路，就可以输出正、负电压。

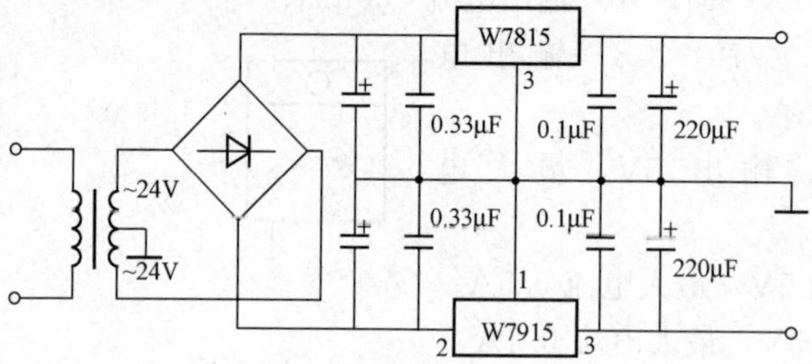

图 9-17　集成稳压器能同时输出正、负电压的电路

【思考题】

1. 集成稳压器的电路连接方式是什么样的？
2. 如何使用集成稳压器提高输出电路？

本章小结

直流稳压电源由整流电路、滤波电路和稳压电路组成。整流电路将交流电压变为脉动的直流电压，滤波电路可减小脉动使直流电压平滑，稳压电路的作用是在电网电压波动或负载电流变化时保持输出电压基本不变。

整流电路有半波和全波两种，最常用的是单相桥式整流电路。分析整流电路时，应分别判断在变压器二次电压正、负半周两种情况下二极管的工作状态，从而得到负载两端电压、二极管端电压及其电流波形并由此得到输出电压和电流的平均值，以及二极管的最大整流平均电流和所能承受的最高反向电压。

滤波电路通常有电容滤波、电感滤波和复式滤波，本章重点介绍了电容滤波电路。

稳压管稳压电路结构简单，但输出电压不可调，仅适用于负载电流较小且其变化范围也较小的情况。在串联型稳压电源中，调整管、基准电压电路、输出电压取样电路和比较放大电路是基本组成部分。电路中引入了深度电压负反馈，从而使输出电压稳定。集成稳压器仅有输入端、输出端和公共端三个引出端，使用方便，稳压性较好。

习　题

1. 单相桥式整流电路，若其输入交流电压有效值为 10V，则整流后的输出电压平均值等于________。

2. 直流稳压电源由________、________、________及________四个部分组成。

3. 在如图 9-18 所示电路中，设晶体管的 $U_{BE}=0.7V$，则 U_o 值约为________。

(A) 12V　　(B) 15V　　(C) 18V　　(D) 20V

4. 在单相半波整流电路中，如果电源变压器二次电压为 100V，则负载电压将是________。

(A) 100V　　(B) 45V　　(C) 90V　　(D) 120V

5. 电路如图 9-19 所示，其中 $U_2=20V$，$C=100\mu F$。变压器内阻及各二极管正向导通时的电压降、反向电流均可忽略，该电路的输出电压 $U_o\approx$（　　）。

(A) 24V　　(B) 28V　　(C) −28V　　(D) −18V

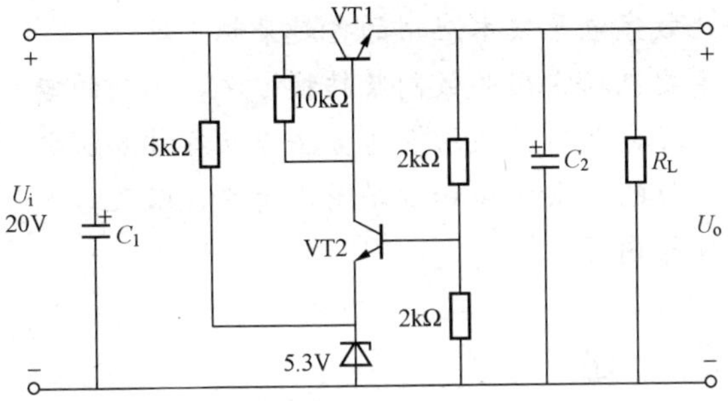

图 9-18　习题 3 图

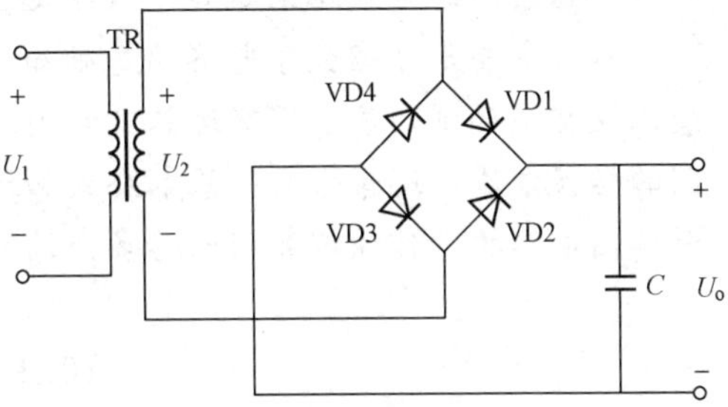

图 9-19　习题 5 图

6. 在整流电器中，负载和输出直流电压都相同的情况下，加在半波整流晶体二极管上的最大反向电压和加在每个全波整流晶体二极管上的最大反向电压一样。

7. 用理想运放和三极管组成的稳压电路如图 9-20 所示，要求：

(1) 标出电路中运放两个输入端的极性。

(2) 设三极管的 $U_{BE}\approx 0V$，计算本电路的输出电压 U_O。

(3) 若运放最大输出电流为 10mA，三极管的 $\beta=200$，求输出最大电流 I_{Omax}。

(4) 当负载 R_L 减小（即 I_O 增加）时，试说明稳压过程。

8. 试把二极管、稳压管、电容、电阻正确接在变压器二次侧和负载之间，使之组成一个单相桥式整流带有滤波器和稳压的电路，如图 9-21 所示。

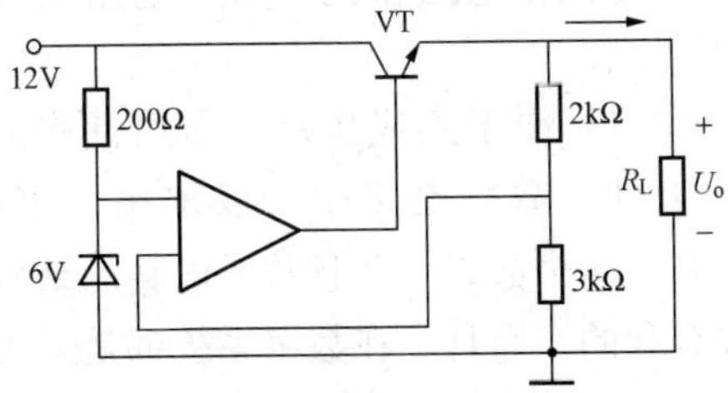

图 9-20　习题 7 图

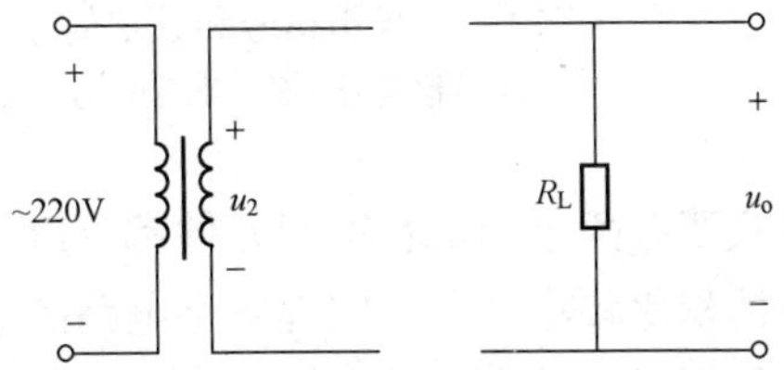

图 9-21　习题 8 图

第10章　数字电路基础

本章提要

随着现代电子技术的发展，人们正处在一个信息爆炸的时代。而存储、处理以及传输这些信息用的方式越来越趋于数字化。因此数字电子技术应用的也越来越广泛。

本章主要是介绍数字电路的基础知识，主要包括常用的数制及转换方法，码制的概念以及常用码制，基本逻辑运算及常用逻辑运算，逻辑函数的表达方法以及各种方法之间的转换方法，逻辑代数的基本公式和逻辑函数的公式化简和卡诺图化简法，以及基本逻辑门电路的工作原理和门电路多余端的处理等内容。

10.1　概　　述

10.1.1　数字信号与数字电路

在电子技术中，通常把电路分为模拟电路和数字电路两类。处理模拟信号的电路就是模拟电路。处理数字信号的电路就是数字电路。模拟信号是指在时间和数值上都连续变化的信号，如图10-1（a）所示。例如在24h内某室内温度的变化量、人们说话的声音、视频信号等；而数字信号指的是在时间和数值上都断续变化的信号，如数字电子钟、数字万用表等，如图10-1（b）所示。数字电路不仅是电子电路的最基本组成单元，而且在工业自动化、仪表及其他电子技术领域都得到了广泛应用。

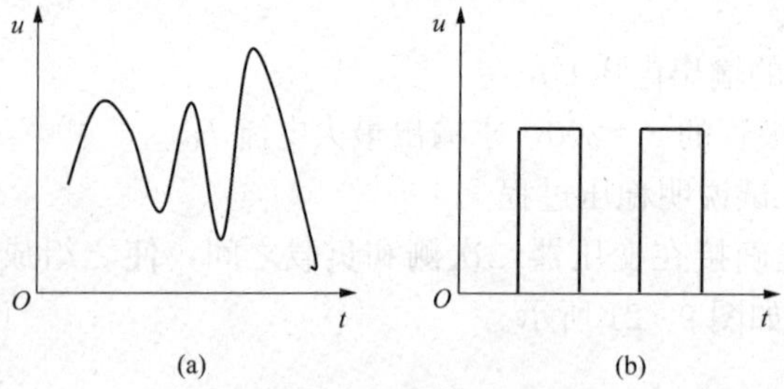

图10-1　模拟信号和数字信号
（a）模拟信号；（b）数字信号

与模拟电路相比，数字电路具有如下优点。

（1）便于集成生产，通用性强，使用方便。数字电路中一般采用二进制，因此只要有两个稳定状态的元件都可以用来表示二进制的两个数码。并且数字电路的结构简单，体积比较小，这对实现数字电路的集成化是非常有利的。而且，在数字系统都是采用标准化的逻辑器件来各种各样的逻辑电路，所以说数字电路的通用性比模拟电路要强得多。

（2）稳定性好，抗干扰能力强。数字电路中传输、处理的信号都是二值信息，不容易受外界干扰，而模拟电路的输出容易受到外界电源电压及温度的变化影响，所以说数字电路的稳定性较好。

（3）易于存储、加密、压缩、传输和再现。

10.1.2　数字电路的分类

（1）按电路结构不同，可分为分立元件电路和集成电路两种。

分立元件电路由二极管、三极管、电阻、电容等元件在线路板上连接起来的电路。我们肉眼可以在电路板上看到不同器件的外形。集成电路则通过半导体制造工艺将这些元件做在一片芯片上。从外表上看，就是一个黑乎乎的块子，具体有哪些器件是看不到的。

集成电路按集成程度的不同可再细分为小（SSI）、中（MSI）、大（LST）、超大规模（VLST）集成电路。

每片小规模集成电路含有 10～100 个元件，如逻辑门、触发器等逻辑单元电路。

每片中规模集成电路含有 100～1000 个元件，如计数器，译码器、编码器、数据选择器、寄存器、算术运算器、数值比较器、转换电路等逻辑部件。

每片大规模集成电路含有 1000～1 万个元件，如中央控制器、存储器、转换电路等逻辑系统；每片超大规模集成电路含有超过 1 万个元件，如单片机等高集成度的数字逻辑电路。

（2）按电路所用器件不同，可分为双极型和单极型两类。

双极型电路即 TTL 型，主要由双极型三极管组成，有 DTL、TTL、ECL、IIL、HTL 等多种。TTL 集成电路生产工艺成熟，产品参数稳定，工作可靠，开关速度高，因此应用广泛；单极型电路即 MOS 型，主要由场效应管组成，有 JFET、NMOS、PMOS、CMOS 四种。优点是低功耗，抗干扰能力强。

（3）按电路逻辑功能的不同，可分为组合逻辑电路和时序逻辑电路两类。

10.1.3　脉冲波形的主要参数

理想的数字信号为矩形波，波形如图 10-2 所示。

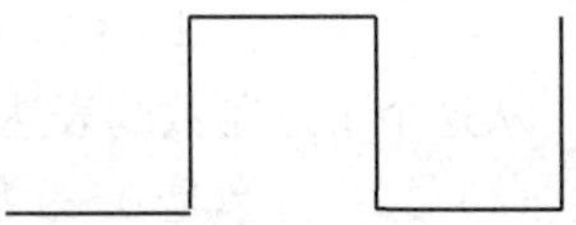

图 10-2　理想的数字信号

实际电路中不可避免的存在储能元件（电容、电感），数字信号波形如图 10-3 所示。

有关参数如下：

（1）脉冲幅度 U_m：脉冲电压波形变化的最大值。

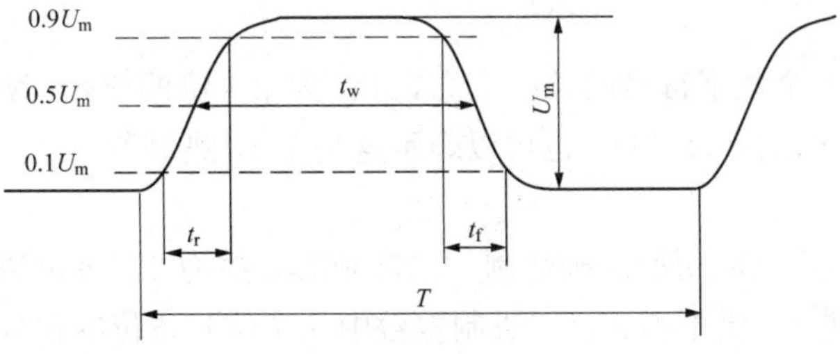

图 10-3　矩形脉冲参数

（2）脉冲上升时间 t_r：脉冲波形从 $0.1U_m$ 上升到 $0.9U_m$ 所需的时间。

（3）脉冲下降时间 t_f：脉冲波形从 $0.9U_m$ 下降到 $0.1U_m$ 所需的时间。

（4）脉冲宽度 t_w：脉冲上升沿 $0.5U_m$ 到下降沿 $0.5U_m$ 所需时间。

（5）脉冲周期 T：相邻两个脉冲波形重复出现所需时间。

（6）脉冲频率 f：单位时间内脉冲出现的次数。

（7）占空比 q：指脉冲宽度 t_w 与脉冲周期 T 的比值。它描述的是脉冲波形疏密程度。

【思考题】

1. 数字电路大致可以分几类？
2. 数字电路有哪些优点？
3. 理想的数字波形和实际的数字波形有什么不同点？

4. 对于数字波形来说，脉冲上升时间和下降时间越大越好还是越小越好？

5. 假设周期性的数字波形高电平维持时间为5ms，低电平维持的时间为10ms，请问这个数字波形的占空比是多少？

6. 请画出占空比为50％的理想数字波形。

10.2 数制和码制

10.2.1 数制

数制是计数进位制的简称。在数字领域中常用的数制有10进制、2进制、8进制、16进制等。对于任何一个数，可以用不同的数制表示。

一种数制所具有的数码个数称为该数制的基数，该数制的数中不同位置上数码的单位数制称为该数制的位权或权。

1. 十进制

十进制（Decimal）是人们十分非常熟悉的。它有0～9十个数码，进位规律是逢10进1，数码在数列中的位置不同所代表的意义也不同。例如，1984这个数可写成

$$1\,984.5=1\times10^3+9\times10^2+8\times10^1+4\times10^0+5\times10^{-1}$$

从这个十进制数的表达式中，可以看出十进制数的特点如下。

（1）每一位数是0～9数字符号中的一个，基数为10。

（2）每一个数字符号在不同的数位代表的数值不同，即使同一数字符号在不同的数位代表的数值也不同。各位的权是10的幂，比如10^0、10^1等。

对于十进制数的任意一个n位的正整数都可以用式（10-1）表示

$$\begin{aligned}(N)_{10}&=K_{n-1}\times10^{n-1}+K_{n-2}\times10^{n-2}+\cdots+K_1\times10^1+K_0\times10^0\\&=\sum_{i=0}^{n-1}K_i\times10^i\end{aligned}\tag{10-1}$$

式中：k_i为第i位的系数，它为0～9十个数字符号的某一个数，10^i为第i位的权，$(N)_{10}$中下标10表示N是一个十进制数。下标用字母“D”也可以表示这是个10进制数。

2. 二进制

二进制（Binerry）是在数字电路中广泛应用的一种数制。二进制的基数为2，每位数码只有0、1两种可能，计数规律是逢2进1，借1当2。二进制整数中从个位起各位的权分别为2^0、2^1、$2^2\cdots2^{n-1}$。例如

$$(1011.11)_2=1\times2^3+0\times2^2+1\times2^1+1\times2^0+1\times2^{-1}+1\times2^{-2}=(11.75)_{10}$$

通过上例方法可以把任意一个二进制数转换为十进制数。即各位按权展开，并相加，即得到相应的十进制数。

用下标“B”或“2”表示这是个2进制数。

3. 八进制

在八进制（Octal）数中，有0～7八个数码，基数为8，计数规律是逢8进1，借1当8，各位的权是8的幂。n位八进制整数表达式为式（10-2）

$$(N)_8=k_{n-1}\times8^{n-1}+k_{n-2}\times8^{n-2}+\cdots+k_1\times8^1+k_0\times8^0$$

$$=\sum_{i=0}^{n-1} k_i \times 16^i \qquad (10-2)$$

用下标“O”或“8”表示这是个8进制数。

4. 十六进制

在十六进制（Hexadecimal）数中，基数为16，有16个数码符号，分别是：0、1、2、3、4、5、6、7、8、9、A、B、C、D、E、F。进位规律是“逢16进1”。各位的权是16的幂，n 位十六进制数表达式为式（10-3）

$$(N)_{16}=k_{n-1}\times 16^{n-1}+k_{n-2}\times 16^{n-2}+\cdots+k_1\times 16^1+k_0\times 16^0$$
$$=\sum_{i=0}^{n-1} k_j \times 16^i \qquad (10-3)$$

用下标“H”或“16”表示这是个16进制数。

5. 不同数制之间的转换

（1）二进制、八进制、十六进制数转换成十进制数。由上述2进制转换成10进制的方法可知，8、16进制依次类推，只要将2进制、8进制、16进制数按各位权展开，并把各位的展开值相加，即得相应的十进制数。

（2）十进制转换成二进制。将十进制数整数转换成二进制数可以采用除2取余法。其方法是将十进制整数连续除以2，求得各次的余数，直到商为0为止，然后将先得到余数列在低位、后得到的余数列在高位，即得到相应的二进制数。

【例10-1】 将十进制数 $(25)_{10}$ 转换成二进制数。

解

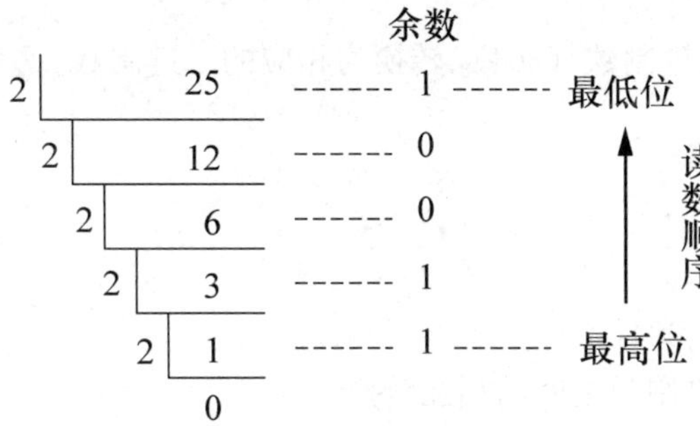

所以 $(25)_{10}=(11001)_2$。

将十进制数小数转换成二进制数可以采用乘2取整法。其方法是将小数乘以2，取其积的整数部分作为2进制的小数部分的最高位，依次将前步所得的小数部分再乘以2，取其积的整数部分作为2进制的小数部分的次高位，直到乘积小数部分变为0，转换结束。若小数部分不为0，但2进制的小数位数已经达到预定的要求时，转换即可结束。

【例10-2】 将十进制数 $(0.625)_{10}$ 转换成二进制数。

解

$0.625\times 2=1.250$　　整数部分=1　…………　最高位

$0.250\times 2=0.500$　　整数部分=0

$0.500\times 2=1.000$　　整数部分=1　…………　最低位

所以 $(0.625)_{10}=(0.101)_2$。

其实十进制向二进制的转换也可以用凑数法。

由于二进制数中只有 0 和 1 两个数码，而 0 乘以任何一个数都等于 0，1 乘以任何一个数都等于那个数字，因此只要记住二进制中每一位的权就可以了。比如 $(54)_{10}$ 这样的十进制数，我们用凑数的方法转换二进制就是先找离 54 最近的那个权，那就是 32 和 64，因为 64 已经超过了 54，所以不能用，那就是 32。然后将 54－32 就得到 22。离 22 最近的权就是 16，再将 22－16 就得到 6。离 6 最近的权是 4，6－4＝2。这样就将有权的那位写上 1，没有权的那位写上 0。因此由所有的权组成的 54 就是 32＋16＋4＋2，它相应的二进制就是（从高位向低位写）$(110110)_2$。整数如此凑数，带有小数的亦是如此。

（3）二进制数与八进制数、十六进制数的相互转换。

1）二进制数与八进制数之间的相互转换。

3 位二进制数有 8 个状态，而 1 位八进制数有 8 个数码，因此二进制转换成八进制非常简单，整数部分从右到左每 3 位一组，不足 3 位的在高位补 0；小数部分从左到右每 3 位一组，不足 3 位的在低位补 0，每 3 位一组的二进制就表示 1 位八进制数。

【例 10-3】 试将二进制数 $(10101010.01)_2$ 转换成相应的八进制数。

解

$$\begin{array}{cccccc} 010 & 101 & 010 & . & 010 \\ \downarrow & \downarrow & \downarrow & & \downarrow \\ 2 & 5 & 2 & . & 2 \end{array}$$

即 $(10101010.01)_2=(252.2)_8$。

反之，如将八进制数转换成二进制数，只要将每位八进制数写成对应的 3 位二进制数，按原来的顺序排列起来即可。

【例 10-4】 试将八进制数 $(364)_8$ 转换为相应的二进制数。

解

$$\begin{array}{ccc} 3 & 6 & 4 \\ \downarrow & \downarrow & \downarrow \\ 011 & 110 & 100 \end{array}$$

即 $(364)_8=(11110100)_2$。

2）二进制数与十六进制数之间的相互转换。

依照 2 进制和 8 进制之间的转换方法，很容易得到 2 进制和 16 进制之间的转换方法。因为 4 位二进制数有 16 个状态，而 1 位十六进制数有 16 个数码，因此二进制转换成十六进制非常简单，整数部分从右到左每 4 位一组，不足 4 位的在高位补 0；小数部分从左到右每 4 位一组，不足 4 位的在低位补 0，每 4 位一组的二进制就表示 1 位十六进制数。

【例 10-5】 试将二进制数 $(10101011.01)_2$ 转换成相应的十六进制数。

解

$$\begin{array}{cccc} 1010 & 1011 & . & 0100 \\ \downarrow & \downarrow & & \downarrow \\ A & B & . & 4 \end{array}$$

即 $(10101011.01)_2=(AB.4)_{16}$。

反之，十六进制数转换成二进制数，可将十六进制数的每一位，用对应的 4 位二进制数来表示。常用的数制对照表见表 10-1。

表 10-1　常用数制对照表

十进制数	二进制数	八进制数	十六进制数	十进制数	二进制数	八进制数	十六进制数
0	0000	0	0	8	1000	10	8
1	0001	1	1	9	1001	11	9
2	0010	2	2	10	1010	12	A
3	0011	3	3	11	1011	13	B
4	0100	4	4	12	1100	14	C
5	0101	5	5	13	1101	15	D
6	0110	6	6	14	1110	16	E
7	0111	7	7	15	1111	17	F

【例 10-6】　试将十六进制数 $(1A5.3)_{16}$ 转换成相应的二进制数。

解

$$\begin{array}{ccccc} 1 & A & 5 & . & 3 \\ \downarrow & \downarrow & \downarrow & & \downarrow \\ 0001 & 1010 & 0101 & . & 0011 \end{array}$$

即 $(1A5.3)_{16}=(110100101.0011)_2$。

10.2.2　码制

在数字系统中，二进制数码不仅可表示数值的大小，而且还常用来表示特定的信息。将若干个二进制数码按一定规则排列起来表示某种特定含义的代码，称为二进制代码，或称二进制码。如银行密码，它并不表示数值（钱）的大小（多少）。注意：在码制中两个码不可以比较大小，也就是说不可以说 1101 这个码比 1100 这个码大。

1. 二—十进制码

将十进制数的 0-9 十个数字用二进制数表示的代码，称为二—十进制码，又称 BCD 码。由于十进制数有十个不同的数码，因此，需用 4 位二进制数来表示。而 4 位二进制代码有 16 种不同的组合，从中取出 10 种组合来表示 0-9 十个数可有多种方案，所以二—十进制代码也有多种方案。几种常用的二—十进制代码见表 10-2。

表 10-2　常用二—十进制代码表

十进制数	有权码				无权码
	8421 码	5421 码	2421（A）码	2421（B）码	余 3 码
0	0000	0000	0000	0000	0011
1	0001	0001	0001	0001	0100
2	0010	0010	0010	0010	0101
3	0011	0011	0011	0011	0110
4	0100	0100	0100	0100	0111
5	0101	1000	0101	1011	1000

续表

十进制数	有 权 码				无权码
	8421 码	5421 码	2421（A）码	2421（B）码	余 3 码
6	0110	1001	0110	1100	1001
7	0111	1010	0111	1101	1010
8	1000	1011	1110	1110	1011
9	1001	1100	1111	1111	1100

（1）8421 BCD 码。8421 BCD 码是一种应用十分广泛的代码。这种代码每位的权值是固定不变的，为恒权码。

它取了自然二进制数的前十种组合表示一位十进制数，即 0000（0）～1001（9），从高位到低位的权值分别为 8、4、2、1，去掉了自然二进制数的后六种组合 1010～1111。8421 BCD 码每组二进制代码各位加权系数的和便为它所代表的十进制数。所以，8421 BCD 码 0101 表示十进制数 5。

8421 码的编码直接简单，它和十进制数的相互转换是直接按位转换的。比如十进制数的 $(14.2)_{10}$ 用 8421 码来表示就是 $(00010100.0010)_{8421}$。注意：这里 8421 码中最前面的 3 个 0 在书写中不可以省略，因为每个 10 进制数都是由 4 位 8421 码来表示的。

（2）2421 BCD 码和 5421 BCD 码。它们也是恒权码。与 8421 码唯一不同的是它从高位到低位的权值分别是 2、4、2、1 和 5、4、2、1，用 4 位二进制数表示一位十进制数。比如十进制数 $(52.3)_{10}$ 用 5421 码来表示就是 $(10000010.0011)_{5421}$。

（3）余 3 BCD 码。这种代码没有固定的权值，称为无权码。它是由 8421 BCD 码加 3（0011）形成的，所以称为余 3 BCD 码，它也是用 4 位二进制数表示一位十进制数。如 8421 BCD 码 0111（7）加 0011（3）后，在余 3 BCD 码中为 1010。那么 $(12)_{10}$ 用余 3 码来表示即为 $(01000101)_{余3码}$。

2. 可靠性代码

代码在形成和传输过程中难免要产生错误，为了使代码形成时不易出差错，或在出现错误时容易发现并进行校正，就需采用可靠性编码。常用的可靠性代码有奇偶校验码和格雷码等。

（1）奇偶校验码。奇偶校验码是计算机的存储器中广泛采用的可靠性代码，它是由有效信息位和一位不带信息的校验位组成的，如果校验位的取值（0 或者 1）使整个代码中的‘1’的个数为奇数个，那么这种校验方法叫做奇校验；反之，如果校验位的取值（0 或者 1）使整个代码中的‘1’的个数为偶数个，那么这种校验方法就叫做偶校验。这种利用‘1’码元的奇偶性达到检错和纠错的目的的编码就称为奇偶校验码。

（2）格雷码。格雷码是一种无权码，它有多种形式，它的特点是任意两组相邻代码之间只有一位不同，其余各位都相同，而 0 和最大数之间也只有一位不同。因此，它也是一种循环码。格雷码的这个特性使它在形成和传输过程中引起的误差较小。

十进制数 0～9 对应的 8421 奇偶校验码和格雷码见表 10 - 3。

表 10-3 **8421 奇偶校验码和格雷码**

十进制数	8421 奇校验码		8421 偶校验码		格雷码
	信息码	校验位	信息码	校验位	
0	0000	1	0000	0	0000
1	0001	0	0001	1	0001
2	0010	0	0010	1	0011
3	0011	1	0011	0	0010
4	0100	0	0100	1	0110
5	0101	1	0101	0	0111
6	0110	1	0110	0	0101
7	0111	0	0111	1	0100
8	1000	0	1000	1	1100
9	1001	1	1001	0	1101

【思考题】

1. 什么叫 BCD 码？请举例。
2. 格雷码有什么特点，一般用于什么场合？
3. 将下列二进制数转换成等值的八进制和十六进制。

(1) $(1101)_2$　(2) $(10111)_2$　(3) $(110011)_2$　(4) $(11.011)_2$

(5) $(11001101.011)_2$

4. 将下列十进制数转换成相应的二进制数。

(1) $(35.5)_{10}$　(2) $(168)_{10}$　(3) $(199.75)_{10}$　(4) $(26)_{10}$　(5) $(123.21)_{10}$

5. 写出下列十进制数的 8421BCD 码和余 3 码。

(1) $(764.135)_{10}$　(2) $(9324)_{10}$　(3) $(3267)_{10}$　(4) $(12.34)_{10}$

6. 判断题（正确打√，错误的打×）

(1) 方波的占空比一定是 0.5。　(　)

(2) 8421 码 1001 比 0001 大。　(　)

(3) 格雷码具有任何相邻码只有一位码元不同的特性。　(　)

(4) 八进制数 $(17)_8$ 比十进制数 $(17)_{10}$ 小。　(　)

(5) 当传送十进制数 5 时，在 8421 奇校验码的校验位上值应为 1。　(　)

10.3 二进制数的算术运算

由第二节内容我们可以知道，在数字电路中，0 和 1 既可以表示数量的大小也可以表示逻辑状态。当 0 和 1 表示数量大小时，它可以进行算术运算。

10.3.1 无符号二进制算术运算

1. 二进制加法

在二进制中，加法规则为：0+0=0，0+1=1，1+0=1，1+1=$\boxed{1}$0。其中方框中的 1

是进位。

【例 10 - 7】 求两个二进制数 0010 和 1110 的和。

解

$$
\begin{array}{r}
0\ 0\ 1\ 0 \\
+\ 1\ 1\ 1\ 0 \\
\hline
1\ 0\ 0\ 0\ 0
\end{array}
$$

二进制数的加法运算是其他运算的基础，其他的各种运算都可以通过它来进行。

2. 二进制减法

二进制减法规则是：0－0＝0，0－1＝$\boxed{1}$ 1，1－0＝1，1－1＝0。其中方框中的 1 是借位。

【例 10 - 8】 求两个二进制数 1100 和 0110 的差。

解

$$
\begin{array}{r}
1\ 1\ 0\ 0 \\
-\ 0\ 1\ 1\ 0 \\
\hline
0\ 1\ 1\ 0
\end{array}
$$

由于无符号的二进制数中无法表示负数，因此要求被减数一定要大于减数。

3. 乘法运算和除法运算

二进制的乘法运算为 0×0＝0，0×1＝0，1×0＝0，1×1＝1。

【例 10 - 9】 求 1100 和 0110 的乘积。

解

$$
\begin{array}{r}
1\ 1\ 0\ 0 \\
\times\ 0\ 1\ 1\ 0 \\
\hline
0\ 0\ 0\ 0 \\
1\ 1\ 0\ 0 \\
1\ 1\ 0\ 0 \\
0\ 0\ 0\ 0 \\
\hline
1\ 0\ 0\ 1\ 0\ 0\ 0
\end{array}
$$

由上述运算可以看出，乘法运算是由左移被乘数和加法运算组成的。

【例 10 - 10】 求两个二进制数 1110 和 110 之商

解

$$
\begin{array}{r}
1\ 0.\ 0\ 1\cdots \\
110\,\overline{)\,1\ 1\ 1\ 0} \\
1\ 1\ 0 \\
\hline
0\ 0\ 1\ 0\ 0\ 0 \\
1\ 1\ 0 \\
\hline
0\ 1\ 0
\end{array}
$$

由此可见，除法运算是由右移被除数与减法运算组成的。

10.3.2 二进制原码、反码和补码

1. 原码

在数字系统中，数值的正负也用数值 0 和 1 来表示。符号位在最高位，后面跟上数值。其中正号用 0 来表示，负号是用 1 来表示。例如十进制数（+12）$_{10}$ 的原码就是 0 1100（方框中的 0 就是符号位），（−12）$_{10}$ 的原码就是 1 1100（方框中的 1 是符号位）。

2. 反码

对于正数来说，反码和原码相同；对于负数来说，除了符号位，其他位每位相应取反。例如（+12）$_{10}$ 的反码还是 0 1100（方框中的 0 就是符号位），（−12）$_{10}$ 的反码就是 1 0011（方框中的 1 是符号位）。

3. 补码

对于正数的补码来说，补码和原码也相同，也就是说对于正数，原码、反码、补码都是一样的。对于负数来说，符号位还是一样，以后各位是反码的最低位+1。例如（+12）$_{10}$ 的补码还是 0 1100（方框中的 0 就是符号位），（−12）$_{10}$ 的补码就是 1 0100（方框中的 1 是符号位）。

采用补码可将减法运算转化为加法运算，从而简化电路结构。

【例 10-11】 试求二进制数+10011001 和−10011001 的原码、反码和补码。

解 二进制数+10011001 的原码、反码、补码均相同，为 010011001。

二进制数−10011001 的原码为 110011001，反码为 101100110，补码为 101100111。

【思考题】

1. 写出下列二进制数的原码、反码以及补码。

（1）（+1011）$_2$ （2）（−0011010）$_2$ （3）（−1110）$_2$ （4）（−0011110）$_2$

2. 计算二进制数 1010 和 0101 的和。

3. 计算 1100 和 0101 的差。

4. 计算 1110 和 0101 的乘积。

5. 计算 1111 和 101 的商。

10.4 逻辑代数基础

逻辑电路是指输出和输入之间有一定逻辑关系的电路，所谓逻辑关系实际上就是因果关系，逻辑电路一般有多个输入端，当输入信号或输入信号之间满足一定条件时，电路才开通，否则电路关闭。此时电路像一个门一样。所以，这种输入输出之间具有因果关系的数字电路称为逻辑门电路，简称门电路。最基本的逻辑门电路分别是或、与、非门电路，这些基本门电路可以由分立元件的二极管和三极管所组成，也可以是集成电路。在实际中，多采用的是集成逻辑门电路。

数字电路中，逻辑关系是以输入、输出脉冲信号电平的高低来实现的。如果高电平用 1，低电平用 0 来表示，这种表示方法我们称为正逻辑。反之，高电平用 0，低电平用 1 表示的方法称为负逻辑。在本书中，如没有特殊说明，讨论时都采用正逻辑系统。

当0和1表示逻辑状态时，两个二进制数码按照某种指定的因果关系进行的运算称为逻辑运算。它与算术运算不同，这里的0和1不表示数量的大小，而用来表示完全对立的逻辑状态。比如：灯的亮和灭、开关的开和关等。

10.4.1 与运算和与门电路

有一个事件，当决定该事件的诸条件必须全部具备，这件事才会发生，这样的因果关系称为“与”逻辑关系。比如评定奖学金，老师要求要评奖学金必须文化成绩和体育成绩都是优秀才能评定奖学金，在这里，文化成绩和体育成绩就是条件（变量），奖学金就是事件（函数）。如图10-4所示电路中，只有开关A与B都闭合时，灯Y才亮，因此它们之间满足与逻辑关系。与逻辑也称为逻辑乘，其真值表见表10-4，逻辑表达式为

$$Y = A \cdot B = AB \tag{10-4}$$

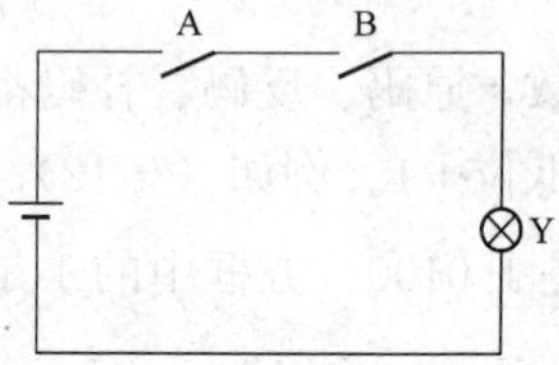

图10-4 与逻辑运算

表10-4 与逻辑真值表

A	B	Y
0	0	0
0	1	0
1	0	0
1	1	1

读成“Y等于A与B”，或“A乘B”。与逻辑运算规则表面上与算术运算一样。“与”逻辑和“或”逻辑的输入变量不一定只有两个，可以有多个。

图10-5（a）所示为用二极管组成的与门电路，与门电路的逻辑符号如图10-5（b）所示。由模拟电路知识所知，当输入A、B同时为低电平时，理论上两个二极管同时导通，输出Y为低电平；当输入A、B中只要有一个低电平，其中一个二极管导通，输出Y被钳制在低电平上；只有当输入A、B都为高电平，输出才是高电平。综上所述，该电路的输入输出之间的逻辑关系正好是表10-4所列的“与”逻辑关系。这种表称为真值表。

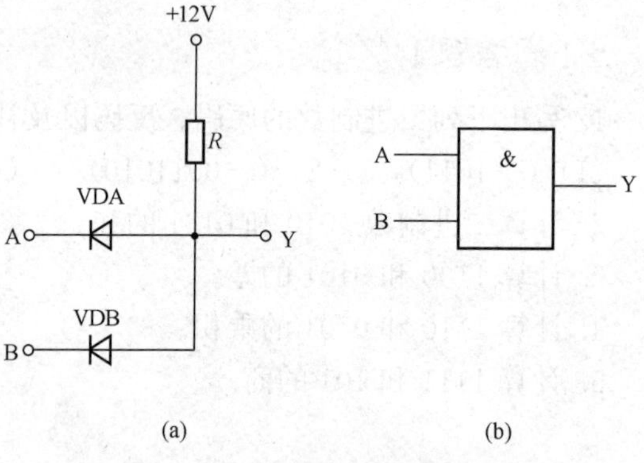

图10-5 二极管与门电路及其逻辑符号

（a）二极管与门电路；（b）与门逻辑符号

真值表：反映逻辑变量（A、B）与函数（Y）的因果关系的一张表格。

由与逻辑真值表可以看出与逻辑的特点：有“0”出“0”，全“1”出“1”。

10.4.2 或运算和或门电路

有一个事件，当决定该事件的诸变量中只要有一个存在，这件事就会发生，这样的因果关系称为“或”逻辑关系，也称为逻辑加。实现或逻辑关系的电路就是或门电路。

如图10-6所示电路中，只要开关A与B中有一个闭合时，灯Y就亮。因此灯Y与开关A与B满足或逻辑关系，表示为

$$Y = A + B \tag{10-5}$$

读成“Y等于A或B”，或者“Y等于A加B”。

若以A、B表示开关的状态，“1”表示开关闭合，“0”表示开关断开；以Y表示灯的状态，为“1”时，表示灯亮，为“0”时，表示灯灭。则得或逻辑真值表，见表10-5。

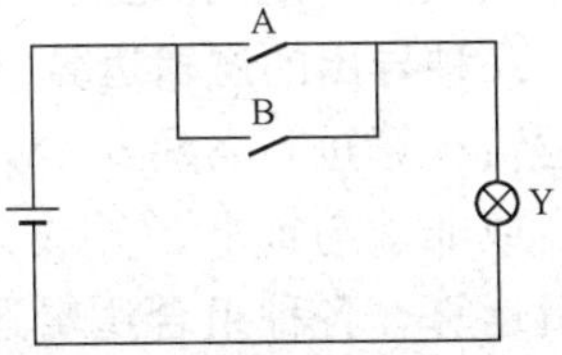

图10-6 或逻辑运算电路图

表10-5 或逻辑真值表

A	B	Y
0	0	0
0	1	1
1	0	1
1	1	1

这里必须指出的是，逻辑加法与算术加法的运算规律不同，有的尽管表面上相同，但实质不同，要特别注意在逻辑代数中1+1=1。

图10-7（a）所示为用二极管组成的或门电路，或门电路的逻辑符号如图10-7（b）所示。由模拟电路知识所知，当输入A，B同时为高电平时，理论上两个二极管同时导通，输出Y为高电平；当输入A、B中一个是低电平、另一个为高电平时，其中一个二极管导通，输出Y被钳制在高电平上；只有当输入A，B都为低电平，输出是低电平。综上所述，该电路的输入输出之间的逻辑关系正好是表10-5所列的“或”逻辑关系。

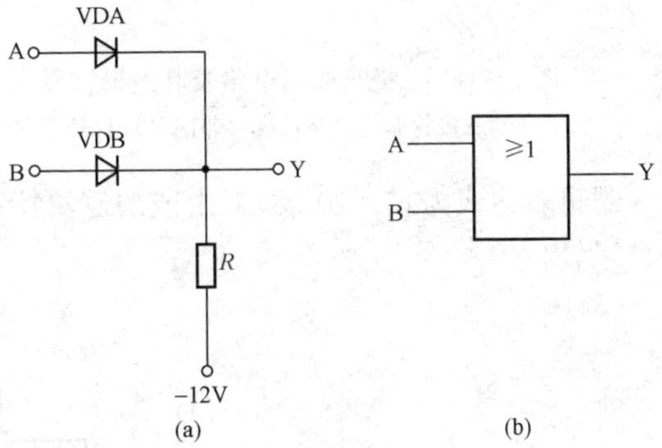

图10-7 二极管或门电路及或电路逻辑符号

（a）二极管或门电路；（b）或门逻辑符号

由或逻辑真值表可以看出或逻辑的特点：有“1”出“1”，全“0”出“0”。

10.4.3 非运算和非门电路

非即反。当一事件的条件满足时，该事件不会发生，条件不满足时，才会发生，这样的因果关系称为“非”逻辑关系。如图10-8所示电路中，开关A闭合时，灯Y不亮。开关A打开时，灯Y亮。真值表见表10-6。逻辑式为式（10-6）。

$$Y=\overline{A} \tag{10-6}$$

读成“Y等于A非”。注意：非逻辑只有一个输入变量。

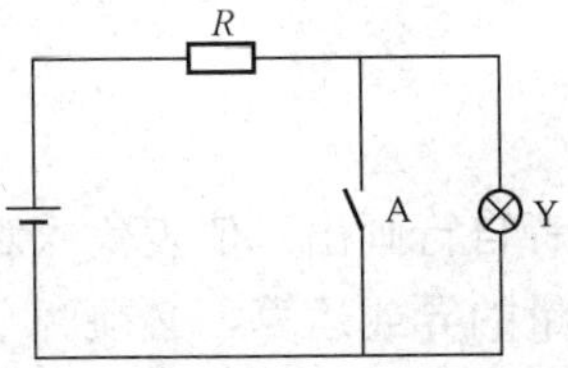

图10-8 非逻辑运算电路图

表10-6 非逻辑真值表

A	Y
0	1
1	0

图10-9（a）所示为晶体管非门电路，非门电路的逻辑符号如图10-9（b）所示。非门

的输入有且只有一个输入端，这一点和上面叙述的与门和或门不一样，它们可以有多个输入端。由模拟电路知识所知，若电路设计合理，当输入 A 为高电平时，使三极管饱和，三极管 $V_{CE}\approx 0$，即集电极输出电压为低电平；当输入 A 为低电平时，三极管截止，输出高电平。综上所述，该电路的输入输出之间的逻辑关系正好是表 10-6 所列的“非”逻辑关系。

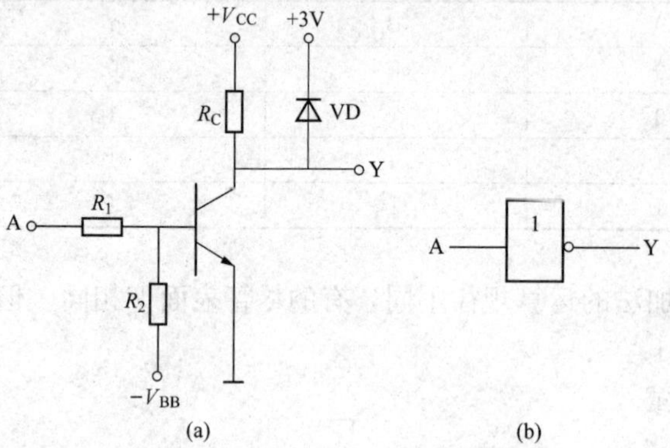

图 10-9 二极管非门电路及其逻辑符号
（a）二极管非门电路；（b）非门逻辑符号

10.4.4 几种导出的逻辑运算

将基本逻辑运算进行各种组合，可以获得与非、或非、与或非、异或、同或等组合逻辑运算。各种组合逻辑运算的表达式如下，逻辑符号如图 10-10 所示。

1. 与非逻辑运算

逻辑表达式为式（10-7）。由与的逻辑特点可以知道与非的特点就是：有‘0’出‘1’，全‘1’出‘0’。

$$Y=\overline{A\cdot B} \qquad (10-7)$$

2. 或非逻辑运算

逻辑表达式为式（10-8）。由或的逻辑特点可以知道或非的特点就是：全‘0’出‘1’，有‘1’出‘0’。

$$Y=\overline{A+B} \qquad (10-8)$$

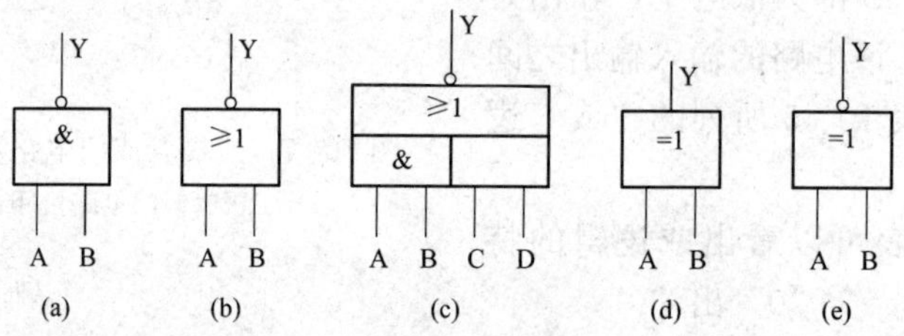

图 10-10 各种组合逻辑门
（a）与非门；（b）或非门；（c）与或非门；（d）异或图；（e）同或门

3. 与或非逻辑运算

逻辑表达式为式（10-9）。

$$Y=\overline{AB+CD}\text{(运算顺序为先与再或最后非)} \qquad (10-9)$$

4. 异或逻辑运算

逻辑表达式为式（10-10）。

$$Y=A\oplus B=\overline{A}B+A\overline{B} \qquad (10-10)$$

异或运算的特点为：相同出‘0’，相异出‘1’。请读者自行画出真值表代入观察之。

注意，一次异或逻辑运算只有两个输入变量，多个变量的异或运算，必须两个变量分别进行。例如，A⊕B⊕C，先进行其中二个变量的异或运算，其结果再和第三个变量进行异或运算。以下的同或运算也具有同样的特点。

5. 同或逻辑运算

同或逻辑运算表达式为

$$Y=A\odot B=\overline{A\oplus B}=\overline{A}\ \overline{B}+AB \tag{10-11}$$

由异或和同或的表达式可以知道，这两者是互为反函数的关系。那么也就可以得出同或的特点：相同出“1”，相异出“0”。我们在记忆的时候没有必要两个特点同时记，容易混淆。只要记住一个的特点并知道它俩是互为反函数的关系即可。

以上介绍了许多复杂的逻辑门的符号及逻辑函数的特点，同学们在学习时只要记住基本的逻辑函数（与或非）的特点以及门符号，其他复杂的逻辑函数特点都可以由它们推导而得到。

【例 10-12】 门电路如图 10-11（a）、（b）、（c）、（d）所示，分析输出信号各门电路的输出和输入信号 A、B、C 之间的逻辑关系，写出逻辑函数的表达式并根据图 10-11（e）所示的 A、B、C 的波形，对应画出各输出波形。

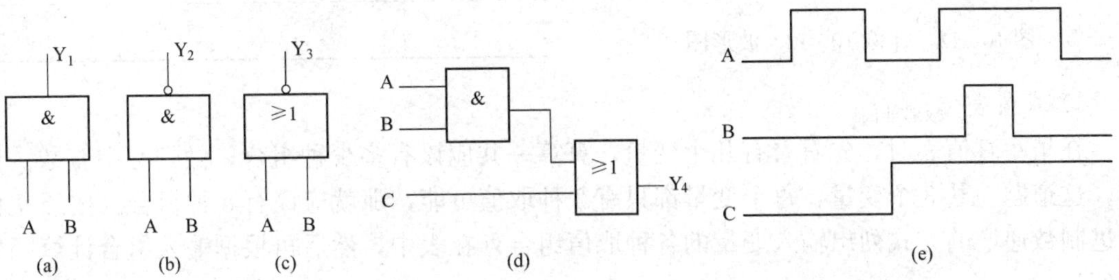

图 10-11 ［例 10-12］图

解 由上述电路图可知 $Y_1=AB$，$Y_2=\overline{AB}$，$Y_3=\overline{A+B}$，$Y_4=AB+C$

现在根据表达式总结每一个输出的特点，然后画出波形图。

Y_1：输入 A、B 是与的关系，它的特点是有 0 出 0，全 1 出 1。

Y_2：输入 A、B 是与非的关系，是 Y_1 的非。波形图应该和 Y_1 正好相反。

Y_3：输入 A、B 是或非的关系，它的特点是有 1 出 0，全 0 出 1。

Y_4：是一个简单的组合逻辑电路，我们可以从前到后一个门一个门的分析。第一个门的输出是 AB 相与，这个输出又给了第二个或门的输入，这样分析后可以得到如上的 Y_4 表达式。

输出波形如图 10-12 所示。

10.4.5 逻辑函数的几种表示方法及相互转换

常用的逻辑函数表示方法有真值表、逻辑表达式，也叫逻辑函数式、逻辑图、波形图（上题已展示）、卡诺图（10.5 节阐述）。

举例来说明这些逻辑函数的表示方法以及相互转换方法。

【例 10-13】 根据表 10-7，设计三人表决电路，具体要求是：当有 2 人或者 2 人以上举手同意时，选举才算通过，否则不通过。

拿到题目后，首先要判断谁是条件谁是函数。这道题很明显，表决的人是条件，选举的结果是函数。那么，这时候要假设条件和函数的 1 和 0 分别代表什么状态。

设三人 A、B、C 举手的状态为 1，不举手的状态为 0；选举的结果 Y 通过为 1，不通过为 0。这样就可以根据假设的状态得到一张真值表。

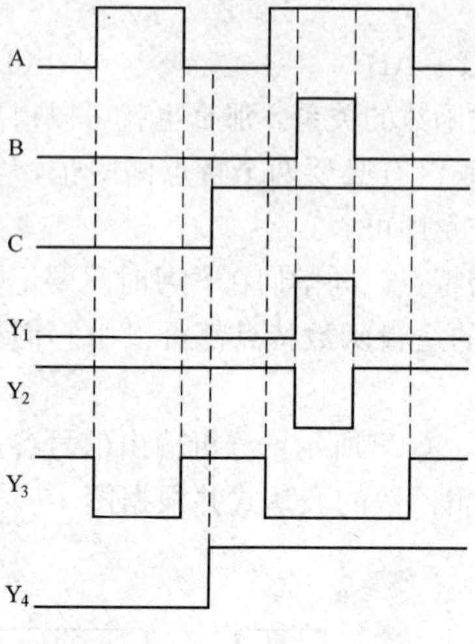

图 10-12 ［例 10-12］波形图

表 10-7　　三人表决电路真值表

A	B	C	Y
0	0	0	0
0	0	1	0
0	1	0	0
0	1	1	1
1	0	0	0
1	0	1	1
1	1	0	1
1	1	1	1

1. 真值表

在填写真值表时，先看看有几个变量，算算一共应该有多少种组合，做到心中有数。比如，这道题一共 3 个变量，每个变量都只有 2 种取值可能，那就应该有 8 种组合。按照 n 位二进制数递增的方式列出输入变量的各种取值组合列在表中，然后再根据输入组合计算函数的值。

2. 函数表达式

为了最后画逻辑电路的方便，要写出逻辑表达式。从真值表写逻辑表达式的步骤如下。

（1）找出真值表中输出 Y=1 的项。这道题中一共有 4 个 Y=1 的项。

（2）每个 Y=1 的项中的输入组合都写成与的形式，其中输入变量取值为 0 的写成反变量的形式，取值为 1 的写成原变量的形式，这样就可以得到一系列与项。在这道题中，就有了 4 个与项，分别是 $\overline{A}BC$、$A\overline{B}C$、$AB\overline{C}$、ABC。

（3）将这些与项相加，即可得到 Y 的逻辑表达式。于是，这道题的 $Y=\overline{A}BC+A\overline{B}C+AB\overline{C}+ABC$。

3. 逻辑图

将逻辑函数中各变量之间的与、或、非等关系用相应的逻辑符号表示，就是逻辑图。在学过化简后，应化简后再画逻辑图，这样用的器件较少。上题的逻辑图如图 10-13 所示。

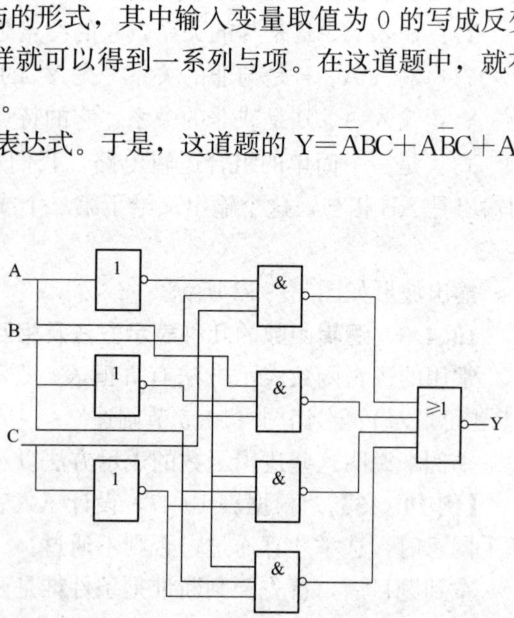

图 10-13　三人表决逻辑图

4. 各种表示方法间的相互转换

（1）由逻辑表达式写真值表。由真值表写逻辑表达式的方法上面已经介绍。由逻辑表达式写真值表的方法是将输入变量（n 个）取值的所有组合（2^n 个）逐一带入逻辑表达式，求函数值，列写在表中。

【例 10-14】 求函数 Y=AB+BC 的真值表。

三个变量，八种组合。一一带入，得到 Y 的值，见表 10-8。

表 10-8 **Y=AB+BC 的真值表**

A	B	C	Y	A	B	C	Y
0	0	0	0	1	0	0	0
0	0	1	0	1	0	1	0
0	1	0	0	1	1	0	1
0	1	1	1	1	1	1	1

（2）逻辑图与逻辑表达式。由逻辑表达式画逻辑图上面已经介绍。从逻辑图写表达式的方法是从输入端开始逐级写出每个逻辑门输出端的表达式。初学时，可以设中间变量。

【例 10-15】 写出图 10-14 的逻辑表达式。

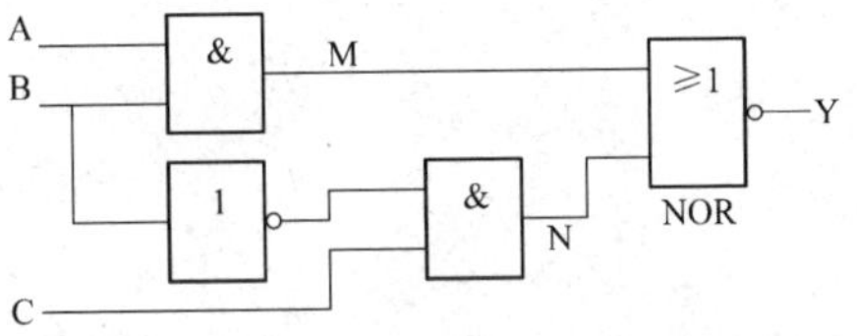

图 10-14 ［例 10-15］图

在这道题中，设了两个中间变量，分别是 M、N。所以从左先写出 M 和 N 的表达式，进而写出 Y 的表达式。

$M=AB$，$N=\overline{B}C$，从而得到 $Y=\overline{M+N}=\overline{AB+\overline{B}C}$

10.4.6 TTL 集成逻辑门的使用注意事项

TTL 集成门电路使用时，对于闲置输入端的处理以不改变电路逻辑状态及工作稳定为原则。常用的方法有以下几种。

（1）对于与非门的闲置输入端可直接接电源电压 V_{CC}，或通过 1～10kΩ 的电阻接电源 V_{CC}。

（2）如前级驱动能力允许时，可将闲置输入端与有用输入端并联使用。

（3）在外界干扰很小时，与非门的闲置输入端可以剪断或悬空，但不允许接开路长线，以免引入干扰而产生逻辑错误。

（4）或非门不使用的闲置输入端应接地。

【思考题】

1. 填空题

（1）逻辑代数又称为________代数。最基本的逻辑关系有________、________、________三种。常用的几种导出的逻辑运算为________、________、________、________、________。

（2）逻辑函数的常用表示方法有________、________、________。

（3）与非门的逻辑特点是________。

（4）当变量 ABC 分别为 010 时，AB+BC=________，（A+B）（A+C）=________，（A+B）AB=________。

2. 逻辑函数的几种表示方法？是怎样转换的？

3. 用与门、或门和非门实现如下逻辑函数。

（1）$F_1 = A + B$

（2）$F_2 = AB + CD$

4. 输入波形如图 10 - 15 所示，试画出下列各表达式对应的输出波形。

（1）$Y_1 = \overline{A + B}$

（2）$Y_2 = \overline{AB}$

（3）$Y_3 = A\overline{B} + \overline{A}B$

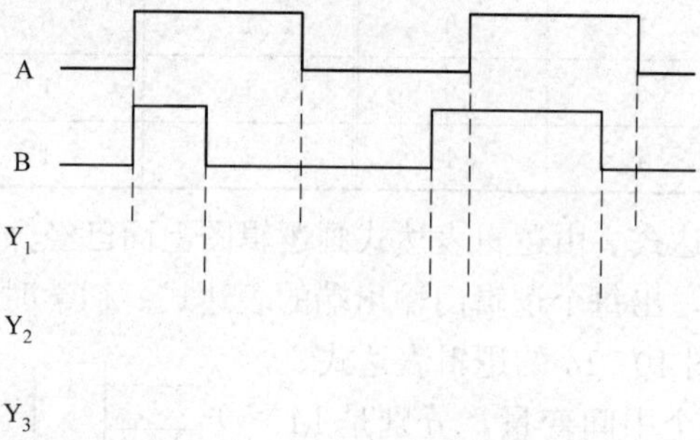

图 10 - 15　思考题 4 图

10.5　逻辑代数化简

1849 年英国数学家乔治·布尔提出了描述客观事物逻辑关系的数学方法——布尔代数。布尔代数被广泛的应用于数字逻辑电路的分析与设计方面，所以也把布尔代数称为逻辑代数，也叫开关代数。

逻辑代数与普通代数虽然在运算规则的某些方面有相似之处，但是含义完全不同。下面介绍一些常用的公式和定律。

10.5.1　逻辑代数的基本公式

1. 逻辑常量运算公式

逻辑常量运算公式见表 10 - 9。

以上公式可以根据与、或、非的特点得出。

2. 逻辑变量、常量运算公式

逻辑变量、常量运算公式见表 10 - 10。

表 10 - 9　逻辑常量运算公式

与运算	或运算	非运算
$0 \cdot 0 = 0$	$0 + 0 = 0$	
$0 \cdot 1 = 0$	$0 + 1 = 1$	$\overline{1} = 0$
$1 \cdot 0 = 0$	$1 + 0 = 1$	$\overline{0} = 1$
$1 \cdot 1 = 1$	$1 + 1 = 1$	

表 10 - 10　逻辑变量、常量运算公式

与运算	或运算	非运算
$A \cdot 0 = 0$	$A + 0 = A$	$\overline{\overline{A}} = A$
$A \cdot 1 = A$	$A + 1 = 1$	
$A \cdot A = A$	$A + A = A$	
$A \cdot \overline{A} = 0$	$A + \overline{A} = 1$	

对于表 10 - 10 中逻辑运算可以通过变量代入的方法进行验证。

10.5.2 逻辑代数的基本定律

1. 交换律、结合律、分配律

交换律、结合律、分配律见表10-11。

表10-11　　交换律、结合律、分配律

交换律	$A+B=B+A$
	$A\cdot B=B\cdot A$
结合律	$A+B+C=(A+B)+C=A+(B+C)$
	$A\cdot B\cdot C=(A\cdot B)\cdot C=A\cdot(B\cdot C)$
分配律	$A(B+C)=AB+BC$
	$A+BC=(A+B)\cdot(A+C)$

在这里，交换律和结合律的运算规律与普通代数相同，只有分配律的第二个与普通代数不同，下面证明之。

将右式展开可得 $A\cdot A+AC+BA+BC=A+AC+AB+BC$

$$=A(1+C+B)+BC$$

$$=A+BC=\text{左式}$$

2. 吸收律

吸收律见表10-12。

表10-12　　吸　收　律

吸收律	证　明
$AB+A\overline{B}=A$	$AB+A\overline{B}=A(B+\overline{B})=A$
$A+AB=A$	$A+AB=A(1+B)=A$
$A+\overline{A}B=A+B$	$A+\overline{A}B=(A+\overline{A})(A+B)=A+B$
$AB+\overline{A}C+BC=AB+\overline{A}C$	$AB+\overline{A}C+BC=AB+\overline{A}C+BC(A+\overline{A})$ $=AB+\overline{A}C+ABC+\overline{A}BC$ $=AB(1+C)+\overline{A}C+1+B)$ $=AB+\overline{A}C$

3. 摩根定律

$$\overline{A\cdot B}=\overline{A}+\overline{B};\quad \overline{A+B}=\overline{A}\cdot\overline{B}$$

一种逻辑关系的表达式可以是多个，但是其真值表却是唯一的。下面用真值表来证明摩根定律，见表10-13和表10-14。

表10-13　　$\overline{A\cdot B}=\overline{A}+\overline{B}$ 的证明

A	B	$\overline{A\cdot B}$	$\overline{A}+\overline{B}$
0	0	1	1
0	1	1	1
1	0	1	1
1	1	0	0

表10-14　　$\overline{A+B}=\overline{A}\cdot\overline{B}$ 的证明

A	B	$\overline{A\cdot B}$	$\overline{A}\cdot\overline{B}$
0	0	1	1
0	1	0	0
1	0	0	0
1	1	0	0

推广：$\overline{ABC\cdots}=\overline{A}+\overline{B}+\overline{C}+\cdots$；$\overline{A+B+C+\cdots}=\overline{A}\cdot\overline{B}\cdot\overline{C}\cdots$

10.5.3 基本规则

布尔代数除上述公式和定理外，在运算时还有一些基本规则，分别是代入规则、反演规则、对偶规则。

1. 代入规则

在任一含有变量 A 的逻辑等式中，如果用另一个逻辑函数 F 去代替所有的变量 A，则等式仍然成立。

代入规则是容易理解的，因为 A 只可能取“0”或“1”，而另一逻辑函数 F，不管外形如何复杂，F 最终也只能非“0”即“1”。

例如，A＋AB＝A，用 F＝CDE 替代变量 B，则有

$$A+AB=A+A\,(CDE)=A$$

显然等式是成立的。

2. 对偶规则

对于任何一个逻辑式 Y，如果把式中的“·”号改为“＋”号，“＋”号改为“·”号，“0”换为“1”，“1”换为“0”。从而得到一个新的逻辑式 Y′。则 Y 和 Y′互为对偶式。若两个逻辑式相等，则它们的对偶式也相等。

例如分配律中的 A＋BC＝（A＋B）（A＋C）。对偶以后就变成：A（B＋C）＝AB＋BC 显然是成立的。

3. 反演规则

设 Y 为一逻辑函数，如果把式中的“·”号改为“＋”号，“＋”号改为“·”号，“0”换为“1”，而“1”换为“0”。原变量改为反变量，反变量改为原变量，则得到原来逻辑函数 Y 的反函数 $\overline{Y}$。这种变换规则称为反演规则。

注 意

（1）变换后的运算顺序保持变换前的运算优先顺序不变。

（2）规则中的反变量换成原变量，原变量换成反变量只对单个变量有效，而对于与非、或非等运算的长非号则保持不变。

【例 10-16】 已知逻辑函数 Y＝ABC，试用反演规则求反函数 $\overline{Y}$。

解

$$\overline{Y}=\overline{A}+\overline{B}+\overline{C}$$

当然也可以用摩根定理来求。

【例 10-17】 已知逻辑函数 $Y=A\overline{B}+\overline{A}B$，用反演规则求反函数 $\overline{Y}$。

解 $\overline{Y}=(\overline{A}+B)\cdot(A+\overline{B})$

$=\overline{A}A+\overline{A}\,\overline{B}+AB+B\overline{B}$

$=\overline{A}\,\overline{B}+AB$

这个例子也证明了同或是异或的非。

10.5.4 逻辑函数的公式法化简

在逻辑电路的设计中，所用的元器件少、器件间相互连线少和工作速度高是小、中规模逻

辑电路设计的基本要求。为此，在一般情况下，逻辑表达式应该表示成最简的形式，这样就涉及对逻辑式的化简问题。化简的方法主要有公式法和卡诺图法。我们首先介绍公式法化简。

同一个逻辑函数，可以由多种不同的表达式，主要有与或型、或与型、与非与非型、或非或非型及与或非型。即使是同一类型的逻辑式，例如常见的与或型，它的表现形式对于同一逻辑关系也有多种形式，例如

$$Y_1=AB+\bar{A}C$$

$$Y_2=AB+\bar{A}C+BC$$

$$Y_3=ABC+AB\bar{C}+\bar{A}BC+\bar{A}\bar{B}C$$

$$\cdots$$

不难用形式定理加以证明它们的相等。

用实际电路实现上述逻辑关系时，用 Y_1、Y_2、Y_3 都可以，但是总希望电路比较简单。一般来说，逻辑式越简单，由此实现的电路也越简单。对于与或型逻辑式，最简单就是逻辑式中的与项最少，每一与项中变量也最少。在上述例子中，显然 Y_1 比另两个都简单。化简逻辑式有几种方法，这里介绍的是公式法，即运用公式和基本定律进行化简。所以必须熟练掌握这些公式和基本定律，否则有时容易与一般代数相混。

代数法化简逻辑式，就是运用逻辑代数的定律、定理、规则对逻辑式进行变换，以消去一些多余的与项和变量。

下面举一些例子，让大家熟悉常见的化简方法。

【例 10-18】　化简逻辑式 $Y=AB+ABC+BD$。

解

$$\begin{aligned}Y&=AB+ABC+BD\\&=AB(1+C)+BD &&\text{(并项)}\\&=AB+BD &&\text{(吸收律)}\end{aligned}$$

【例 10-19】　化简逻辑式 $Y=A+A\bar{B}\bar{C}+\bar{A}CD+\bar{C}E+\bar{D}E$。

解

$$\begin{aligned}Y&=A+A\bar{B}\bar{C}+\bar{A}CD+\bar{C}E+\bar{D}E\\&=A(1+\bar{B}\bar{C})+\bar{A}CD+\bar{C}E+\bar{D}E &&\text{(并项)}\\&=A+\bar{A}CD+\bar{C}E+\bar{D}E &&\text{(吸收律)}\\&=A+CD+\bar{C}E+\bar{D}E &&\text{(吸收律)}\\&=A+CD+(\bar{C}+\bar{D})E\\&=A+CD+\overline{CD}E &&\text{(摩根定律)}\\&=A+CD+E &&\text{(吸收律)}\end{aligned}$$

【例 10-20】　化简逻辑式 $Y=B(ABC+\bar{A}B+AB\bar{C})$。

解

$$\begin{aligned}Y&=B(ABC+\bar{A}B+AB\bar{C})=B[AB(C+\bar{C})+\bar{A}B]\\&=B(AB+\bar{A}B) &&\text{(吸收律)}\\&=B &&\text{(吸收律)}\end{aligned}$$

配项法与合项法相反，就是给某个与项乘上 $(A+\bar{A})$，以寻找新的组合关系，使化简继续进行。

【例 10-21】　化简逻辑式 $Y=A\bar{B}+B\bar{C}+\bar{B}C+\bar{A}B$。

解

$$\begin{aligned}Y&=A\bar{B}+B\bar{C}+\bar{B}C+\bar{A}B\\&=A\bar{B}(C+\bar{C})+B\bar{C}(A+\bar{A})+\bar{B}C+\bar{A}B &&\text{(配项法)}\end{aligned}$$

$$
\begin{aligned}
&=A\overline{B}C+A\overline{B}\,\overline{C}+AB\overline{C}+\overline{A}B\overline{C}+\overline{B}C+\overline{A}B \\
&=(A\overline{B}C+\overline{B}C)+A\overline{C}(B+\overline{B})+\overline{A}B\overline{C}+\overline{A}B \quad \text{（合并）} \\
&=\overline{B}C+A\overline{C}+\overline{A}B \quad \text{（吸收律）}
\end{aligned}
$$

注意

在公式法化简时，同学们往往会出现学的时候觉得简单，自己做的时候又不会的现象，这主要是因为同学们练习少的原因，只要多练习，熟练掌握这些定律，公式法化简并不难。

10.5.5 逻辑函数的卡诺图化简

逻辑函数的代数法化简法由于没有统一的规范，通常需要个人的经验和技巧。因此，对于较复杂的逻辑函数用代数法化简往往很麻烦，而且化简的逻辑函数是否为最简式有时也不容易判断。下面介绍的逻辑函数化简方法是由美国工程师卡诺（Karnaugh）在 1953 年首先提出的，故称为卡诺图法。利用卡诺图化简逻辑函数比较直观方便，容易化为最简形式。因此，在逻辑电路设计中被广泛应用。

1. 最小项和最小项表达式

（1）最小项的概念。最小项：n 个变量 X_1、X_2、…、X_n 的最小项，是 n 个变量的逻辑乘，每一个变量既可以是原变量 X_i，也可以是反变量 $\overline{X_i}$。每一个变量都以原变量或者反变量的形式在乘积项中出现，且仅出现一次。如有 A、B 两个变量时，最小项为 $\overline{A}\,\overline{B}$、$\overline{A}B$、$A\overline{B}$、AB，共有 $2^2=4$ 个最小项。依次类推，三个变量就有 8 个最小项；4 个变量有 16 个最小项。

最小项用小写字母 m 表示，它们的下标的数字为二进制数相对应的十进制数的数值。将最小项中的原变量视为“1”，反变量视为“0”，按高低位排列，这样得到了一个二进制数。例如对于最小项 $A\overline{B}C$，C 为最低位，A 为最高位，对应的二进制数是 101，它的十进制数值为

$$1\times2^2+0\times2^1+1\times2^0=4+1=5$$

所以，最小项 $A\overline{B}C$ 的符号是 m_5。

最小项具有如下性质。

1）在输入变量的任何取值下必有一个最小项，而且仅有一个最小项的值为 1 。

2）全体最小项之和为 1。

3）任意两个最小项的乘积为 0。

4）若两个最小项只有一个变量取值不同，其他都相同，称这两个最小项相邻。如三变量最小项 ABC 和 $AB\overline{C}$ 互为逻辑相邻，而最小项 $\overline{A}\,\overline{B}C$ 和 $\overline{A}B\overline{C}$ 则不是相邻最小项。

两个逻辑相邻的最小项相加合并时，可以消去不相同的变量，而留下相同的变量，例如：$\overline{A}\,\overline{B}\,\overline{C}+\overline{A}\,\overline{B}C=\overline{A}\,\overline{B}$。

（2）逻辑函数最小项标准式。全部由最小项组成的“与或”式，称为逻辑函数最小项标准式。利用公式 $A+\overline{A}=1$ 可以把任何一个逻辑函数化为最小项之和的标准形式。例如，给定逻辑函数为 $Y=\overline{A}B\overline{C}+AB$，则其最小项标准形式为

$$Y=\overline{A}B\overline{C}+AB=\overline{A}B\overline{C}+AB(C+\overline{C})=\overline{A}B\overline{C}+AB\overline{C}+ABC$$

$=m_2+m_6+m_7=\sum_m (2, 6, 7)$

2. 用卡诺图表示逻辑函数

将 n 变量的全部最小项各用一个小方块表示，并将小方块按逻辑相邻性与几何位置也相邻的原则而排列起来的方块图，就称为 n 变量的卡诺图。因为最小项的数目与变量数有关，设变量数为 n，则最小项的数目为 2^n。二个变量的情况如图 10 - 16（a）所示。图中第一行表示 $\overline{A}$，第二行表示 A；第一列表示 $\overline{B}$，第二列表示 B。这样四个小方格就由四个最小项分别对号占有，行和列的符号相交就以最小项的与逻辑形式记入该方格中。

有时为了更简便，我们用“1”表示原变量，用“0”表示反变量，这样就可以据图 10 - 16（a）就改画成图 10 - 16（b）所示的形式，四个小方格中心的数字 0、1、2、3 就代表最小项的编号。

	$\overline{B}$	B
$\overline{A}$	$\overline{A}\,\overline{B}$	$\overline{A}$ B
A	A $\overline{B}$	A B

(a)

A \ B	0	1
0	0 0 　0	0 1 　1
1	1 0 　2	1 1 　3

(b)

图 10 - 16　两变量卡诺图

三变量的卡诺图如图 10 - 17 所示，方格编号即最小项编号。最小项的排列要求每对几何相邻方格之间仅有一个变量变化成它的反变量，或仅有一个反变量变化成它的原变量，这样的相邻又称为逻辑相邻。逻辑相邻的小方格相比较时，仅有一个变量互为反变量，其他变量都相同，且要循环相邻。

	$\overline{B}\,\overline{C}$	$\overline{B}$C	BC	B$\overline{C}$
$\overline{A}$	$\overline{A}\,\overline{B}\,\overline{C}$	$\overline{A}\,\overline{B}$C	$\overline{A}$BC	$\overline{A}$B$\overline{C}$
A	A$\overline{B}\,\overline{C}$	A$\overline{B}$C	ABC	AB$\overline{C}$

(a)

A \ BC	00	01	11	10
0	000 m_0	001 m_1	011 m_3	010 m_2
1	100 m_4	101 m_5	111 m_7	110 m_6

(b)

图 10 - 17　三变量卡诺图

AB \ CD	00	01	11	10
00	0000 　0	0001 　1	0011 　3	0010 　2
01	0100 　4	0101 　5	0111 　7	0110 　6
11	1100 　12	1101 　13	1111 　15	1110 　14
10	1000 　8	1001 　9	1011 　11	1010 　10

图 10 - 18　四变量最小项图

四变量的最小项图如图 10 - 18 所示，该图只画出了图 10 - 16（b）所示的形式。由图 10 - 16 到图 10 - 18 可看到，几何相邻小方格都满足逻辑相邻条件，例如图 10 - 18 中，不但 m_0 与 m_1，而且 m_0 与 m_4、m_0 与 m_2、m_0 与 m_8 之间也都满足逻辑相邻关系，同一列的第一行和最后一行，同一行的第一列和最后一列之间也满足逻辑相邻，好像卡诺图首尾相连卷成了圆筒。

掌握卡诺图的构成特点，就可以从印在表格旁边的 AB、CD 的“0”、“1”值直接写出最小项的内容。例如，图 10 - 18 中，第四行第二列相交的小方格，表格第四行的“AB”标为“10”，应记为 A$\overline{B}$，第二列的“CD”标为“01”，应记为 $\overline{C}$D，所以该小格为 A$\overline{B}$ $\overline{C}$D，即 m_9。

既然卡诺图由全部最小项组成，任一与或逻辑式可以由若干个最小项之和来表示，那么就可以将该与或型逻辑式存在的最小项一一对应填入图中，存在的最小项填“1”，不存在的填“0”。因小格不是“1”，就是“0”，所以只填“1”就可以了，“0”可以不必填。

例如，将逻辑式 $Y(A，B，C)=AB\overline{C}+\overline{A}\,\overline{B}C$ 填入卡诺图。它为一个三变量的逻辑式，结果如图 10-19 所示。图 10-19 的这种画法是 4 行 2 列，当然也可以表示成 2 行 4 列。具体画成哪一种可以根据自己的习惯画出。

相反也可以从卡诺图写出其带“1”的小方格所对应的逻辑式。如写出图 10-20 所示卡诺图的逻辑式为

$$Y=\overline{A}\,\overline{B}\,\overline{C}\,\overline{D}+\overline{A}B\overline{C}D+A\overline{B}CD+ABC\overline{D}$$

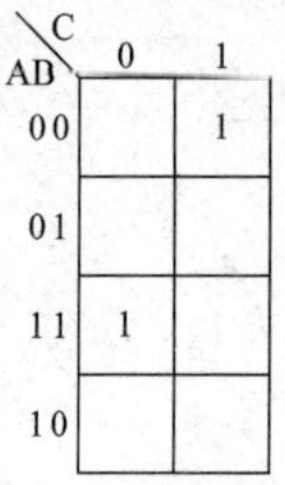

图 10-19　三变量卡诺图

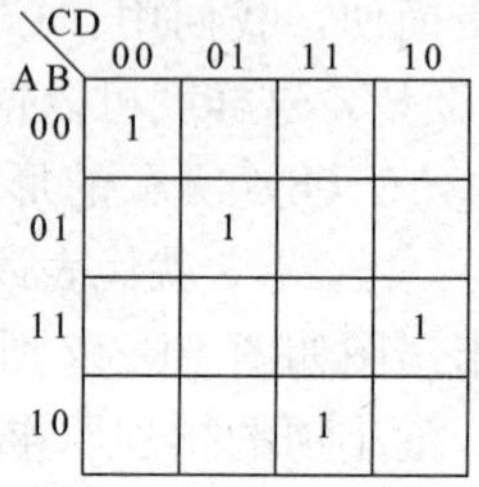

图 10-20　带“1”的小方格对应的卡诺图

3. 用卡诺图化简逻辑函数

用卡诺图化简逻辑函数是利用卡诺图的相邻性，对相邻最小项进行合并，消去互反变量，以达到简化的目的。在讲述最小项的时候，我们曾经讲过将两个最小项合并可以消去一个不同的变量，留下相同的变量，即由三个变量变成两个变量，消去一个变量；依次类推，4 个相邻最小项合并可以消去 2 个变量；8 个相邻最小项合并可以消去 3 个变量。即 2^n 个相邻最小项合并可以消去 n 个变量。

卡诺图化简基本步骤：① 画出逻辑函数的卡诺图以及在表达式中所列出的最小项的方格中填上 1；② 合并相邻最小项（圈组）；③ 从圈组写出最简与或表达式。

正确圈组的原则如下。

（1）圈越大越好。合并最小项时，圈中的最小项越多，消去的变量就越多，因而得到的由这些最小项的公因子构成的乘积项也就越简单。

（2）每一个圈至少应包含一个新的最小项。合并时，任何一个最小项都可以重复使用，但是每一个圈至少都应包含一个新的最小项，否则它就是多余的。

（3）必须把组成函数的全部最小项圈完。每一个圈中最小项的公因子就构成一个乘积项，一般地说，把这些乘积项加起来，就是该函数的最简与或表达式。

（4）在有些情况下，最小项的圈法不唯一，最简表达式也不是唯一的。

【例 10-22】　化简 $Y=\overline{B}C+A\overline{B}\,\overline{C}+\overline{A}C$。

解

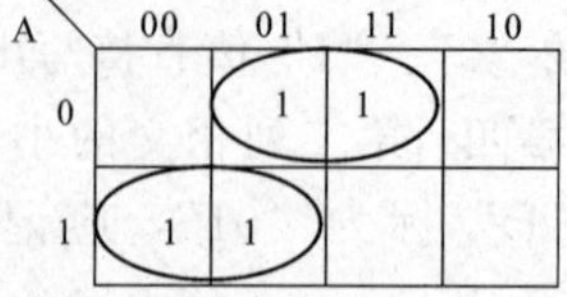

于是有 $Y=A\overline{B}+\overline{A}C$。

【例 10-23】　化简 $Y=\sum_m(0，2，5，7，8，10，13，15)$。

解

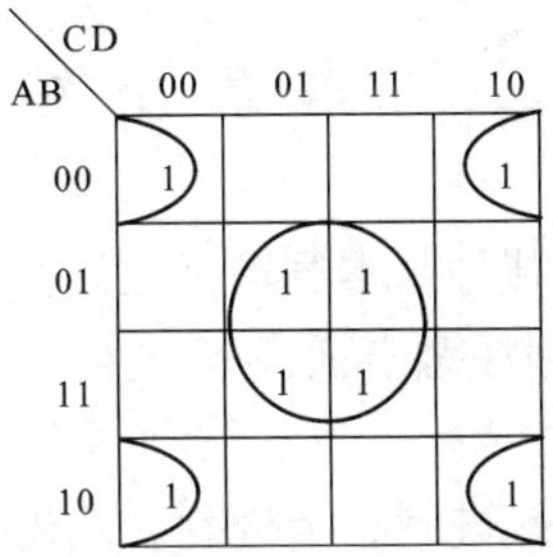

于是有 $Y=BD+\overline{BD}$。

【思考题】

1. 用真值表证明下列逻辑等式。

(1) $A+BC=(A+B)(A+C)$

(2) $ABC+\bar{A}+\bar{B}+\bar{C}=1$

(3) $AB+BC+AC=(A+B)(B+C)(A+C)$

(4) $\bar{A}B+A\bar{B}=\overline{AB+\bar{A}\,\bar{B}}$

(5) $ABC+A\bar{B}C+AB\bar{C}=AB+AC$

2. 用逻辑代数的基本公式和常用公式将下列逻辑函数化为最简与或形式。

(1) $Y=AB+\bar{A}B+B$

(2) $Y=ABC+A+B+C$

(3) $Y=\bar{A}\,\bar{B}\,\bar{C}+A\bar{B}C+ABC+BC$

(4) $Y=A\bar{B}CD+AB\bar{C}D+A\bar{B}+A\bar{D}+A\bar{B}C$

(5) $Y=AB(ACD+AD+BC)(A+B)$

3. 求下列函数的反函数并化为最简与或形式。

(1) $Y=AB+BC+AC$

(2) $Y=A\bar{B}CD+AB\bar{C}D+A\bar{B}+A\bar{D}+A\bar{B}C$

4. 求下列函数的对偶函数。

(1) $Y=\overline{AB+\bar{A}\,\bar{B}+A\bar{B}}+C+AB$

(2) $Y=\overline{A\bar{B}C}+B(A+C)$

5. 求下列函数的最小项表达式。

(1) $Y=AB+B\bar{C}$

(2) $Y=A\bar{B}CD+B\bar{C}D+C$

6. 用卡诺图化简法将下列函数化为最简与或形式。

(1) $Y=ABC+ABD+\bar{C}\,\bar{D}+A\bar{B}C+\bar{A}CD+A\bar{C}D$

(2) $Y=A\bar{B}+\bar{A}C+BC+\bar{C}D$

(3) $Y=\bar{A}\,\bar{B}+B\bar{C}+\bar{A}+\bar{B}+ABC$

(4) $Y=\bar{A}\,\bar{B}+AC+\bar{B}C$

(5) $Y(A,B,C,D)=\sum_m(0,1,4,6,8,9)$

本 章 小 结

本章主要讨论了数制和数码、几种基本逻辑函数以及由它们组成的符合逻辑函数、逻辑函数的化简以及 TTL 逻辑门的使用注意事项。

1. 数制和码制

在这个章节里面，主要讨论了二进制、十进制、八进制以及十六进制表达方法以及相互转换方法，尤其是二-十进制转换方法一定要掌握，在后续学习中要一直用到。

在码制的学习中，重点掌握有权码中的 8421 码的组成、特点以及与十进制的相互转换方法。必须注意的是 8421 码一定是 4 位的。除了有权码以外，我们还讲述了其他码制，比如无权码以及可靠性代码，在学习中要掌握它们的特点。

2. 二进制数的算术运算

在这个章节中主要掌握二进制数的加减法，在计算减法时可以用补码的方式进行相加。

3. 逻辑代数基础

在数字系统的分析和设计中广泛采用的都是逻辑代数。在本章节中主要介绍了几种基本的逻辑关系以及由它们组成的复杂逻辑函数，学习时只要记住基本的三种逻辑函数，其他均可由它们推导而得到。

逻辑函数共有 5 种表示方法，即真值表、逻辑表达式、卡诺图、逻辑图以及波形图。其中真值表和卡诺图是具有唯一性的。而逻辑表达式和逻辑图则不是唯一的。一个逻辑函数可以有多种表达式和逻辑图。

在本章中，同学们要学会怎样在这 5 种表达方式中自如转换，为下个章节做准备。

4. 逻辑代数化简

为了逻辑图足够的简单，节约元器件，本章节讨论了逻辑代数的化简。一共介绍了两种化简方法，分别是代数法化简以及卡诺图化简。代数法化简的优点就是直接明了，不受变量个数的约束，但是它的缺点就是不知道最终的表达式是不是最简，无法判断。而且化简的过程也受到了经验的约束。而卡诺图恰恰解决了这个问题，从卡诺图中可以很清晰地看到最后的表达式是不是最简，比较容易判断而且卡诺图化简有一定的步骤，比较容易学习。

习　题

1. 将下列二进制数转化为相应的十进制数。

(1) $(101110)_2$　(2) $(1101.011)_2$　(3) $(110101.101)_2$　(4) $(101100.1101)_2$

2. 将下列十进制数转换为相应的二进制数。

(1) $(25)_{10}$　(2) $(123)_{10}$　(3) $(24.5)_{10}$　(4) $(156)_{10}$　(5) $(102.32)_{10}$

3. 将下列二进制数转换为相应的八进制和十六进制数。

(1) $(10110)_2$　(2) $(10101.11)_2$　(3) $(111011.10)_2$

4. 将下列八进制数转换为相应的二进制数。

(1) $(44)_8$　(2) $(345)_8$　(3) $(15.64)_8$　(4) $(32.1)_8$

5. 将下列十六进制数转换为相应的二进制数。

(1) $(1A2)_{16}$　　(2) $(289.1)_{16}$　　(3) $(ABCD.5B)_{16}$

6. 将下列8421BCD码转换为相应的二进制数。

(1) $(001010010011)_{8421BCD}$　　(2) $(0101100000100110.0110)_{8421BCD}$

(3) $(011001100111.00111000)_{8421BCD}$

7. 用真值表证明下列等式。

(1) $A\bar{B}+\bar{A}B=(\bar{A}+\bar{B})(A+B)$

(2) $A\bar{B}+B\bar{C}+C\bar{A}=\bar{A}B+\bar{B}C+\bar{C}A$

(3) $ABC+\bar{A}+\bar{B}+\bar{C}=1$

(4) $A\bar{B}+\bar{A}B=\overline{AB+\bar{A}\,\bar{B}}$

8. 二极管门电路如图10-21 (a)、(b) 所示，输入信号A、B、C的高电平为3V，低电平为0V。

(1) 分析输出信号 Y_1、Y_2 和输入信号A、B、C之间的逻辑关系，列出真值表，并导出逻辑函数的表达式。

(2) 根据图10-21 (c) 给出的A、B、C的波形，对应画出 Y_1、Y_2 的波形。

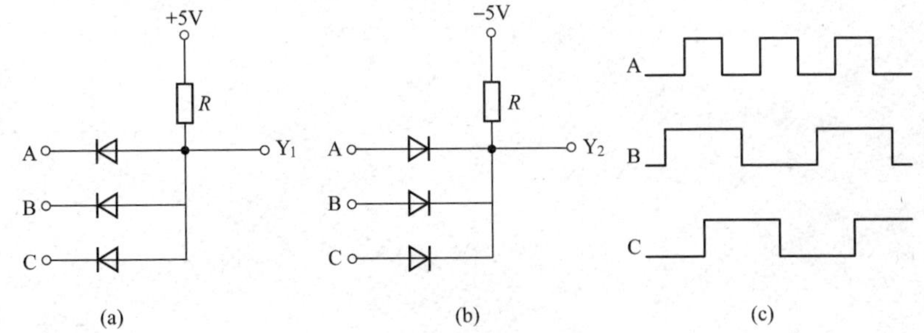

图10-21　习题8图

9. 写出下列逻辑函数的对偶式和反函数。

(1) $Y=\bar{A}\,\bar{B}+AC$

(2) $Y=\overline{A+B+\overline{\bar{C}+D}}$

10. 某逻辑函数真值表见表10-15，试根据真值表写出它们的逻辑表达式，并化简，最后用门电路实现之。

表10-15　　习　题　10　图

A	B	C	F_1	F_2
0	0	0	0	1
0	0	1	0	0
0	1	0	1	1
0	1	1	1	1
1	0	0	1	0
1	0	1	0	0
1	1	0	0	0
1	1	1	1	1

11. 用公式法化简下列各逻辑函数。

（1）$Y=\overline{A}+\overline{B}+\overline{C}+ABC$

（2）$Y=\overline{A}B+A\overline{B}+B$

（3）$Y=AB+\overline{A}C+ABD+BCD$

（4）$Y=A(\overline{A}+B)+B(B+C)+B$

（5）$Y=\overline{\overline{ABC}+\overline{A}\,\overline{B}}+BC$

（6）$Y=A+\overline{(B+\overline{C})}(A+\overline{B}+C)(A+B+C)$

12. 用卡诺图化简下列逻辑函数。

（1）$Y=ABC+ABD+A\overline{B}C+\overline{A}C\overline{D}+A\overline{C}D$

（2）$Y=A\overline{B}+B\overline{C}\,\overline{D}+ABD+\overline{A}B\overline{C}D$

（3）$Y=\sum(m_0, m_1, m_3, m_4, m_7)$

（4）$Y=\sum(m_0, m_4, m_6, m_7, m_9, m_{11}, m_{15})$

第 11 章　组合逻辑电路

本章提要

在数字电路中可分为两类逻辑电路，一类为组合逻辑电路，另一类为时序逻辑电路。组合逻辑电路由逻辑门组成，输入到输出是个单通道过程，没有反馈回路。而时序电路的输入到输出是个闭环系统。

本章首先介绍组合逻辑电路的分析和设计方法，这是对上一章内容的综合，也是组合逻辑电路的一个重要环节。然后介绍常用编码器、加法器、译码器、数值比较器、数据选择器的类型、逻辑功能和使用方法。

11.1　组合逻辑电路的分析和设计方法

11.1.1　概述

数字逻辑电路通常分为组合逻辑电路和时序逻辑电路两大类。组合逻辑电路是指某一数字电路，在任一时刻，它的输出仅仅由该时刻的输入所决定，而与电路的原有输出状态无关，没有记忆功能。时序逻辑电路是指任一时刻的输出不仅仅由该时刻的输入决定，而且与上一刻的输出有关，具有记忆功能。

11.1.2　组合逻辑电路的分析方法

分析组合逻辑电路的目的是为了确定已知电路的逻辑功能。

分析组合逻辑电路的步骤大致如下：

（1）根据逻辑电路从输入到输出，写出各级逻辑函数表达式，直到写出最后输出函数与输入信号之间关系的逻辑函数表达式。

（2）将各逻辑函数表达式化简和变换，以得到最简的表达式。

（3）根据简化的逻辑表达式列真值表。

（4）根据真值表和化简后的逻辑表达式对逻辑电路进行分析，最后确定其功能。

注意

在确定逻辑功能时，描述要尽量简短准确。在数字系统中，常见的组合逻辑电路功能有加减法电路、比较电路、编码译码电路、奇偶校验电路等。

【例 11-1】　试分析图 11-1 所示逻辑电路的逻辑功能。

解　（1）根据逻辑图 11-1 写出逻辑表达式。由前到后逐级写出各个门的逻辑表达式，最后写出输出函数 Y 的逻辑表达式。

$$Y_1=\overline{AB}$$

$$Y_2=\overline{AY_1}=\overline{A\cdot\overline{AB}}$$

$$Y_3=\overline{B\cdot Y_1}=\overline{B\cdot\overline{AB}}$$

$$Y=\overline{\overline{Y_2}\cdot\overline{Y_3}}=\overline{\overline{A\cdot\overline{AB}}\cdot\overline{B\cdot\overline{AB}}}=A\cdot\overline{AB}+B\cdot\overline{AB}$$

$$=\overline{AB}(A+B)=(\overline{A}+\overline{B})(A+B)=\overline{A}B+A\overline{B}$$

（2）由 Y 表达式可总结出其逻辑功能：当输入变量 A、B 的取值相异时，输出为 1，否则为 0，即异或的逻辑功能。

【例 11 - 2】 试分析图 11 - 2 所示逻辑电路的逻辑功能。

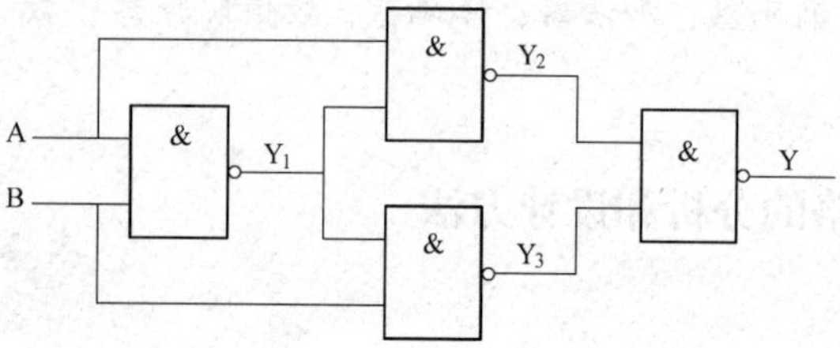

图 11 - 1 ［例 11 - 1］图

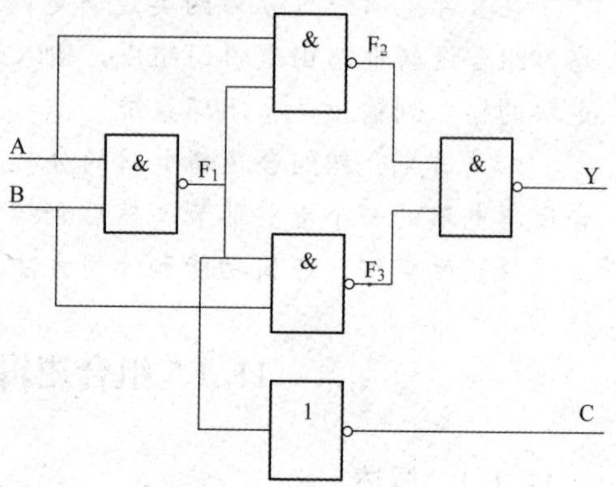

图 11 - 2 ［例 11 - 2］图

解 （1）根据逻辑图 11 - 2 写出输出逻辑函数表达式为

$$F_1=\overline{AB}\qquad F_2=\overline{AF_1}\qquad F_3=\overline{BF_1}$$

$$Y=\overline{F_2F_3}=\overline{\overline{AF_1}\,\overline{BF_1}}=\overline{\overline{A\overline{AB}}\cdot\overline{B\overline{AB}}}=\overline{A}B+A\overline{B}$$

$C=\overline{F_1}=AB$

观察表达式不能立刻看出其逻辑功能，因此需要列出其真值表，见表 11 - 1。

表 11 - 1 **真 值 表**

输入		输出	
A	B	Y	C
0	0	0	0
0	1	1	0
1	0	1	0
1	1	0	1

（2）由真值表可看出：在 Y 为 AB 之算术和，C 为进位。因此，图 11 - 2 所示电路为两位算术加运算电路。

从上面两个例子可以看出，在分析一个组合逻辑电路的逻辑功能时，首先由逻辑图列出逻辑表达式，若从表达式就能看出其逻辑功能，那么就直接写出其逻辑功能；若不能直接总结其逻辑功能，则要再列一张真值表，观察后总结其逻辑功能。

11.1.3 组合逻辑电路的设计方法

组合逻辑电路的设计是已知对电路逻辑功能的要求，按逻辑要求将电路设计出来。与分析过程相反。通常要求电路简单，所用器件的数目尽可能少，这就要用到前面介绍的代数法化简和卡诺图化简法来化简逻辑函数。电路的实现可以采用小规模集成电路、中规模组合集成器件或者可编程逻辑器件。因此逻辑函数的化简也要结合所选用的器件进行。

组合逻辑函数的设计步骤大致如下。

（1）明确实际问题的逻辑功能。许多实际设计要求是使用文字描述的，因此，需要确定实际问题的逻辑功能，并确定输入、输出变量数及表示符号。

（2）根据对电路逻辑功能的要求，列出真值表。

（3）由真值表写出逻辑表达式。

（4）简化和变换逻辑表达式，从而画出逻辑图。

注意

在逻辑电路的设计过程中要注意一些实际问题。

（1）对组合逻辑电路传输时间的要求，传输的级数要尽量地少。

（2）判断输出函数到底是单输出还是多输出。

（3）结合实际集成门电路，限制输入端的数目。

（4）当题目限制门的种类时，要把表达式转换成题目要求的逻辑运算再画出逻辑图。

【例 11-3】　设计一个 A、B、C 3 位判奇电路。当 3 位输入有奇数个 1 时，输出 Y 为 1，否则为 0。试用门电路实现之。

解　（1）根据题意列出真值表，见表 11-2。

表 11-2　**真　值　表**

输入			输出
A	B	C	Y
0	0	0	0
0	0	1	1
0	1	0	1
0	1	1	0
1	0	0	1
1	0	1	0
1	1	0	0
1	1	1	1

（2）由真值表画出卡诺图并化简，如图 11-3 所示。

（3）根据卡诺图可以看出，这里没法化简，因此写出函数表达式，即

$$Y=\bar{A}\,\bar{B}C+A\bar{B}\,\bar{C}+\bar{A}B\bar{C}+ABC$$
$$=A(\overline{B\oplus C})+\bar{A}(B\oplus C)$$
$$=A\oplus B\oplus C$$

A \ BC	00	01	11	10
0		1		1
1	1		1	

图 11-3　[例 11-3] 卡诺图

（4）根据表达式画出逻辑图，因为题目没有限制

用什么门电路，所以上述表达式就不用转换形式，直接画出逻辑图就行，如图 11 - 4 所示。

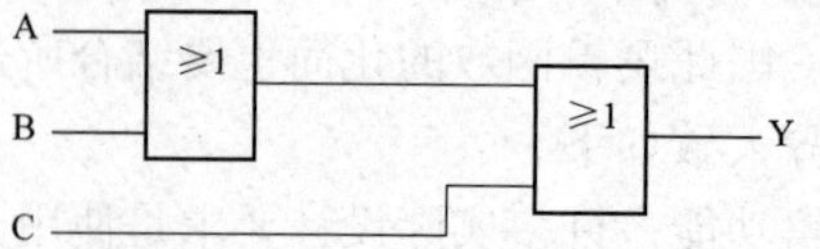

图 11 - 4　逻辑图

【思考题】

1. 分析图 11 - 5 所示逻辑电路：

（1）列真值表；

（2）写出逻辑表达式；

（3）说明其逻辑功能。

2. 已知某组合逻辑电路的输入 A、B、C 与输出 Y 的波形如图 11 - 6 所示。试写出输出逻辑表达式，并用最少的门电路实现。

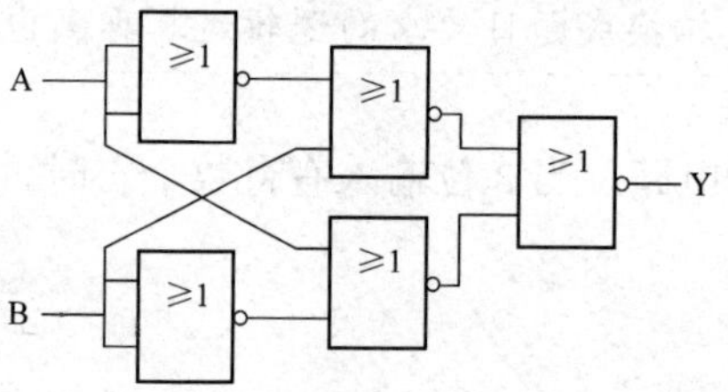

图 11 - 5　思考题 1 图

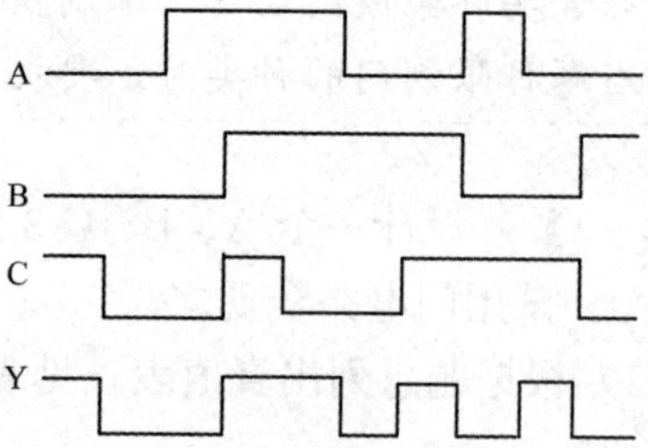

图 11 - 6　思考题 2 图

3. 用与非门设计一个四变量多数表决电路。当输入变量 A、B、C、D 有 3 个或 3 个以上为 1 时输出为 1，输入变量为其他状态时输出为 0。

4. 设 1 位二进制全加器的被加数为 A_i，加数为 B_i，本位之和为 S_i，向高位进位为 C_i，来自低位的进位为 C_{i-1}，根据真值表（见表 11 - 3）：

（1）写出逻辑表达式。

（2）用门电路画出其逻辑图。

表 11 - 3　　　　**真　值　表**

A_i	B_i	C_{i-1}	C_i	S_i
0	0	0	0	0
0	0	1	0	1
0	1	0	0	1
0	1	1	1	0
1	0	0	0	1
1	0	1	1	0
1	1	0	1	0
1	1	1	1	1

5. 试设计一个 1 位的二进制数比较电路。

11.2　编码器和译码器

11.2.1　编码器

将具有特定意义的信息编成相应二进制代码的过程，称为编码。实现编码功能的电路称为编码器。其输入为被编信号，输出为二进制代码。编码器按照被编信号的不同特点和要求，有各种不同的类型，最常见的有二进制编码器和优先编码器。

1. 二进制编码器

用 n 位二进制代码对 $N=2^n$ 个信号进行编码的电路称为二进制编码器。图 11-7 所示为由门电路构成的 3 位二进制编码器，它的输入 I_0～I_7 为 8 个高电平信号，输出是 3 位二进制代码 $Y_2Y_1Y_0$。为此，又把它叫作 8 线－3 线编码器。输出与输入的对应关系见表 11-4。在 I_1～I_7 都为 0 时，输出就是 I_0 的编码，故 I_0 在电路中没有画出。

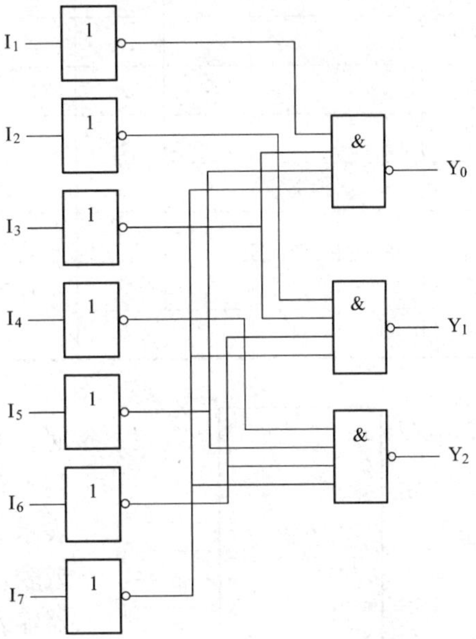

图 11-7　二进制编码器

2. 优先编码器

在上述的二进制编码器中，同一时刻只能有一个有效信号输入进行编码，否则容易导致输出混乱。而优先编码器允许多个输入端同时为有效信号。优先编码器的每个输入具有不同的优先级别，当多个输入信号有效时，它能识别输入信号的优先级别，并对其中优先级别最高的一个进行编码，产生相应的输出代码。

表 11-4　　3 位二进制编码器的真值表

输入								输出		
I_0	I_1	I_2	I_3	I_4	I_5	I_6	I_7	Y_0	Y_1	Y_2
1	0	0	0	0	0	0	0	0	0	0
0	1	0	0	0	0	0	0	1	0	0
0	0	1	0	0	0	0	0	0	1	0
0	0	0	1	0	0	0	0	1	1	0
0	0	0	0	1	0	0	0	0	0	1
0	0	0	0	0	1	0	0	1	0	1
0	0	0	0	0	0	1	0	0	1	1
0	0	0	0	0	0	0	1	1	1	1

表 11-5 给出了优先编码器 74LS147 的功能表。74LS147 是一个二—十进制的优先编码器。二—十进制编码器是指用 4 位二进制数表示 0～9 共 10 个十进制数码的组合逻辑电路。

图 11-8 所示为优先编码器 74LS147 的逻辑功能示意图。

表 11-5　　74LS174　功　能　表

输入									输出			
$\overline{I_1}$	$\overline{I_2}$	$\overline{I_3}$	$\overline{I_4}$	$\overline{I_5}$	$\overline{I_6}$	$\overline{I_7}$	$\overline{I_8}$	$\overline{I_9}$	$\overline{A}$	$\overline{B}$	$\overline{C}$	$\overline{D}$
1	1	1	1	1	1	1	1	1	1	1	1	1
×	×	×	×	×	×	×	×	0	0	1	1	0
×	×	×	×	×	×	×	0	1	0	1	1	1
×	×	×	×	×	×	0	1	1	1	0	0	0
×	×	×	×	×	0	1	1	1	1	0	0	1
×	×	×	×	0	1	1	1	1	1	0	1	0
×	×	×	0	1	1	1	1	1	1	0	1	1
×	×	0	1	1	1	1	1	1	1	1	0	0
×	0	1	1	1	1	1	1	1	1	1	0	1
0	1	1	1	1	1	1	1	1	1	1	1	0

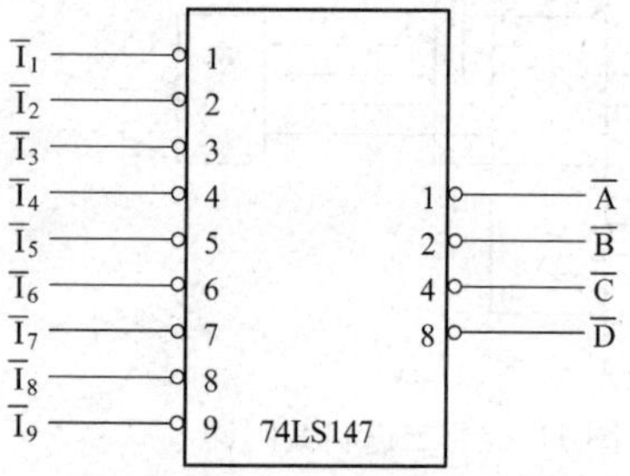

图 11-8　74LS147 逻辑功能示意图

首先说明，在数字电路中输入端表示低电平有效时，通常会在其逻辑变量上添上“—”，而在其相应的门电路或中规模集成器件符号图中的输入端上用小圆圈表示。输出端的小圆圈视情况而定，或表示反码输出，或表示低电平有效。这样看来，这里介绍的二进制编码器输入是高电平有效，输出是原码输出；而从 74LS174 的功能表和逻辑符号上来看，其输入端是低电平有效，输出是反码输出。

由功能表（见表 11-5）可知，在 $\overline{I_1}\sim\overline{I_9}$ 均为 1（无效电平）的时候，输出反码为“1111”，即原码“0000”，也就是这时候对 I_0 进行编码。当给 $\overline{I_9}$ 一个有效电平时，无论其他的端子上是什么电平，输出反码为“0110”，即原码为“1001”，也就是此时给 I_9 进行编码，同时也说明了 I_9 的优先权最高。下面依次类推。

11.2.2　译码器

译码是编码的逆过程。由于编码是将含有特定意义的信息编成二进制代码，则译码就是将表示特定意义信息的二进制代码翻译出来。实现译码功能的电路称为译码器。输入为二进制代码，输出为与输入代码对应的特定信息。译码器的种类很多，但是它们的工作原理和分析方法大同小异。下面将介绍两种常用的译码器，二进制译码器和显示译码器。

1. 二进制译码器

将输入二进制代码译成相应输出信号的电路，称为二进制译码器。

图 11-9 所示为 3 线—8 线译码器的逻辑图。由于它有 3 个输入端、8 个输出端，因此又称为 3 线—8 线译码器。图中 ST_A、$\overline{ST_B}$、$\overline{ST_C}$ 为使能端，其中，ST_A 为高电平有效，$\overline{ST_B}$、$\overline{ST_C}$ 为低电平有效。A_2、A_1、A_0 为 3 位二进制码输入端，$\overline{Y_0}\sim\overline{Y_7}$ 为 8 个输出端，且输出低电平有效。列出真值表见表 11-6。

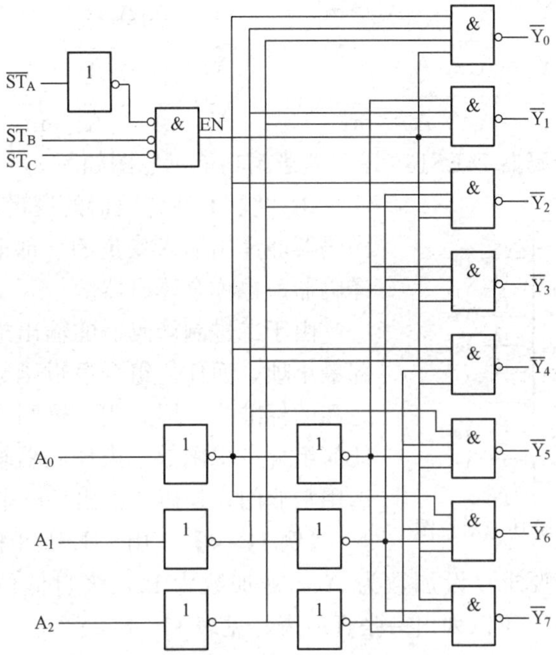

图 11-9　3 线—8 线译码器的逻辑图

表 11-6　　74LS138 的 功 能 表

输入					输出							
ST_A	$\overline{ST_B}+\overline{ST_C}$	A_2	A_1	A_0	$\overline{Y_0}$	$\overline{Y_1}$	$\overline{Y_2}$	$\overline{Y_3}$	$\overline{Y_4}$	$\overline{Y_5}$	$\overline{Y_6}$	$\overline{Y_7}$
×	1	×	×	×	1	1	1	1	1	1	1	1
0	×	×	×	×	1	1	1	1	1	1	1	1
1	0	0	0	0	0	1	1	1	1	1	1	1
1	0	0	0	1	1	0	1	1	1	1	1	1
1	0	0	1	0	1	1	0	1	1	1	1	1
1	0	0	1	1	1	1	1	0	1	1	1	1
1	0	1	0	0	1	1	1	1	0	1	1	1
1	0	1	0	1	1	1	1	1	1	0	1	1
1	0	1	1	0	1	1	1	1	1	1	0	1
1	0	1	1	1	1	1	1	1	1	1	1	0

从真值表中可以看出，当 $\overline{ST_B}+\overline{ST_C}=1$，不管其他输入是什么，输出均是高电平，即无效电平；当 ST_A 为低电平时，输出也都是高电平。也就是这三个使能端只要有一个是无效电平，那么输出就都是高电平。只有当 ST_A、$\overline{ST_B}$、$\overline{ST_C}$ 为 100 时，也就是使能端均有效时，才允许正常译码。这时，译码器输出 $\overline{Y_0}\sim\overline{Y_7}$ 由输入二进制代码决定，根据表 11-6 可以写出如下表达式

$$\overline{Y_0}=\overline{\overline{A_2}\,\overline{A_1}\,\overline{A_0}}=\overline{m_0} \qquad \overline{Y_4}=\overline{A_2\overline{A_1}\,\overline{A_0}}=\overline{m_4}$$

$$\overline{Y_1}=\overline{\bar{A}_2\ \bar{A}_1\ A_0}=\overline{m_1} \qquad \overline{Y_5}=\overline{A_2\bar{A}_1A_0}=\overline{m_5}$$

$$\overline{Y_2}=\overline{\bar{A}_2A_1\bar{A}_0}=\overline{m_2} \qquad \overline{Y_6}=\overline{A_2A_1\bar{A}_0}=\overline{m_6}$$

$$\overline{Y_3}=\overline{\bar{A}_2A_1A_0}=\overline{m_3} \qquad \overline{Y_7}=\overline{A_2A_1A_0}=\overline{m_7}$$

集成 3 位二进制译码器 74LS138 译码器逻辑功能示意图如图 11 - 10 所示。

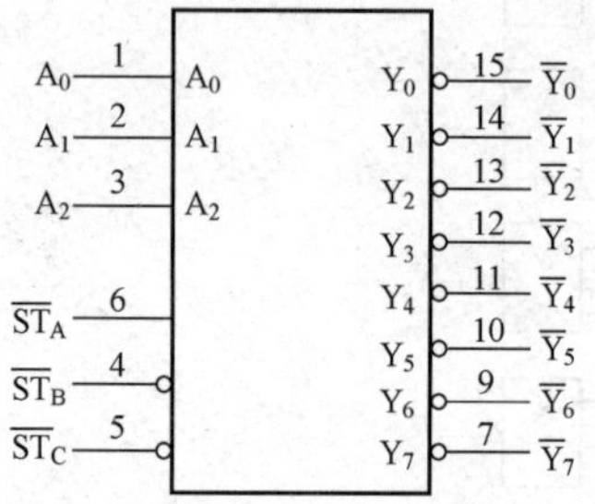

图 11 - 10　74LS138 逻辑功能示意图

由 3 线 - 8 线译码器的逻辑表达式可以看出二进制译码器能译出输入变量的全部取值组合，故又称变量译码器，也称全译码器。

由于二进制译码器的输出端能提供输入变量的全部最小项，而任何组合逻辑函数都可以变换为最小项之和的标准式，因此用二进制译码器和门电路可实现任何组合逻辑函数。当译码器输出低电平有效时，多选用与非门；译码器输出高电平有效时，多选用或门。

【例 11 - 4】　用 74LS138 和门电路实现全加器。

解　(1) 分析设计要求，设加数为 A_i，被加数为 B_i，来自低位的进位为 C_{i-1}，和为 S_i，向高位的进位为 C_i。可以列出一张真值表，见表 11 - 7。

表 11 - 7　　全加器的真值表

输入			输出	
A_i	B_i	C_{i-1}	S_i	C_i
0	0	0	0	0
0	0	1	1	0
0	1	0	1	0
0	1	1	0	1
1	0	0	1	0
1	0	1	0	1
1	1	0	0	1
1	1	1	1	1

(2) 由真值表可以得到全加器的输出逻辑表达式为

$$S_i=A\oplus B\oplus C=m_1+m_2+m_4+m_7$$

$$C_i=AB\bar{C}+ABC+\bar{A}BC+A\bar{B}=m_3+m_5+m_6+m_7$$

74LS138 的输出的最小项是低电平有效。所以有

$$S_i=m_1+m_2+m_4+m_7=\overline{\bar{m}_1\bar{m}_2\bar{m}_4\bar{m}_7}=\overline{\overline{Y_1}\,\overline{Y_2}\,\overline{Y_4}\,\overline{Y_7}}$$

$$C_i=AB\bar{C}+ABC+\bar{A}BC+A\bar{B}C$$

$$=m_3+m_5+m_6+m_7=\overline{\bar{m}_3\bar{m}_5\bar{m}_6\bar{m}_7}=\overline{\overline{Y_3}\,\overline{Y_5}\,\overline{Y_6}\,\overline{Y_7}}$$

(3) 由此可以做出逻辑图，如图 11 - 11 所示。

2. 显示译码器

在数字系统中，经常需要将数字或运算结果显示出来，以便人们观测、查看。例如通过转换能直接显示数字、文字或符号等。因此，显示电路是数字系统的重要组成部分。目前用

于电子电路系统中的显示器件主要由发光二极管组成的各种显示器件（LED）和液晶显示器件（LCD），这两种显示器件都有笔画段和点阵型两大类。笔画段型的由一些特定的笔画段组成，以显示一些特定的字型和符号；点阵型的由许多成行成列的发光元素点组成，由不同行和列上的发光点组成一定的字型、符号和图形。它们的示意图如图 11 - 12 所示。

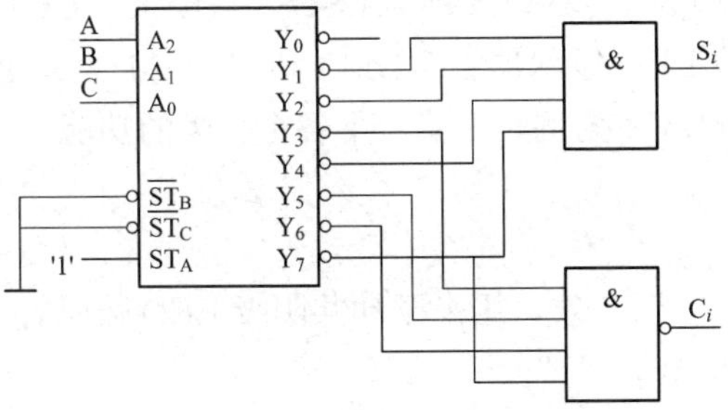

图 11 - 11　［例 11 - 4］逻辑图

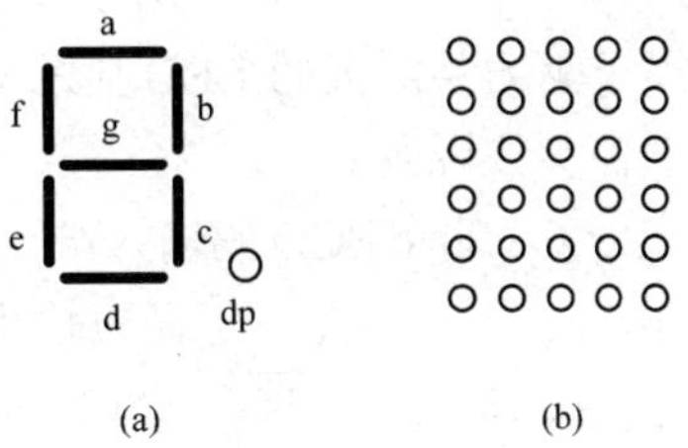

图 11 - 12　笔划段型和点阵型显示器的示意图

（a）笔画段型显示器；（b）点阵型显示器

（1）LED 显示器件。LED（Light Emitting Diode）直译为光发射二极管，中文名为发光二极管。由于作为单个发光元素 LED 发光器件的尺寸不能做得太小，对于小尺寸的 LED 显示器件，一般是笔画段型的，广泛用于显示仪表之中；而点阵型器件往往用于大型的和特大型的显示屏中。

LED 显示器件有共阴极和共阳极两类，如图 11 - 13 所示。图 11 - 13（a）所示为共阳极的示意图，图 11 - 13（b）所示为共阴极的示意图。对于共阳极接法的显示器，要显示哪个字段，就要在相应字段接低电平；对于共阴极接法的显示器，要显示哪个字段，就要在相应字段接高电平。因此，七段译码器的输出为低电平时，需要选用共阳接法的数码显示器；七段译码器的输出为高电平时，需要选用共阴接法的数码显示器。

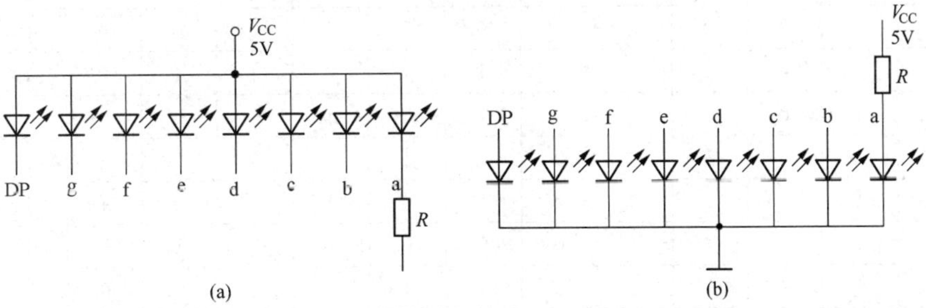

图 11 - 13　半导体数码显示器的内部接法

（a）共阳极型显示器；（b）共阴极型显示器

LED 发光二极管由砷化镓、磷砷化镓等半导体材料制成。LED 显示器件的供电电压仅几伏，可以和 TTL 集成电路匹配，单个发光二极管的电流从零点几毫安到几毫安。它是一种主动发光器件，周围光线越暗，发光显得越明亮，有红、绿、黄、橙、蓝等几种颜色。但是它也有缺点，就是工作电流比较大，每段的工作电流在 10mA 左右。

（2）液晶显示器件。液晶是一种特殊的能极化的液态晶体，是一种有机化合物。在一定的温度范围内，它既具有液体的流动性，又具有晶体的某些光学特性，其透明度和颜色随电场、磁场、光、温度等外界条件的变化而变化。液晶显示器（Liquid Crystal Display，LCD）是一种平板薄型显示器件，本身不发光，在黑暗中不能显示数字，它依靠在外界电场作用下产生的光电效应，调制外界光线使液晶不同部位显现出反差，从而显示字形。

（3）七段显示译码器。由于数字显示电路的应用非常广泛，它们的译码器也已经作为标准器件，制成了中规模集成电路。常用的集成 7 段译码驱动器有 74LS47、74LS45、CC4511 等。74LS47 为低电平有效，用于驱动共阳极的 LED 显示器；74LS45 和 CC4511 为高电平有效，用于驱动共阴极的 LED 显示器。现以 CC4511 为例，说明一下各个引脚的功能。

其中各参数说明如下。

A、B、C、D：BCD 码输入端。

a、b、c、d、e、f、g：译码输出端，输出“1”有效，用来驱动共阴极 LED 数码管。

$\overline{LT}$：测试输入端，$\overline{LT}$=“0”时，译码输出全为“1”。

$\overline{BI}$：消隐输入端，$\overline{BI}$=“0”时，译码输出全为“0”。

LE：锁定端，LE=“1”时译码器处于锁定（保持）状态，译码输出保持在 LE=0 时的数值，LE=0 为正常译码。

CC4511 功能表见表 11-8。CC4511 内接有上拉电阻，故只需在输出端与数码管笔段之间串入限流电阻即可工作。译码器还有拒伪码功能，当输入码超过 1001 时，输出全为“0”，数码管熄灭。

表 11-8　　　　CC4511　功　能　表

输入							输出							
LE	$\overline{BI}$	$\overline{LT}$	D	C	B	A	a	b	c	d	e	f	g	显示字形
×	×	0	×	×	×	×	1	1	1	1	1	1	1	8
×	0	1	×	×	×	×	0	0	0	0	0	0	0	消隐
0	1	1	0	0	0	0	1	1	1	1	1	1	0	0
0	1	1	0	0	0	1	0	1	1	0	0	0	0	1
0	1	1	0	0	1	0	1	1	0	1	1	0	1	2
0	1	1	0	0	1	1	1	1	1	1	0	0	1	3
0	1	1	0	1	0	0	0	1	1	0	0	1	1	4
0	1	1	0	1	0	1	1	0	1	1	0	1	1	5
0	1	1	0	1	1	0	0	0	1	1	1	1	1	6
0	1	1	0	1	1	1	1	1	1	0	0	0	0	7
0	1	1	1	0	0	0	1	1	1	1	1	1	1	8
0	1	1	1	0	0	1	1	1	1	0	0	1	1	9
0	1	1	1	0	1	0	0	0	0	0	0	0	0	消隐
0	1	1	1	0	1	1	0	0	0	0	0	0	0	消隐
0	1	1	1	1	0	0	0	0	0	0	0	0	0	消隐
0	1	1	1	1	0	1	0	0	0	0	0	0	0	消隐
0	1	1	1	1	1	0	0	0	0	0	0	0	0	消隐
0	1	1	1	1	1	1	0	0	0	0	0	0	0	消隐
1	1	1	×	×	×	×	锁存							锁存

【思考题】

1. 什么叫译码？什么叫译码器？

2. 译码器是怎样实现组合逻辑函数的？

3. 对于输出高电平有效的译码器和输出低电平有效的译码器，在实现组合逻辑电路上有什么区别？

4. 请用 3 线 - 8 线译码器和少量门器件实现下列逻辑函数

(1) $F_1(C, B, A)=\sum m(0, 3, 6, 7)$

(2) $F_2(C, B, A)=\overline{A}B+B\overline{C}$

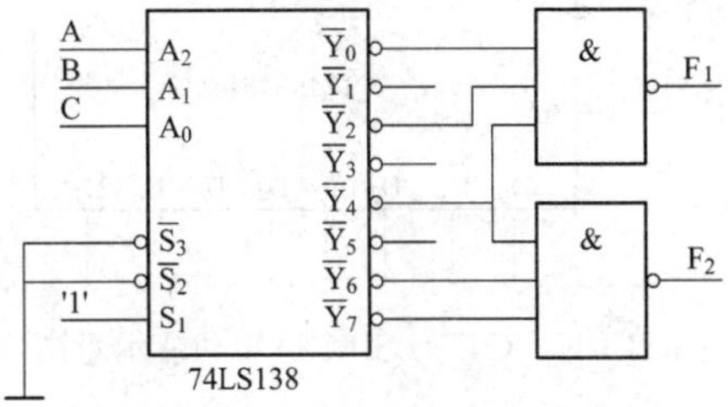

图 11 - 14　题 5 图

5. 由 3 线 - 8 线译码器组成的电路如图 11 - 14 组成，试写出函数表达式。

11.3　数据选择器和分配器

11.3.1　数据选择器

数据选择器（Multiplexer，MUX）的功能是，若干个输入信号（m）根据地址信号（n）的要求，从中选出一个传送到输出端。m 和 n 的关系为 $m=2^n$。输入信号的个数一般是 2、4、8、16 等。例如产品有 74LS157 是 2 选 1 数据选择器、74LS153 双 4 选 1、74LS151 为 8 选 1 数据选择器、74LS150 为 16 选 1 数据选择器。

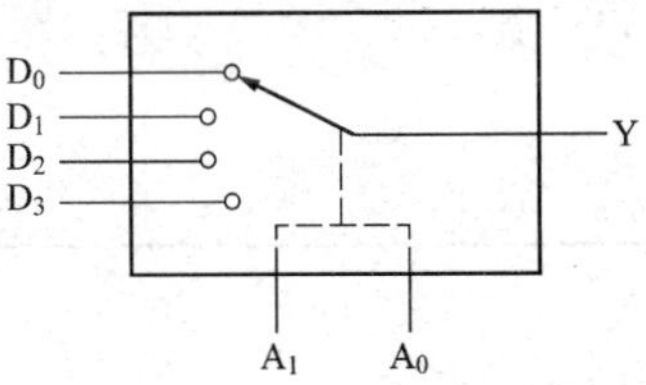

图 11 - 15　4 选 1 数据选择器功能示意图

4 选 1 数据选择器的功能示意图可用图 11 - 15 表示。图中 D_0、D_1、D_2、D_3 是四个数据输入，也称输入变量。A_1 和 A_0 是地址信号输入端，如果有四个输入变量，应有二位地址端。Y 是数据输出，即 D_0、D_1、D_2、D_3 中的某一个。

1. 4 选 1 数据选择器

以 74LS153 为例，这是一个双 4 选 1 数据选择器，即在一个封装内有两个相同的 4 选 1 数据选择器。他们公用电源，但却各自独立工作。其逻辑符号如图 11 - 16 所示。其功能表见表 11 - 9。由逻辑功能示意图和功能表可知 Y 为输出端，D_0、D_1、D_2、D_3 为数据输入端，$\overline{EN}$ 为使能端，低电平有效。

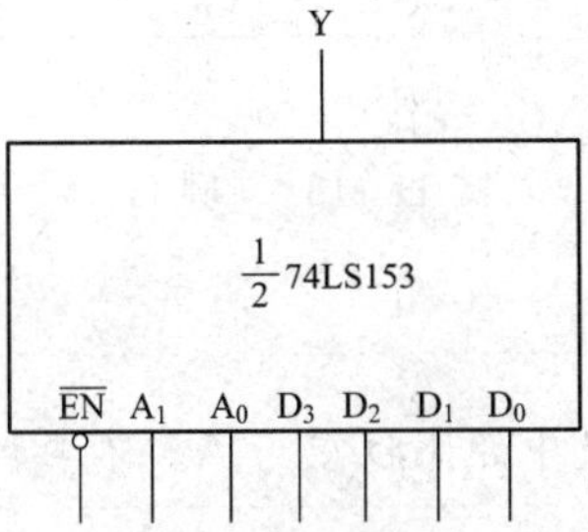

图 11 - 16　4 选 1 数据选择器逻辑功能示意图

表 11 - 9　数据选择器的功能表

$\overline{EN}$	A_1	A_0	Y
1	×	×	0
0	0	0	D_0
0	0	1	D_1
0	1	0	D_2
0	1	1	D_3

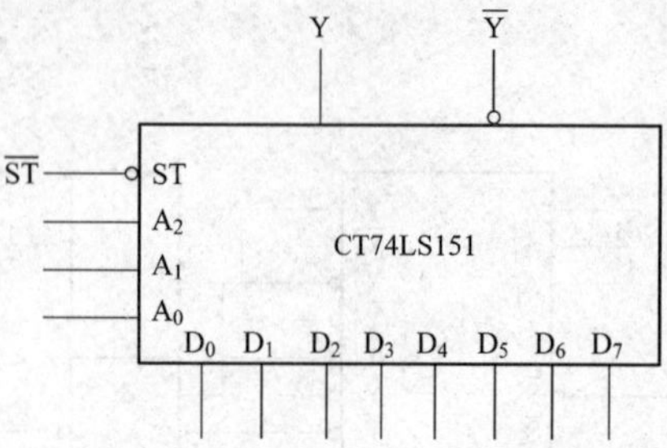

图 11 - 17　CT74LS151 逻辑功能示意图

根据功能表的描述，不难写出数据选择器的逻辑表达式

$$Y=\overline{A}_1\overline{A}_0D_0+\overline{A}_1A_0D_1+A_1\overline{A}_0D_2+A_1A_0D_3$$
$$=m_0D_0+m_1D_1+m_2D_2+m_3D_3$$

因此，若要实现一个 $Y=m_1+m_3$ 这样的函数，只要让数据选择器的 $D_0=D_2=0$，$D_1=D_3=1$ 就可以实现这样的函数了。

2. 8 选 1 数据选择器

以 74LS151 为例，逻辑功能示意图如图 11 - 17 所示。各端功能和 4 选 1 数据选择器大同小异，$D_0\sim D_7$ 为数据输入端，$\overline{ST}$ 为使能端，同样低电平有效。其功能表见表 11 - 10。

表 11 - 10　　8 选 1 数据选择器 CT74LS151 的功能表

输入				输出	
$\overline{ST}$	A_2	A_1	A_0	Y	$\overline{Y}$
1	×	×	×	0	1
0	0	0	0	D_0	$\overline{D_0}$
0	0	0	1	D_1	$\overline{D_1}$
0	0	1	0	D_2	$\overline{D_2}$
0	0	1	1	D_3	$\overline{D_3}$
0	1	0	0	D_4	$\overline{D_4}$
0	1	0	1	D_5	$\overline{D_5}$
0	1	1	0	D_6	$\overline{D_6}$
0	1	1	1	D_7	$\overline{D_7}$

【例 11 - 5】　试用 8 选 1 数据选择器实现逻辑函数 $Y=\overline{A}\,\overline{B}+\overline{A}C+BC$。

解　首先把 Y 化成最小项表达的形式

$$Y=\overline{A}\overline{B}(\overline{C}+C)+\overline{A}C(\overline{B}+B)+BC(\overline{A}+A)$$
$$=\overline{A}\ \overline{B}\ \overline{C}+\overline{A}\ \overline{B}C+\overline{A}\ \overline{B}C+\overline{A}BC+\overline{A}BC+ABC$$
$$=m_0+m_1+m_3+m_7$$

因此，现在只要让 $D_0=D_1=D_3=D_7=1$，$D_2=D_4=D_5=D_6=0$ 即可。

画出逻辑图如图 11 - 18 所示。

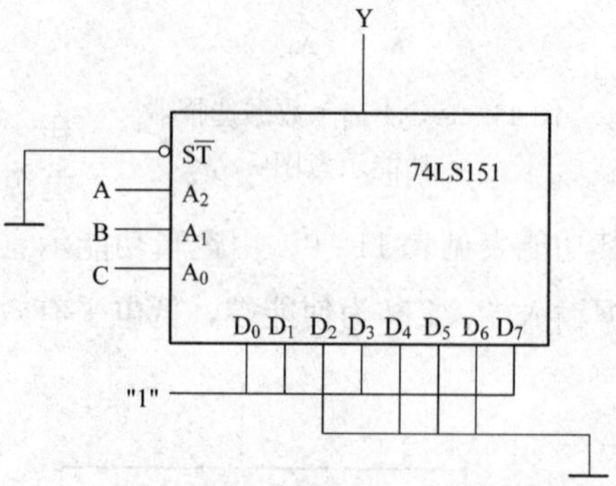

图 11 - 18　［例 11 - 5］图

注意

数据选择器真值表中 A_2 是高位，那么对应逻辑函数中的高位应为 A，不要搞错。

11.3.2　数据分配器

数据分配就是数据选择的逆过程。数据分配器又叫多路分配器。数据分配器的逻辑功能是将 1 个输入数据传送到多个输出端中的 1 个输出端，具体传送到哪个输出端，由地址端的控制信号决定。通常数据分配器有 1 根输入线，n 根控制线和 2^n 根输出线，称为 $1-2^n$ 路数据分配器。功能示意图如图 11 - 19 所示。功能表见表 11 - 11。

表 11 - 11　　1 路—4 路分配器功能表

输　入			输　出			
	A_1	A_0	Y_0	Y_1	Y_2	Y_3
D	0	0	D	0	0	0
	0	1	0	D	0	0
	1	0	0	0	D	0
	1	1	0	0	0	D

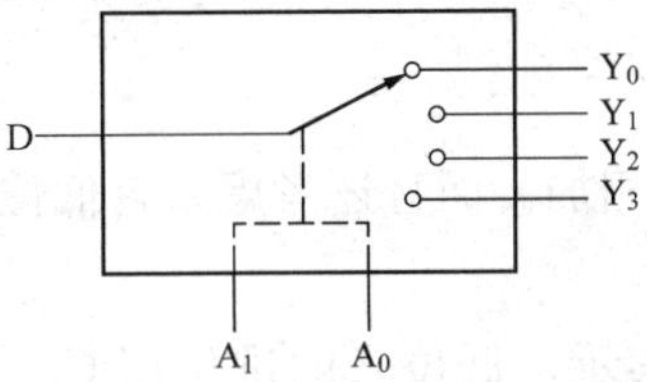

图 11 - 19　数据分配器功能示意图

【思考题】

1. 什么叫数据选择器？什么叫数据分配器？它们有什么区别？
2. 数据选择器的控制端是数据端的个数是什么关系？
3. 试用八选一数据选择器实现 $F(A, B, C)=\overline{\overline{A}B+A\overline{B}}+C$。
4. 一个组合逻辑电路有两个控制信号 C_1 和 C_2，要求：

(1) $C_2C_1=00$ 时，$F=A\oplus B$　　(2) $C_2C_1=01$ 时，$F=\overline{AB}$

(3) $C_2C_1=10$ 时，$F=\overline{A+B}$　　(4) $C_2C_1=11$ 时，$F=AB$

试用 8 选 1 数据选择器设计符合上述要求的逻辑电路。

11.4　加法器和数值比较器

11.4.1　加法器

能实现二进制加法运算的逻辑电路称为加法器，在各种数字系统尤其是在计算机中，二进制加法器是基本部件之一。

1. 半加器

只考虑两个一位二进制数的相加，而不考虑来自低位进位数的运算电路，称为半加器。

设两个加数分别用 A_i、B_i 表示，和用 S_i 表示，向高位的进位用 C_i 表示，根据半加器的功能及二进制加法运算规则，可以列出半加器的真值表，见表 11 - 12。由表 11 - 12 可得半加器的逻辑表达式为

$$S_i=\overline{A_i}B_i+A_i\overline{B_i}=A_i\oplus B_i$$

$$C_i = A_i B_i$$

根据上述逻辑表达式可画出半加器的逻辑图，如图 11-20（a）所示。如图 11-20（b）所示为半加器的逻辑符号。

表 11-12　　半加器的真值表

输入		输出	
A_i	B_i	S_i	C_i
0	0	0	0
0	1	1	0
1	0	1	0
1	1	0	1

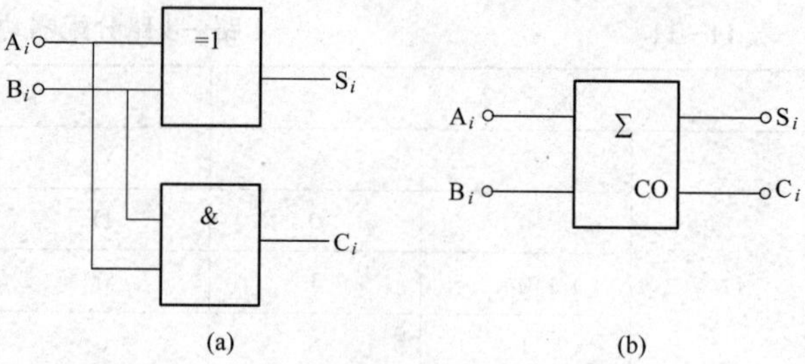

图 11-20　半加器的逻辑图和逻辑符号

（a）半加器的逻辑图；（b）半加器的逻辑符号

2. 全加器

不仅考虑两个一位二进制数相加，而且还考虑来自低位进位数相加的运算电路，称为全加器。

设两个加数分别用 A_i、B_i 表示，低位来的进位用 C_{i-1} 表示，和用 S_i 表示，向高位的进位用 C_i 表示。根据全加器的逻辑功能及二进制加法运算规则，可以列出全加器的真值表，见表 11-13。

表 11-13　　全加器的真值表

输入			输出	
A_i	B_i	C_{i-1}	S_i	C_i
0	0	0	0	0
0	0	1	1	0
0	1	0	1	0
0	1	1	0	1
1	0	0	1	0
1	0	1	0	1
1	1	0	0	1
1	1	1	1	1

根据真值表可以写出全加器的逻辑表达式为

$$\begin{aligned} S_i &= \overline{A_i}\,\overline{B_i}\,C_{i-1} + \overline{A_i}\,B_i\,\overline{C_{i-1}} + A_i\,\overline{B_i}\,\overline{C_{i-1}} + A_i B_i C_{i-1} \\ &= A_i \oplus B_i \oplus C_i \\ C_i &= \overline{A_i}\,B_i C_{i-1} + A_i \overline{B_i}\,C_{i-1} + A_i B_i \overline{C_{i-1}} + A_i B_i C_{i-1} \\ &= A_i B_i + A_i C_{i-1} + B_i C_{i-1} \end{aligned}$$

图 11-21 所示为全加器的逻辑图。图 11-22 所示为全加器的逻辑符号。

3. 多位加法器

实现多位加法运算的电路，称为多位加法器。

（1）串行加法器。图 11-23 所示为由 4 个全加器组成的 4 位串行进位的加法器。低位全加器输出的进位信号依次加到相邻高位全加器的进位输入端 CI。最低位的进位输入端 CI 接地。显然，每一位的相加结果必须等到低一位的进位信号产生后才能建立起来。因此，串行加法器的运算速度比较慢，这是它的主要缺点，但它的电路比较简单。当要求运算速度较高时，可采用超前进位加法器。

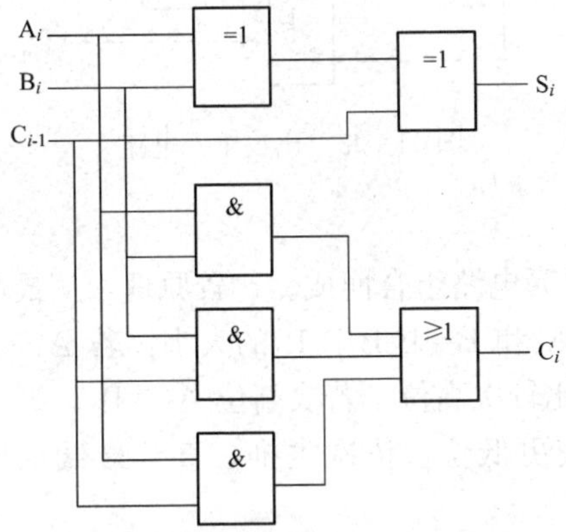

图 11 - 21　全加器逻辑图

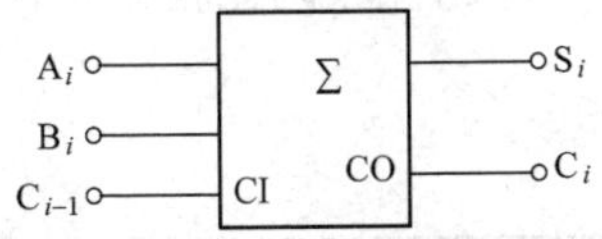

图 11 - 22　全加器的逻辑符号

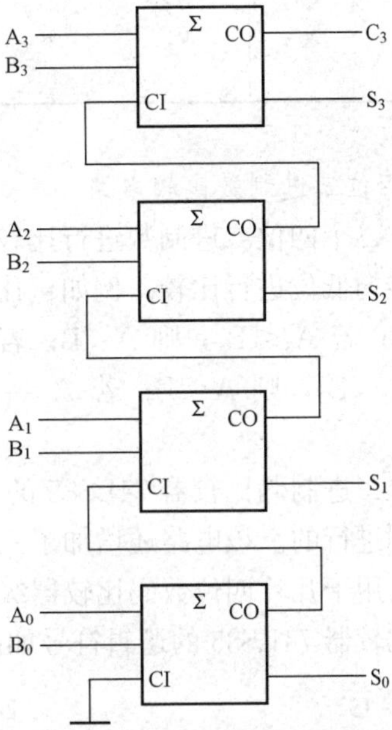

图 11 - 23　四位串行加法器

(2) 超前进位加法器。为了提高运算速度，人们设计了一种多位数超前进位的加法逻辑电路，使每位的进位只由加数和被加数决定，各位运算并行进行。使得运算速度比串行的加法器要快得多。这里介绍集成 4 位加法器 74LS283。逻辑符号如图 11 - 24 所示。

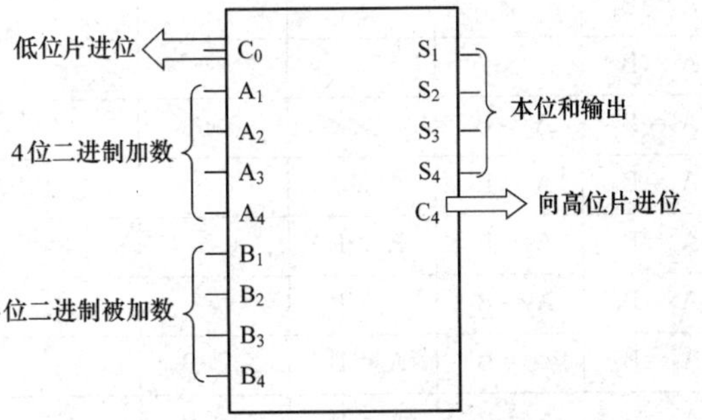

图 11 - 24　74LS283 逻辑符号

11.4.2　数码比较器

用来比较两个二进制数大小的逻辑电路称为数值比较器。

1. 一位数值比较器

对两个二进制数 A 和 B 进行数值比较，比较的结果只能是三种结果：A=B、A>B、A<B。由此可写出真值表，见表 11 - 14。由真值表可以写出一位二进制数的比较电路的逻辑表达式

$$Y_{A=B}=\overline{A}\overline{B}+AB=\overline{A\oplus B}$$

$$Y_{A<B}=\overline{A}B$$

$$Y_{A>B}=A\overline{B}$$

根据逻辑式可以画出比较单元电路的逻辑电路，如图 11 - 25 所示。

表 11 - 14　比较单元电路真值表

A	B	$Y_{A=B}$	$Y_{A>B}$	$Y_{A<B}$
0	0	1	0	0
0	1	0	0	1
1	0	0	1	0
1	1	1	0	0

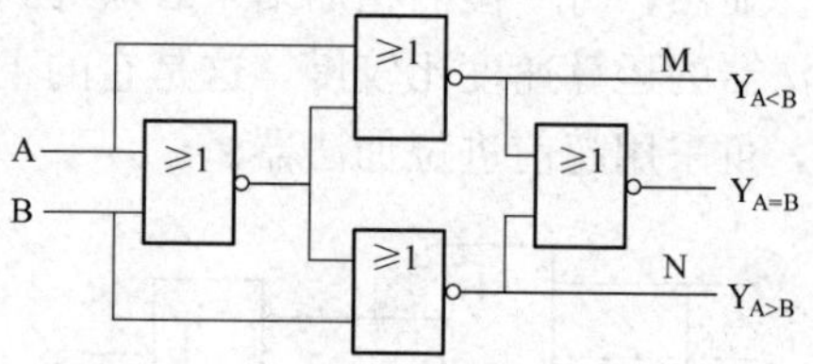

图 11 - 25　比较单元电路

2. 四位二进制数比较电路

对于二个四位二进制数进行比较，可以由比较单元电路组合而成。比较原理：从最高位开始逐步向低位进行比较。例如：比较 $A=A_3A_2A_1A_0$ 和 $B=B_3B_2B_1B_0$ 的大小：若 $A_3>B_3$，则 $A>B$；若 $A_3<B_3$，则 $A<B$；若 $A_3=B_3$，则需比较次高位。若次高位 $A_2>B_2$，则 $A>B$；若 $A_2<B_2$，则 $A<B$；若 $A_2=B_2$，则再去比较更低位。依次类推，直至最低位比较结束。

四位二进制码比较器 74LS85 的功能表见表 11 - 15，功能表的排列按照从最高位开始比较的原则进行的。该电路还增加了三个串联输入端，分别代表大于、等于、小于串联输入。串联输入用于几片四位数码比较器级联时，在片间传递某一片四位数码比较器比较结果而设置的。比较器 74LS85 的逻辑符号如图 11 - 26 所示。

表 11 - 15　四位数码比较器的功能表

比较输入				串联输入			输　出		
A_3 B_3	A_2 B_2	A_1 B_1	A_0 B_0	$(A>B)_i$	$(A<B)_i$	$(A=B)_i$	$Y_{A>B}$	$Y_{A<B}$	$Y_{A=B}$
$A_3>B_3$	×	×	×	×	×	×	H	L	L
$A_3<B_3$	×	×	×	×	×	×	L	H	L
$A_3=B_3$	$A_2>B_2$	×	×	×	×	×	H	L	L
$A_3=B_3$	$A_2<B_2$	×	×	×	×	×	L	H	L
$A_3=B_3$	$A_2=B_2$	$A_1>B_1$	×	×	×	×	H	L	L
$A_3=B_3$	$A_2=B_2$	$A_1<B_1$	×	×	×	×	L	H	L
$A_3=B_3$	$A_2=B_2$	$A_1=B_1$	$A_0>B_0$	×	×	×	H	L	L
$A_3=B_3$	$A_2=B_2$	$A_1=B_1$	$A_0<B_0$	×	×	×	L	H	L
$A_3=B_3$	$A_2=B_2$	$A_1=B_1$	$A_0=B_0$	H	L	L	H	L	L
$A_3=B_3$	$A_2=B_2$	$A_1=B_1$	$A_0=B_0$	L	H	L	L	H	L
$A_3=B_3$	$A_2=B_2$	$A_1=B_1$	$A_0=B_0$	L	L	H	L	L	H
$A_3=B_3$	$A_2=B_2$	$A_1=B_1$	$A_0=B_0$	L	L	L	L	L	L
$A_3=B_3$	$A_2=B_2$	$A_1=B_1$	$A_0=B_0$	L	H	H	L	H	H
$A_3=B_3$	$A_2=B_2$	$A_1=B_1$	$A_0=B_0$	H	L	H	H	L	H
$A_3=B_3$	$A_2=B_2$	$A_1=B_1$	$A_0=B_0$	H	H	L	H	H	L
$A_3=B_3$	$A_2=B_2$	$A_1=B_1$	$A_0=B_0$	H	H	H	H	H	H

四位数码比较器的逻辑符号如图 11 - 26 所示。

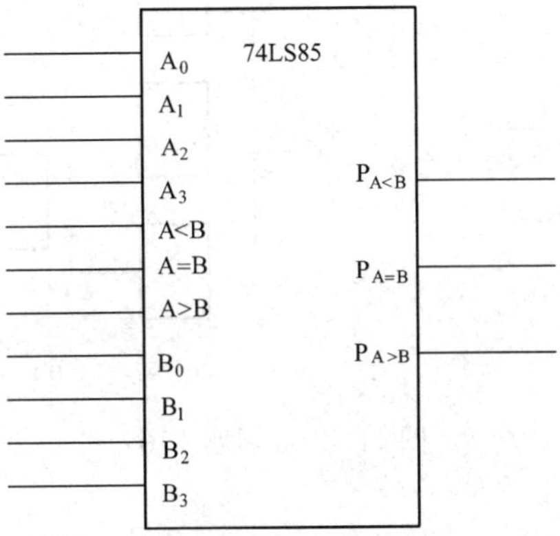

图 11 - 26　74LS85 逻辑符号

【思考题】

1. 什么是全加器？什么是半加器？
2. 全加器和半加器有什么区别？
3. 什么是数值比较器？
4. 数值比较器的原理是什么？

本章小结

本章主要介绍了组合逻辑电路与时序逻辑电路的区别、组合逻辑电路的分析以及设计方法、常见的几种集成组合逻辑电路，比如译码器、数据选择器、加法器、数值比较器等。

组合逻辑电路的特点就是不管什么时候输出都由当时的输入信号决定，与电路原来的状态无关。在分析给定的组合逻辑电路时，可以由输入逐级写出输出逻辑表达式，进而化简，在有必要时还要列写真值表，判断逻辑功能。在设计逻辑电路时，首先要根据题意判断变量和函数，然后给变量和函数赋值，列出真值表，写出函数并化简，最后画出逻辑电路。

对于常用的几种集成组合逻辑电路，同学们一定要掌握它们的逻辑功能，才能灵活应用。

习　题

1. 写出图 11 - 27 所示的各逻辑电路的逻辑关系式，并化简。
2. 写出图 11 - 28 所示逻辑电路的逻辑表达式，并说明电路的逻辑功能。
3. 写出图 11 - 29 所示逻辑电路的逻辑表达式，并说明电路的逻辑功能。
4. 某车间有 3 台电动机，要维持正常生产至少两台电动机同时工作。试用与非门设计一个能满足此要求的逻辑电路。
5. 试用与非门实现一个三变量的判偶电路（三个变量中有偶数个 1 时，输出为 1，否则输出为 0）。

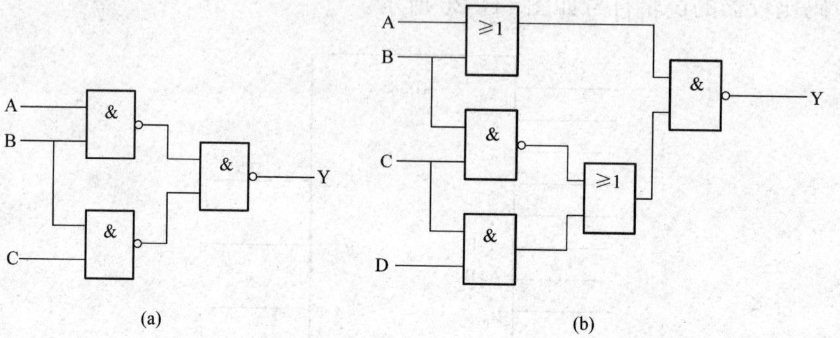

图 11-27　习题 1 图

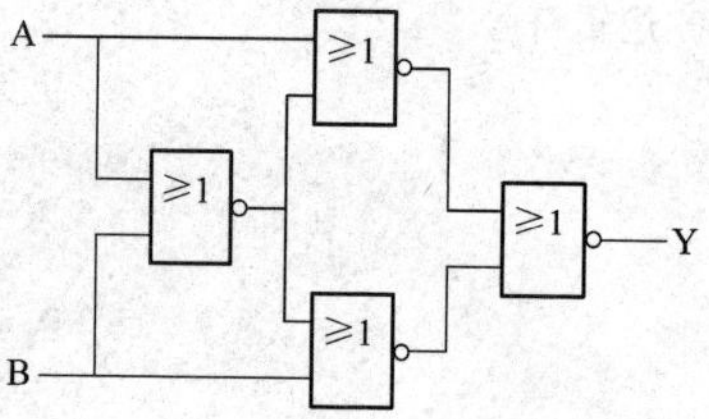

图 11-28　习题 2 图

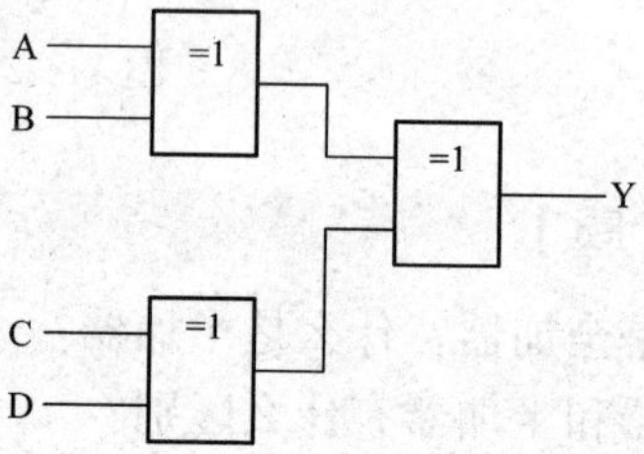

图 11-29　习题 3 图

6. 设计一个识别电路，输入为 4 位 2 进制数，要求 $1\leqslant x<6$ 和 $x>10$ 时，输出为 1，否则输出为 0。

7. 设计一个检测交通信号灯工作状态的逻辑电路，每组信号灯由红、黄、绿 3 盏灯组成。正常工作情况下，任何时刻必须有一盏且只有一盏路灯亮，除了这种情况的其他情况均是交通信号电路发生了故障。请设计一个符合这一要求的逻辑电路，并用与非门来实现。

8. 试用 3 线 - 8 线译码器和与非门实现逻辑函数 $Y=ABC+\overline{A}\,\overline{B}+\overline{B}C$。

9. 试用 74LS138 实现一个三变量的判奇电路。

10. 试设计一个全减器电路，并用 74LS138 画出电路图（设被减数为 A，减数为 B，来自低位的借位为 C，差为 Y，向高位的借位为 F）。

（1）列出其逻辑功能真值表。

（2）写出输出逻辑函数表达式。

（3）使用 74LS138 画出电路图。

11. 试用 8 选 1 数据选择器实现下列逻辑函数。

（1）$Y=\overline{A}\,\overline{B}+A(B\overline{C}+\overline{B}C)$。

（2）$Y=\sum m(0,1,5,7)$。

（3）$Y=\sum m(3,4,6,7)$。

12. 试用 4 选 1 数据选择器实现下列逻辑函数。

（1）$Y=AB+C$。

（2）$Y=A\oplus B$。

13. 某电路如图 11-30 所示，分别写出图 11-30 所示 4 选 1 数据选择器 74LS153 的输出函数表达式。

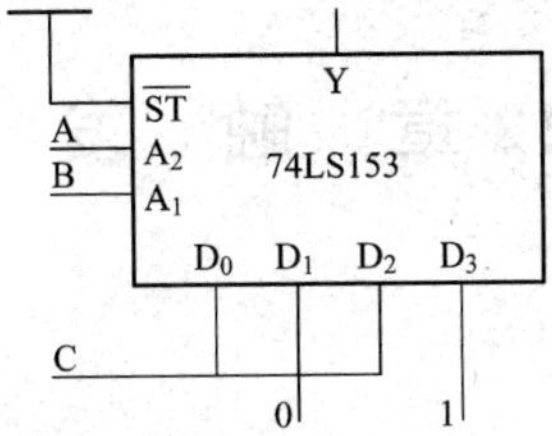

图 11 - 30　习题 13 图

14. 试用一个 8 选 1 数据选择器 74LS151 设计一个全加器。

第 12 章　触　发　器

本章提要

数字系统中除了组合逻辑电路以外，还需要有具备储能的电路。触发器就是一种实现存储功能的一种基本单元电路，是后续学习时序电路的基础。因此是否能学好触发器是决定时序逻辑电路能否学好的根本。本章主要从基本的 RS 触发器入手，进而学习同步触发器和边沿触发器的电路结构、逻辑功能、基本特点及应用。理解触发器当中的直接复位端和直接置数端的作用。

12.1　触发器概述

在数字系统中，二进制信息除了参加算术和逻辑运算外（上两章已经介绍），有时还需要将其保存起来，触发器是用来保存二进制信息的基本单元电路，在数字电路中广泛使用。

触发器有两个稳定状态，即 0 状态和 1 状态。在触发信号的作用下，触发器的输出状态可以被置成 0，也可以被置成 1 态。而在触发器没有触发信号或者没有有效的触发信号作用时，触发器的状态保持不变，不会消失。因而说触发器具有记忆功能。

触发器都有两个输出端，即 Q 和 $\overline{Q}$，正常情况下它们以互补形式出现。当 Q=0 也就是 $\overline{Q}$=1 时，触发器的状态定义为 0 状态；当 Q=1 也就是 $\overline{Q}$=0 时，触发器的状态定义为 1 状态。也就是说通常 Q 的状态就是这个触发器的输出状态。

通常定义触发器的现态为触发器在接收触发信号前的输出状态，用 Q^n 表示，受到触发信号触发后的输出状态为触发器的次态，用 Q^{n+1} 表示。触发信号的形式称为触发方式，本章主要介绍的触发方式为直接触发、电平触发和边沿触发方式。不同的触发器具有不同的逻辑功能，在电路结构和触发方式方面也有不同的种类。根据电路功能不同分，触发器可分为 RS 触发器、JK 触发器、D 触发器、T 触发器、T′触发器等。根据触发方式不同分，触发器可分为基本 RS 触发器、同步触发器、主从触发器和边沿触发器。

12.2　基本的 RS 触发器

12.2.1　电路结构

基本 RS 触发器又称置 0、置 1 触发器，它是构成各种功能触发器的最基本的单元，也称基本触发器。电路结构图如图 12-1 所示，逻辑符号如图 12-2 所示。它可以有以下两种实现方法。

（1）由两个两输入的与非门组成一个闭环系统，这也是和组合逻辑电路最大的不同，在组合逻辑电路中，都是开环系统，没有从输出到输入的反馈回路。输入为 $\overline{R}$、$\overline{S}$，输出为 Q 和 $\overline{Q}$，如图 12-1（a）所示。

（2）由两个两输入的或非门组成一个闭环系统。输入为 R、S，输出为 Q 和 $\overline{Q}$，如图

12-1（b）所示。

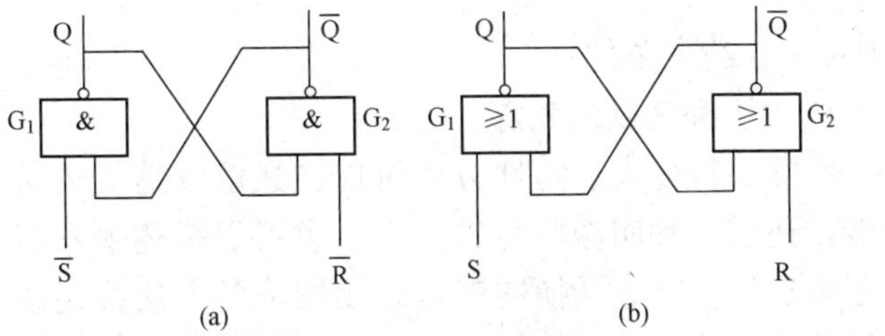

图 12-1　基本的 RS 触发器
（a）与非门组成的基本 RS 触发器；
（b）或非门组成的基本 RS 触发器

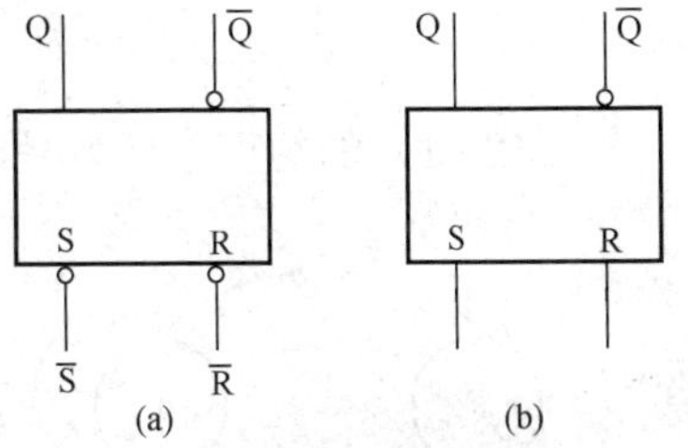

图 12-2　基本 RS 触发器逻辑符号
（a）与非门组成的 RS 触发器符号；
（b）或非门组成的 RS 触发器符号

12.2.2　逻辑功能

以图 12-1（a）所示电路为例，分析输入和输出关系。

（1）当 $\overline{R}=\overline{S}=0$ 时，因为图中的门电路为与非门，根据与非门的特点（有 0 出 1，全 1 出 0），输出 Q 和 $\overline{Q}$ 均为 1。而这个结果与 Q 和 $\overline{Q}$ 是反状态不符，因此这种输出状态是不正常的。因此这种输入是不允许的，应用时应予以避免。

（2）当 $\overline{R}=0$、$\overline{S}=1$ 时，对于 G_2 与非门不管反馈过来的是什么信号，$\overline{Q}$ 的值都是 1。G_1 的输入全为 1，输出 Q 的值为 0。

（3）当 $\overline{R}=1$、$\overline{S}=0$ 时，对于 G_1 与非门不管反馈过来的是什么信号，Q 的值都是 1。G_2 的输入全为 1，输出 $\overline{Q}$ 的值为 0。

（4）当 $\overline{R}=\overline{S}=1$ 时，下个输出状态完全取决于现在的输出状态。

设当前的现态 $Q=0$，$\overline{Q}=1$，那么当 $\overline{R}=\overline{S}=1$ 输入时，输出 $\overline{Q}=1$，$Q=0$；

设当前的现态 $Q=1$，$\overline{Q}=0$，那么当 $\overline{R}=\overline{S}=1$ 输入时，输出 $\overline{Q}=0$，$Q=1$。

通过分析，不管现态是什么，在输入 $\overline{R}=\overline{S}=1$ 时，次态都是和原来的输出状态一样的。

由以上分析可以得到输入变量、现态、次态的一张表格。在上一章中，我们知道，描述逻辑电路输出与输入之间逻辑关系的表格称为真值表。在这一章中，由于触发器次态 Q^{n+1} 不仅与输入的触发信号有关，而且还与触发器原来的输出状态有关（也就是现态），因此，把输入变量、现态、次态写在一张表格里面的这种表就叫做状态转换特性表。与非门组成的基本 RS 触发器状态转换特性表见表 12-1（Φ 表示状态不确定，任意信号），它的简化特性表见表 12-2。

表 12-1　与非门组成的基本 RS 触发器状态转换表

$\overline{R}$	$\overline{S}$	Q^n	Q^{n+1}
1	1	0	0
1	1	1	1
1	0	0	1
0	1	0	1
0	1	0	0
0	1	1	0
0	0	0	ϕ
0	0	1	ϕ

表 12-2　简化的 RS 触发器特性表

$\overline{R}$	$\overline{S}$	Q^{n+1}
1	1	Q^n
1	0	1
0	1	0
0	0	不定

由上表可以得到次态和输入、现态之间一个表达式，即特性方程。

$$Q^{n+1}=S+\overline{R}Q^{n+1}$$
$$\overline{S}+\overline{R}=1(约束条件) \qquad (12-1)$$

式（12-1）的约束条件就是不允许 $\overline{R}$ 和 $\overline{S}$ 都为 0 的状态。

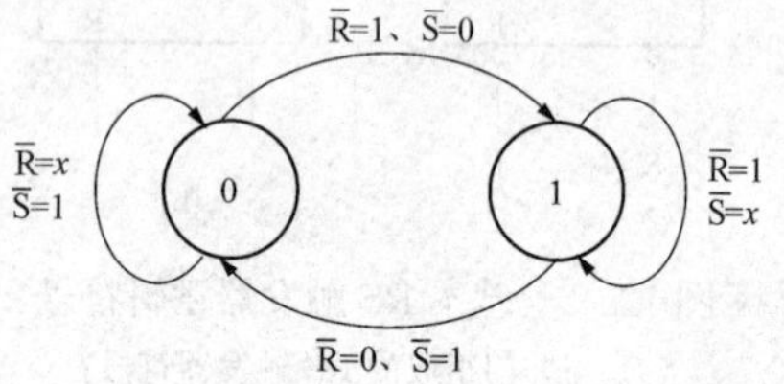

图 12-3 基本 RS 触发器状态转换图

除了特性表、特性方程可以描述触发器的逻辑功能，还有一种叫做状态转换图，也可以描述触发器的逻辑功能。状态转换图就是采用图形的方法描述触发器的逻辑功能。如图 12-3 所示为基本触发器的状态转移图。图中圆圈分别代表基本触发器的两个稳定状态，箭头表示在输入信号作用下状态转移的方向，箭头旁的标注表示状态转移时的条件。由图 12-3 可见，如果触发器当前稳定状态是 Q=0，则在输入信号 $\overline{R}=1$、$\overline{S}=0$ 的条件下，触发器转移至下一状态（次态）$Q^{n+1}=1$；如果输入信号 $\overline{S}=1$、$\overline{R}=0$ 或 1，则触发器维持在 0；同理如果触发器的当前状态稳定在 Q=1，则在输入信号 $\overline{R}=0$、$\overline{S}=1$ 的作用下，触发器转移至下一状态（次态）$Q^{n+1}=0$；如果输入信号 $\overline{R}=1$、$\overline{S}=1$ 或 0，触发器维持在 1。这与表 12-2 所描述的功能是一致的。

对于初学者可以这样记忆：这里的 R，认为是 Reset，在英文里面这就是复位的意思，也就是说只要这个端口给个有效信号，那么触发器就复位，输出为 0。那么现在的问题就是什么时候 R 得到的信号是有效信号。凡是字母头上带上非号的，就认为这个端口低电平是有效的信号；同理，S 记作 Set（置数），因为触发器的输出只有两种状态，所以置数只能是置 1。和 R 的端口一样，这里的 S 端口也是低电平有效。

有了这样的认知，它的特性表就不要强行记忆，比如，当 $\overline{R_D}=0$、$\overline{S_D}=1$ 时，这时候低电平信号给了 R 这个端口，那么 R 对触发器的作用就是使输出复位，即 Q=0；当 $\overline{R_D}=\overline{S_D}=1$ 时，两个输入端口都没有得到有效的触发信号，因此次态和现态的状态保持一致。

如上已经分析了由与非门构成的基本 RS 触发器的工作原理，依葫芦画瓢，不难分析由或非门构成的基本 RS 触发器。

由图 12-2（b）所示的逻辑符号可以看出，输入两个端口的有效信号都是高电平有效，直接可以得到它的特性表，见表 12-3。

表 12-3　由或非门组成的基本 RS 触发器特性表

R	S	Q^{n+1}
0	0	Q^n
0	1	1
1	0	0
1	1	不定

特性方程为

$$Q^{n+1}=S+\overline{R}Q^{n+1}$$
$$RS=0(约束条件) \qquad (12-2)$$

由上述的两种基本的 RS 触发器可以得知，这种触发器的输出状态是直接受输出控制的，这种控制方法又叫直接触发，这种触发器就称为直接触发器，也叫电平触发器。这种触发器的优点是电路简单，缺点是使用不方便。

【例 12-1】 触发器如图 12-2（a）所示，输入 $\overline{R}$、$\overline{S}$ 的波形如图 12-4 所示，假设触发器的初始状态为 Q=0，请根据 RS 触发器的逻辑关系画出 Q 和 $\overline{Q}$ 的波形。

解 由触发器的特性表可以得知：

1 阶段，R 接收有效信号，输出 Q=0；

2 阶段，两输入都是高电平，没有有效信号触发，输出维持前一刻保持不变，Q=0；

3 阶段，S 端得到有效信号触发，使得输出 Q=1；

4 阶段，两输入都是高电平，没有有效信号触发，输出维持前一刻保持不变，Q=1；

5 阶段，S 端得到有效信号触发，使得输出 Q=1；

6 阶段，两输入都是高电平，没有有效信号触发，输出维持前一刻保持不变，Q=1；

最后一段，R 接收有效信号，输出 Q=0。因此最后的 Q 输出如图 12-5 所示。

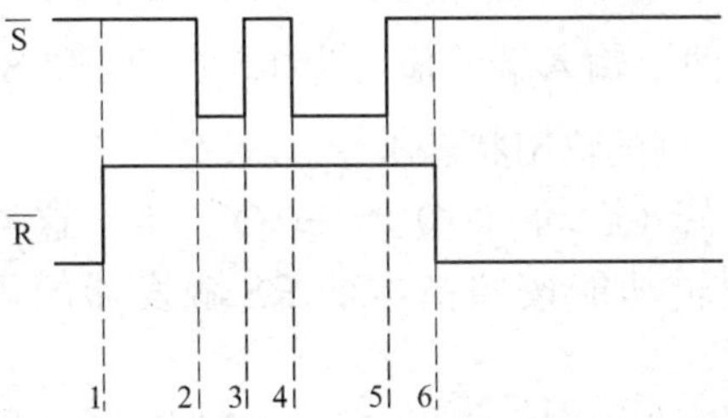

图 12-4 ［例 12-1］图

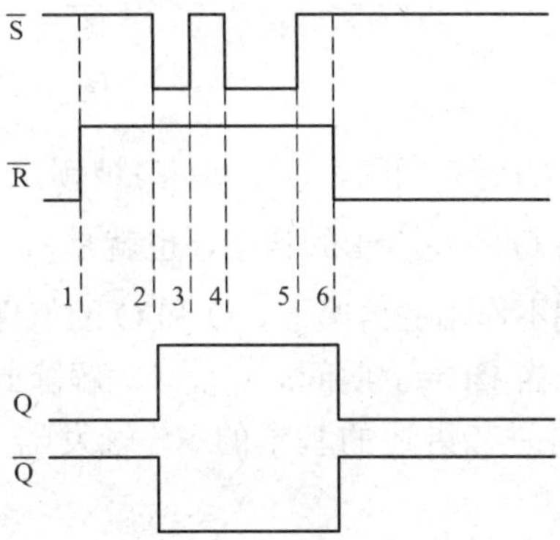

图 12-5 ［例 12-1］输出波形图

【思考题】

1. 基本 RS 触发器有哪几种常见的电路形式？它们有什么不同？

2. 触发器如图 12-2（b）所示，输入 R、S 的波形如图 12-6 所示，假设触发器的初始状态为 Q=0，请根据或非门构成的 RS 触发器的逻辑关系画出 Q 和 $\overline{Q}$ 的波形。

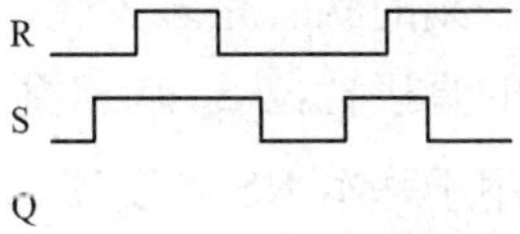

图 12-6 题 2 波形图

12.3 同步触发器

上一节已经介绍了基本的 RS 触发器，它的缺点就是输入直接控制输出，实际使用中，往往要求触发器按照一定的节拍工作，于是产生了同步触发器，也称钟控触发器。同步触发器有同步 RS 触发器、同步 JK 触发器、同步 D 触发器、同步 T 触发器等。下面就一一介绍这些触发器。

12.3.1 同步 RS 触发器

图 12-7（a）所示为同步 RS 触发器的电路结构图，图 12-7（b）所示为同步 RS 触发

器的逻辑符号。由图可以看出，同步触发器就是在基本RS触发器的基础上增加两个控制门和一个钟控脉冲信号。时钟控制信号（Clk Pulse，时钟）一般用CP表示。现将逻辑功能分析如下。

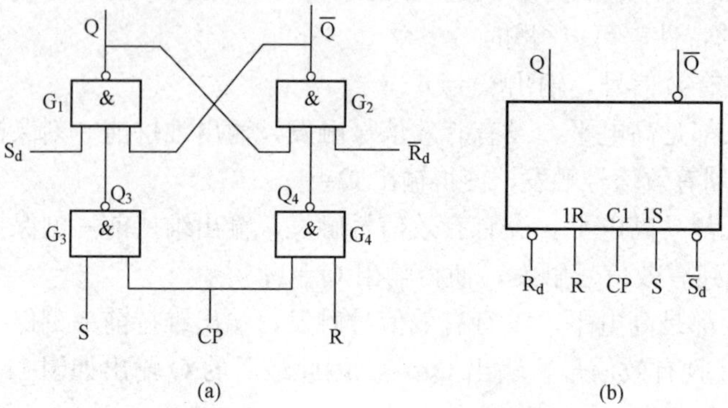

(a) (b)

图12-7　同步RS触发器

（a）电路结构；（b）逻辑符号

（1）CP=0期间，G_3、G_4门被锁定，Q_3和Q_4的输出不受R、S两个输入端的影响，一直保持$Q_3=Q_4=1$的状态，也就是G_1和G_2两个输入端的值均为1。在$\overline{R_D}$和$\overline{S_D}$两个直接控制端不作用的情况下，Q和$\overline{Q}$的值保持前一刻的输出状态不变。

（2）当CP=1期间，G_3、G_4解除封锁状态（启动），$Q_3=\overline{S}$、$Q_4=\overline{R}$，这样问题就回归到前一节讲述的基本的RS触发器上，逻辑功能按照基本的RS触发器的规律发生变化。

由分析可以看出，同步RS触发器的状态转换分别由R、S和CP控制，也就是说触发器的输出是受到时钟同步的。这种受时钟信号控制的RS触发器称为钟控RS触发器。

在实际应用中，有时必须在时钟脉冲CP到来之前，预先将触发器置成某一初始状态。比如，在同步触发器初始，CP为低电平0，那么输出Q就要保持前一刻的状态不变，可是前一刻的状态是多少呢，因此就要预设初始状态。为此，在同步RS触发器电路中设置了专门的直接置位$\overline{S_D}$端和直接复位$\overline{R_D}$端（均为低电平有效）。通过在$\overline{R_D}$或$\overline{S_D}$端加低电平直接作用于基本RS触发器，使其完成置1或置0功能，而不受CP脉冲限制，故也将$\overline{R_D}$和$\overline{S_D}$称为异步复位端和异步置位端。请注意，$\overline{R_D}$和$\overline{S_D}$不可同时为0。在预置好初始状态后，$\overline{R_D}$和$\overline{S_D}$应处于高电平，触发器才能进入正常工作状态。

由上分析，可以写出同步RS触发器的特征方程，如式12-3所示。

$$Q^{n+1}=S+\overline{R}Q^n \quad (CP=1\text{期间有效})$$
$$RS=0(\text{约束条件}) \qquad (12-3)$$

同步RS触发器特性表（CP=1时）见表12-4。状态转换图如图12-8所示。

【例12-2】　如图12-9所示，假设同步RS触发器的初始状态为Q=0，触发信号R_d、S_d、CP的波形已知，则根据逻辑关系画出Q的波形。

表 12 - 4 同步 RS 触发器特性表（CP=1 时）

R	S	Q^{n+1}
0	0	Q^n
0	1	1
1	0	0
1	1	不定

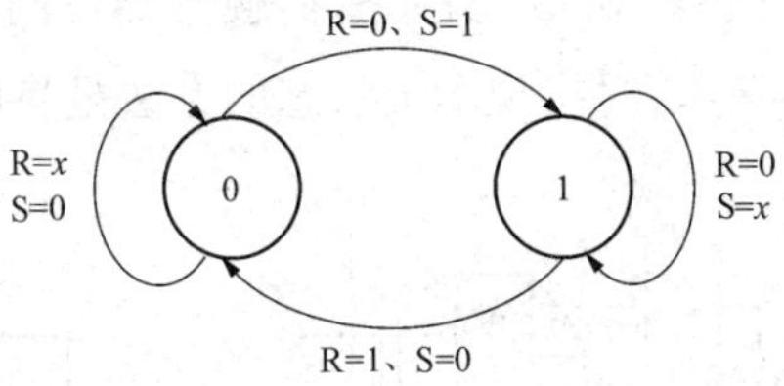

图 12 - 8 同步 RS 触发器状态转换图

解 由触发器的特性表可以得知：

1 阶段，CP 为低电平，但是 $\overline{R_D}$ 端是强制复位端，不受 CP 的影响，它接收到有效信号，输出 Q 强制为 0，也是使触发器得到初始电平 0；

2 阶段，CP 仍然处于低电平状态，输出不受输入的改变而改变，保持 0 状态不变，Q=0；

3 阶段，CP 跳变到高电平，此时强制复位端和强制置数端都是无效电平，R 端得到有效信号触发，使得输出 Q=0；

4 阶段，CP 仍然是高电平，但是此时 $\overline{S_D}$ 得到了有效电平，使输出端强制置 1，Q=1；

5 阶段，R 端得到有效信号触发，使得输出 Q=0；

6、7、8 阶段，此时强制置 1 端和强制复位端都是无效电平，CP 跳变为低电平，不接收输入信号的改变输出，仍然维持前一刻的状态 1 不变，Q=0；

9、10 阶段，CP 变成了高电平，此时 S 和 R 端口都是无效电平，维持前状态不变，Q=0；

最后一段，S 接收有效信号，输出 Q=1。低电平期间维持。根据以上分析就可以得到 Q 端的输出波形，如图 12 - 10 所示。

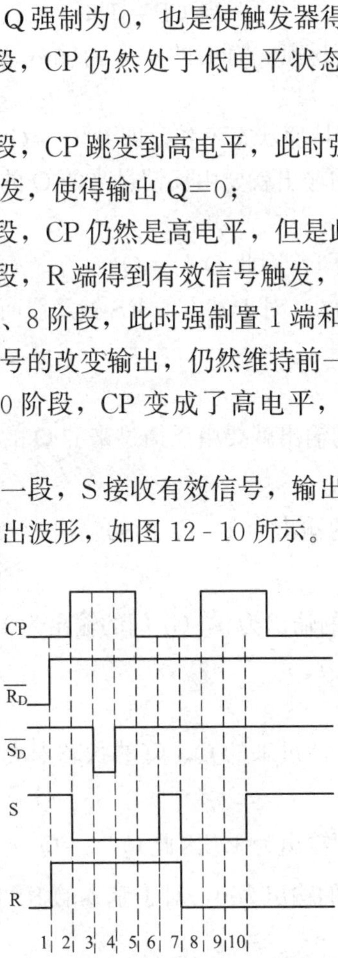

图 12 - 9 ［例 12 - 2］输入波形

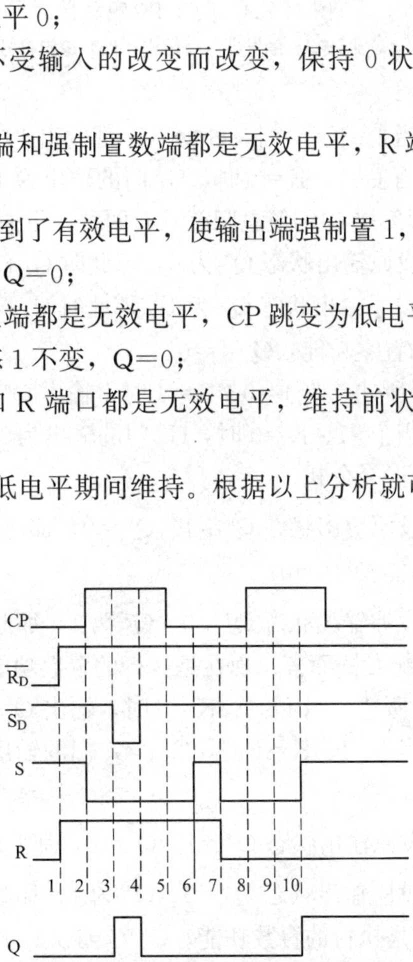

图 12 - 10 ［例 12 - 2］输出波形图

12.3.2 同步 JK 触发器

从同步 RS 触发器的特性表中可以看出，还是避免不了不定这种状态，因此，介绍两种可以避免不定状态出现的触发器，分别是同步 JK 触发器和同步 D 触发器。

同步 JK 触发器的电路图及逻辑图如图 12 - 11（a）所示。输入为 J、K、CP，输出为 Q

和 $\overline{Q}$。门 G_1 和 G_2 构成基本触发器，门 G_3 和 G_4 构成触发钟控电路。克服同步触发器在 R=1、S=1 时出现不定状态的方法是将触发器的输出端 Q 和 $\overline{Q}$ 输出的互补状态反馈到输入端、这样，G_3 和 G_4 的输出不会同时出现 0，从而避免了不定状态的出现，逻辑符号如图 12-11（b）所示。

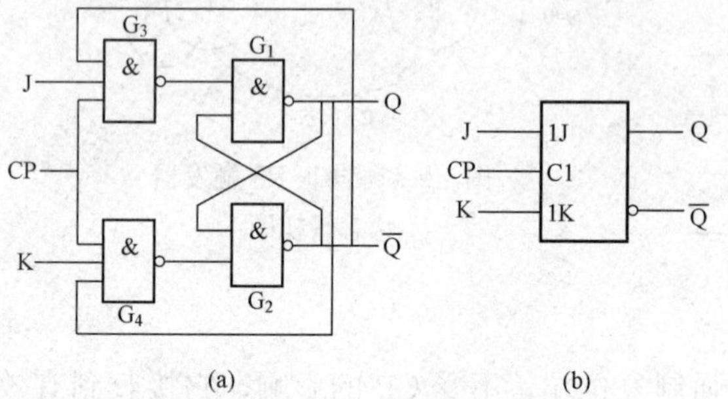

图 12-11　同步 JK 触发器

（a）同步 JK 触发器电路结构；（b）逻辑符号

逻辑功能分析如下。

（1）当 CP=0 时，G_3、G_4 被封锁，和 J、K 输入无关，输出 1。对于基本的 RS 触发器而言，输入为 1 时，输出保持原状态不变。

（2）当 CP=1 时，G_3、G_4 解除封锁，输出的状态由输入 J、K 端的信号决定。

1）当 J=K=0 时，G_3 和 G_4 都输出 1，触发器保持原状态不变，即 $Q^{n+1}=Q^n$。

2）当 J=0、K=1 时，G_3 门的输出为 1，G_4 门的输出就要由反馈过来的 Q 的状态来决定，不管怎样 Q 的值总归就只有两种，下面一一分析。

a）设原输出状态 Q^n 为 0，那此时 G_4 门的输出为 1，因此 $Q^{n+1}=Q^n=0$；

b）设原输出状态 Q^n 为 1，那此时 G_4 门的输出为 0，对于基本的 RS 触发器而言，现在是执行的置零功能，$Q^{n+1}=0$。

综上所述，当 J=0、K=1 时，输出 $Q^{n+1}=0$。

3）当 J=1、K=0 时，G_4 门的输出为 1，G_3 门的输出就要由反馈过来的 $\overline{Q}$ 的状态来决定，下面一一分析。

a）设原输出状态 $Q^n=1$、$\overline{Q^n}=0$，那此时 G_3 门的输出为 1，G_4 门的输出为 0；此时执行清零功能 $Q^{n+1}=0$；

b）设原输出状态 $Q^n=0$、$\overline{Q^n}$ 为 1，那此时 G_3 门的输出为 0，G_4 门的输出为 1；对于基本的 RS 触发器而言，现在是执行的置数功能，$Q^{n+1}=1$。

综上所述，当 J=1、K=0 时，输出 $Q^{n+1}=1$。

4）当 J=1、K=1 时，G_3、G_4 门的输出都要由反馈过来的 Q、$\overline{Q}$ 的状态来决定，下面一一分析。

a）设原输出状态 $Q^n=1$、$\overline{Q^n}=0$，那此时 G_3 门的输出为 1，因此 $Q^{n+1}=Q^n=1$；

b）设原输出状态 $Q^n=0$、$\overline{Q^n}$ 为 1，那此时 G_3 门的输出为 0，对于基本的 RS 触发器而言，现在是执行的置数功能，$Q^{n+1}=1$。

综上所述，当 J=1、K=1 时，输出 $Q^{n+1}=\overline{Q^n}$。

由此可以列出同步 JK 触发器的特性表，见表 12-5。

由该表可以写出 JK 触发器的特征方程，如式（12-4）所示。

$$Q^{n+1}=J\overline{Q^n}+\overline{K}Q^n \qquad (12\text{-}4)$$

表 12-5 同步 JK 触发器特性表

J	K	Q^n	Q^{n+1}	说明
0	0	0	0	保持
0	0	1	1	
0	1	0	0	置 0
0	1	1	0	
1	0	0	1	置 1
1	0	1	1	
1	1	0	1	翻转
1	1	1	0	

总结：在 CP=0 期间，输出保持前一刻的状态不变，不管此期间输入改变了多少次；在 CP=1 期间，输出由 J、K 来决定，当 J=K=0 时，保持；J、K 不等时，输出跟随 J 的取值；当 J=K=1 时，输出翻转。

【例 12-3】 同步 JK 触发器的逻辑符号如图 12-11（b）所示，输入波形如图 12-12 所示，假定 Q 的初始电平为低电平，试画出 Q 的输出波形。

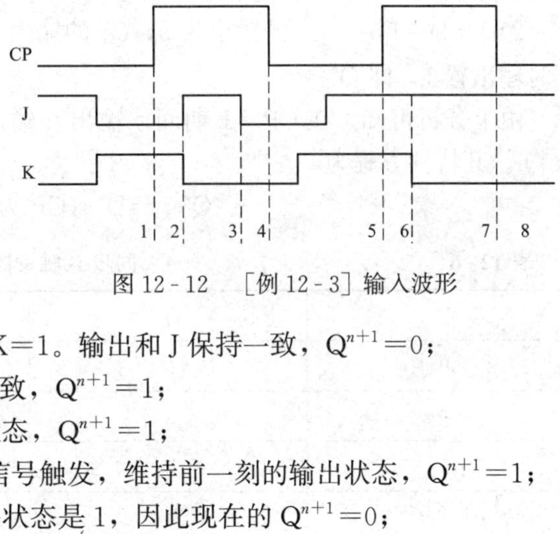

图 12-12 ［例 12-3］输入波形

解 由同步 JK 触发器的逻辑功能得知：

1 阶段，CP 为低电平，不接收输入信号触发，这段维持初始电平 $Q^{n+1}=0$；

2 阶段，CP 变为高电平，此时 J=0，K=1。输出和 J 保持一致，$Q^{n+1}=0$；

3 阶段，J=1，K=0。输出和 J 保持一致，$Q^{n+1}=1$；

4 阶段，J=0，K=0。保持前一刻的状态，$Q^{n+1}=1$；

5 阶段，CP 变为低电平，不接收输入信号触发，维持前一刻的输出状态，$Q^{n+1}=1$；

6 阶段，J=1，K=1。输出翻转，前一状态是 1，因此现在的 $Q^{n+1}=0$；

7 阶段，J=1，K=0。输出和 J 保持一致，$Q^{n+1}=1$；

8 阶段，CP 变为低电平，不接收输入信号触发，维持前一刻的输出状态，$Q^{n+1}=1$。

由此可以画出输出波形如图 12-13 所示。

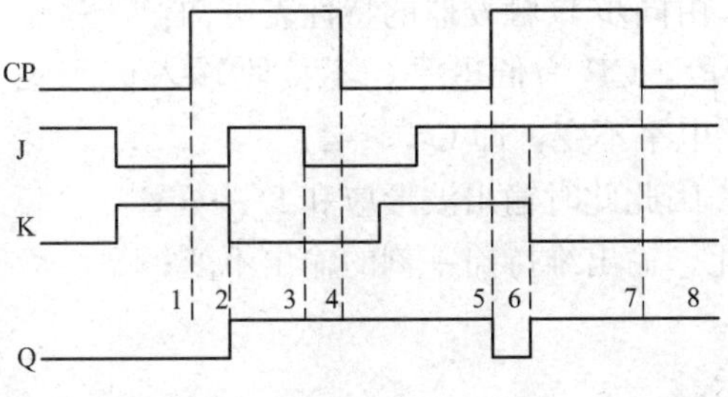

图 12-13 ［例 12-3］输出波形

12.3.3 同步 D 触发器

D 触发器也是可以避免出现 RS 触发器输出不定状态的一种，门 G_1 和 G_2 构成基本触发器，门 G_3 和 G_4 构成触发钟控电路。逻辑图和逻辑符号如图 12-14 所示。

现将逻辑功能分析如下：

（1）当 CP=0 时，G_3 和 G_4 门被封锁，输出均为 1，对于基本的 RS 触发器而言，输

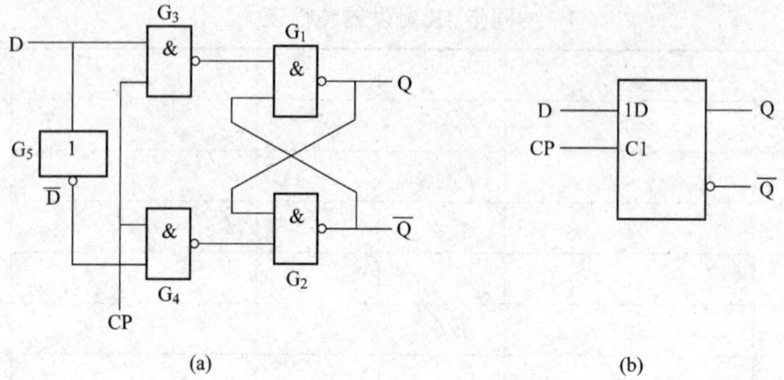

图 12-14 同步 D 触发器

（a）逻辑图；（b）逻辑符号

出保持前一刻的状态不变。

（2）当 CP＝1 时，G_3 和 G_4 门解锁。

1）当 D＝0 时，G_3 的输出为 1，G_4 的输出为 0。由基本 RS 触发器的特性表可以知道，此时输出置 0，即 $Q^{n+1}=0$。

2）当 D＝1 时，G_3 的输出为 0，G_4 的输出为 1。由基本 RS 触发器的特性表可以知道，此时输出置 1，即 $Q^{n+1}=1$。

由上分析可知，在 CP＝1 期间，输出和输入 D 保持一致。同步 D 触发器特性表见表 12-6。其特性方程为

$$Q^{n+1}=D \quad (\text{CP 为高电平期间}) \tag{12-5}$$

表 12-6　　同步 D 触发器特性表

D	Q^n	Q^{n+1}	说明
0	0	0	输出和 D 保持一致
0	1	0	输出和 D 保持一致
1	0	1	输出和 D 保持一致
1	1	1	输出和 D 保持一致

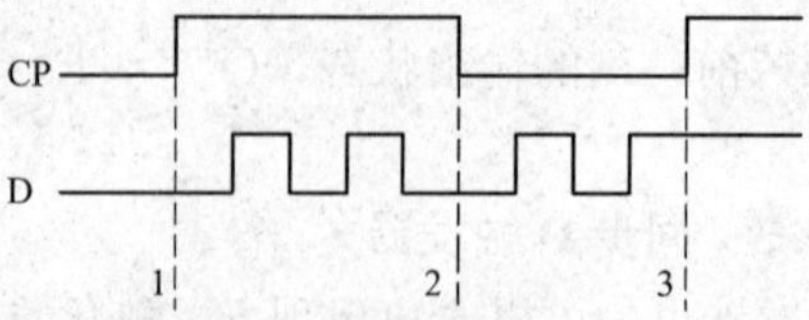

图 12-15 ［例 12-4］输入波形

【例 12-4】 同步 D 触发器的逻辑符号如图 12-14（b）所示，输入波形如图 12-15 所示，假定 Q 的初始电平为高电平，试画出 Q 的输出波形。

解 由同步 D 触发器的特性表可知：

1 阶段，CP 为低电平，不接收输入信号触发，维持初始电平不变，即 $Q^{n+1}=1$；

2 阶段，CP 为高电平，输出和 D 保持一致，因此此时输出波形应和 D 一样；

3 阶段，CP 为低电平，不管输入 D 怎样变化，输出维持前一刻的输出不变；

最后阶段，CP 高电平，输出和 D 保持一致。

由此，可以画出输出波形，如图 12-16 所示。

12.3.4 同步触发器空翻

同步触发器在CP为1期间接收输入信号，如输入信号在此期间发生多次变化，其输出状态也会随之发生翻转，这种现象称为触发器的空翻。如［例12-4］的2阶段所示。这对同步触发器的应用带来了很多限制，因此，同步触发器只能用于数据锁存，而不能用于计数器、移位寄存器和存储器等。

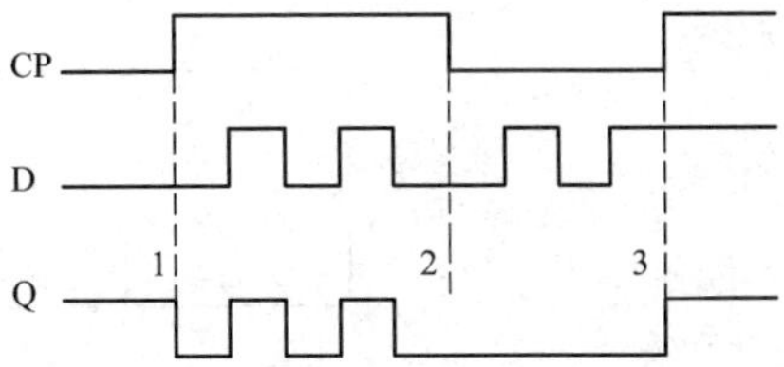

图12-16 ［例12-4］输出波形

【思考题】

1. 基本RS触发器和同步RS触发器在电路结构上有什么异同点？

2. 同步触发器的特征方程是什么？有约束项吗？

3. 同步D触发器和同步JK触发器是否存在约束条件？为什么？

4. 设同步JK触发器的初始状态为0，CP、J、K信号波形如图12-17所示，试画出Q端的波形。

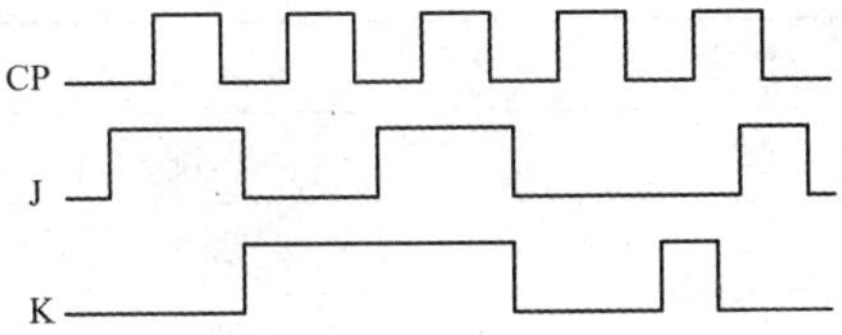

图12-17 题4图

12.4 边沿触发器

为了克服同步触发器的空翻现象，产生了无空翻现象的触发器，目前应用较多的、性能较好的就是边沿触发器。

所谓边沿触发器，就是这种触发器是时钟的边沿（上升沿或者下降沿）触发的触发器，其他时间内电路状态均不发生改变，从而提高了触发器工作的可靠性和抗干扰能力。它没有空翻现象。TTL边沿触发器主要有边沿JK触发器、维持阻塞D触发器、T触发器以及T′触发器等。

12.4.1 边沿JK触发器

由于边沿JK触发器的内部逻辑电路比较复杂，这里就不再画出逻辑图分析其原理，只着重介绍其逻辑功能。图12-18所示为JK触发器的逻辑符号，其中图12-18（a）所示为上升沿的边沿JK触发器符号，图12-18（b）所示为下降沿的边沿JK触发器逻辑符号。图中$\overline{S_d}$、$\overline{R_d}$是直接置1和直接置0端，不受CP的控制，也就异步置1和异步置0端。∧表示边沿的意思，也就是说凡是看到触发器符号上有这个符号，那就可以判定，这是一个边沿触发器。对比两个触发器的符号，下降沿比上升沿的触发器就多数一个◦的符号。

边沿JK触发器的特征方程和同步JK触发器的特征方程是一样的，只是触发方式不一样。也就是说，边沿JK触发器只在边沿的时刻（到底哪个边沿，是下降沿还是上升沿要看它的逻辑符号）接收输入J和K的值，根据特征方程，判断输出的次态。其余时刻均保持前一刻的输出不变。

用边沿触发这种方式触发，大大减少了干扰信号作用的可能性，也避免了空翻的问题。

边沿JK触发器的特性表见表12-7。

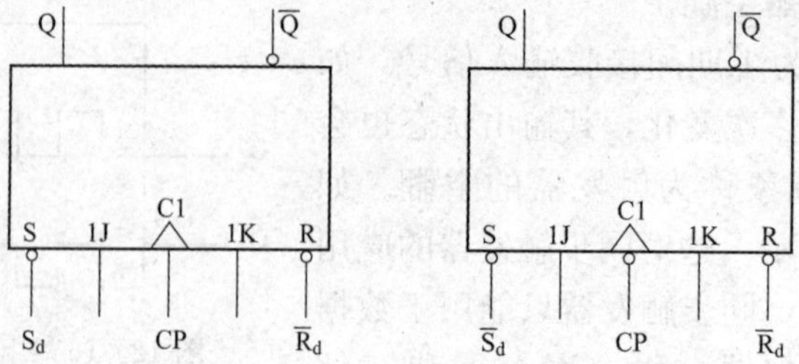

(a)　　(b)

图 12-18　边沿 JK 触发器

（a）上升沿 JK 逻辑符号；（b）下降沿 JK 逻辑符号

表 12-7　　边沿 JK 触发器的特性表（CP 在下降沿或者上升沿）

J	K	Q^{n+1}	说明
0	0	Q^n	保持
0	1	0	置 0
1	0	1	置 1
1	1	$\overline{Q}$	翻转

特征方程为

$$Q^{n+1}=J\overline{Q^n}+\overline{K}Q^n\text{（CP 在下降沿或者上升沿时刻）}\qquad(12-6)$$

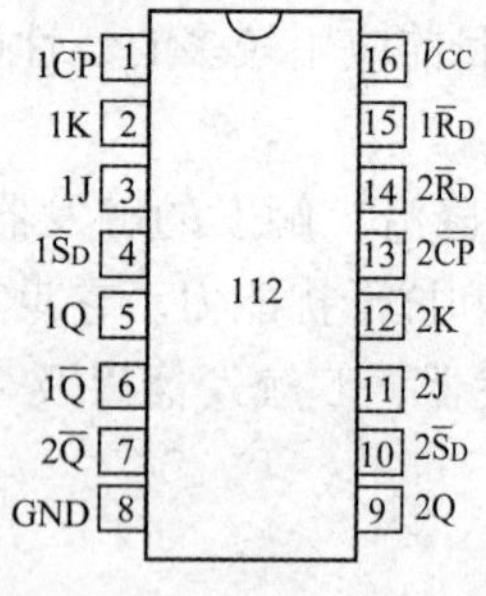

图 12-19　74HC112 引脚分布

常用的通用集成电路中，下降沿触发的 JK 触发器有 74HC112、74HC113、74HC114、CD4027 等，下面以 74HC112 举例，介绍下集成边沿 JK 触发器的管脚分布，如图 12-19 所示。

这是一个 16 脚的集成块，这个芯片中含有两个独立的 JK 触发器。在图中分别用前缀 1 和 2 表示，电源 16 脚和地 8 脚是公用的。每个触发器都有自己的异步置位端、异步复位端和时钟。在实验时请注意两个触发器不能混淆。

【例 12-5】　在图 12-20 所示图中，假设下降沿的边沿触发器的输出初始状态 Q=0，$\overline{Q}$=1，异步复位和置数端均接高电平，CP 和 J、K 信号波形如图 12-21 所示，则根据逻辑关系画出 Q 的波形。

解　因为这是一个下降沿的边沿触发器，而且异步复位端和置数端都无效，所以只要分析 CP 下降沿的时刻的 JK 状态即可。

1 时刻：J=0、K=0，根据特性方程，输出保持前一刻的输出状态，因为在此前没有触发，所以应该保持初始状态，因此，$Q^{n+1}=0$；

2 时刻：J=1、K=0，根据特性方程，输出置 1。因此，$Q^{n+1}=1$；

根据以上分析画出如图 12-21 所示的输出波形。

12.4.2　维持阻塞 D 触发器

和边沿 JK 触发器的分析方法一样，这里不再画出逻辑图分析其原理。图 12-22 所示为 D 触发器的逻辑符号，其中图 12-22（a）所示为上升沿的边沿 D 触发器符号，图 12-22

(b) 所示为下降沿的边沿D触发器逻辑符号。∧和 ∘的含义与JK触发器相同。

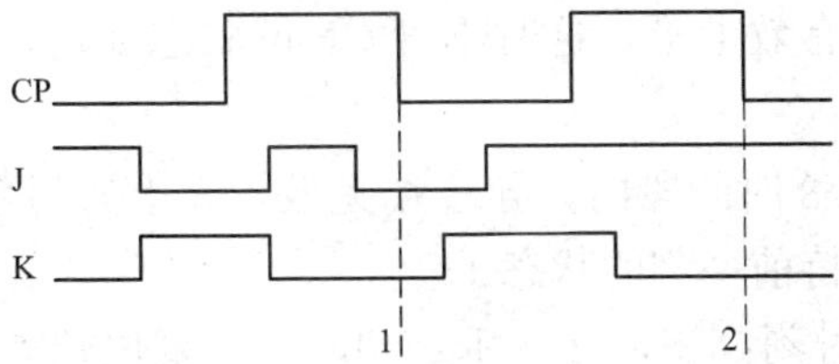

图12-20 [例12-5] 输入波形

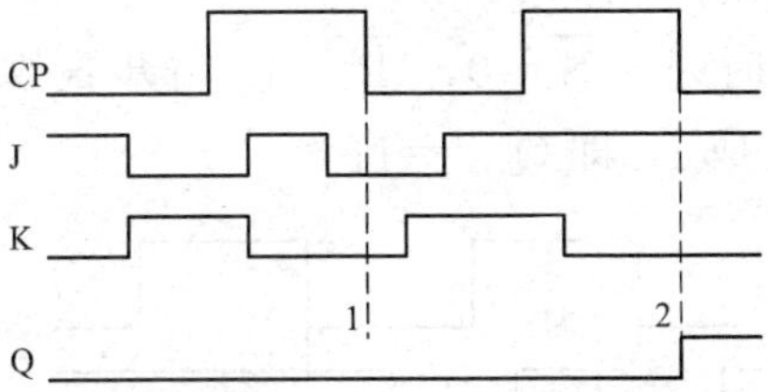

图12-21 [例12-5] 输出波形

边沿D触发器的特征方程和同步D触发器的特征方程也是一样的，只是触发方式不一样。

边沿D触发器的特性表见表12-8。

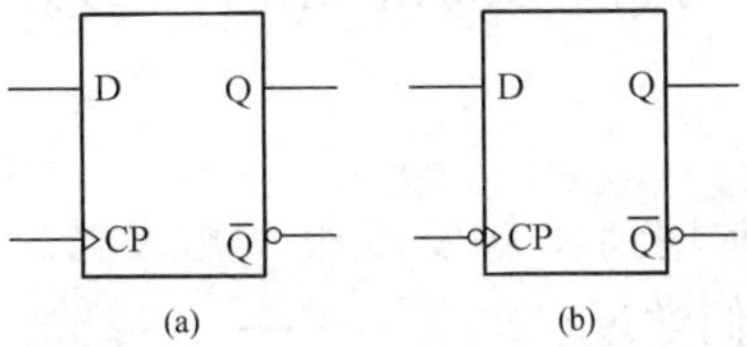

图12-22 边沿D触发器

(a) 上升沿D逻辑符号；(b) 下降沿D逻辑符号

表12-8 边沿D触发器的特性表

(CP在下降沿或者上升沿)

D	Q^{n+1}	说明
0	0	和D保持一致
1	1	和D保持一致

特征方程为

$$Q^{n+1}=D(\text{CP在下降沿或者上升沿时刻}) \tag{12-7}$$

常用的通用集成电路中，边沿D触发器有74HC74、74HC174、74HC175、74HC273等，下面以74HC74举例，介绍下集成边沿D触发器的引脚分布，如图12-23所示。

由图中可以看出，74HC74是一个14脚的集成块，这个芯片中含有两个独立的D触发器。在图中分别用前缀1和2表示，电源14脚和地7脚是公用的。每个触发器都有自己的异步置位端、异步复位端和时钟。在实验时请注意两个触发器不能混淆。

【例12-6】 如图12-24所示，假设上升沿的边沿D触发器的输出初始状态Q=0，$\overline{Q}$=1，CP和D、$\overline{S_d}$、$\overline{R_d}$信号波形如图，则根据逻辑关系画出Q的波形。

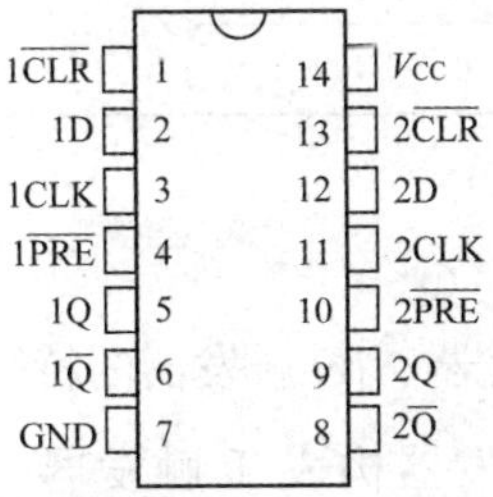

图12-23 74HC74引脚排列

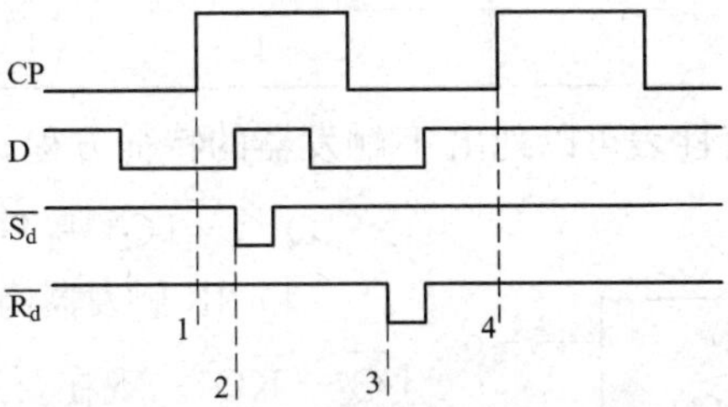

图12-24 [例12-6] 输入波形

解 因为这是一个上升沿的边沿D触发器，在异步复位端和置数端不作用时，只在CP上升沿的时刻根据D触发器的特征方程判断输出次态。在异步复位端和置数端作用时，不管CP处于什么状态都要根据这两个端口的输入判断输出。

1时刻之前，没有输入触发信号，异步端无效，输出一直保持初始状态0；

1 时刻：D=0，此时 $\overline{S_d}=\overline{R_d}=1$，异步端无效，根据特性方程，输出和 D 保持一致，因此，$Q^{n+1}=0$；

2 时刻：$\overline{S_d}=0$，$\overline{R_d}=1$，异步置数端得到有效电平，这时不管 CP 的状态如何，输出立刻变成 1，即 $Q^{n+1}=1$；

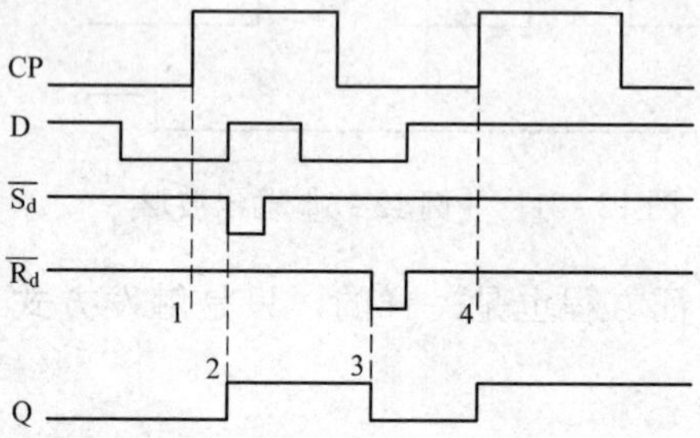

图 12-25 ［例 12-6］输出波形

2—3 时间段内，异步端无效，无上升沿触发，输出保持前一刻的状态 1；

3 时刻：$\overline{S_d}=1$，$\overline{R_d}=0$，异步复位端得到有效电平，这时不管 CP 的状态如何，输出立刻变成 0，即 $Q^{n+1}=0$；

4 时刻：此时 $\overline{S_d}=\overline{R_d}=1$，异步端无效，根据特性方程，输出和 D 保持一致，因此，$Q^{n+1}=1$。

根据以上分析可以得出如图 12-25 所示的输出波形。

12.4.3 T 触发器和 T′触发器

除了以上的边沿触发器以外，在计数器中还要经常用到 T 触发器和 T′触发器。而现有的集成触发器产品中并没有这两种类型的电路，用我们学过的 D 和 JK 触发器转换可以得到。

1. T 触发器

T 触发器是指根据 T 输入信号的不同，在时钟脉冲 CP 的作用下具有翻转和保持功能的电路。逻辑符号如图 12-26 所示。

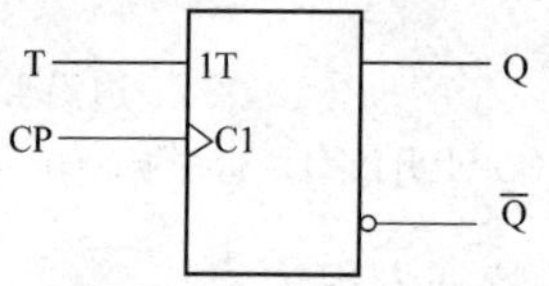

图 12-26 T 触发器逻辑符号

T 触发器的特性表（CP 上升沿）见表 12-9。

表 12-9 T 触发器的特性表（CP 上升沿）

T	Q^n	Q^{n+1}	说明
0	0	0	保持
0	1	1	
1	0	1	翻转
1	1	0	

根据特性表可以列出 T 触发器的特征方程式（12-8）

$$Q^{n+1}=\overline{T}Q^n+T\overline{Q^n}=T\oplus Q^n \qquad (12-8)$$

（1）JK 触发器构成 T 触发器。JK 触发器的特征方程是 $Q^{n+1}=J\overline{Q^n}+\overline{K}Q^n$。现在要用 JK 触发器构成 T 触发器，那么只要使这两个特征方程相等，求出 T 就可以了，于是有式（12-9）。

$$J\overline{Q^n}+\overline{K}Q^n=T\overline{Q^n}+\overline{T}Q^n \qquad (12-9)$$

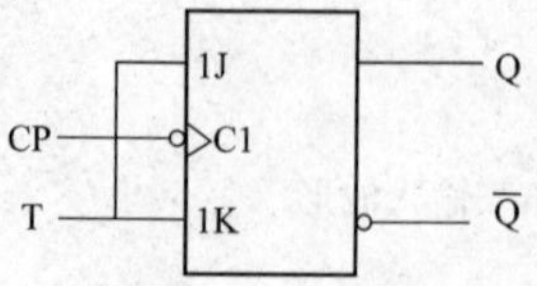

图 12-27 JK 触发器构成的 T 触发器

从表达式中可以看出只要让 J 和 K 连接在一起作为 T 的输入端即可。电路如图 12-27 所示。

由图 12-27 可以看出，当 T=0，相当于 J=K=0，当 CP 来时，输出保持前一刻的状态不变；

当 T=1，相当于 J=K=1，当 CP 来时，输出翻转。T 触发器常用来构成计数器。

（2）D 触发器构成 T 触发器。D 触发器的特征方程是 $Q^{n+1}=D$。现在要用 D 触发器构成 T 触发器，于是有式（12-10）。

$$D=T\overline{Q^n}+\overline{T}Q^n=T\oplus Q^n \tag{12-10}$$

从表达式中可以看出只要让 T 和 Q^n 连接在一起作为 T 的输入端即可。电路如图 12-28 所示。

2. T′触发器

T′触发器是指每输入一个时钟，输出状态变化一次。特征方程为式（12-11）。

$$Q^{n+1}=\overline{Q^n} \tag{12-11}$$

（1）JK 触发器构成 T′触发器。由 T′触发器的定义可以知道，T′触发器实际上它是 T 触发器的翻转功能。图 12-29 所示是 JK 触发器构成的 T′触发器电路结构。

（2）D 触发器构成的 T′触发器。由 T′触发器的特征方程和 D 触发器的特征方程得知，要用 D 触发器构成 T 就必须满足 $D=\overline{Q^n}$。因此图 12-30 所示为 D 触发器构成的 T′触发器的电路图。

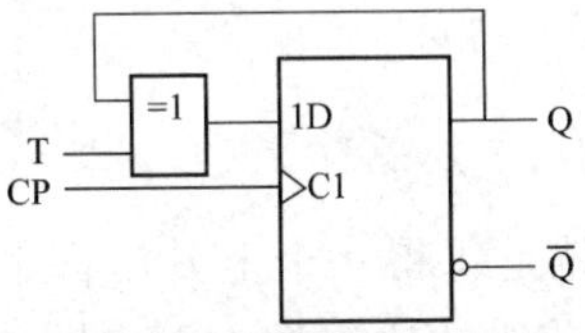

图 12-28 D 触发器构成的 T 触发器

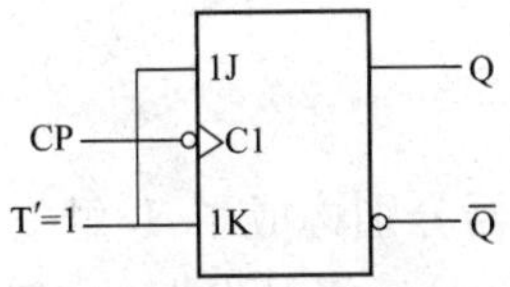

图 12-29 JK 触发器构成的 T′触发器

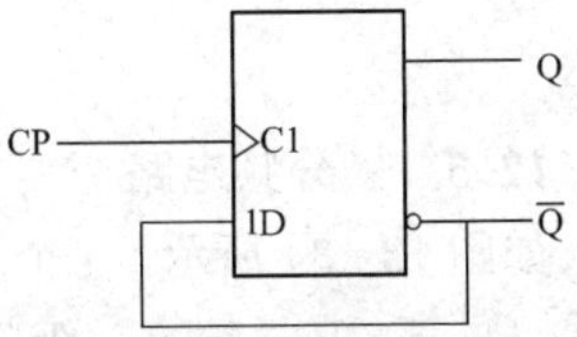

图 12-30 D 触发器构成的 T′触发器

【思考题】

1. 边沿触发器和同步触发器在触发方式上有什么不同？特征方程有什么不同？

2. 边沿触发器的初始电平怎么得到？

3. 边沿触发器在正常工作时，异步端应该怎样处理？

4. 在图 12-31 所示图中，假设上升沿的边沿 D 触发器的输出初始状态 Q=1，$\overline{Q}=0$，异步端全部为高电平，CP 和 D 信号波形如图，则根据逻辑关系画出 Q 的波形。

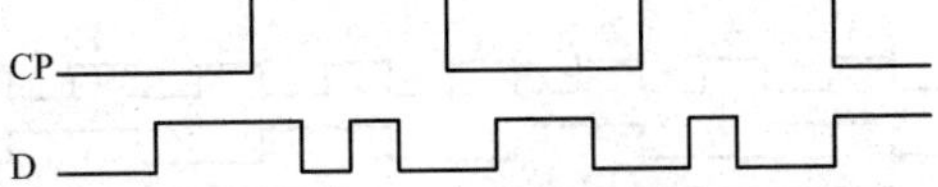

图 12-31 思考题 4 图

5. 图 12-32 所示为一上升沿的边沿 D 触发器的各输入端波形，则根据 D 触发器的逻辑关系画出 Q 的波形。

6. 在图 12-33 中，假设下降沿的边沿 JK 触发器的输出初始状态 Q=0，$\overline{Q}=1$，异步端全部为高电平，CP 和 J、K 信号波形如图，则根据逻辑关系画出 Q 的波形。

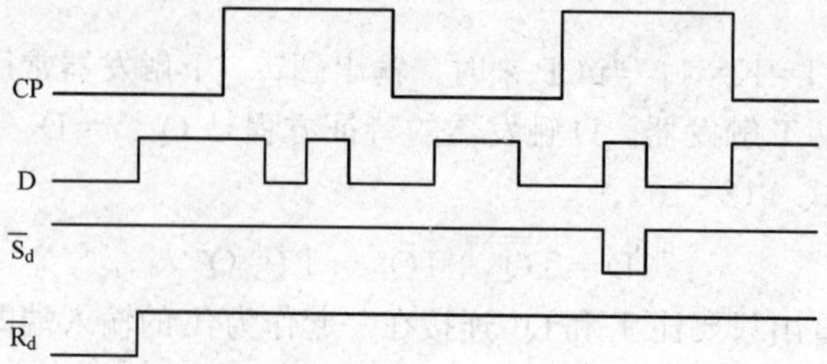

图 12-32　思考题 5 图

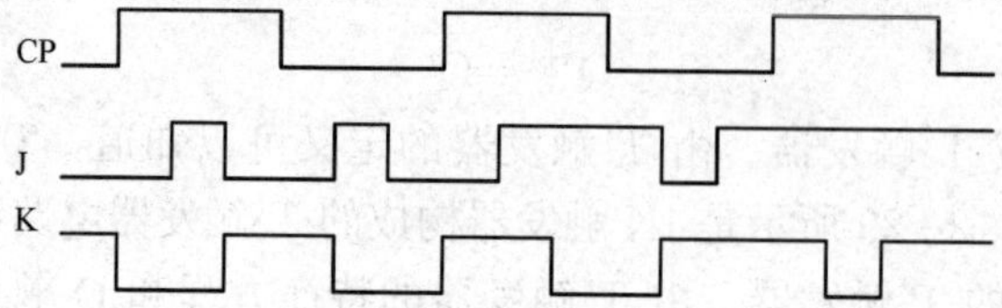

图 12-33　思考题 6 图

12.5　常见触发器应用

12.5.1　分频电路

如图 12-34 所示，4 个 D 触发器分别构成了 T′触发器，也就是每得一个上升沿都翻转一次。外部 CP 送给第一级 T′触发器，后级触发器的 CP 都接在前级的输出端上，由图 12-34 可以得到 Q_0、Q_1、Q_2、Q_3 的输出波形如图 12-35 所示。

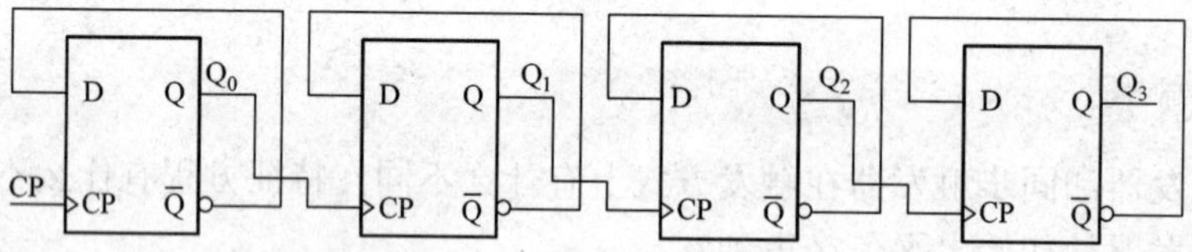

图 12-34　16 分频电路

从波形图上看出，Q_0 的周期是 CP 的两倍，Q_1 的周期是 Q_0 的两倍，Q_2 是 Q_1 的两倍，Q_3 是 Q_2 的两倍，那么 Q_3 的周期就是 Q_0 的 16 倍，也就是说 Q_3 的频率是 Q_0 的 1/16。

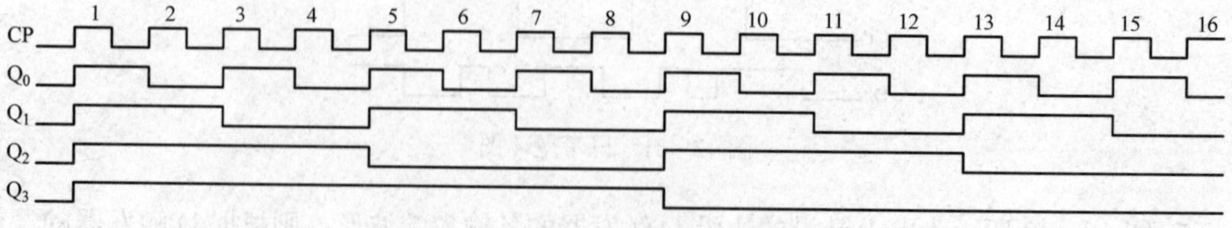

图 12-35　分频电路波形图

12.5.2　定时器

图 12-36 所示电路是由双 D 触发器 CD4013（图中写的 1/2 是指只用了其中的一个 D 触

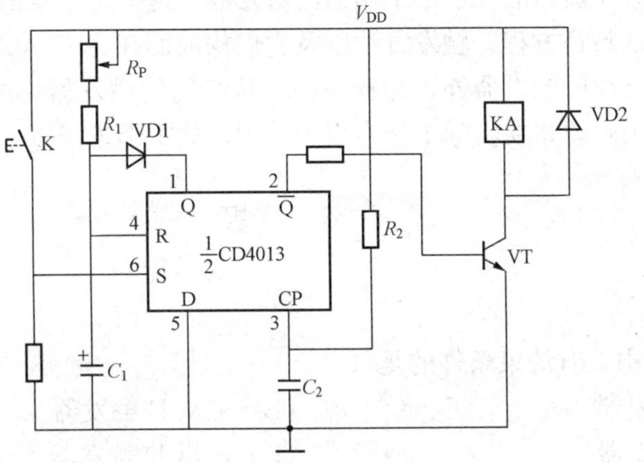

图 12-36 D触发器构成的定时器

发器)、晶体管、继电器等组成的一种实用性很强的定时器，定时范围可以从几秒到十几分钟。

电路上作原理如下：按下起动按钮 K 的瞬间，S 为高电平 1，触发器 Q 被置 1，$\overline{Q}$ 为低电平，然后 K 释放。此时三极管 V 截止，继电器 K 为释放状态，定时开始。此时二极管 VD1，由于反偏而截止，电源通过电位器 RP 和电阻 R_1 向 C 进行充电，使 R 端的电位按指数规律不断上升，当上升到 R 端口的复位阈值电压时（此时 S 端口因为刚才 K 按钮启动后释放而变为低电平），为低电平触发器翻转，Q 端变为低电平，$\overline{Q}$ 为高电平，三极管 V 导通，继电器 K 吸合，定时结束，与此同时，电容 C 经导通的二极管 VD1 及 Q 端迅速放电，为下次定时做好准备。改变滑动变阻器、R_1 和 C 的值可以改变定时时间的长短。

本 章 小 结

本章主要介绍了时序逻辑电路和组合逻辑电路的区别、基本的 RS 触发器、同步触发器以及边沿触发器以及触发器的一些应用。

（1）集成触发器是数字系统中的基本单元，它有两种稳定状态，在一定的触发信号作用下，可以从一种稳定状态转换到另一种稳定状态。当外加信号消失后，触发器仍维持其输出状态不变。这就是触发器的记忆功能，这是和组合逻辑电路最大的不同。

（2）最基本的触发器是由两个逻辑门（或非或者与非）交叉反馈组成的基本 RS 触发器，它具有置 1 置 0 和维持作用。在这一节中，同学们需要重点把握符号的认识，什么电平是有效电平，什么电平是无效电平，每个端口的含义以及作用。

（3）在基本 RS 触发器前加一级控制门，便构成了同步触发器。在同步触发器中，异步复位端优先权最高，也就是说不管其他输入是什么状态，一旦异步端口给有效电平，输出一定跟随异步端的输入发生相应的改变，在正常工作时，应使异步端无效。此时其输出状态取决于 CP 和控制端的触发输入信号。在 CP 有效电平期间，输出由其他输入信号来决定；在 CP 无效电平期间，输出保持前一刻的输出状态不变。

（4）因为同步触发器存在空翻及抗干扰能力低等缺点，在实际工作中很少采用，为此，可采用边沿触发器。边沿 JK 触发器的逻辑功能最完善，而边沿 D 触发器对于单端信号输入时使用最方便，现在开发新产品几乎都采用边沿触发器。这节是本章的重点内容，请同学们务必掌握各种触发器的特征方程、触发方法以及它们构成的 T 和 T′触发器。

（5）除了上述所介绍的触发器外，还有一种主从结构的触发器，虽然它也能克服空翻，但是由于其抗干扰能力较差，在实际工作中很少采用，故本书未予以介绍。

习　题

一、选择题

1. 在下列触发器中，有约束条件的是（　　）。

（A）边沿 JK 触发器　　（B）主从 D 触发器
（C）同步 RS 触发器　　（D）边沿 D 触发器

2. 一个触发器可记录一位二进制代码，它有（　　）个稳态。

（A）0　　（B）1　　（C）2　　（D）3

3. 存储 8 位二进制信息要（　　）个触发器。

（A）2　　（B）3　　（C）4　　（D）8

4. 对于 T 触发器，若原态 $Q^n=0$，欲使新态 $Q^{n+1}=1$，应使输入 T=（　　）。

（A）0　　（B）1　　（C）Q　　（D）$Q\overline{Q}$

5. 对于 T 触发器，若原态 $Q^n=1$，欲使新态 $Q^{n+1}=1$，应使输入 T=（　　）。

（A）0　　（B）1　　（C）Q　　（D）$Q+\overline{Q}$

6. 对于 D 触发器，欲使 $Q^{n+1}=Q^n$，应使输入 D=（　　）。

（A）0　　（B）1　　（C）Q　　（D）$\overline{Q}$

7. 对于 JK 触发器，若 J=K，则可完成（　　）触发器的逻辑功能。

（A）RS　　（B）D　　（C）T　　（D）T′

8. 欲使 JK 触发器按 $Q^{n+1}=Q^n$ 工作，可使 JK 触发器的输入端（　　）。

（A）J=K=0　　（B）J=Q，K=$\overline{Q}$
（C）J=$\overline{Q}$，K=Q　　（D）J=0，K=$\overline{Q}$

9. 欲使 JK 触发器按 $Q^{n+1}=\overline{Q}^n$ 工作，可使 JK 触发器的输入端（　　）。

（A）J=K=1　　（B）J=Q，K=$\overline{Q}$
（C）J=$\overline{Q}$，K=Q　　（D）J=Q，K=1

10. 欲使 JK 触发器按 $Q^{n+1}=0$ 工作，可使 JK 触发器的输入端（　　）。

（A）J=K=1　　（B）J=Q，K=Q
（C）J=0，K=0　　（D）J=$\overline{Q}$，K=Q

11. 欲使 JK 触发器按 $Q^{n+1}=1$ 工作，可使 JK 触发器的输入端（　　）。

（A）J=K=1　　（B）J=1，K=0
（C）J=K=0　　（D）J=Q，K=0

12. 欲使 D 触发器按 $Q^{n+1}=\overline{Q}^n$ 工作，应使输入 D=（　　）。

（A）0　　（B）1　　（C）Q　　（D）$\overline{Q}$

13. 下列触发器中，存在空翻现象的有（　　）。

（A）边沿 D 触发器　　（B）边沿 JK 触发器

(C) 同步RS触发器　　　　(D) 主从JK触发器

14. 为实现将JK触发器转换为D触发器，应使（　　）。

(A) J=D，K=$\overline{D}$　　(B) K=D，J=$\overline{D}$　　(C) J=K=D　　(D) J=K=$\overline{D}$

15. 边沿D触发器是一种（　　）稳态电路。

(A) 无　　(B) 单　　(C) 双　　(D) 多

二、计算题

1. 已知由与非门组成基本的RS触发器输入波形如图12-37所示，试画出对应的输出波形。

2. 已知由或非门组成的基本的RS触发器输入波形如图12-38所示，试画出对应的输出波形。

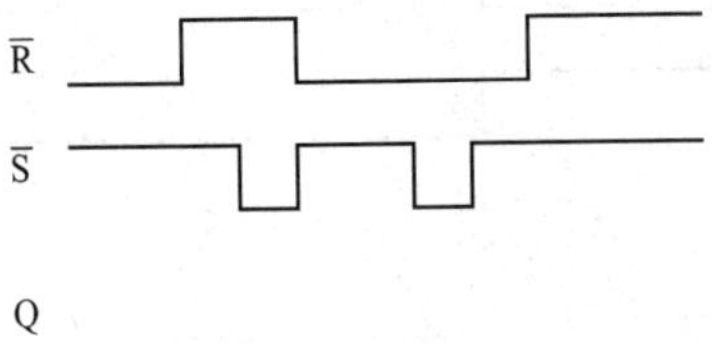

图12-37　计算题1图

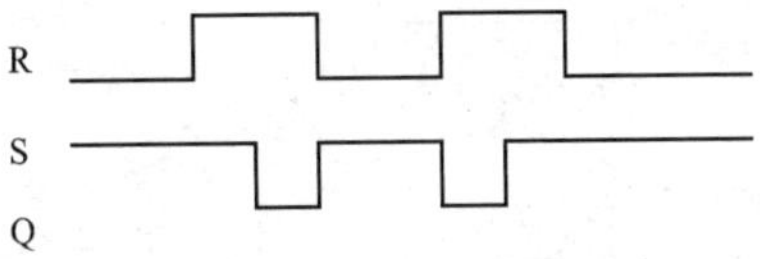

图12-38　计算题2图

3. 图12-39所示为同步RS触发器的输入波形，请画出输出Q端的波形。设触发器的初始状态为0。

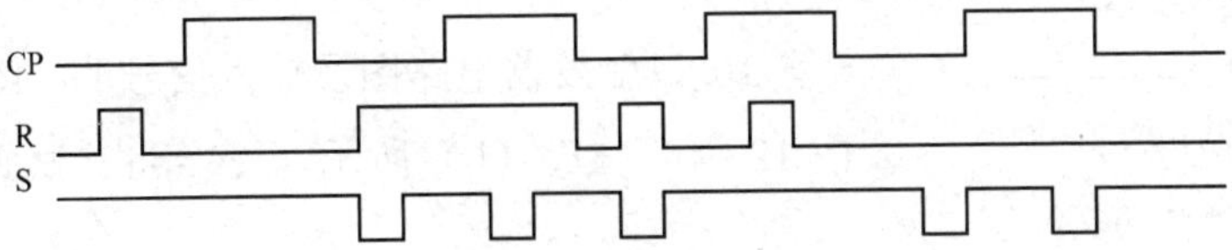

图12-39　计算题3图

4. 设下降沿触发的边沿JK触发器的初始状态为0，CP、J、K信号波形如图12-40所示，试画出Q端的波形。

5. 在如图12-41所示的下降沿的边沿JK触发器中，已知CP、J、K信号波形，初始状态为0，试画出Q端的波形。

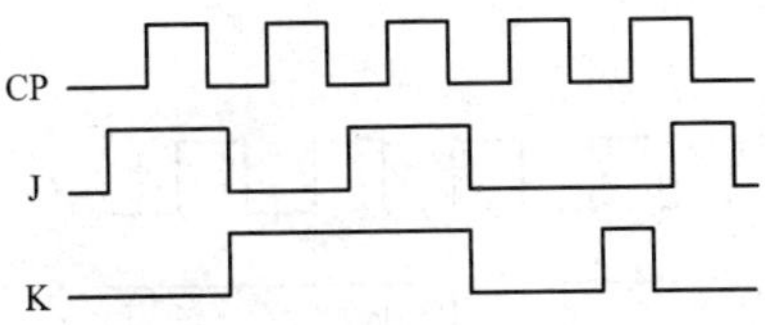

图12-40　计算题4图

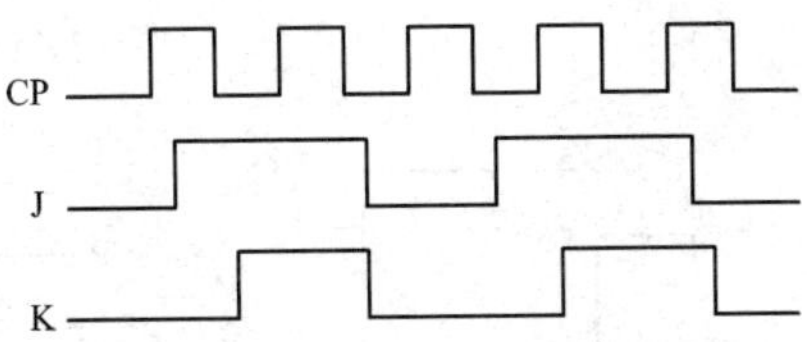

图12-41　计算题5图

6. 三种不同触发方式的D触发器的逻辑电路、时钟脉冲CP和信号D的波形如图12-42所示，初始状态为0，试画出各触发器Q端的波形。

7. 设图12-43（a）所示触发器的初始状态为0，已知时钟脉冲CP及A、B端的波形如图12-43（b）所示，画出J、Q和$\overline{Q}$的波形。

8. 有一简单时序逻辑电路如图12-44所示，试写出当$C=0$和$C=1$时，电路的状态

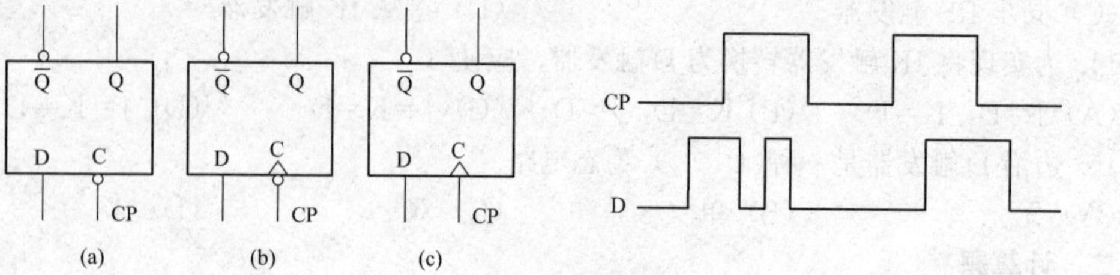

图 12 - 42　计算题 6 图

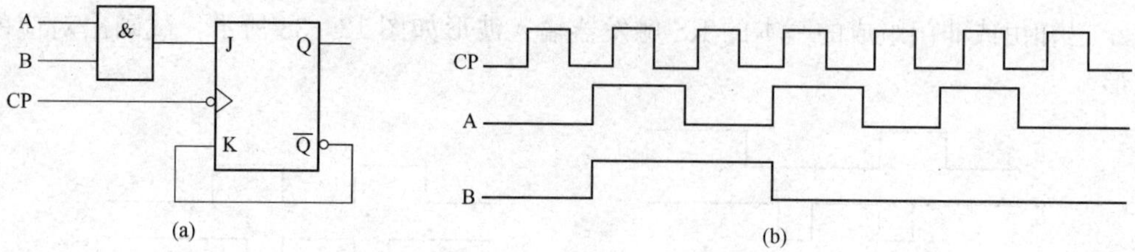

图 12 - 43　计算题 7 图

方程 Q^{n+1}，并说出各自实现的功能。

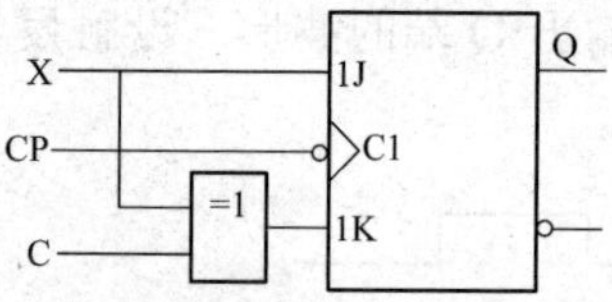

图 12 - 44　计算题 8 图

9. JK 触发器及 CP、J、K、$\overline{R_D}$ 的波形分别如图 12 - 45 所示，$\overline{S_D}=1$。试画出 Q 端的波形。（设 Q 的初态为“0”）。

10. D 触发器电路图及输入信号 D、$\overline{R_D}$ 的波形分别如图 12 - 46（a）、（b）所示，$\overline{S_D}=1$。试画出 Q 端的波形（设 Q 的初态为“1”）。

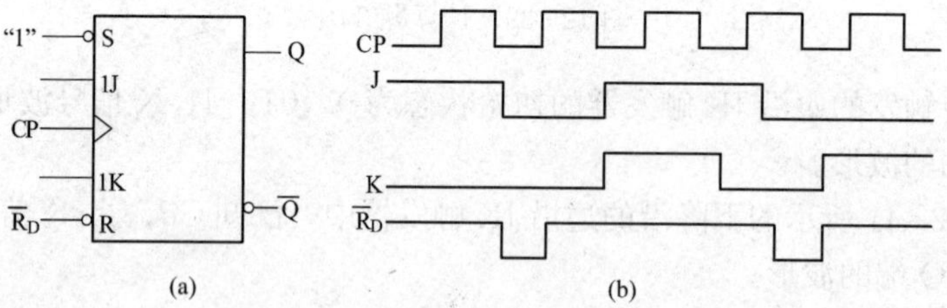

图 12 - 45　计算题 9 图

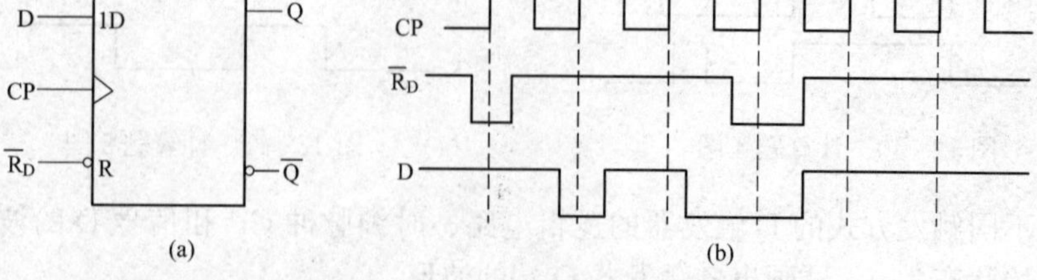

图 12 - 46　计算题 10 图

第 13 章　时序逻辑电路

本章提要

时序逻辑电路是与组合逻辑电路并驾齐驱的另一类数字逻辑电路。本章首先介绍时序逻辑电路的基本概念、特点以及分析方法，然后着重讨论典型的集成计数器、寄存器以及移位寄存器的工作原理、逻辑功能和典型的应用方法。

13.1　概　　述

13.1.1　时序逻辑电路的结构及特点

在组合逻辑电路章节中，已经阐述过组合逻辑电路中基本单元是门电路，当时的输出仅仅取决于当时的输入，它没有记忆功能；而与之对比的时序电路中，则含有具有记忆能力的存储器件，任何一个时刻的输出状态不仅取决于当时的输入信号，还与电路的原状态有关。存储器件的种类有很多，如触发器、延迟线、磁性器件等，但最常用的是触发器。结构框图如图 13-1 所示。

在图中 X（X_1，X_2，…，X_n）是时序电路的输入信号；Y（Y_1，Y_2，…，Y_m）时序电路的输出信号；W（W_1，W_2，…，W_k）是存储电路的输入信号，取自组合逻辑电路的输出；存储电路的输出状态 Q（Q_1，Q_2，…，Q_j）是存储电路的输出信号，其输出状态又反馈到组合逻辑电路的输入端，与输入信号共同决定时序电路的新状态。

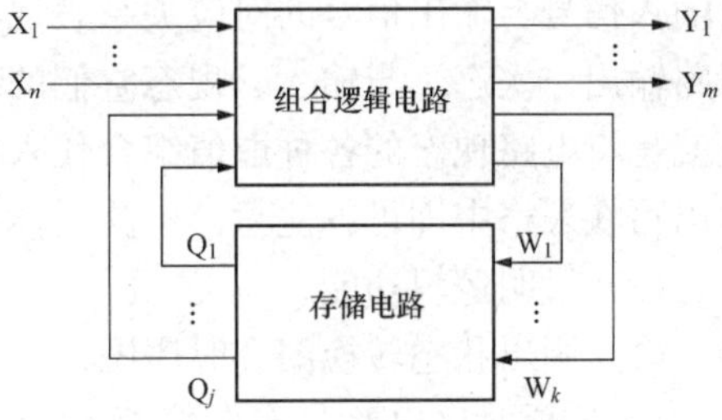

图 13-1　时序逻辑电路的结构框图

图 13-1 所示的只是时序电路的一般结构，并不是所有的时序电路都包含图示的电路结构，有些时序电路没有输入，有些可能没有组合逻辑电路，不一而同。但不管怎样变化，时序电路中一定会包含触发器。

从图示结构图中可以看出，时序逻辑电路有以下特点：

（1）时序逻辑电路由组合电路和存储电路共同组成，既然包含存储电路，那一定具有记忆功能。

（2）时序逻辑电路中存在反馈回路，也就是时序电路是个闭环系统，这个特点在讲述触发器时已经提及。

13.1.2　时序电路的分类

（1）根据逻辑功能不同，可以分成计数器、寄存器、移位寄存器和序列脉冲发生器等。

（2）根据时钟是否统一，可以分成异步时序逻辑电路和同步时序逻辑电路。异步时序逻辑电路是指时序电路中的各触发器不是用的统一的时钟，也就是说在外部脉冲来临之时，不是每个触发器的输出都根据特征方程发生相应改变的；而同步时序逻辑电路是指时序电路中的时钟用的是同一个，当时钟来临时，所有的触发器的输出统一根据特征方程发生相应改变。

（3）根据输出信号的特点，时序电路可以分为米利型（Mealy）和莫尔型（Moore）。

米利型时序逻辑电路是指时序电路的输出不仅与现态有关，而且还决定于电路当前的输入状态。

莫尔型时序逻辑电路是指输出仅决定于电路的现态，与电路当前的输入状态无关。

13.2 时序逻辑电路的分析

时序逻辑电路的分析和组合逻辑电路的分析一样，都是根据给定的电路，写出逻辑功能。

一般分析步骤如下：

（1）由逻辑图写出方程式（时钟方程、输出方程、驱动方程、状态方程）。

1）时钟方程是指各个触发器的时钟表达式；

2）输出方程是指时序逻辑电路的输出逻辑表达式；

3）驱动方程是指各触发器输入信号的表达式；

4）状态方程是指将驱动方程代入相应触发器的特性方程中，得到该触发器次态与输入、现态的表达式。

（2）列写状态转换真值表。状态转换真值表也是真值表，在组合逻辑电路中，真值表是将输入信号与输出信号的对应关系表现在一张表格，那就叫真值表。在时序逻辑电路中，将电路输出、次态、与输入、现态它们的对应关系写在一张表格中，这就叫状态转换真值表。也就是将电路现态的各种取值组合代入状态方程和输出方程中进行计算，求出相应的次态和输出写在表格中即可。注意：不能漏掉任何一个组合。

（3）说明逻辑功能。

（4）画出状态转换图和时序图。

1）反应时序电路状态转换规律及相应输入、输出取值情况的几何图形就叫做状态转换图。

2）时序图也叫做波形图，是指在时钟脉冲的作用下，各触发器状态变化的波形图。

13.2.1 同步时序逻辑电路的分析

对于同步时序逻辑电路而言，因为整个电路的时钟是同一个，所以在列写方程式的时候就没必要写时钟方程了。

【例 13-1】 试分析如图 13-2 所示的同步时序逻辑电路，并说明它的逻辑功能。

解 如图所示，输出 Y 仅仅和 $Q_0Q_1Q_2$ 有关，没有输入变量，因此这种时序逻辑电路是莫尔型的。根据以上分析步骤，解题如下：

（1）写出方程式。

驱动方程
$$\begin{cases} J_0 = K_0 = 1 \\ J_1 = K_1 = Q_0^n \\ J_2 = K_2 = Q_0^n Q_1^n \end{cases} \tag{13-1}$$

因为 JK 触发器的特性方程为

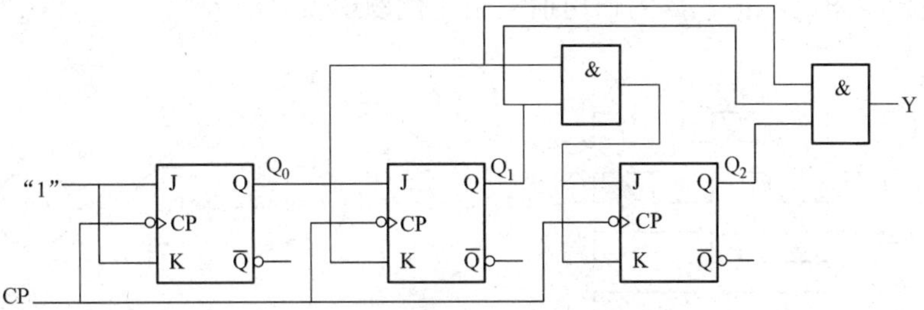

图 13-2　[例 13-1] 同步时序逻辑电路

$$Q^{n+1}=J\overline{Q^n}+\overline{K}Q^n \tag{13-2}$$

将各驱动方程代入上述特性方程得状态方程

$$\begin{cases}Q_0^{n+1}=J_0\overline{Q_0^n}+\overline{K_0}Q_0^n=\overline{Q_0^n}\\ Q_1^{n+1}=J_1\overline{Q_1^n}+\overline{K_1}Q_1^n=Q_0^n\overline{Q_1^n}+\overline{Q_0^n}Q_1^n=Q_0^n\oplus Q_1^n\\ Q_2^{n+1}=J_2\overline{Q_2^n}+\overline{K_2}Q_2^n=Q_0^nQ_1^n\overline{Q_2^n}+\overline{Q_0^nQ_1^n}Q_2^n=(Q_0^nQ_1^n)\oplus Q_2^n\end{cases} \tag{13-3}$$

输出方程为

$$Y=Q_0^nQ_1^nQ_2^n \tag{13-4}$$

(2) 列状态转换真值表。设初始状态 $Q_2^nQ_1^nQ_0^n=000$，代入式 (13-1) 和式 (13-3) 可以得到经过一个脉冲之后的次态 $Q_2^{n+1}Q_1^{n+1}Q_0^{n+1}=001$ 以及输出 $Y=0$；在输入第二个脉冲之前的现态现在就是 001 了，依照这种方法，得到状态转换真值表，见表 13-1。

表 13-1　[例 13-1] 状态转换真值表

现　态			次　态			输出	时钟
Q_2^n	Q_1^n	Q_0^n	Q_2^{n+1}	Q_1^{n+1}	Q_0^{n+1}	Y	CP
0	0	0	0	0	1	0	↓ (下降沿)
0	0	1	0	1	0	0	↓
0	1	0	0	1	1	0	↓
0	1	1	1	0	0	0	↓
1	0	0	1	0	1	0	↓
1	0	1	1	1	0	0	↓
1	1	0	1	1	1	0	↓
1	1	1	0	0	0	1	↓

从状态真值表可见：经过了 8 个触发脉冲后，触发器的 $Q_2Q_1Q_0$ 回到初始状态，同时输出 Y 发出一个进位信号，因此这个电路为同步 8 进制计数器（就是可以计 CP 脉冲的个数为 8 个）。

(3) 根据表 13-1 画出时序图，如图 13-3 所示。

(4) 画出状态转换图。根据表 13-1 可画出图 13-4 所示的状态转换图。图中圆圈内表示电路的一个状态。箭头表示电路状态的转换方向。箭头线上方标注的 X/Y 为转换条件，

X 为转换前输入变量的取值，Y 为输出值。由于例题中没有输入变量，所以 X 上没有标注。

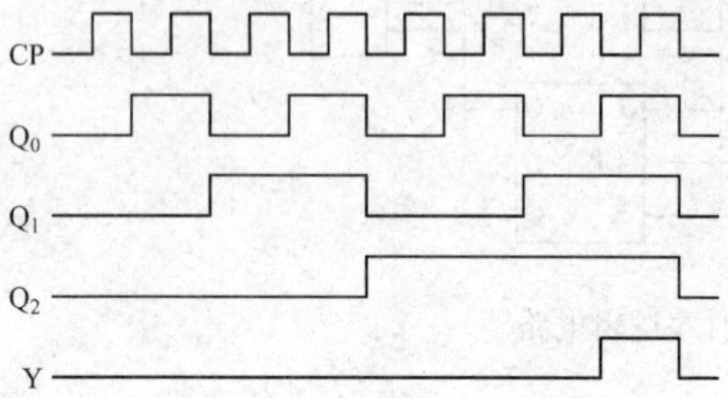

图 13-3 ［例 13-1］时序图

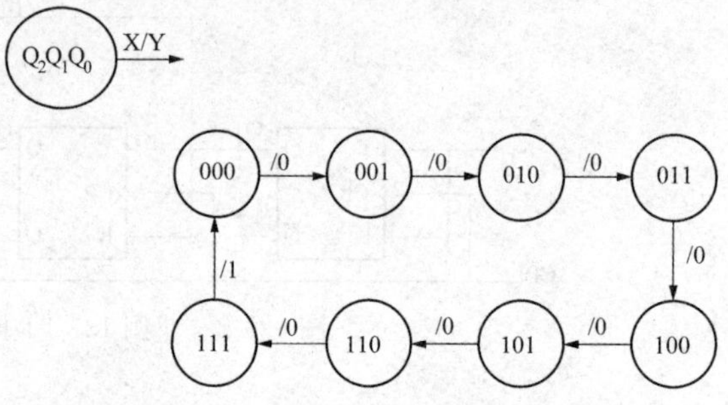

图 13-4 ［例 13-1］状态转换图

13.2.2 异步时序逻辑电路分析

异步时序逻辑电路的分析方法和同步时序电路的分析方法基本类似，但是需要注意的是异步时序逻辑电路的时钟不是统一的，在书写方程时需要写出时钟方程，而且在分析电路时，各触发器的状态方程一定是在满足时钟条件时才能使用。

【例 13-2】 试分析如图 13-5 所示的异步时序逻辑电路，并说明它的逻辑功能。

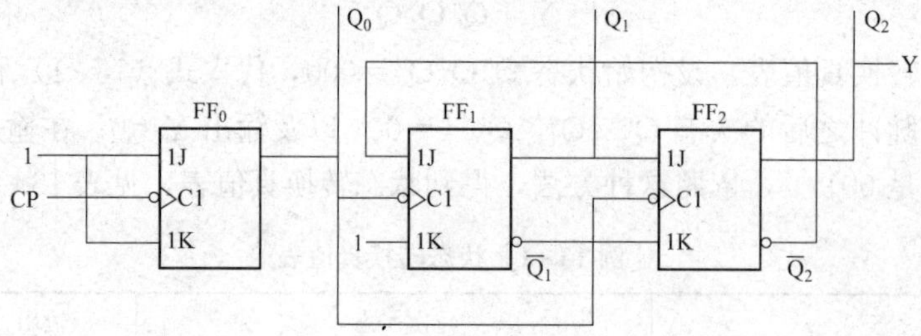

图 13-5 ［例 13-2］同步时序逻辑电路

解 如图 13-5 所示，输出 Y 仅仅和 Q_2 有关，没有输入变量，因此这种时序逻辑电路是莫尔型的。根据以上分析步骤，解题如下。

(1) 写出方程式。

驱动方程
$$\begin{cases} J_0 = K_0 = 1 \\ J_1 = \overline{Q_2^n} \quad K_1 = 1 \\ J_2 = Q_1^n \quad K_2 = \overline{Q_1^n} \end{cases} \tag{13-5}$$

时钟方程
$$\begin{cases} CP_0 = CP(\text{下降沿触发}) \\ CP_1 = CP_2 = Q_0^n(\text{下降沿触发}) \end{cases} \tag{13-6}$$

将各驱动方程代入特性方程得状态方程

$$\begin{cases} Q_0^{n+1} = J_0\overline{Q_0^n} + \overline{K_0}Q_0^n = \overline{Q_0^n} \quad (\text{CP 下降沿有效}) \\ Q_1^{n+1} = J_1\overline{Q_1^n} + \overline{K_1}Q_1^n = \overline{Q_2^n}\;\overline{Q_1^n} \quad (Q_0\text{ 下降沿有效}) \\ Q_2^{n+1} = J_2\overline{Q_2^n} + \overline{K_2}Q_2^n = Q_1^n\overline{Q_2^n} + Q_1^nQ_2^n = Q_1^n \quad (Q_0\text{ 下降沿有效}) \end{cases} \tag{13-7}$$

输出方程为

$$Y = Q_2^n \tag{13-8}$$

(2) 列状态转换真值表。设初始状态 $Q_2^nQ_1^nQ_0^n=000$，代入式 (13-5)、式 (13-6) 和式 (13-7) 可以得到状态转换真值表，见表 13-2。

表 13-2　［例 13-2］的状态转换真值表

现态			次态			输出	时钟条件		
Q_2^n	Q_1^n	Q_0^n	Q_2^{n+1}	Q_1^{n+1}	Q_0^{n+1}	Y	CP_2	CP_1	CP_0
0	0	0	0	0	1	0	↑	↑	↓
0	0	1	0	1	0	0	↓	↓	↓
0	1	0	0	1	1	0	↑	↑	↓
0	1	1	1	0	0	0	↓	↓	↓
1	0	0	1	0	1	1	↑	↑	↓
1	0	1	0	0	0	1	↓	↓	↓

从状态真值表可见：经过了 6 个触发脉冲后，触发器的 $Q_2Q_1Q_0$ 回到初始状态，同时输出 Y 发出一个进位信号，因此这个电路为异步 6 进制计数器。

(3) 根据表 13-2 画出时序图，如图 13-6 所示。

(4) 画出状态转换图。根据表 13-2 可画出图 13-7 所示的状态转换图。

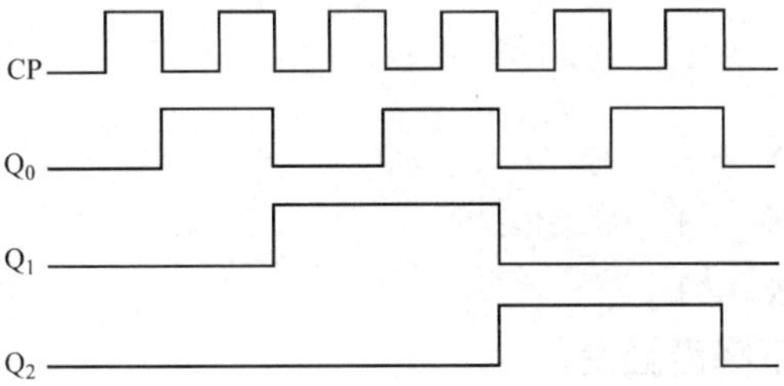

图 13-6　［例 13-2］时序图

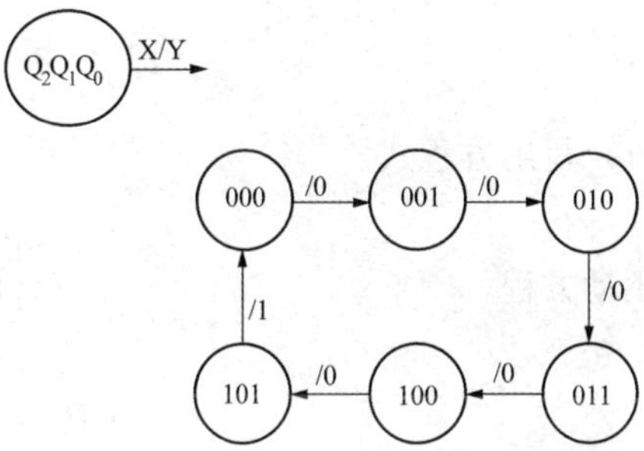

图 13-7　［例 13-2］状态转换图

(5) 检查电路能否自启动。作为三位输出，应该有 8 种组合。在图 13-7 中只出现了 6 种组合，这 6 种状态被称为有效状态，还有 110 和 111 两个状态没有出现，被称为无效状态。如果电路由于某种原因，使得初始状态为这两种无效状态的其中一种，若经过数个 CP 能自动的进入有效状态，那么就称这个电路具有自启动功能；若无论经过多少 CP，都不能进入有效状态，那么就称这个电路没有自启动功能。此例题将 110 代入状态方程进行计算后得 111，再将其代入状态方程进行计算后得 100，为有效状态，故电路具备自启动功能。

【思考题】

1. 时序电路和组合逻辑电路的主要区别是什么？
2. 异步时序逻辑电路和同步时序逻辑电路在分析时有什么不同？
3. 分析时序逻辑电路主要分为哪些步骤？

13.3　计　数　器

和组合逻辑电路类似，在时序逻辑电路中也有一些模块电路在各种应用场合经常出现。

这些模块电路同样被做成了标准化的中规模集成电路，计数器就是其中重要的一种。

13.3.1 计数器的概念和分类

所谓计数器，就是计输入脉冲个数的器件。

计数器按照计数进制分类，可以分为 2 进制计数器、10 进制计数器和其他进制计数器；

按照数字的增减分类，可以分为加计数器、减计数器和可逆计数器；

按照计数器的内部脉冲是否用的同一个，可以分为同步计数器和异步计数器。

13.3.2 二进制计数器

1. 异步二进制加计数器

如图 13-8 所示，这是一个 3 位的二进制的加计数器，因为 3 个 JK 触发器不是用的统一个脉冲，所以这是一个异步的二进制计数器。顾名思义，二进制计数器就应该按照二进制的规律进行计数，因为一共有 3 位，因此，这个计数器应该有 8 种状态，分析原理如下：

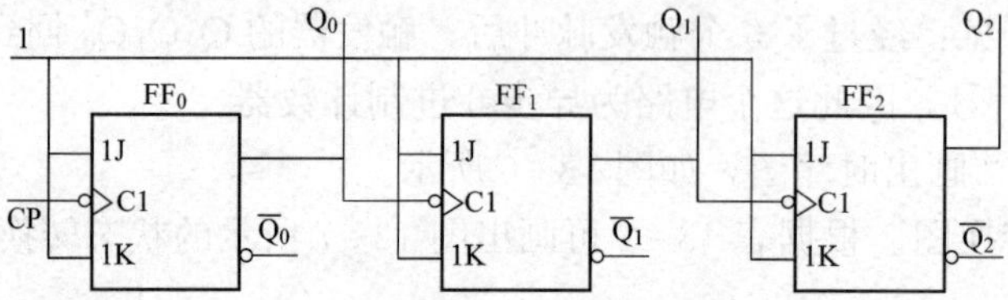

图 13-8 异步二进制加计数器

（1）写出方程式。

驱动方程
$$\begin{cases} J_0 = K_0 = 1 \\ J_1 = K_1 = 1 \\ J_2 = K_2 = 1 \end{cases}$$

时钟方程
$$\begin{cases} CP_0 = CP(\text{下降沿触发}) \\ CP_1 = Q_0^n(\text{下降沿触发}) \\ CP_2 = Q_1^n(\text{下降沿触发}) \end{cases}$$

将各驱动方程代入特性方程得状态方程
$$\begin{cases} Q_0^{n+1} = J_0\overline{Q_0^n} + \overline{K_0}Q_0^n = \overline{Q_0^n} \quad (CP\text{ 下降沿有效}) \\ Q_1^{n+1} = J_1\overline{Q_1^n} + \overline{K_1}Q_1^n = \overline{Q_1^n} \quad (Q_0\text{ 下降沿有效}) \\ Q_2^{n+1} = J_2\overline{Q_2^n} + \overline{K_2}Q_2^n = \overline{Q_2^n} \quad (Q_1\text{ 下降沿有效}) \end{cases}$$

（2）列状态转换真值表。设计数器的初始输出状态为 000，这个很好做到，只要让这三个 JK 触发器的异步清零端输入有效电平即可，在正常工作时，清零端应接无效电平。3 位异步二进制加计数器状态转换真值表见表 13-3。

表 13-3　3 位异步二进制加计数器状态转换真值表

现　态			次　态			时　钟		
Q_2^n	Q_1^n	Q_0^n	Q_2^{n+1}	Q_1^{n+1}	Q_0^{n+1}	CP_0	CP_1	CP_2
0	0	0	0	0	1	↓	↑	无
0	0	1	0	1	0	↓	↓	无
0	1	0	0	1	1	↓	↑	无

续表

现态			次态			时钟		
Q_2^n	Q_1^n	Q_0^n	Q_2^{n+1}	Q_1^{n+1}	Q_0^{n+1}	CP_0	CP_1	CP_2
0	1	1	1	0	0	↓	↓	↓
1	0	0	1	0	1	↓	↑	无
1	0	1	1	1	0	↓	↓	无
1	1	0	1	1	1	↓	↑	无
1	1	1	0	0	0	↓	↓	↓

(3) 时序图。

3 位异步二进制加计数器时序图如图 13-9 所示。

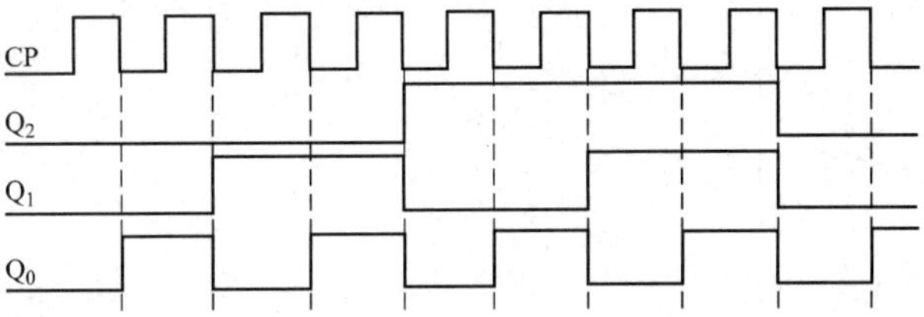

图 13-9 3 位异步二进制加计数器时序图

2. 异步二进制减计数器

如图 13-10 所示，这是一个 3 位的二进制的减计数器，因为 3 个 JK 触发器不是用的统一个脉冲，所以这是一个异步的二进制计数器。减法计数器和加法计数器正好相反，来一个脉冲就减掉一个，比如现态是 001，那么来一个脉冲，输出状态就应该变为 000，再来一个脉冲就应该变为 111。分析原理如下。

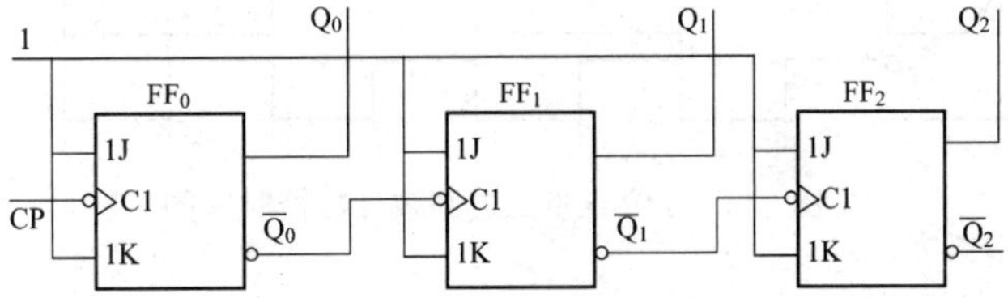

图 13-10 3 位异步二进制减计数器

(1) 写出方程式。

驱动方程
$$\begin{cases} J_0 = K_0 = 1 \\ J_1 = K_1 = 1 \\ J_2 = K_2 = 1 \end{cases}$$

时钟方程
$$\begin{cases} CP_0 = CP(\text{下降沿触发}) \\ CP_1 = \overline{Q_0^n}(\text{下降沿触发}) \\ CP_2 = \overline{Q_1^n}(\text{下降沿触发}) \end{cases}$$

将各驱动方程代入特性方程得状态方程

$$\begin{cases}Q_0^{n+1}=J_0\overline{Q_0^n}+\overline{K_0}Q_0^n=\overline{Q_0^n} & \text{（CP 下降沿有效）}\\ Q_1^{n+1}=J_1\overline{Q_1^n}+\overline{K_1}Q_1^n=\overline{Q_1^n} & \text{（}\overline{Q_0}\text{ 下降沿有效，即 }Q_0\text{ 上升沿有效）}\\ Q_2^{n+1}=J_2\overline{Q_2^n}+\overline{K_2}Q_2^n=\overline{Q_2^n} & \text{（}\overline{Q_1}\text{ 下降沿有效，即 }Q_1\text{ 上升沿有效）}\end{cases}$$

（2）列状态转换真值表。设计数器的初始输出状态为 000，根据状态方程可以得到状态转换真值表，见表 13 - 4。

表 13 - 4　　3 位异步二进制减计数器状态转换真值表

现态			次态			时钟		
Q_2^n	Q_1^n	Q_0^n	Q_2^{n+1}	Q_1^{n+1}	Q_0^{n+1}	CP_0	CP_1	CP_2
0	0	0	1	1	1	↓	↑	↑
1	1	1	1	1	0	↓	↓	无
1	1	0	1	0	1	↓	↑	↓
1	0	1	1	0	0	↓	↓	无
1	0	0	0	1	1	↓	↑	↑
0	1	1	0	1	0	↓	↓	无
0	1	0	0	0	1	↓	↑	↓
0	0	1	0	0	0	↓	↓	无

（3）时序图。3 位异步二进制减计数器时序图如图 13 - 11 所示。

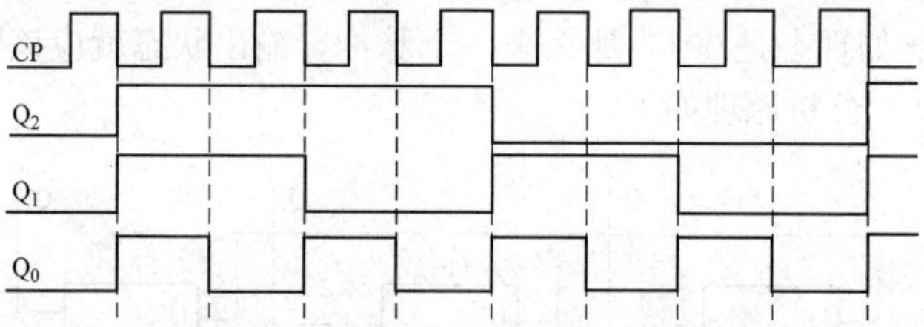

图 13 - 11　3 位异步二进制减计数器时序图

3. 同步二进制加计数器

［例 13 - 1］就是一个 3 位的同步二进制加计数器。因为 3 个 JK 触发器是用的统一个脉冲，所以这是一个同步的二进制计数器。

4. 同步二进制减计数器

和异步的加、减计数器的构成方式一样，要实现 3 位二进制减法计数，将前级的 $\overline{Q^n}$ 作为后一级的输入即可，原理请大家自行分析，这里就不再赘述。

13.3.3　十进制计数器

如图 13 - 12、图 13 - 13 所示，这是一个十进制的计数器，因为要计 10 个脉冲，因此必须需要 4 个触发器来完成，原理请大家自行分析。它的状态转换真值表见表 13 - 5。

13.3.4　集成计数器

集成的计数器有很多，不可能也做不到把每个计数器都讲到，在学习时，要会看功能表，功能表看懂了，其他就迎刃而解。下面介绍几种集成的计数器供大家参考学习。

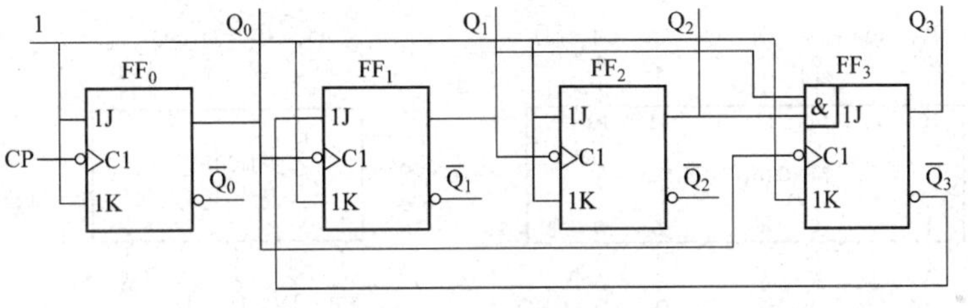

图 13 - 12　异步十进制加计数器

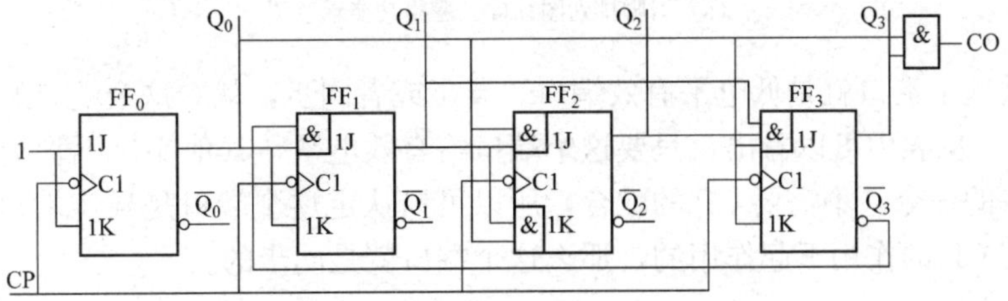

图 13 - 13　同步十进制加计数器

表 13 - 5　　异步十进制加计数器状态转换表

计数脉冲数	计数器状态			
	Q_3	Q_2	Q_1	Q_0
0	0	0	0	0
1	0	0	0	1
2	0	0	1	0
3	0	0	1	1
4	0	1	0	0
5	0	1	0	1
6	0	1	1	0
7	0	1	1	1
8	1	0	0	0
9	1	0	0	1
10	0	0	0	0

1. 4 位二进制同步加计数器 74HC161/74HC163

(1) 引脚图和逻辑功能示意图。引脚和逻辑功能示意图如图 13 - 14 所示。

(2) 功能表。74H161 的功能表见表 13 - 6。

表 13 - 6 为 74HC161 的功能表。现将各个端口的功能做个说明。

1) $\overline{CR}$：异步清零端口。CR，可以理解为 CLEAR，清零，也就是这个端口一旦得到有效电平，输出端就全部为零。那怎么看这个端口有效电平是高电平还是低电平，其实这点在触发器这一章节中已经阐述，就看这个端口的名称上有没有'—'端口符号上有没有 ◦。

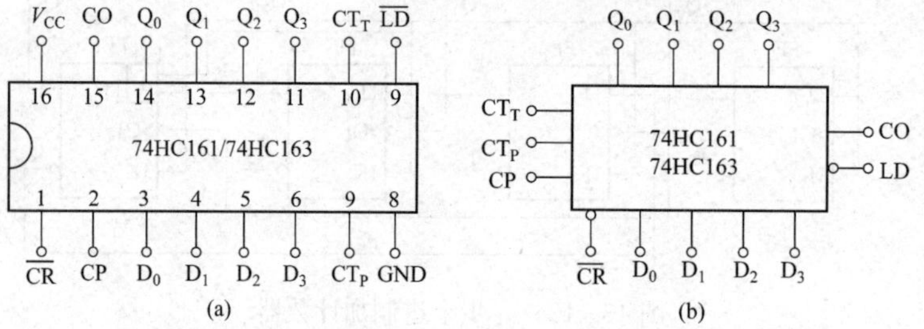

图 13-14 74LS161/74LS163 逻辑功能和引脚排列图

（a）引脚排列图；（b）逻辑功能示意图

只要有，那么这个端口就是低电平有效端口。异步或者同步，就看这个端口的作用需要不需要 CP 的配合。从表中可以看出，只要这个端口给有效电平，其他端口不管给什么电平，都执行这个端口的命令，不需要 CP 的配合，所以可以认定这个端口是异步端口；如果 CR 端口的作用是在 CP 的作用下起作用的，那么这个端口就是同步的。

表 13-6　　74HC161 的功能表

清零	预置	使能		时钟	预置数据输入				输出				工作模式
$\overline{CR}$	$\overline{LD}$	CP_P	CP_T	CP	D_3	D_2	D_1	D_0	Q_3	Q_2	Q_1	Q_0	
0	×	×	×	×	×	×	×	×	0	0	0	0	异步清零
1	0	×	×	↑	d_3	d_2	d_1	d_0	d_3	d_2	d_1	d_0	同步置数
1	1	0	×	×	×	×	×	×	保持				数据保持
1	1	×	0	×	×	×	×	×	保持				数据保持
1	1	1	1	↑	×	×	×	×	4 位二进制计数				加法计数

2） $\overline{LD}$：同步置数端口。LD，可以理解为 LOAD。置数，一旦这个端口起作用时，就将输入端的数据 $D_3D_2D_1D_0$ 并行置到输出端，使输出 $Q_3Q_2Q_1Q_0=D_3D_2D_1D_0$。从以上描述，可以知道这个端口也是低电平有效，但是从表中的第二行可以看出，置数端的优先级别是没有 CR 端口高的。而且这个端口还要在 CP 的作用下同步工作，因此说这个端口是同步置数端。

3）除了上述的两个功能端以外，还有 CP_P 和 CP_T 这两个使能端口。从表 13-6 中可以看出，这两个端口都是高电平有效的。使能的作用就是使计数器工作的端口，就像一把锁，只有得到正确的钥匙，这门才能开，也就是说只有让使能端得到有效的电平，这个计数器才能正常工作。因此，在表中这两个端口任意一个给无效电平，这个计数器都不工作，不工作就是不计数，因此输出保持在原来的状态不变。

4）当计数器既不清零，也不置数，使能端也有效的时候，计数器得到有效 CP 就开始正常计数。因为它是一个 4 位的二进制计数器，因此它从 0000 计数到 1111（共 16 种状态）再回零。

74HC163 的功能表见表 13-7。请大家观察它和 74HC161 有什么不同。

表 13-7 **74HC163 的功能表**

清零	预置	使能		时钟	预置数据输入				输出				工作模式
$\overline{CR}$	$\overline{LD}$	CP_P	CP_T	CP	D_3	D_2	D_1	D_0	Q_3	Q_2	Q_1	Q_0	
0	×	×	×	↑	×	×	×	×	0	0	0	0	异步清零
1	0	×	×	↑	d_3	d_2	d_1	d_0	d_3	d_2	d_1	d_0	同步置数
1	1	0	×	×	×	×	×	×	保持				数据保持
1	1	×	0	×	×	×	×	×	保持				数据保持
1	1	1	1	↑	×	×	×	×	4 位二进制计数				加法计数

从表 13-7 可以看出，74HC163 的功能除了 CR 端口和 74HC161 的不一样以外，其他都是一模一样的。74HC163 的 $\overline{CR}$ 是一个同步清零端口。

2. 集成十进制同步加计数器 74LS160/74LS162

（1）引脚图和逻辑功能示意图。引脚图和逻辑功能示意图如图 13-15 所示。

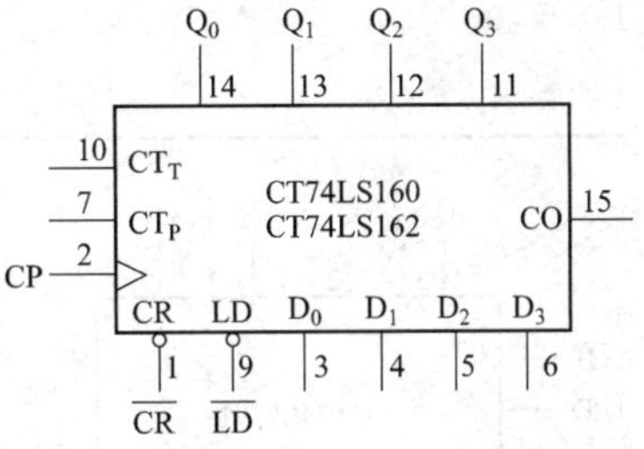

图 13-15 74LS160/74LS162 逻辑功能示意图和引脚排列

（2）功能表。74HC160 的功能表见表 13-8，74HC162 的功能表见表 13-9。

从表 13-8 和表 13-9 看出，74HC160 和 74HC161 的功能表是一样的，也就是说它们各个端口的功能是一样的，唯一的区别是 74HC161 是 4 位的二进制的计数器，它可以计 16 个数，而 74HC160 是 10 进制的计数器，它只能计 0000～1001 十个数。74HC162 和 74HC163 的区别也是如此。

表 13-8 **74HC160 的功能表**

清零	预置	使能		时钟	预置数据输入				输出				工作模式
$\overline{CR}$	$\overline{LD}$	CP_P	CP_T	CP	D_3	D_2	D_1	D_0	Q_3	Q_2	Q_1	Q_0	
0	×	×	×	×	×	×	×	×	0	0	0	0	异步清零
1	0	×	×	↑	d_3	d_2	d_1	d_0	d_3	d_2	d_1	d_0	同步置数
1	1	0	×	×	×	×	×	×	保持				数据保持
1	1	×	0	×	×	×	×	×	保持				数据保持
1	1	1	1	↑	×	×	×	×	计数				加法计数

表 13-9 **74HC162 的功能表**

清零	预置	使能		时钟	预置数据输入				输出				工作模式
$\overline{CR}$	$\overline{LD}$	CP_P	CP_T	CP	D_3	D_2	D_1	D_0	Q_3	Q_2	Q_1	Q_0	
0	×	×	×	↑	×	×	×	×	0	0	0	0	异步清零
1	0	×	×	↑	d_3	d_2	d_1	d_0	d_3	d_2	d_1	d_0	同步置数
1	1	0	×	×	×	×	×	×	保持				数据保持
1	1	×	0	×	×	×	×	×	保持				数据保持
1	1	1	1	↑	×	×	×	×	4 位二进制计数				加法计数

3. 集成 4 位同步二进制加/减计数器 74LS191

（1）引脚图和逻辑功能示意图。引脚图和逻辑功能示意图如图 13 - 16 所示。

（2）功能表。74LS191 的功能表见表 13 - 10。

表 13 - 10　　　　74LS191 功能表

输入								输出				说明
$\overline{LD}$	$\overline{CT}$	$\overline{U}/D$	CP	D_3	D_2	D_1	D_0	Q_3	Q_2	Q_1	Q_0	
0	×	×	×	d_3	d_2	d_1	d_0	d_3	d_2	d_1	d_0	并行异步置数
1	0	0	↑	×	×	×	×	加	计	数		$C0/B0=Q_3Q_2Q_1Q_n$
1	0	1	↑	×	×	×	×	减	计	数		$C0/B0=\overline{Q_3Q_2Q_1Q_n}$
1	1	×	×	×	×	×	×		保	持		

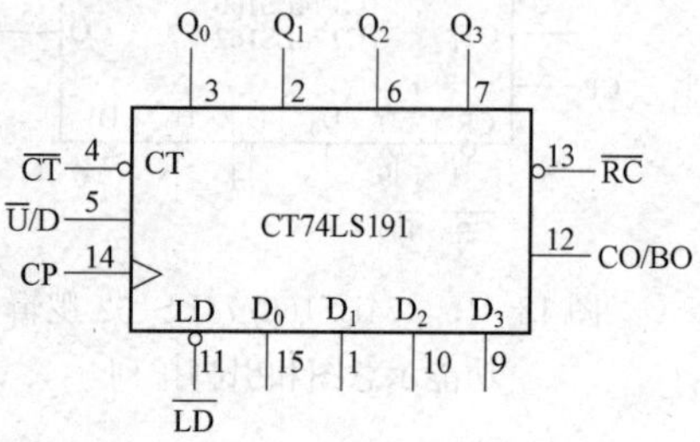

图 13 - 16　74LS191 的逻辑功能示意图和引脚排列图

各端口功能如下：

1） $\overline{LD}$：异步置数端。如表 13 - 10 所示，只要这个端口得到低电平有效信号，不需要 CP 的作用，立刻将输入端的数据置到输出端。优先权最高。正常工作时，此端口接无效电平。

2）$\overline{CT}$：计数使能端。只有这个端口得到有效电平（低电平），才能让计数器进行计数，得到无效电平（高电平），输出保持不变。

3）$\overline{U}/D$：加/减计数控制端。这个端口的全称为 $\overline{UP}/DOWN$。如若给这个端口低电平，也就是 $\overline{UP}$ 作用，计数器进行加计数；如若给这个端口高电平，也就是 DOWN 作用，计数器进行减计数。

4）CO/BO：进位/借位输出端。当加计数产生进位时，这个端口输出 1；当减计数产生借位时，这个端口也输出 1。

5）　$\overline{RC}$：级间串行进位输出端。在多位加/减计数器级联时，与相邻高位计数器的时钟输入端相连。

需要说明的是，191 计数器没有单独的清零端口，如需清零，可用置数端来实现。

13.3.5　N（任意）进制计数器

事实上，在实际应用中很多情况都不是正好 10 进制或者 2 进制计数器，而市面上也没有现成的 N（任意）进制计数器，这就要利用二进制或者十进制计数器通过合适的线路连接得到 N 进制计数器。通常构成方法有两种：反馈清零法和反馈置数法。下面就具体讲讲怎样用这两种方法得到 N 进制计数器。

1. 清零法

所谓清零法构成 N 进制计数器就是在计数器计数的过程中，让它在计数到某个值上强迫计数器回零，从而构成我们想要的计数个数。从上述所示的集成计数器的举例来看，计数器的清零端有两种，异步的和同步的。

（1）异步清零端构成 N 进制计数器。

首先，写出计数状态的二进制码。比如要实现一个 9 进制的计数器，那么就首先写出 9 所对应的二进制码，即 1001。

然后，以 74HC161 为例，将数值中是 1 对应的输出端，连线作为与非门的输入，与非门的输出连接到异步清零端。

【例 13 - 3】 试用 74HC161 的异步清零端构成 6 进制的计数器，使它的计数状态从 0000 到 0101。

解 根据以上步骤，首先写出 6 所对应的二进制数，即 0110。然后画图。

图 13 - 17 所示的线路连接方式就是要计数器在 Q_1 和 Q_2 同时都为 1 的时候 CR 端为 0，达到清零的作用。同学们在学习的时候经常对 6 这个数字到底会不会出现这个问题感到疑惑，对于异步清零端来说，6 是不会出现的，原因就在于一旦输出为 6 时，清零端就立刻作用，没有任何等待时间，所以 6 这个数字根本就来不及出现。最终输出显示 0000～0101。

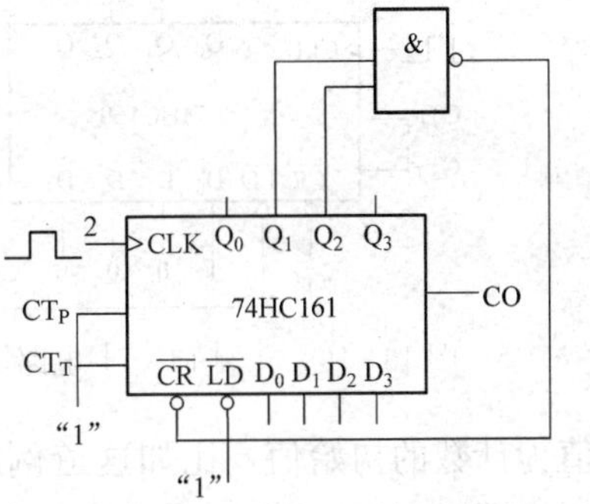

图 13 - 17　［例 13 - 3］电路图

(2) 同步清零端构成 N 进制计数器。

首先，写出计数状态减去 1 的二进制码。比如要实现一个 9 进制的计数器，那么就首先写出 9－1＝8 所对应的二进制码，即 1000。

然后，以 74HC161 为例，将数值中是 1 对应的输出端，连线作为与非门的输入，与非门的输出连接到同步清零端。

【例 13 - 4】 试用 74HC163 的同步清零端构成 6 进制的计数器，使它的计数状态从 0000 到 0101。

解 根据以上步骤，首先写出 6－1＝5 所对应的二进制数，即 0101。然后画图，如图 13 - 18 所示。

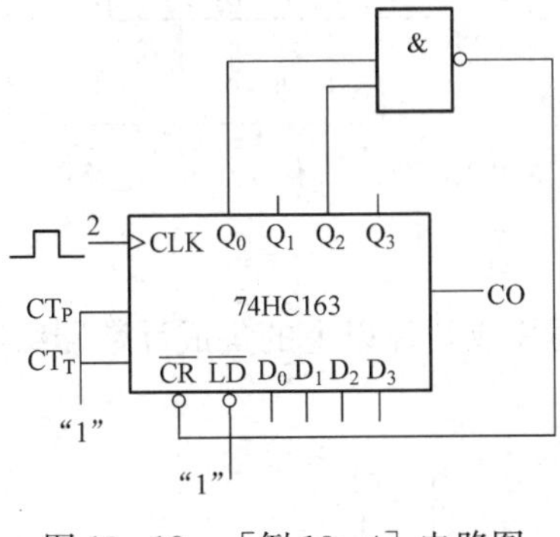

图 13 - 18　［例 13 - 4］电路图

这个例题和［例 13 - 3］比，唯一的区别就在于用同步清零端要让计数器状态减掉一个，再按照步骤连线。原因就在于同步清零端和异步清零端作用的机理不同。同步清零端要作用，要具备两个条件，一个是得到有效电平，还有一个是 CP 配合。两者缺一不可。所以这个例题中就要在输出为 5 的时候让 CR 端得到有效电平，但是在 CR 得到有效电平后并不能立刻清零，计数器还需要等待一个时钟，有了 CP 的配合以后，输出才能清零。达到一共计 6 个 CP 的效果。

这种用清零端构成 N 进制的方法对于其他计数器也适用。

2. 置数法

用清零法构成 N 进制计数器的方法大家已经看到，它的方法比较简单，但是每次都要从 0 开始，有时候在一些特殊的场合并不适用，比如要构成一个 1～7 循环的 7 进制计数器用以上方法就不太合适了，因此，下面为大家介绍用置数端构成的 N 进制计数器的方法。

和清零法相同的是，置数法也分异步置数和同步置数两种。异步置数就是置数端作用不需要 CP 配合，只要这个端口得到有效电平，输入数据立刻并行置到输出端。同步置数端要作用就必须具备两个条件，一个是置数端得到有效电平，另一个是来一个有效 CP，缺一不可。

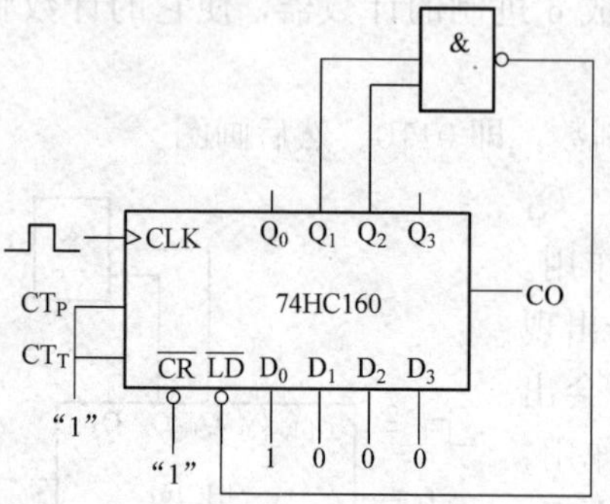

图 13 - 19 ［例 13 - 5］电路图

和清零法不同的是，在清零法构成 N 进制计数器的时候，对于输入端的数据 D_0～D_3 无需特别处理，可以给予任意电平。而对于置数法构成 N 进制计数器的时候，输入端的数据一定要给予初始值。下面举例说明构成步骤。

【例 13 - 5】 试用 74HC160 的同步置数端构成 6 进制的计数器，使它的计数状态从 0001 到 0110。

解 如图 13 - 19 所示，用同步置数端构成 N 进制计数器的方法就是在数据端给予预置数，数值为计数的初始值，比如这道例题中的 0001。输出端将计数状态的终值中有 1 的（0110）对应端口（Q_1 和 Q_2）作为与非门的输入，与非门的输出连在 $\overline{LD}$ 端。在这个例题中，当计数到 0110 状态时，与非门的输出为 0 给 $\overline{LD}$ 端，但是由于置数端是同步的，所以在 0110 状态时不能立刻置数，而要等待一个脉冲才能将输入端的数据置到输出端，最终计数状态在 0001～0110 中循环。

【例 13 - 6】 试用 74LS191 的异步置数端构成 6 进制加计数器，使它的计数状态从 0001 到 0110。

如图 13 - 20 所示，要用异步置数端实现 N 进制计数器，预置数的数值和同步端是一样的，但是反馈的值是要比计数器状态终值要多一个，这就是因为置数端是异步的，当输出端是 7 的时候无需等待任何其他信号配合置数端就立刻将输入端的数据并行置到输出端，这个速度让 7 这个数字根本来不及出现就结束了，从而使计数器的状态从 0000 到 0110 进行循环。

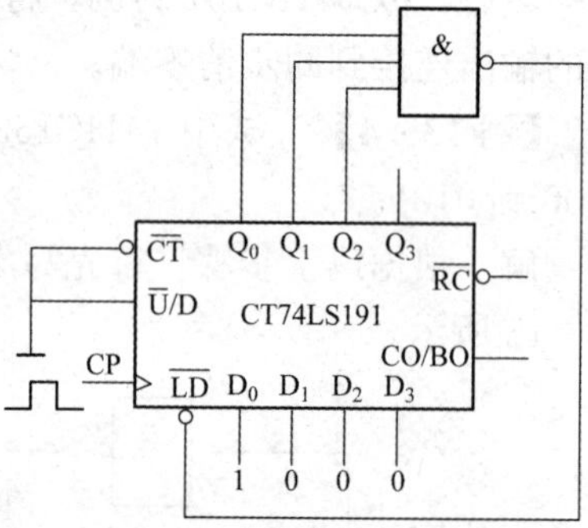

图 13 - 20 ［例 13 - 6］电路图

13.3.6 大型计数器

当一片计数器的计数个数不满足实际需要时，就需用两片或两片以上的集成计数器级联成大数值的计数器。

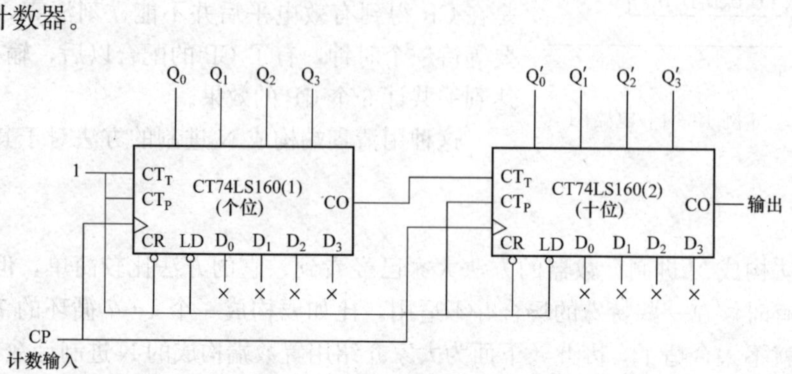

图 13 - 21 两片 74LS160 构成的 100 进制计数器

图 13 - 21 所示是两片 10 进制计数器 74LS160 构成的 100 进制计数器，两片计数器用的是同一个 CP，当来外部 CP 时，因为个位片的 CO 在 9 之前 CO＝0，也就是说十位片的 CT_T 在 9 之前为 0，所以脉冲计数在 9 之前十位片是不能计数的。在脉冲计数到 9 时，个位片 CO＝1，也就是使十位片的使能端具备了有效的电平，再来一个 CP，个位片为 0000，十位片计数一个，输出状态为 0001。依次类推，最后一共计数 100 个。

用同样的方法，如果以上的两片计数器是 74LS161 的话，那么最后构成的计数个数为 16×16＝256 个。

【思考题】

1. 计数器是做什么用的？
2. 什么叫异步计数器？什么叫同步计数器？有什么不同？
3. 试讲述用同步清零端和异步清零端构成 N 进制计数器的方法。
4. 试讲述用同步置数端和异步置数端构成 N 进制计数器的方法。
5. 试用 74HC161 的异步清零和同步置数功能构成 10 进制计数器。
6. 试用 74HC191 构成 0111～0001 这样循环的减计数器。

13.4　寄　存　器

在日常生活中，经常会碰到寄存物品这样的事情，寄存就是在某一时间将某一物品放在某处，等到一定时间以后再从那个地方将物品取出。在数字系统中，也经常需要暂时存放数据，以供后续运算使用，这就需要用到数码寄存器。数码寄存器就是存放二进制代码的器件。由于一个触发器可存放一位二进制代码，那么一个 n 位的数码寄存器就需要 n 个触发器来组成。因此，触发器是寄存器的基本组成单位。

13.4.1　数码寄存器

图 13 - 22（a）所示是由 D 触发器组成的 4 位集成寄存器 74HCl75 的逻辑电路图，其引脚图如图 13 - 22（b）所示。其中，R_D 是异步清零控制端。D_0～D_3 是并行数据输入端，CP 为时钟脉冲输入端，Q_0～Q_3 是并行数据输出端。

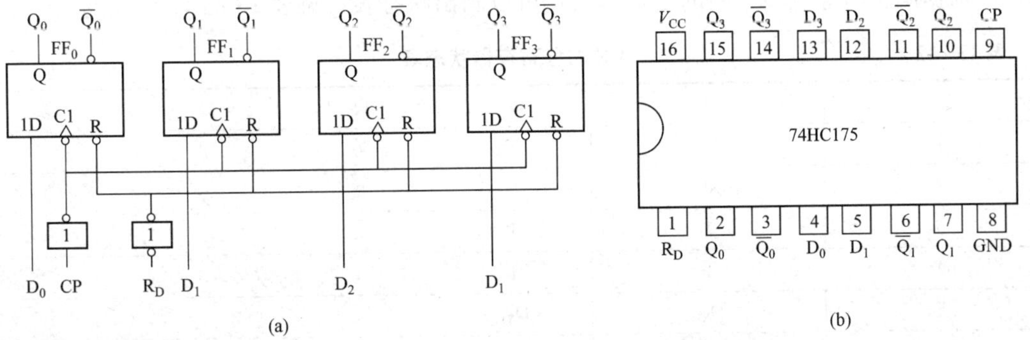

图 13 - 22　4 位集成寄存器 74HC175

（a）逻辑图；（b）引脚图

R_D：异步清零端。当该端口给予低电平时，输出全部清零。

当正常工作时，清零端给予无效电平。在 CP 端送入一个上升沿脉冲，经过非门，也就是各触发器得到下降沿脉冲时，根据 D 触发器的特征方程，输入端的数据全部并行置到各输出端口，使 $Q_3Q_2Q_1Q_0=D_3D_2D_1D_0$。功能表见表 13-11。

表 13-11　　74HC175 功能表

清零	时钟	输入				输出				工作模式
R_D	CP	D_0	D_1	D_2	D_3	Q_0	Q_1	Q_2	Q_3	
0	×	×	×	×	×	0	0	0	0	异步清零
1	↑	D_0	D_1	D_2	D_3	D_0	D_1	D_2	D_3	数码寄存
1	1	×	×	×	×	保持				数据保持
1	0	×	×	×	×	保持				数据保持

13.4.2　移位寄存器

移位寄存器就是指它不但可以寄存数码，而且在移位脉冲作用下，寄存器中的数码还可根据需要向左或向右移动。

1. 单向右移移位寄存器

D 触发器组成的 4 位右移寄存器如图 13-23 所示。

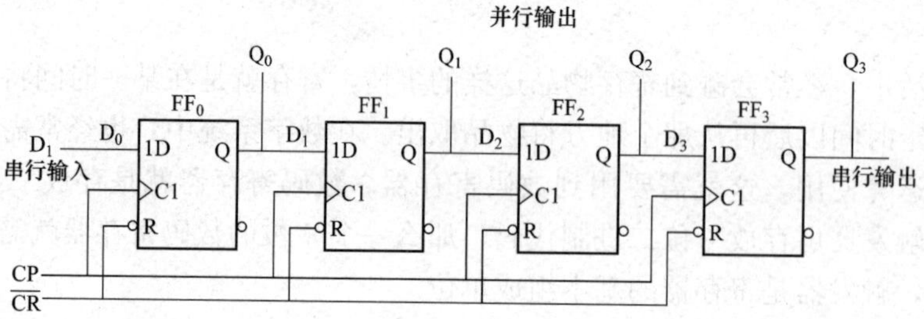

图 13-23　4 位右移寄存器

从图中可以看出，4 个 D 触发器的清零端 $\overline{CR}$ 是连在一起的，4 个 CP 也是连在一起的，所以这是一个同步时序逻辑电路。设移位寄存器的初始状态为 0000，串行输入数码 $D_I=1011$，根据同步时序逻辑电路的分析方法，可以画出状态表，见表 13-12。

表 13-12　　4 位右移寄存器状态表

CP	D_I	Q_0	Q_1	Q_2	Q_3
1	1	1	0	0	0
2	0	0	1	0	0
3	1	1	0	1	0
4	1	1	1	0	1
5	D_{X1}	D_{X1}	1	1	0
6	D_{X2}	D_{X2}	D_{X1}	1	1
7	D_{X3}	D_{X3}	D_{X2}	D_{X1}	1
8	D_{X4}	D_{X4}	D_{X3}	D_{X2}	D_{X1}

从状态表中可以得知，在输入 4 个脉冲后，输入端的 4 位数码 1011 全部在输出端并行输出。再经过 4 个脉冲后，4 位输入的数据串行从 Q_3 取出。

2. 单向左移移位寄存器

图 13 - 24 所示为 4 位左移寄存器逻辑电路，原理和 4 位右移寄存器类似，这里就不详述了。

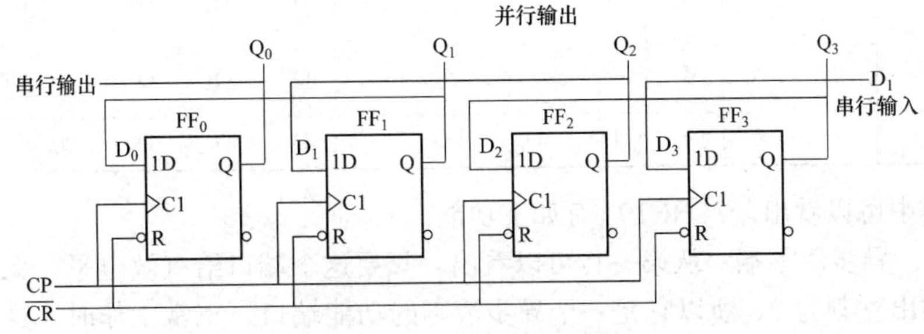

图 13 - 24 4 位左移寄存器

通过以上分析，可以得出以下结论。

（1）单向移位寄存器中的数码，在 CP 脉冲作用下，可以依次右移或左移。

（2）n 位单向移位寄存器可以寄存 n 位二进制代码。n 个 CP 脉冲即可输入的数据并行置到输出端，再经过 n 个 CP 脉冲又可在输出高位端实现串行输出。

3. 双向移位寄存器

由触发器构成的双向移位寄存器的逻辑图就不再赘述，图 13 - 25 所示为一个 4 位的集成双向移位寄存器 74HC194。它的功能表见表 13 - 13。

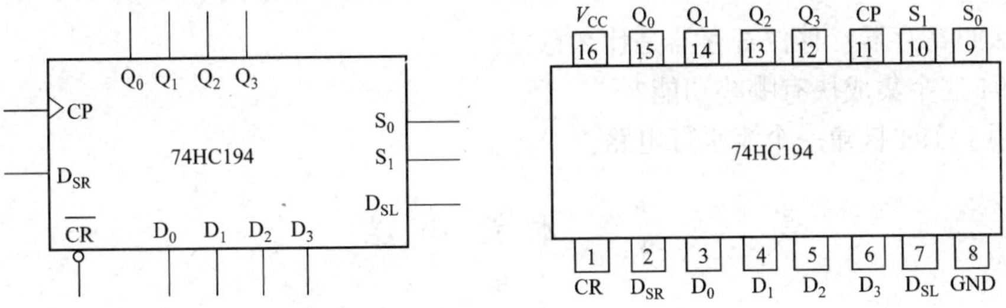

(a) (b)

图 13 - 25 74HC194 逻辑示意图和引脚排列图

（a）逻辑示意图；（b）引脚排列

表 13 - 13 **74HC194 功能表**

输入										输出				工作模式
清零	控制		中行输入		时钟	并行输入								
$\overline{CR}$	S_1	S_0	D_{SL}	D_{SR}	CP	D_0	D_1	D_2	D_3	Q_0	Q_1	Q_2	Q_3	
0	×	×	×	×	×	×	×	×	×	0	0	0	0	异步清零
1	0	0	×	×	×	×	×	×	×	Q_0^n	Q_1^n	Q_2^n	Q_3^n	保持
1	0	1	×	1	↑	×	×	×	×	1	Q_0^n	Q_1^n	Q_2^n	右移，D_{SR} 为中行输入，Q_3 为串行输出
1	0	1	×	0	↑	×	×	×	×	0	Q_0^n	Q_1^n	Q_2^n	

续表

输入										输出				工作模式
清零	控制		中行输入		时钟	并行输入								
$\overline{CR}$	S_1	S_0	D_{SL}	D_{SR}	CP	D_0	D_1	D_2	D_3	Q_0	Q_1	Q_2	Q_3	
1	1	0	1	×	↑	×	×	×	×	Q_1^n	Q_2^n	Q_3^n	1	左移，D_{SL} 为串行输入，Q_0 为串行输出
1	1	0	0	×	↑	×	×	×	×	Q_1^n	Q_2^n	Q_3^n	0	
1	1	1	×	×	↑	D_0	D_1	D_2	D_3	D_0	D_1	D_2	D_3	并行置数

从功能表中可以看出，74HC194 有如下功能。

（1） $\overline{CR}$：异步清零端。从第一行可以看出，只要这个端口给有效电平，无需等待其他信号配合，输出立刻为 0，所以它是一个异步清零的功能端口。正常工作时，这个端口应给与无效电平。

（2）S_1、S_0：模式控制端口。

1）当 $S_1=S_0$ 时，输出保持前一刻的状态不变。

2）当 $S_1=0$、$S_0=1$ 时，来一个上升沿，就右移一位，右移的数据有 D_{SR} 端的数据提供。D_{SR} 端口叫做右移串行输入端。

3）当 $S_1=1$、$S_0=0$ 时，来一个上升沿，就左移一位，左移的数据有 D_{SL} 端的数据提供。D_{SL} 端口叫做左移串行输入端。

4）当 $S_1=1$、$S_0=1$ 时，来一个上升沿，将输入端的数据并行置到输出端。

【思考题】

1. 什么叫寄存器？移位寄存器是什么意思？
2. 74194 这个集成块有哪些功能？
3. 请用 74194 搭建一个流水灯电路。

本章小结

本章主要介绍了时序逻辑电路的分析方法以及集成时序逻辑电路的应用。

时序逻辑电路的分析：时序逻辑电路在逻辑功能、描述方法、电路结构、分析方法和设计方法上都有和组合逻辑电路有明显的区别。其主要区别就在于时序逻辑电路包含记忆元件，所以在分析时不仅仅要考虑当时的输入状态，还要考虑到前一刻的输出状态；而组合逻辑电路却不需要考虑前一刻的输出状态，仅仅根据当时输入状态就可以决定当时的输出。根据同步时序逻辑电路和异步时序逻辑电路的不同，本章给出了具体的分析步骤。

计数器：在这一节内容中，大家要掌握计数器的概念、分类、计数规律以及怎样由 10 进制计数器或者 2 进制计数器构成 N 计数器的方法。具体构成方式可以分成两种，一种是反馈清零法，还有一种是反馈置数法。在这两种方法中，用异步端反馈或者用同步端反馈的方法也是不一样的，请同学们务必分清楚并掌握。

寄存器：在这节中，大家要掌握寄存器的概念以及移位寄存器移位的规律并读懂 74HC194 的功能表。

习 题

一、填空题

1. 构成一个 2^N 进制异步加法计数器共需要________个触发器，可先将每个触发器接成________触发器。如果触发器是上升沿翻转的，则将高位的 CP 端与________相连；如果触发器是下降沿翻转的，将高位触发器的 CP 端与________相连。

2. 4 位移位寄存器，经过________个 CP 脉冲之后，4 位数码恰好全部移入寄存器。串行输入时，经过________个脉冲可得并行输出；再经过________个 CP 脉冲可得 4 位串行输出。

3. 时序电路的次态输出不仅与即时输入有关，而且还与________有关。

4. 时序逻辑电路一般由________和________两部分组成的。

5. 计数器按内部各触发器的动作步调，可分为________计数器和________计数器。

6. 按进位体制的不同，计数器可分为________计数器和________计数器两类；按计数过程中数字增减趋势的不同，计数器可分为________计数器、________计数器和________计数器。

7. 要构成五进制计数器，至少需要________级触发器。

8. 设集成十进制（默认为 8421 码）加法计数器的初态为 $Q_4Q_3Q_2Q_1=1001$，则经过 5 个 CP 脉冲以后计数器的状态为________。

9. 欲将某时钟频率为 32MHz 的 CP 变为 16MHz 的 CP，需要二进制计数器________个。

10. 在各种寄存器中，存放 N 位二进制数码需要________个触发器。

二、判断下列命题的正误（正确打“√”，错误的打“×”）

1. 计数器的模是指构成计数器的触发器的个数。（ ）

2. 计数器是对输入的计数脉冲的个数进行计数的，所以对计数脉冲的波形并无要求。（ ）

3. 一个 5 位的二进制加法计数器，由 00000 状态开始，经过 169 个输入脉冲后，此计数器的状态为 01001。（ ）

4. 即使电源关闭，移位寄存器中的内容也可以保持下去。（ ）

5. 所有的触发器都能用来构成计数器和移位寄存器。（ ）

6. 同步时序电路由组合电路和存储器两部分组成。（ ）

7. 组合电路不含有记忆功能的器件。（ ）

8. 时序电路不含有记忆功能的器件。（ ）

9. 同步时序电路具有统一的时钟 CP 控制。（ ）

10. 异步时序电路的各级触发器类型不同。（ ）

11. 把一个 5 进制计数器与一个 10 进制计数器串联可得到 15 进制计数器。（ ）

12. 同步二进制计数器的电路比异步二进制计数器复杂，所以实际应用中较少使用同步二进制计数器。（ ）

13. 移位寄存器 74LS194 可串行输入并行输出，但不能串行输入串行输出。（ ）

14. 二进制计数器既可实现计数也可用于分频。（　　）

15. 同步计数器的计数速度比异步计数器快。（　　）

16. 同步计数器与异步计数器的主要区别在于它们内部的触发器是否同时发生翻转。（　　）

17. 由 N 个触发器构成的计数器，其最大的计数范围是 N^2。（　　）

18. 在计数器电路中，同步置零与异步置零的区别在于置零信号有效时，同步置零还需要等到时钟信号到达时才能将触发器置零，而异步置零不受时钟的控制。（　　）

19. 计数器的异步清零端或置数端在计数器正常计数时应置为无效状态。（　　）

20. 时序电路通常包含组合电路和存储电路两个组成部分，其中组合电路必不可少。（　　）

21. 任何一个时序电路，可能没有输入变量，也可能没有组合电路，但一定包含存储电路。（　　）

22. 自启动功能是任何一个时序电路都具有的。（　　）

三、选择题

1. 用 n 只触发器组成计数器，其最大计数模为（　　）。

(A) n　　(B) $2n$　　(C) n^2　　(D) 2^n

2. 一个 5 位的二进制加计数器，由 00000 状态开始，经过 75 个时钟脉冲后，此计数器的状态为（　　）。

(A) 01011　　(B) 01100　　(C) 01010　　(D) 00111

3. 图 13 - 26 所示为某计数器的时序图，由此可判定该计数器为（　　）。

(A) 十进制计数器　　(B) 九进制计数器

(C) 四进制计数器　　(D) 八进制计数器

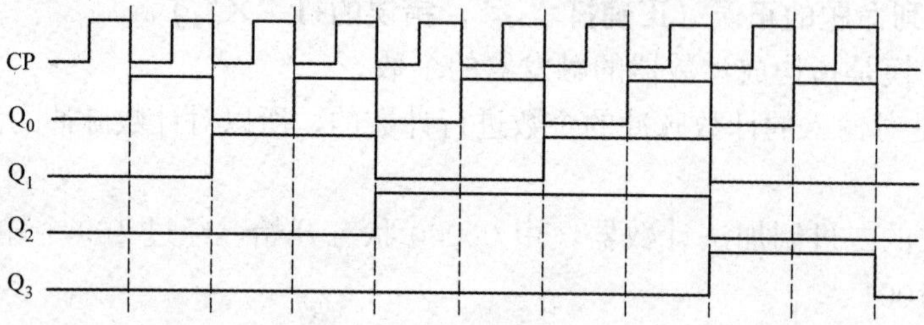

图 13 - 26　选择题 3 图

4. 电路如图 13 - 27 所示，假设电路中各触发器的当前状态 Q_2 Q_1 Q_0 为 100，请问在时钟作用下，触发器下一状态 Q_2 Q_1 Q_0 为（　　）。

(A) 101　　(B) 100　　(C) 011　　(D) 000

5. 电路如图 13 - 28 所示。设电路中各触发器当前状态 Q_2 Q_1 Q_0 为 110，请问时钟 CP 作用下，触发器下一状态为（　　）。

(A) 101　　(B) 010　　(C) 110　　(D) 111

6. 电路如图 13 - 29 所示，已知电路的当前状态 Q_3 Q_2 Q_1 Q_0 为 1100，请问在时钟作用下，电路的下一状态 Q_3 Q_2 Q_1 Q_0 为（　　）。

(A) 1100　　(B) 1011　　(C) 1101　　(D) 0000

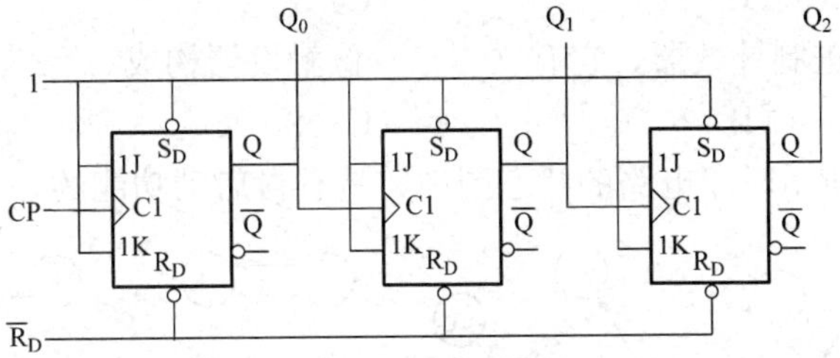

图 13-27 选择题 4 图

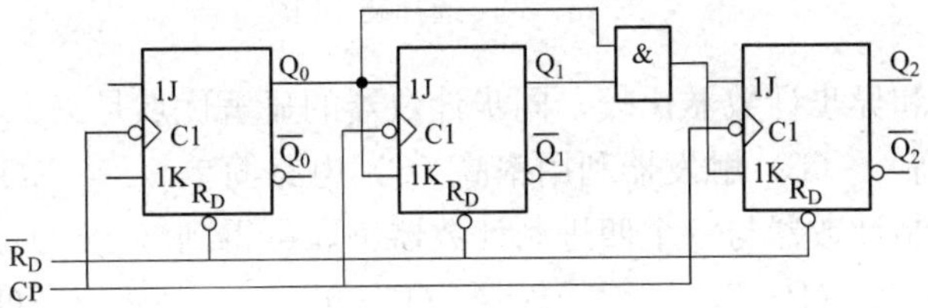

图 13-28 选择题 5 图

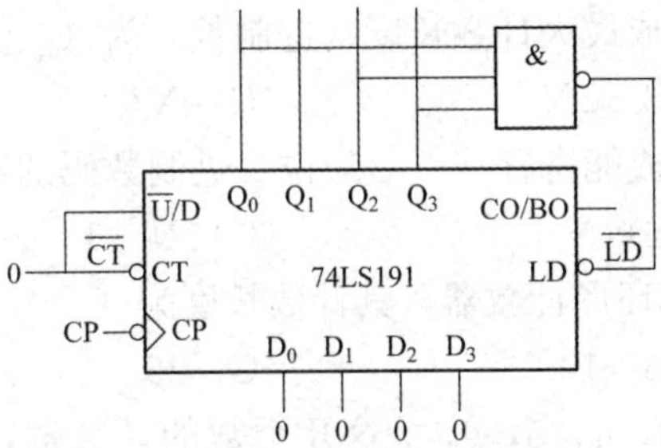

图 13-29 选择题 6 图

7. 4 位移位寄存器，现态 $Q_0Q_1Q_2Q_3$ 为 1100，经左移 1 位后其次态为（　　）。

（A）0011 或 1011　（B）1000 或 1001　（C）1011 或 1110　（D）0011 或 1111

8. 现欲将一个数据串延时 4 个 CP 的时间，则最简单的办法采用（　　）。

（A）4 位并行寄存器　（B）4 位移位寄存器

（C）4 进制计数器　（D）4 位加法器

9. 一个四位串行数据，输入四位移位寄存器，时钟脉冲频率为 1kHz，经过（　　）可转换为 4 位并行数据输出。

（A）8ms　（B）4ms　（C）8μs　（D）4μs

10. 由 3 级触发器构成的环形和扭环形计数器的计数模值依次为（　　）。

（A）8 和 8　（B）6 和 3　（C）6 和 8　（D）3 和 6

11. 按各触发器的 CP 所决定的状态转换区分，计数器可分为（　　）计数器。

（A）加法、减法和可逆　（B）同步和异步

（C）二、十和 M 进制

12. 至少（　　）片 74197（集成 4 位二进制计数器）可以构成 M=1212 的计数。

（A）12　　（B）11　　（C）3　　（D）2

13. 模为 64 的二进制计数器，它有（　　）位触发器构成。

（A）64　　（B）6　　（C）8　　（D）32

14. 如图 13-30 所示时序电路的状态图中，具有自启动功能的是（　　）。

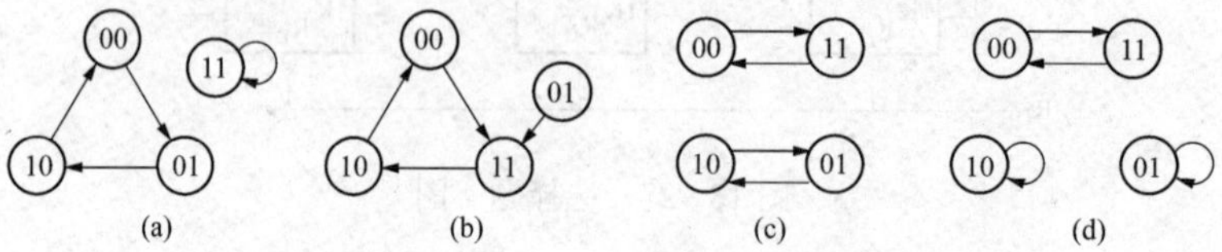

图 13-30　选择题 14 图

15. 同步计数器和异步计数器比较，同步计数器的显著优点是（　　）。

（A）工作速度高　　（B）触发器利用率高　（C）电路简单　　（D）不受时钟 CP 控制

16. 把一个五进制计数器与一个四进制计数器串联可得到（　　）进制计数器。

（A）4　　（B）5　　（C）9　　（D）20

17. 下列逻辑电路中为时序逻辑电路的是（　　）。

（A）变量译码器　　（B）加法器　　（C）数码寄存器　　（D）数据选择器

18. N 个触发器可以构成最大计数长度（进制数）为（　　）的计数器。

（A）N　　（B）$2N$　　（C）N^2　　（D）2^N

19. N 个触发器可以构成能寄存（　　）位二进制数码的寄存器。

（A）$N-1$　　（B）N　　（C）$N+1$　　（D）$2N$

20. 五个 D 触发器构成环形计数器，其计数长度为（　　）。

（A）5　　（B）10　　（C）25　　（D）32

21. 欲设计 0，1，2，3，4，5，6，7 这几个数的计数器，如果设计合理，采用同步二进制计数器，最少应使用（　　）级触发器。

（A）2　　（B）3　　（C）4　　（D）8

四、计算题

1. 用 74LS161 的清零功能和一些门电路设计一个七进制计数器。七个数为 0、1、2、3、4、5、6。

2. 用 74LS161 的清零功能和一些门电路设计一个十三进制计数器。计数的数字为 0、1、2、3、4、5、6、7、8、9、A、B。

3. 由 CT74LS160 芯片构成的如图 13-31 所示电路是模几计数器？

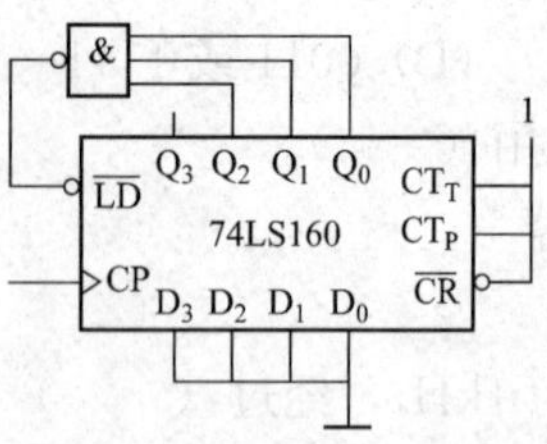

图 13-31　计算题 3 图

4. 对如图 13-32 所示的电路，$D_3D_2D_1D_0$ 连接为 0010，则计数器为模几计数器？若将 $D_3D_2D_1D_0$ 连接为 0100，则计数器为模几计数器？

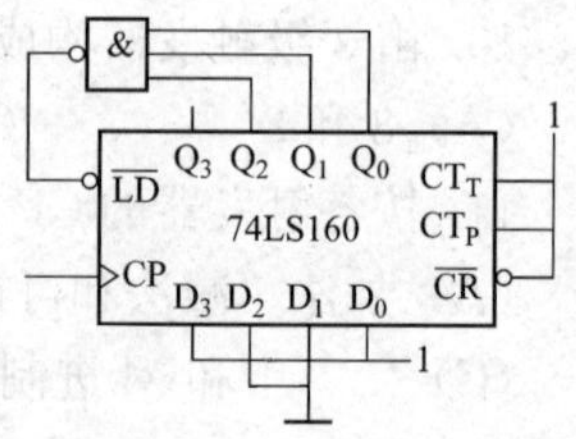

图 13-32　计算题 4 图

5. 设计一个五进制加法计数器。要求：

（1）利用集成电路芯片 74LS160 和反馈清零法实现（异步清零）（0、1、2、3、4）。

（2）利用集成电路芯片 74LS160 和反馈置数法实现（同步

置数）（1、2、3、4、5）。

6. 试分析如图 13 - 33 所示电路的逻辑功能。

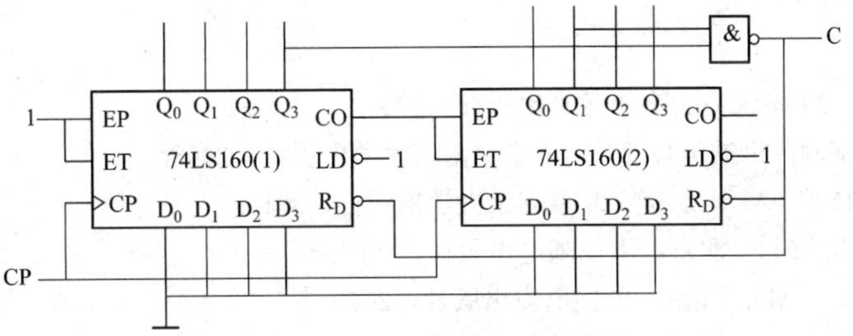

图 13 - 33　计算题 6 图

7. 用 74161 构成十一进制计数器。要求分别用“清零法”和“置数法”实现。

8. 用两片集成计数器 74161 构成 75 进制计数器，画出连线图。

9. 分析图 13 - 34 所示的计数器电路，说明这是多少进制的计数器。

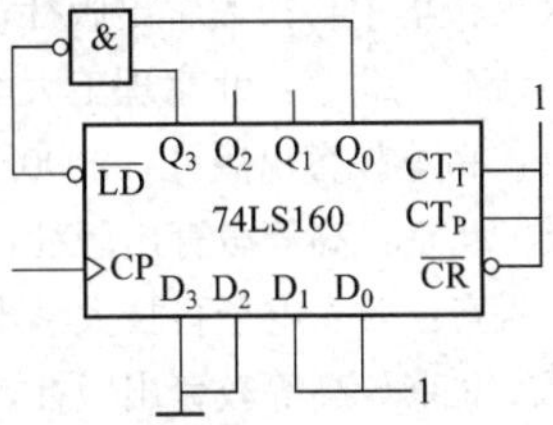

图 13 - 34　计算题 9 图

10. 分析图 13 - 35 所示的计数器电路，画出电路的状态转换图，说明这是多少进制的计数器。

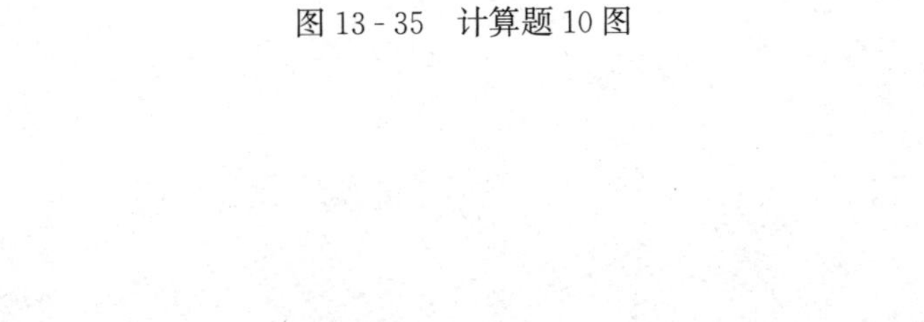

图 13 - 35　计算题 10 图

参 考 文 献

[1] 赵凯华. 电磁学 [M]. 北京：高等教育出版社，2003.
[2] 郝超. 应用物理基础（机械类）[M]. 南京：南京大学出版社，2008.
[3] 王琳. 电工电子技术 [M]. 北京：北京理工大学出版社，2010.
[4] 山炳强. 电工技术 [M]. 北京：人民邮电出版社，2008.
[5] 赵红顺. 电工基础 [M]. 北京：中国电力出版社，2010.
[6] 李清新. 电工技术 [M]. 北京：高等教育出版社，2003.
[7] 周绍敏. 电工基础 [M]. 北京：高等教育出版社，2003.
[8] 付淑英. 应用物理基础 [M]. 北京：北京理工大学出版社，2007.
[9] 王占元. 电工基础 [M]. 北京：机械工业出版社，2002.
[10] 袁洪岭. 电工电子技术基础 [M]. 武汉：华中科技大学出版社，2013.
[11] 马文烈. 电工电子技术 [M]. 武汉：华中科技大学出版社，2012.
[12] 宋玉阶. 电工与电子技术 [M]. 武汉：华中科技大学出版社，2012.
[13] 邓香生. 电工基础与电气测量技术 [M]. 北京：北京理工大学出版社，2009.
[14] 陈小虎. 电工电子技术 [M]. 北京：高等教育出版社，2000.
[15] 康华光. 电子技术基础 [M]. 5 版. 北京：高等教育出版社，2008.
[16] 周雪. 模拟电子技术 [M]. 2 版. 西安：西安电子科技大学出版社，2005.
[17] 胡宴如. 模拟电子技术 [M]. 4 版. 北京：高等教育出版社，2013.
[18] 杨志忠. 数字电子技术基础 [M]. 2 版. 北京：高等教育出版社，2009.
[19] 刘志刚. 数字电子技术基础教程 [M]. 北京：冶金工业出版社，2010.
[20] 冯毛官. 数字电子技术基础 [M]. 2 版. 西安：西安电子科技大学出版社，2010.
[21] 许泽鹏. 电子技术 [M]. 北京：人民邮电出版社，2004.